高　等　学　校　教　材

工程实训教程

党新安　主编

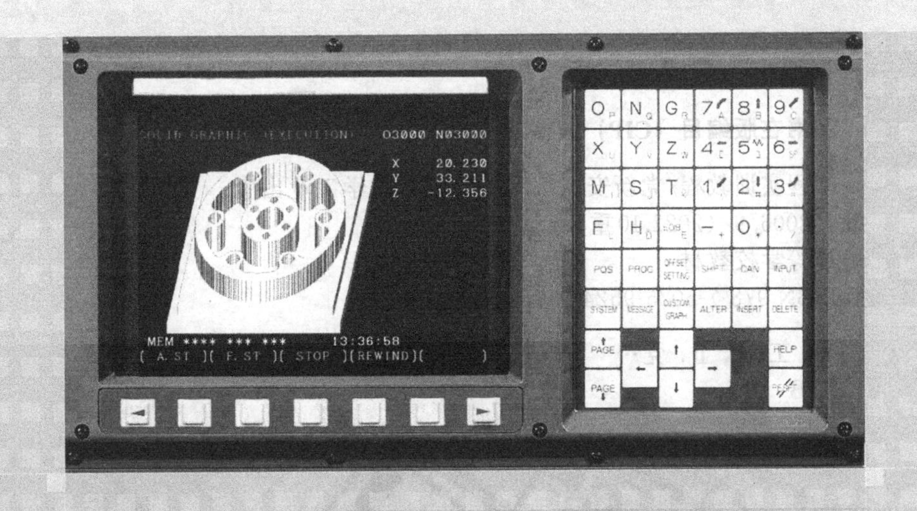

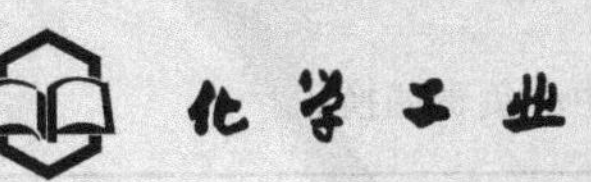

化学工业出版社

·北　京·

本书突出工程训练的实用性、先进性和全面性。全书共分5篇，18章，包括工程材料及处理、技术测量及常用测量工具、铸造、金属塑性成形技术、非金属成形技术、焊接、钳工、切削加工的基础知识、车削、刨削、铣削、磨削、数控加工、特种加工、快速成型技术、电器控制技术、液压、气动控制技术、工业工程实训等主要内容。

本书可作为高等院校本科、高职学生工程训练或金工实习的基本教材，不仅适合机械类，也适合非机械类相关专业选用，也可作为机械制造基础的教材。

图书在版编目（CIP）数据

工程实训教程/党新安主编. —北京：化学工业出版社，2006.9（2022.10重印）
高等学校教材
ISBN 978-7-5025-9524-1

Ⅰ.工… Ⅱ.党… Ⅲ.工程技术-高等学校-教材
Ⅳ.TB

中国版本图书馆CIP数据核字（2006）第114705号

责任编辑：杨　菁　李玉晖　　　文字编辑：李玉峰
责任校对：陈　静　　　装帧设计：尹琳琳

出版发行：化学工业出版社（北京市东城区青年湖南街13号　邮政编码100011）
印　　装：北京七彩京通数码快印有限公司
787mm×1092mm　1/16　印张19½　字数492千字　2022年10月北京第1版第17次印刷

购书咨询：010-64518888　　售后服务：010-64518899
网　　址：http://www.cip.com.cn
凡购买本书，如有缺损质量问题，本社销售中心负责调换。

定　　价：29.80元

前言

随着计算机技术、自动控制技术、信息技术、管理技术与制造技术深层次的结合，人们从各种不同角度提出了许多不同的先进制造技术新模式、新哲理、新技术、新概念、新思想、新方法，制造业面貌发生了极大的变化，高等院校机械学科的科学思想、教学内容和教学方法势必也随之不断扩展和更新。将培养人的系统知识、创新思想、综合运用及实践能力作为重点，造就面向21世纪现代化建设的人才，是已被各界所认同的教育改革发展方向。

本书根据教育部《高等学校金工实习教学基本要求》、《重点院校金工系列课程改革指南》和《工程训练教学示范中心的建设规范与验收标准》的精神，参考了国内众多金工实习教材，并结合我们多年的教学实践经验和现代先进制造技术的需求编写而成。

为适应制造业的新变化，本书在编写过程中，在传统制造技术的基础上，增加了许多近年来新兴起的制造业新技术。总体而言，本书编写具有以下特点：

1. 对工程实训知识体系进行了整体优化，以教学要求为基础，实际应用为主线，通俗易懂，实用性强，有利于培养学生的实践能力。

2. 在介绍传统知识的基础上，新增加了制造技术领域应用广泛的新知识，如非金属材料知识、材料成型新技术、数控加工、特种加工、电器控制技术、工业安全工程、ERP沙盘实训、绿色制造等。

3. 本书使用的标准均采用国家新标准。

4. 兼顾课堂教学与实训，满足不同专业学生工程实训的要求，也可作为近机类、非机类专业的教材使用。

全书由党新安主编，李体仁、吴军营、杨立军为副主编，参加编写的还有张昌松、刘利军、孙建功和郭晨洁等。

本书编写过程中得到了陕西科技大学工程实训中心张勇、刘冠州、钱德明老师的大力帮助，陕西科技大学教务处葛正浩教授也对本书的编写提出了许多宝贵意见，研究生孙贤初、封彦锋，本科生李佳参与绘制了本书的部分插图和文字校对，在此表示衷心感谢。

由于编者水平有限，书中不妥之处，敬请读者批评、指正。

编　者

2006年7月

目录

第一篇　机械制造基础实训

第 6 章　刨、铣和磨削加工　84

第二篇　材料成型加工实训

第 7 章　金属材料热加工成型　102

第 8 章　金属板料冲压加工成形　135

第四篇 机电一体化实训

第五篇　工业工程实训

第一篇
机械制造基础实训

■ 第 1 章　工程材料及处理技术

■ 第 2 章　技术测量及常用测量工具

第 1 章

工程材料及处理技术

1.1 概述

1.1.1 工程材料的分类

用来制作工程结构和机器零件的材料称为工程材料。工程材料的种类很多，用途极为广泛，分类方法有很多种。按工业工程分为机械工程材料、土建工程材料和电工材料等；按用途分为结构材料和功能材料等；按物质结构分为金属材料、无机非金属材料、有机高分子材料和复合材料等。图 1-1 所示为工程材料按成分特点分类。

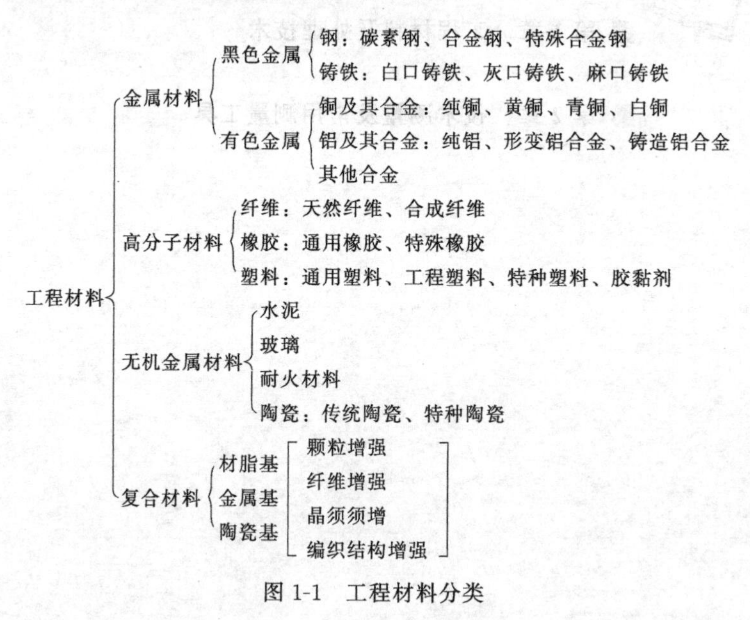

图 1-1 工程材料分类

1.1.2 工程材料的发展趋势

现代科学技术的发展促使和支持了材料工业的迅速发展，新材料、新工艺不断涌现。伴随着金属材料的发展，一些非金属材料、复合材料迅速发展起来，弥补了金属材料性能的不足。在机械制造业中，这些新材料的份额在迅速的增加。金属材料、非金属材料和复合材料构成了完整的工程材料体系。除结构材料外，功能材料和高温超导材料、激光材料、磁性材料、电子材料、形状记忆合金材料、生物材料等也在迅速发展。材料科学技术的发展和应用，促进了机械制造业的飞跃。现代设计和制造的机械已经发展为机电一体化阶段，高新产品所应用的新材料更是超乎我们的想像。

1.2 工程材料的性能

1.2.1 材料的力学性能

金属材料的力学性能是指金属抵抗外加载荷引起的变形和断裂的能力。材料的力学性能是衡量工程材料性能优劣的主要指标。常用的力学性能指标有强度、塑性、硬度、冲击韧性等。

(1) 强度　强度是指金属材料在静载荷作用下抵抗永久变形（塑性变形）和断裂的能力。能力越大，则强度越高。金属的强度指标可以通过金属拉伸试验来测定，一般用单位面积所承受的载荷（应力）来表示。工程中常用的强度指标是屈服强度与抗拉强度。屈服强度用 σ_s 表示，代表材料抵抗塑性变形的能力。抗拉强度用 σ_b 表示，代表材料抵抗断裂的能力。强度单位为 MPa，满足换算关系 $1MPa=1N/mm^2$。

(2) 塑性　塑性是指材料断裂前发生不可逆永久变形的能力。其主要判据为断后伸长率 A（旧国标 δ）和断面收缩率 Z（旧国标 ψ），通过拉伸试验测定。一般 A、Z 值越大，材料的塑性越好，塑性越好的材料可用于轧制、锻造、冲压等方法加工。塑性好的零件如果超载，也可因其塑性变形而避免突然断裂，提高工作安全性。因此，大多数机械零件除要求强度外，还要求具有一定的塑性。

(3) 硬度　硬度是指材料抵抗局部变形，特别是塑性变形、压痕或划痕的能力。硬度是衡量材料软硬程度的判据。材料的硬度高，其耐磨性越好。

硬度是检验刃、模、量具及机械零件质量的一项重要性能指标，在热处理中通常以工件的硬度值来检验产品的质量。生产过程中最常用的是布氏硬度（HB）、洛氏硬度（HR）、维氏硬度（HV）等，三者的换算关系为：1HB≈10HR≈1HV。材料的硬度是通过硬度试验在专用硬度计上测定的。布氏硬度试验法的试验结果较稳定、准确，但其对金属表面损伤大，不宜测定薄件或成品件，主要用于测定灰铸铁、有色金属以及经退火、正火或调质处理的钢材等。洛氏硬度常用硬度指标有 HRA、HRB、HRC 三种，见表 1-1。

表 1-1　洛氏硬度试验规范及应用范围

硬度符号	压头类型	总试验力/N	硬度值有效范围	应用范围
HRA	120°金刚石圆锥	600	70～85HRA	硬质合金，表面淬火、渗碳钢等
HRB	1.588mm 钢球	1000	20～100HRB	有色金属，退火、正火钢等
HRC	120°金刚石圆锥	1470	20～67HRC	淬火钢、调质钢等

(4) 冲击韧性　冲击韧性是指材料在冲击载荷作用下抵抗变形和断裂的能力，简称韧性。材料的韧性是材料塑性和强度的综合表现，与脆性是两个意义完全相反的概念。材料韧性用符号 α_k 表示，可通过冲击试验测定。对于承受冲击载荷的零件（如锻锤的锻头、冲床的冲头等），不仅要求有足够的强度、硬度，还要求具有足够的韧性。

(5) 疲劳强度　疲劳强度是指材料经无数次的应力循环仍不断裂的最大应力，用以表征材料抵抗疲劳断裂的能力。材料存在气孔、微裂纹、夹杂物等缺陷，材料表面划痕、局部应力集中、刀痕等因素，均可加快疲劳断裂。减小表面粗糙度值和进行表面淬火、喷丸处理、表面滚压等方法都可提高材料的疲劳强度。

1.2.2 材料的物理化学性能

材料的物理化学性能主要有密度、熔点、导热性、导电性、热膨胀性、耐腐蚀性、抗氧化性等。根据机械零件的用途不同，对材料的物理化学性能要求也不同。

(1) 密度 材料密度指单位体积物质的质量，用符号 ρ 表示，单位为 g/cm^3。材料密度关系到产品的重量和效能。

(2) 熔点 熔点是指材料由固态转变为液态的温度。熔点是制定冶炼、铸造、锻造和焊接等热加工工艺规范的一个重要参数。

(3) 导热性 材料导热性是指材料传导热量的能力，常用热导率表示。纯金属的导热性以银为最好，铜、铝次之，合金的导热性比纯金属的差，但金属与合金的导热性远远高于非金属的，塑料的导热性只有金属的1%。

(4) 导电性 材料传导电流的能力称为导电性，常用电阻率 ρ 和电导率 δ 表示。生产中最常用的导电材料是纯铜、纯铝，在高频电路中则采用具有优良导电性的镀银铜线。非金属材料中，高分子材料都是绝缘体，陶瓷材料一般情况下是良好的绝缘体，但某些特殊成分的陶瓷如压电陶瓷却是具有一定导电性的半导体材料。

(5) 热膨胀性 热膨胀性是指材料随着温度的变化而产生的膨胀、收缩的特性，常用线胀系数 α_L、α_V 表示。一般陶瓷线胀系数最小，金属次之，高分子材料最高。

(6) 耐腐蚀性 材料在常温下抵抗周围介质（如大气、燃气、水、酸、碱、盐等）腐蚀的能力称为耐蚀性。碳钢、铸铁的耐蚀性较差，钛及其合金的耐蚀性较好，铜和铝也有较好的耐蚀性。大多数高分子材料具有较好的耐蚀性。被誉为塑料王的聚四氟乙烯，不仅耐强酸、强碱等强腐蚀剂，甚至在沸腾的王水中其性能也非常稳定。

(7) 抗氧化性 材料在高温下抵抗氧化的能力称为抗氧化性，又称为热稳定性。在钢中加入Cr、Si等元素，可大大提高钢的抗氧化性。

1.2.3 材料的工艺性能

材料对不同加工方法的适应能力称为金属的工艺性能，又称加工工艺性能。通常包括铸造性能、锻造性能、焊接性能、切削加工性能。

(1) 铸造性能 金属及合金能否用铸造的方法获得优良铸件的能力称为铸造性能，衡量铸造性能的主要指标有流动性、收缩性、偏析等。

(2) 锻造性能 金属材料采用锻造加工方法成形的难易程度称为锻造性能，常用塑性和变形抗力来综合衡量。塑性越好、变形抗力越小，金属锻造性能越好。

(3) 焊接性能 焊接性能是指金属材料在一定的焊接工艺条件下，获得优良焊接接头的难易程度。主要包括两个方面的内容：一是焊接接头产生工艺缺陷的倾向，尤其是出现各种裂缝的可能性；二是焊接接头在使用过程中的可靠性，包括焊接接头的力学性能及其他特殊性能。

(4) 切削加工性能 切削加工性能是指金属材料被切削加工的难易程度。切削加工性能从刀具的耐用度、许用切削速度、加工后的表面粗糙度、断屑情况等几方面综合衡量。对一般钢材而言，硬度在200HBS时具有良好的切削加工性。

1.3 常用工程材料及简易鉴别法

1.3.1 常用金属材料

工业用金属材料分为两类。一类是黑色金属，即钢和铸铁；另一类是有色金属，即钢铁以外的金属材料，如铜、铝、镍及其合金。含碳量小于 2.11%的铁碳合金称为钢，又称碳素钢；含碳量大于 2.11%的铁碳合金称为铸铁。

（1）碳素钢　碳素钢是指含碳量低于 2.11%和含有少量硅、锰、硫、磷等杂质元素所组成的铁碳合金，简称碳钢。其中硅、锰为有益元素，硫、磷是有害元素。碳钢价格低廉，工艺性能良好，在机械制造中被广泛使用。常用碳素钢的名称、牌号及用途见表 1-2。

表 1-2 常用碳素钢的名称、牌号及用途

名称	牌号	用途举例	备注
碳素结构钢	Q215A	金属结构件、拉杆、套圈、铆钉、载荷较小的凸轮、钓钩、垫圈、渗碳零件及焊接件等	碳素钢牌号由代表屈服点的字母 Q、屈服点值、质量等级符号、脱氧方法四部分组成。其质量等级分别用 A、B、C、D 表示，由 A 至 D 质量依次提高
	Q235A	金属结构件、心部强度要求不高的渗碳或氰化零件、钓钩、汽缸、齿轮、螺栓、螺母、连杆、轮轴、盖及焊接件等	
优质碳素结构钢	08F	用于冲压零件成形等	牌号的两位数字表示平均含碳量的万分数，如果是沸腾钢则在数字后加“F”，含锰量比较高的钢需加化学元素符号“Mn”
	45	用于制造齿轮、轴类、套筒等	
	65	用于制造弹簧等	
碳素工具钢	T8/T8A	用于制造工具等	用“碳”或“T”后附以平均含碳量的千分数表示，有 T7～T13

（2）合金钢　合金钢是指在碳钢的基础上，为了改善钢的性能，在冶炼时加入一定合金元素而炼成的钢。常用的合金有硅、锰、镍、铜、钒、钛、稀土等。合金钢在工具、力学性能和工艺性能要求高且形状复杂的大型截面零件及有特殊性能要求的零件方面应用广泛。常用合金钢的名称、牌号及用途见表 1-3。

表 1-3 常用合金钢的名称、牌号及用途

名称	常用牌号	用途
普通低合金结构钢	Q295	建筑结构、低压锅炉、低、中压化工容器、管道等
	Q345	桥梁、船舶、电站设备、压力容器、石油储罐、起重运输机械及其他承受较高载荷的工程与焊接结构件等
	Q390	
合金渗碳钢	20CrMnTi	齿轮轴、齿轮、蜗杆、十字轴等
	20CrMnMo	曲轴、凸轮轴、连杆、齿轮轴、齿轮等
	20MnVB	重型机械上的轴、大模数齿轮、汽车后桥的主、从动齿轮等
合金调质钢	40Cr、40Mn2	齿轮、蜗杆、花键轴、重负载机架等
合金弹簧钢	60Si2Mn	汽车、拖拉机 25～30mm 减振板簧、螺旋弹簧等
滚动轴承钢	GCr15	中、小型轴承内外套圈及滚动体等
量具刃具钢	9SiCr	丝锥、板牙、冷冲模、铰刀、拉刀等
高速工具钢	W18Cr4V	齿轮铣刀、插齿刀等
冷作模具钢	Cr12	冷作模及冲头、拉丝模、压印模、搓丝板等
热作模具钢	5CrMnMo	中、小型热锻模等

（3）铸铁 铸铁是含碳量大于2.11%的铁碳合金。工业上常用的铸铁含碳量为2.5%～4%，铸铁含碳量较高，并含有较多杂质，因此其力学性能差，不能锻造。但铸铁具有优良的铸造性、减振性、耐磨性等特点，价格低廉，生产设备和工艺简单，是机械制造中应用最多的金属材料。常用铸铁的名称、牌号及用途见表1-4。

表1-4 常用铸铁的名称、牌号及用途

名称	牌 号	用 途	备 注
灰口铸铁	HT200	用于制造汽缸、齿轮、机座、机床床身及床面等	“HT”表示为灰口铸铁，后面一组数字表示最小抗拉强度，如HT200表示其抗拉强度不低于200MPa
球墨铸铁	QT400-18 QT450-10 QT800-2	用于机械制造业中受磨损和冲击的零件	“QT”是球墨铸铁的代号，后面数字表示最低抗拉强度和最低伸长率，如QT500-7表示其抗拉强度为500MPa，伸长率为7%
可锻铸铁	KTH300-06 KTH330-08 KTZ45-06	用于冲击、振动等零件，如汽车零件、机床附件（扳手等）	“KTH”、“KTZ”分别表示黑心可锻铸铁和珠光体可锻铸铁的代号，数字分别代表最低抗拉强度和最低伸长率

（4）铜、铝及其合金

① 铝及铝合金 纯铝属轻金属，呈银白色，有金属光泽，强度、硬度很低，但塑性很高。工业纯铝多用于制作电线、电缆和器皿，配制铝合金等。

在纯铝中加入合金元素（如硅、铜、镁、锰等）形成较高强度的铝合金。铝合金主要用于制造中高强度的结构零件，如螺旋桨叶片、飞机大梁、内燃机活塞等。

② 铜及铜合金 纯铜又称紫铜，强度不高、硬度很低、塑性很好，不能通过热处理强化，易于进行冷、热压力加工。纯铜主要用于制造电线、电缆、电刷、铜管及配制合金等。

在纯铜中加入少量其他元素形成强度较高的铜合金，常用来制造机械、电器零件。铜合金中使用最多的是黄铜和青铜。黄铜是以锌为主要合金元素的铜合金，青铜分为锡青铜与无锡青铜。

1.3.2 常用金属材料简易鉴别方法

生产中，材料的采购、入库、下料以及产品质量鉴定等过程中经常要遇到材料鉴别问题，对金属材料鉴别的方法很多，如火花鉴别、色标鉴别、断口鉴别、音响鉴别和化学分析、金相检验等。此处简单介绍前四种定性的、近似的简易鉴别方法。

（1）火花鉴别法 钢铁材料火花鉴别原理是钢被砂轮磨削后，被砂轮磨削下来具有高温的钢颗粒飞出时，在空气中被剧烈地氧化而发光，从而形成明亮流线束，同时微粒熔化，其中的碳被氧化成CO气体爆裂而形成爆花。不同成分钢的火花特征不同，据此可大致确定钢的化学成分。

（2）色标鉴别法 生产中为了表明金属材料的牌号、规格，以避免使用时混淆，常在钢铁的端部涂上不同颜色的油漆作标记。例如，优质碳素结构钢30～40号钢涂白色＋蓝色，轴承钢GCr15涂一条蓝色，高速工具钢W18Cr4V涂一条棕色＋一条蓝色等。

（3）断口鉴别法 生产现场常根据钢铁断口的自然形状来判断钢铁材料的韧、脆性，同时也可判断同一热处理状态含碳量的高低。如果断口呈纤维状，无金属光泽，颜色黯淡，无结晶颗粒，并且断口边缘有比较明显的塑性变形特征，则表明钢材具有良好的塑性和韧性，含碳量较低；如果断口整体、平直，颜色呈银灰色，具有明显的金属光泽和结晶颗粒，说明钢铁材料属于脆性断裂，含碳量较高。

(4) 音响鉴别法 生产现场采用敲击材料，根据材料发出的声音区分材料，这种方法称为音响鉴别法。例如，钢材敲击时发出的声音比较清脆、响亮，而铸铁发出的声音低沉。

1.3.3 常用金属以外的材料

金属以外的材料来源广泛，自然资源丰富，成型工艺简单，具有一些特殊功能，应用日益广泛，目前已成为机械工程材料中不可或缺的独立组成部分。机械中常用的金属以外的材料有工程塑料、合成橡胶、陶瓷材料和复合材料等。

(1) 工程塑料 塑料是以合成树脂为主要成分，加入一些用来改善使用性能和工艺性能的添加剂而制成的。工程塑料是用于制作工程结构、机器零件、工业容器和设备的塑料，其力学性能较高，耐磨、耐热、耐蚀性也较好。工程塑料通常指热塑性塑料，最常用的有聚甲醛（POM）、聚酰胺（尼龙 PA）、聚碳酸酯（PC）、ABS 四种。

(2) 合成橡胶 合成橡胶是在使用温度下处于高弹态的聚合物。它的最大特点是高弹性，弹性变形可达 100%～1000%，除此之外还有耐磨、绝缘、隔音、减振等特性。常用橡胶的性能及主要用途如表 1-5 所示。

表 1-5 常用橡胶的性能及主要用途

名称（代号）	σ_b/MPa	$\delta\times100$	使用温度 t/℃	回弹性	耐磨性	耐碱性	耐酸性	耐油性	耐老化	主要用途
丁苯橡胶（SBR）	15～20	500～600	−50～140	中	好	中	差	差	好	轮胎、胶板、胶布、胶带、胶管
顺丁橡胶（BR）	18～25	450～800	−70～120	好	好	好	差	差	好	轮胎、V 带、耐寒运输带、绝缘件
氯丁橡胶（CR）	25～27	800～1000	−35～130	中	中	好	中	好	好	电线(缆)包皮、耐燃胶带、胶管、汽车门嵌条、油罐衬里
丁腈橡胶（NBR）	15～30	300～800	−35～80	中	中	中	好	好	中	耐油密封圈、输油管、油槽衬里

(3) 陶瓷材料 陶瓷是用粉末冶金法生产的无机非金属材料。在力学性能上表现出硬而脆的特点，几乎无塑性，抗拉强度低，抗压强度高。在热性能上表现出高熔点、高热强性、高抗氧化性。另外，陶瓷的耐蚀性、绝缘性也都很好。

工业上使用的陶瓷主要分为普通陶瓷和特种陶瓷两类。普通陶瓷主要用于日用和一般的工业器皿、容器、电工器件、建筑卫生设备等。特种陶瓷可以制作火花塞、坩埚热电偶、高温电炉坩埚、刀具等耐磨、耐蚀、耐高温制品。

(4) 复合材料 由两种或两种以上性质不同的物质，经人工组合而成的多相固体材料，称为复合材料。复合材料能克服单一材料的弱点，发挥其优点，可获得单一材料不具备的性能。复合材料的主要性能特点是比强度、比刚度高，抗疲劳性能好，减振能力强，高温性能好，断裂安全性高等。常用复合材料有纤维增强复合材料和层叠复合材料两类。

纤维增强复合材料有玻璃纤维增强复合材料（俗称玻璃钢）及碳纤维增强复合材料两种。玻璃纤维增强复合材料可用于制作轴承、齿轮、仪表盘、汽车车身、直升机旋翼、氧气瓶、耐海水腐蚀体、石油化工管道和阀门等。碳纤维复合材料其抗拉强度、弹性模量、高温强度等性能更优于玻璃钢，适于制作高级轴承、活塞，密封环、飞机涡轮叶片、宇宙飞行器外形材料、微型机架、发动机壳体、导弹锥等。

层叠复合材料是由两层或两层以上不同材料复合而成，层叠法增强复合材料可使强度、刚度、耐磨、耐蚀性提高，而自重减轻。常见有双层金属复合材料、塑料金属多层复合材料和夹层复合材料等。常用于制作高性能轴承、飞机机翼、火车车厢等。

1.3.4 常用塑料的简易鉴别法

(1) 感官鉴别法 感官鉴别法是根据塑料的色泽、手感、发声、气味和软硬程度等物理性质进行鉴别的方法。常用工程塑料感官鉴别具体方法见表 1-6。

表 1-6 常用工程塑料感官鉴别法

塑料名称	外观特征
聚甲醛(POM)	白色粉末，经造粒后为白色或淡黄色半透明有光泽的硬粒
聚酰胺(PA)	多为微黄色或乳白色半透明体，质地坚韧，似角质状
聚碳酸酯(PC)	微黄色透明体，质地刚硬而有韧性，敲击时发声较清脆
ABS	微黄色不透明体，易着色，制品坚而韧，表面有高度光泽

(2) 燃烧鉴别法 由于塑料的化学成分和分子结构不同，它们在加热和燃烧时会产生种种不同的现象，据此可以对塑料进行分类和鉴别。试验时，剪取一小块试样放在点燃的酒精灯、火柴、打火机上燃烧，仔细观察其燃烧的难易程度、火焰的颜色、放出的气味和冒出烟的情况、熄灭后燃烧物的色泽和形态等即可做出判断。常用工程塑料的燃烧特征见表 1-7 所示。

表 1-7 常用工程塑料的燃烧特征

塑料名称	燃烧特征			
	燃烧难易	火焰状况	燃烧或熔融后的状态	挥发物气味
聚甲醛(POM)	易燃，离开火焰后仍继续燃烧	浅蓝色，上端黄色，轻微火花	熔融滴落	甲醛味，鱼腥味
聚酰胺(PA)	难燃，离开火焰后自熄或缓慢燃烧	蓝黄色，有蓝烟	熔融滴落，起泡，轻微噼啪声	类似角质燃烧气味
聚碳酸酯(PC)	难燃，离开火焰后自熄	明亮，有黑烟	熔融、起泡、碳化	腐烂花果、酚味
ABS	易燃，离开火焰后仍继续燃烧	黄亮，黑烟	软化、烧焦	轻微煤气味

(3) 热解鉴别法 在热解试管中加入少量塑料试样，试管口放一条浸湿的石蕊试纸或 pH 试纸，然后用夹子夹住试管上端，在火焰上缓慢加热，观察试样变化和管口上试纸颜色变化方可做出判断。常用工程塑料 POM、PC 石蕊试纸基本无色，PA、ABS 石蕊试纸为蓝色。

(4) 溶解鉴别法 不同塑料品种有不同的溶解特性，如热固性塑料不溶于任何溶剂中，而热塑性塑料除个别品种外，大都溶于不同的有机溶剂中，因而利用塑料溶解性能的差异可鉴别出其种类。

(5) 元素鉴别法 在塑料中除含有碳、氢元素外，有些还含有硫、氮、氯、氟、磷等元素。因而，可通过元素检验来鉴别塑料品种。方法是：取 0.1～0.5g 塑料试样放入试管中，与金属钠一起加热熔融，冷却后加入乙醇，使过量的钠分解，然后再溶于 15mL 左右的蒸馏水中，过滤后观察其沉淀物的颜色和状态即可知塑料中所含元素的种类，并对其类型做出判断。

1.4　材料强化和处理

通过各种强化和处理手段，既可以提高材料的力学性能，充分发挥材料的潜力，又可以获得一些特殊性能以满足各种各样使用条件下对材料的要求。

1.4.1　常用热处理工艺

钢的热处理是采用适当的方式对金属材料或工件按一定工艺进行加热、保温、冷却，使其内部组织结构与性能发生变化，以获得预期组织结构与性能的一种工艺方法。通过热处理，可以最大限度地发挥材料的潜力，提高和改善材料的性能。基本工艺方法有：退火、正火、淬火、回火等。

(1) 退火　退火是将金属或合金加热到适当温度保持一段时间，然后缓慢冷却的热处理工艺。其主要目的是：调整硬度，便于切削加工；消除或改善工件在铸、锻、焊等加工过程中所造成的成分不均匀或组织缺陷，以提高工件的工艺性能和使用性能；消除内应力或加工硬化，以防止工件变形开裂。根据工件要求退火的目的，常用退火的工艺方法有消除中碳钢铸、锻件缺陷的完全退火，改善高碳钢切削性能的球化退火，去除大型铸、锻件及塑性变形中存在内应力的去应力退火。其加热温度范围如图 1-2 所示。

(2) 正火　正火是将钢材或钢件加热到 A_{c3}（或 A_{cm}）线以上 30～50℃，其加热温度范围如图 1-2 所示，保温适当的时间后在静止的空气中冷却的热处理工艺。正火的主要作用是细化晶粒，均匀组织，消除组织缺陷和内应力，为后续热处理做准备。

正火与退火的目的基本相同，对于一般的中、低碳钢（含碳量小于 0.5%）零件而言，正火后硬度提高，更适于切削加工，且正火冷却时不占用炉子，生产效率高、成本低，因此多用正火代替退火。对于高碳钢和部分合金钢，正火后硬度偏高，所以仍选用退火。对于组织中网状碳化物严重的，先正火后便于球化退火。对于不太重要的零件，可采用正火作为最终热处理。

(3) 淬火　淬火是将钢加热到 A_{c1} 或 A_{c3} 线以上 30～50℃，保温一段时间，然后进行快速冷却获得马氏体或贝氏体组织的一种热处理工艺。淬火是强化金属材料的重要手段，钢件淬火后可获得较高的硬度、增强耐磨性，但是淬火后钢件的塑、韧性明显下降，为提高钢件的使用综合性能，淬火后应进行不同温度的回火。淬火与回火是紧密衔接的工序，淬火与不

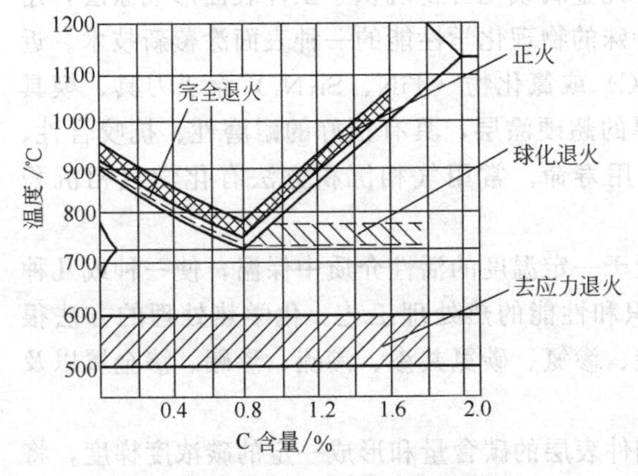

图 1-2　退火与正火的加热温度范围

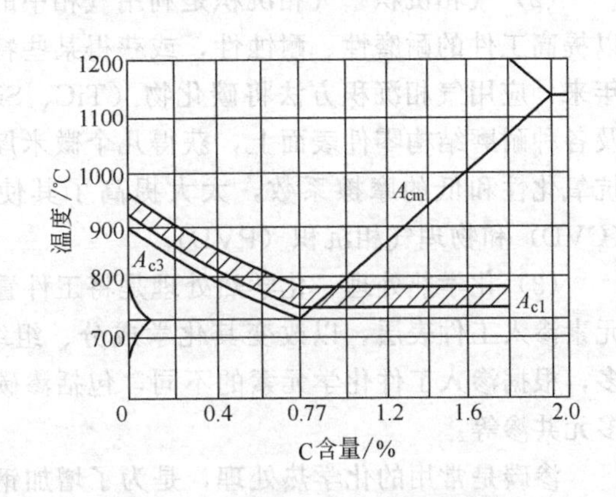

图 1-3　碳钢的淬火加热温度范围

同温度的回火搭配可使中、高碳钢工件获得不同的力学性能。

淬火的适量取决于适当把握淬火三要素，即加热温度、保温时间和冷却速度。碳钢的淬火加热温度范围如图 1-3 所示。

(4) 回火　回火是钢件淬火后，再加热到 A_{c1} 线以下的某一温度，保温一定时间，然后冷却到室温的热处理工艺。其主要目的是减少或消除淬火内应力；稳定组织，稳定尺寸；降低淬火钢的脆性，获得所需要的力学性能。决定淬火钢回火后组织和性能的主要因素是回火温度。一般回火温度越高，钢的强度、硬度下降，而塑性、韧性提高。根据加热温度的不同，回火可分为低温回火（小于 250℃）、中温回火（250～500℃）和高温回火（大于 500℃）三种。

生产中制定回火工艺时，首先根据工件所要求的硬度范围确定回火温度。然后根据材料、尺寸、装炉量和加热方式因素确定回火时间，一般为 1～3h。回火时冷却一般为空冷，某些具有高温回火脆性的合金钢在高温回火时必须快冷。

1.4.2 材料的表面处理技术

表面处理技术是利用各种物理或机械方法、化学方法，使金属获得特殊成分、组织结构和性能的表面，以提高金属使用寿命的技术，其目的是提高材料的耐蚀性或高温抗氧化性能，提高工件表面的耐磨、减摩、润滑及抗疲劳性能；赋予金属材料制品表面光泽、色彩、图纹等优美外观；修复磨损或腐蚀损坏的工件。生产中常用表面处理技术有表面淬火、气相沉积、化学热处理技术等。

(1) 表面淬火　表面淬火是指仅对工件表层进行淬火的工艺，一般包括感应淬火、火焰淬火等。表面淬火使表层获得硬而耐磨的马氏体组织，而心部仍为塑、韧性良好的原始组织。

① 感应淬火　利用感应电流通过工件所产生的集肤效应（电流集中分布在工件表面）和热效应，使工件表面迅速加热并进行快速冷却的淬火工艺称为感应淬火。感应淬火具有加热速度快、时间短、温度及淬硬层深度易控制等优点，生产率高，适合大批量生产。但设备昂贵，能耗大，不宜单件和小批量生产。

② 火焰淬火　应用氧-乙炔（或其他可燃气体）火焰对零件表面进行加热，随之淬火冷却的工艺，称为火焰淬火。火焰淬火方法简便，无需特殊设备，投资少，适合单件、大件的表面淬火，但加热温度难控制，淬火质量不稳定。

(2) 气相沉积　气相沉积是利用气相中的纯金属或化合物沉积于工件表面形成涂层，用以提高工件的耐磨性、耐蚀性，或获得某些特殊的物理化学性能的一种表面涂覆新技术。近年来，应用气相沉积方法将碳化物（TiC、SiC）或氮化物（TiN、Si_3N_4）涂于刀具、模具及各种耐磨结构零件表面上，获得几个微米厚的超硬涂层，具有很好的耐磨性、抗咬合性、抗氧化性和低的摩擦系数，大大提高了其使用寿命。常用气相沉积方法有化学气相沉积（CVD）和物理气相沉积（PVD）。

(3) 化学热处理　化学热处理是将工件置于一定温度的活性介质中保温，使一种或几种元素渗入工件表层，以改变其化学成分、组织和性能的热处理工艺。化学热处理的方法很多，根据渗入工件化学元素的不同，包括渗碳、渗氮、碳氮共渗、渗硫、渗硼、渗金属以及多元共渗等。

渗碳是常用的化学热处理，是为了增加钢件表层的碳含量和形成一定的碳浓度梯度，将钢件在渗碳介质中加热并保温，使碳原子渗入表层的化学热处理工艺。其目的是提高工件表面的硬度和耐磨性。机械产品的许多重要零件都需要经过渗碳处理。

1.4.3　热处理常用设备及操作规范

热处理设备可分为主要设备和辅助设备两大类。主要设备包括热处理炉、热处理加热装置、冷却设备、测量和控制仪表等。辅助设备包括工件清理设备（如酸洗设备、喷丸机）、检验设备、校正设备、起重运输装卸设备及消防安全设备等。

(1) 加热设备

① 箱式电阻炉　箱式电阻炉是利用电流通过布置在炉膛内的电热元件发热，使工件加热的热处理加热设备。图 1-4 所示是中温箱式电阻炉结构示意图。这种炉子的热电偶从炉顶或后壁插入炉膛，通过检温仪表显示和控制温度。中温箱式电阻炉通称 RX3 型，其中“R”表示电阻炉，“X”表示箱式，“3”表示设计序号。例如，RX3-45-9 表示炉子的功率为 45kW，最高工作温度为 950℃。

箱式电阻炉适用于钢铁材料和非钢铁材料（有色金属）的退火、正火、淬火、回火热处理工艺的加热。

箱式电阻炉加热操作规范如下。

a. 操作前准备工作。

(a) 开炉前仔细检查电气仪表是否正常。

(b) 检查可控气氛原料是否齐备。

b. 操作程序。

(a) 操作时，必须两人以上配合。

(b) 装好工件，小心置入炉膛。

(c) 调好仪表，启动电气加热。

(d) 按工艺加热到适宜温度保温后出炉。

② 井式电阻炉　井式电阻炉的工作原理与箱式电阻炉相同。图 1-5 所示是中温井式电阻炉结构示意图。这种炉子一般用于长形工件的加热。因炉体较高，一般均置于地坑中，仅露出地面 600～700mm。井式电阻炉比箱式电阻炉具有更优越的性能，炉顶装有风扇，加热温度均匀，细长工件可以垂直吊挂，并可利用各种起重设备进料或出料。井式电阻炉型号表示用 RJ 型，其中“R”表示电阻炉，“J”表示井式。例如，RJ-40-9 表示炉子的功率为 40kW，最高工作温度为 950℃。

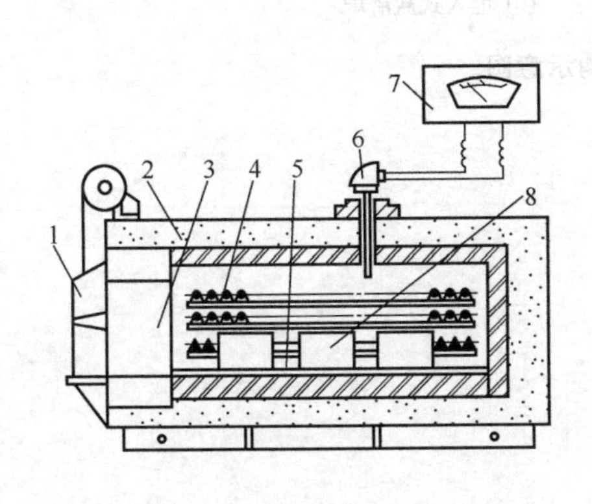

图 1-4　中温箱式电阻炉结构示意图

1—炉门；2—炉体；3—炉膛前部；4—电热元件；5—耐热钢炉底板；6—测温热电偶；7—电子控温仪表；8—工件

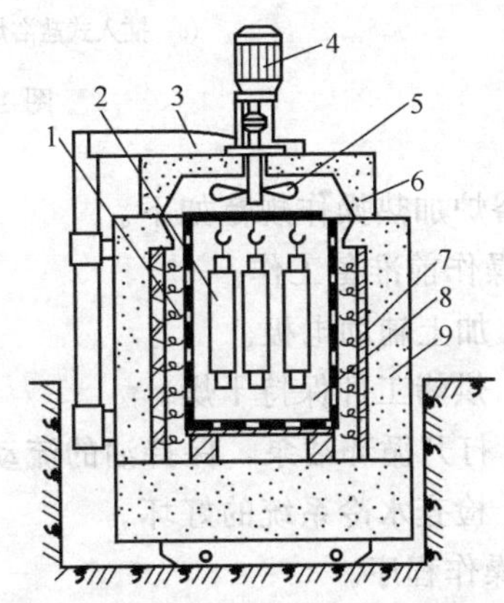

图 1-5　中温井式电阻炉结构示意图

1—装料筐；2—工件；3—炉盖升降机构；4—电动机；5—风扇；6—炉盖；7—电热元件；8—炉膛；9—炉体

井式电阻炉主要用于轴类零件或质量要求较高的细长工件的退火、正火、淬火工艺的加热。

井式电阻炉和箱式电阻炉的使用都比较简单，在使用过程中应经常清除炉内的氧化铁屑，进出料时必须切断电源，不得碰撞炉衬或十分靠近电热元件，以保证安全生产和电阻炉的使用寿命。

井式电阻炉加热操作规范如下。

a. 操作前准备工作。

开炉前仔细检查电气仪表是否正常，开动风扇检查风扇声音是否正常。

b. 操作程序。

(a) 操作时，必须两人以上配合。

(b) 装好工件，小心吊入炉膛。

(c) 把炉盖对正放好，打开泄油阀落下炉盖。

(d) 调好仪表，启动电气加热，使风机转动加热均匀。

(e) 按工艺加热到适宜温度保温后出炉。

③ 盐浴炉　盐浴炉是用熔盐作为加热介质的炉型。根据工作温度不同分为高温、中温、低温盐浴炉。中温炉最高工作温度为950℃，高温炉最高工作温度为1300℃。高、中温盐浴炉采用电极的内加热式，是把低电压、大电流的交流电通入置于盐槽内的两个电极上，利用两电极间熔盐电阻发热效应，使熔盐达到预定温度，将零件吊挂在熔盐中，通过对流、传导作用，使工件加热。低温盐浴炉采用电阻丝的外加热式。盐浴炉可以完成多种热处理工艺的加热，其特点是加热速度快、均匀，氧化和脱碳少，是中小型工、模具的主要加热方式。图1-6所示是盐浴炉结构示意图。

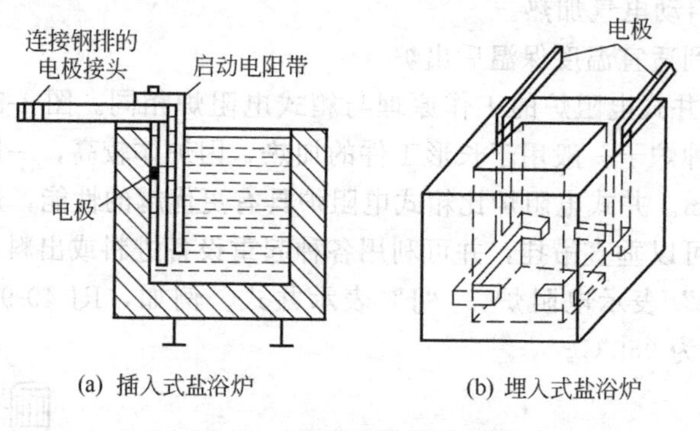

(a) 插入式盐浴炉　　(b) 埋入式盐浴炉

图1-6　盐浴炉结构示意图

盐浴炉加热操作规范如下。

a. 操作前准备工作。

(a) 加上辅助电极。

(b) 烘烤工件保持干燥。

(c) 打开循环油泵，保持油的流动。

(d) 检查水冷系统的好坏。

b. 操作程序。

(a) 调整仪表，仪表设定缓慢升温。

(b) 盐化后，甩开辅助电极，加上三相电压，正常升温。

(c) 工作完后，放入辅助电极。

(2) 冷却及其他设备

① 冷却设备　淬火冷却槽是热处理设备中主要的冷却设备，常用的有水槽、油槽、浴炉等。为了保证淬火能够正常连续进行，使淬火介质保持比较稳定的冷却能力，需将被加热工件加热了的冷却介质冷却到规定的温度范围以内，因此常在淬火槽中加设冷却装置，如图1-7所示。

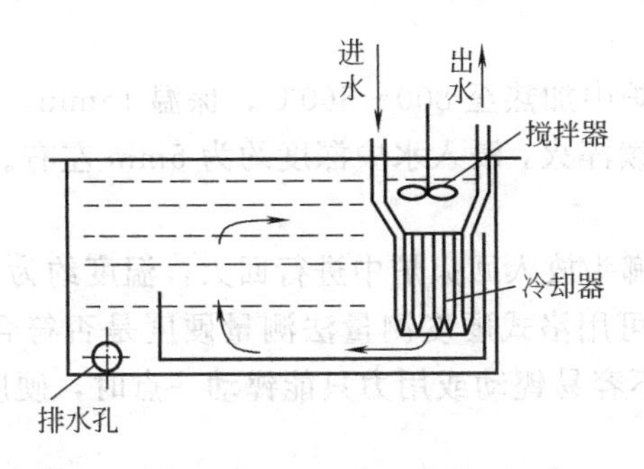

图 1-7　淬火冷却槽

淬火槽冷却操作规范如下。

a. 操作前准备工作。

检查各阀门的关闭情况。

b. 操作程序。

(a) 介质的使用温度为 10～60℃，夏季注意循环冷却，冬季可不循环冷却。

(b) 淬火槽使用时应开动搅动器，用毕关闭。

(c) 防止油污或灰沙进入淬火槽。

② 专用工艺设备　专用工艺设备指专门用于某种热处理工艺的设备，如气体渗碳炉、井式回火炉、高频感应加热淬火装置等。

③ 检测设备　根据热处理零件质量要求，检测设备一般有检测硬度的硬度计、检验裂纹的探伤机、检验内部组织的金相显微镜及制样设备、校正变形的压力机等。

1.5 热处理操作技术

1.5.1 热处理操作要领

① 操作前需进行准备工作，如检查设备是否正常、确认工件及相应的工艺等。

② 工件要正确捆扎、装炉。工件装炉时，工件间要留有间隙，以免影响加热质量。

③ 工件淬火冷却时，应根据工件不同的成分和其力学性能不同的要求来选择冷却介质。如钢退火时一般是随炉冷却，淬火冷却时碳素钢则一般在水中冷却，而合金钢一般在油中冷却。冷却时为防止冷却不均匀，工件放入淬火槽里后要不断地摆动，必要时淬火槽内的冷却介质还要进行循环流动。

④ 工件进入淬火槽中淬火时，要注意淬入的方式，避免由此引起的变形和开裂。如对厚薄不均的工件，厚的部分应先浸入；对细长的、薄而平的工件应垂直浸入；对有槽的工件，应槽口向上浸入。

⑤ 热处理后的工件出炉后要进行清洗或喷丸处理，并检验硬度和变形。

1.5.2 热处理操作实例

对钳工实习制作的小榔头进行热处理。

① 小榔头所选用材料：45 钢。

② 小榔头热处理技术要求：硬度要求为 49～55HRC。

③ 热处理过程。

a. 把小榔头放在电阻炉中加热至 800～860℃，保温 15min。

b. 取出后在冷水中连续淬火，浸入水中深度约为 5mm 左右。待小榔头呈暗黑色后全部浸入水中。

c. 淬火结束后再将小榔头放入回火炉中进行回火，温度约为 250～270℃，保温 90min。

④ 热处理后的检验。可用洛式硬度测量法测量硬度是否符合要求，也可用锉刀大致检验出小榔头的硬度，感到不容易锉动或用力只能锉动一点时，硬度就大致符合要求。

思考与练习

1. 简述工程材料的分类、性能及其常见用途。
2. 常用金属材料及工程塑料有哪些？其应用场合是什么？如何简易鉴别？
3. 何谓钢的热处理？热处理的目的是什么？简述常用热处理方法及其应用场合。
4. 表面淬火和整体淬火有何不同？
5. 钢的热处理设备及其操作规范是什么？

第2章

技术测量及常用测量工具

2.1 技术测量的基本知识

2.1.1 技术测量的含义

技术测量主要是研究对零件的几何参数进行测量和检验的一门技术。所谓“测量”就是将一个待确定的物理量，与一个作为测量单位的标准量进行比较，从而确定被测量的量值的操作过程，即

$$L=qE$$

式中 L——被测量；

q——被测量与标准量的比值；

E——标准量。

检验是指判断被测量是否在规定范围内的过程，它不要求得到被测量的具体数据。

2.1.2 测量要素

一个完整的测量过程应包括被测对象、计量单位、测量方法和测量精度四个方面。被测对象在几何量测量中是指长度、角度、表面粗糙度、形位误差等。测量方法是指测量时所采用的测量原理、测量条件和测量器具的总和。测量精度是指测得值与其真值相符合的程度。

2.1.3 计量单位

统一、稳定、可靠的长度基准是保证测量准确性的前提。我国采用以国际单位制为基础的法定计量单位。在国际单位制中，长度的基本单位是米（m），1983 年 10 月在第十七届国际计量大会上通过米的定义为“米是光在真空中 1/299792458s（秒）的时间间隔内所行进的路程长度”。

机械制造中使用较多的长度计量单位为米（m）、厘米（cm）、毫米（mm）。它们的关系采用十进位制。在精密测量和超精密测量中，长度计量单位采用微米（μm）和纳米（nm），它们的换算关系为 1μm$=10^{-3}$mm，1nm$=10^{-3}\mu$m。我国非法定计量单位英寸（in）与法定长度单位的换算关系是 1in＝25.4mm。

机械制造中常用的角度单位为弧度、微弧度（rad，μrad）和度、分、秒，1μrad=10^{-6} rad，1°=0.0174533rad，度、分、秒的换算关系为1°=60′，1′=60″。

2.2　常用测量工具

2.2.1　长度量具

（1）钢直尺　钢直尺是一种不可卷的钢质板状量尺。它是通过与被测尺寸比较，由刻度标尺直接读数的一种通用长度量具。由于它结构简单，价格低廉，所以被广泛使用。生产中常用的是150mm、300mm和1000mm三种，如图2-1所示。

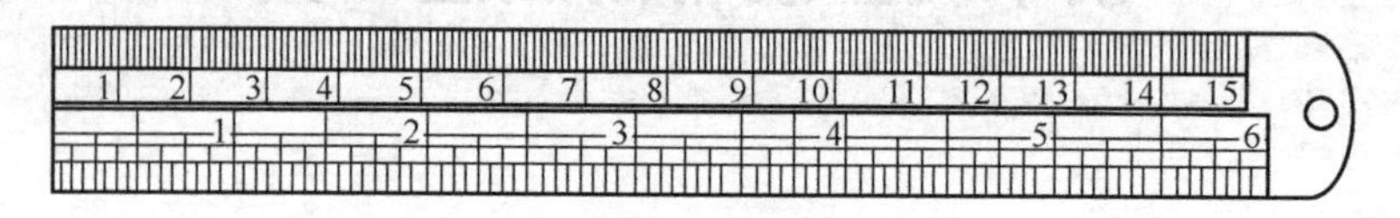

图2-1　钢直尺

使用钢直尺时，应以工作端边作为测量基准，这样不仅便于找正测量基准，而且便于读数。

（2）卡钳　卡钳是一种间接量具，其本身没有刻度所以要与其他刻度的量具配合使用。卡钳根据用途可分为外卡钳和内卡钳两种，用以测量圆环或圆筒的内径和外径，如图2-2所示。卡钳常用于测量精度不高的工件。

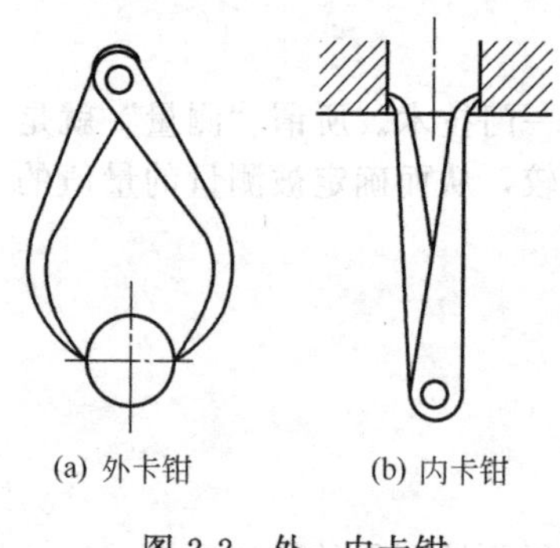

图2-2　外、内卡钳

（3）游标卡尺　游标卡尺在机械加工中使用非常广泛。它是利用游标原理，对两测量爪相对移动分隔的距离，进行读数的通用长度测量工具。游标卡尺是一种中等精确度的量具，宜于测量和检验IT10～IT16公差等级的零件尺寸。游标卡尺的测量精度有0.10mm、0.05mm和0.02mm三种，测量范围有0～125mm、0～200mm、0～500mm等。

① 游标卡尺的刻度原理　游标卡尺是由尺身、游标、尺框所组成，如图2-3所示。游标卡尺的读数是由两部分组成：主尺上精确读出毫米单位的整数；毫米的小数部分从游标上读出。按游标读数值的不同，分为0.10mm、0.05mm和0.02mm三种，虽然其精度不同，但读数原理相同。它们尺身上的一小格都为1mm。

下面以0.10mm游标卡尺为例来说明其刻度原理。游标卡尺的尺身每格刻线宽度1mm，

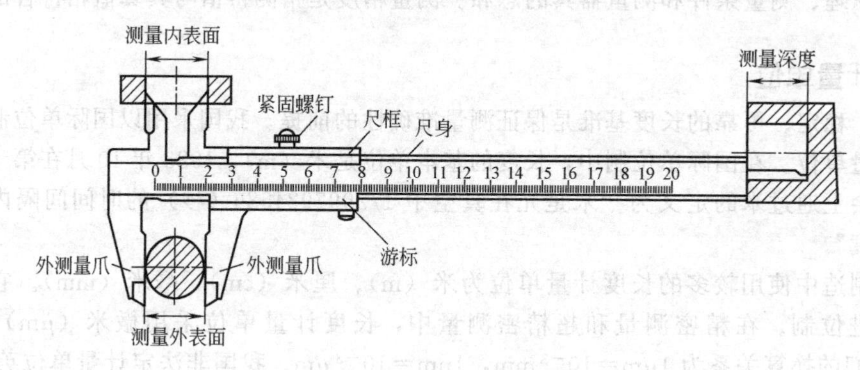

图2-3　游标卡尺的结构

使尺身上 9 格（即 9mm）刻线的宽度与游标上 10 格刻线的宽度相等，则游标的刻度间距 9/10＝0.9mm，主尺和游标的每一格差值为 1.00－0.9＝0.10mm。这个差值就是游标每一格所代表的数值，称为游标读数值。0.10mm 游标卡尺的刻度原理如图 2-4 所示。

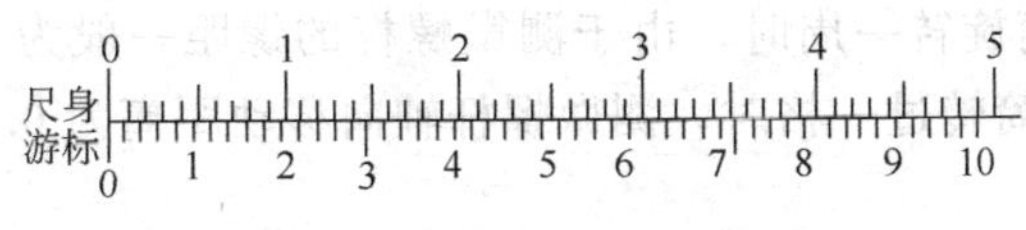

图 2-4　游标卡尺刻度原理图

0.05mm 游标卡尺是以尺身上的 19 格刻线宽度与游标上 20 格刻线宽度相等，则游标的每格刻线宽度 19/20＝0.95mm，游标每一格代表的数值为 1.00－0.95＝0.05mm。0.02mm 游标卡尺是以尺身上的 49 格刻线宽度与游标上 50 格刻线宽度相等，则游标的每格刻线宽度 49/50＝0.98mm，游标每一格代表的数值为 1.00－0.98＝0.02mm。

② 游标卡尺的读数方法　游标卡尺的读数方法主要有以下三个步骤。

a. 整数。从主尺上读出毫米（mm）整数。

b. 小数。在游标上找到与主尺上某刻度线对得最齐的刻度线，用“游标读数值×刻度线数”得到毫米小数。

c. 测量结果。把两次读数值相加，就是被测工件的整个读数值，如图 2-5 读数示例。

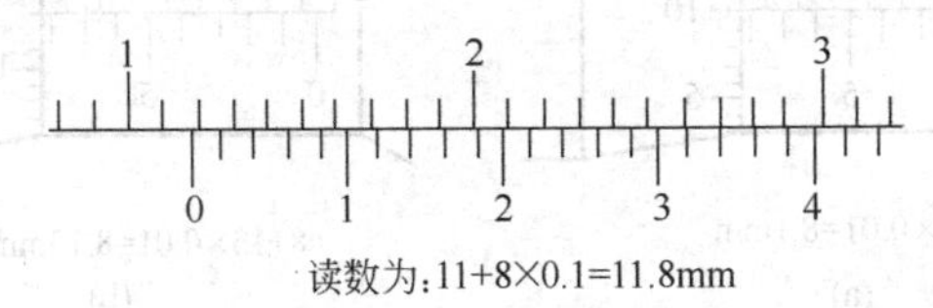

图 2-5　读数示例

③ 游标卡尺的正确使用　首先应根据所测工件的部位和尺寸精度，正确合理选择卡尺的种类和规格。其次，使用游标卡尺时，要先校对零点即游标零线与尺身零线，游标尾线与尺身的相应刻线都应相互对准。再者，测量工件时，把握好量爪测量面与工件表面接触时的用力。应使量爪测量面与工件表面刚好接触并能沿工件表面自由滑动，同时注意不要歪斜，以免读数产生误差。

(4) 千分尺　千分尺比游标量具测量精度更高，一般为 0.01mm。它也是机械加工中使用最广泛的精密量具之一。测量范围分 0～25mm、25～50mm、50～75mm、75～100mm 等多种规格。千分尺按用途可分为外径千分尺、内径千分尺、内测千分尺、三爪内径千分尺、测深千分尺、杠杆千分尺、螺纹千分尺和 V 形砧千分尺等。

外径千分尺的结构如图 2-6 所示。

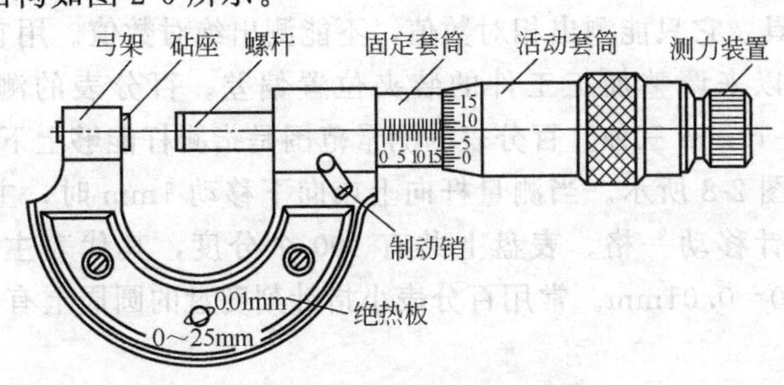

图 2-6　外径千分尺的结构

① 千分尺的刻度原理　外径千分尺是利用螺旋副原理对弧形尺架上两测量面间分隔的距离进行读数的通用长度测量工具。外径千分尺由尺架、测微装置、锁紧装置、测力装置、隔热装置等组成，如图 2-6 所示。活动套筒与其内部的测微螺杆连接成一体，上面刻有 50 条等分刻线。当活动套筒旋转一周时，由于测微螺杆的螺距一般为 0.5mm，因此它就轴向移动 0.5mm。当活动套筒转过一格时，测微螺杆轴向移动距离为 0.5mm/50＝0.01mm，这是千分尺的刻度原理。

② 千分尺的读数方法　千分尺的读数包括固定套筒上刻度和活动套筒上刻度两部分。固定套筒纵刻线的两侧各有一排均匀刻线，刻线的间距都是 1mm，且相互错开 0.5mm，标出数字的一侧表示毫米数，未标数字的一侧即为 0.5mm 数。

用千分尺进行测量时，其读数也可分为以下三个步骤。

a. 先读出固定套筒上露出的刻度值，即被测件的整毫米值和半毫米值。

b. 找出与基准线对准的活动套筒上的刻线数值，读出小数部分。小数部分就是微分筒上与固定套筒管轴向刻度线对齐的那个刻度除以 100 得到的数值。

c. 将上面两次读数值相加，就是被测工件的尺寸。千分尺的读数示例如图 2-7 所示。

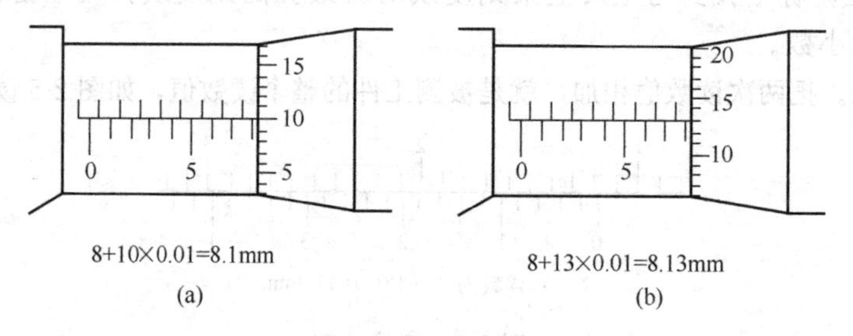

图 2-7　读数示例

③ 千分尺的正确使用　根据被测尺寸的大小和公差等级，选择千分尺的规格和精度级别。使用前，要检查千分尺和工件，并调整零位。例如，活动套筒的转动是否灵活，测微螺杆的移动是否平稳，锁紧装置的作用是否可靠等，还要把工件的测量表面擦干净。调零正确依据：活动套筒锥面的端面与固定套筒横刻线的右边缘相切，或离线不大于 0.1mm，压线不大于 0.05mm，同时活动套筒上“0”刻线对准固定套筒上轴向刻线。测量时，要使测微螺杆轴线与工件的被测尺寸方向一致。转动活动套筒，当测量面将与工件表面接触时，应改为转动棘轮（测力装置），直到棘轮发出“咋咋”的响声后，方能进行读数，这时最好在被测件上直接读数。如果必须取下千分尺读数时，应使用锁紧装置把测微螺杆锁住，再轻轻滑出千分尺。

(5) 百分表　百分表是一种利用机械传动系统，把测杆的直线位移转变为指针在表盘上角位移的长度测量工具。它只能测出相对数值，不能测出绝对数值。用它可以检查机床或零件的精确程度，也可以来调整加工工件的装夹位置偏差。百分表的测量范围一般有 0～3mm、0～5mm 和 0～10mm 三种。百分表的测量范围是指测杆能够上下移动的最大距离。

百分表的结构如图 2-8 所示。当测量杆向上或向下移动 1mm 时，主指针转动一圈。主指针满整圈时，小指针移动一格。表盘上共有 100 个分度，其代表主指针每转一个分度（格），量杆移动 1/100＝0.01mm。常用百分表小指针刻度盘的圆周上有 10 个等分格，每格为 1mm。

百分表测量的尺寸变化量就是大小指针所示读数之和，也就是说测量的数值包括毫米整数和小数部分两部分。毫米整数是指小指针转过的刻度值；小数部分是指大指针转过的刻度数乘以0.01。百分表通常是装在表架或者专用的检验工具上使用的，如图2-9所示。

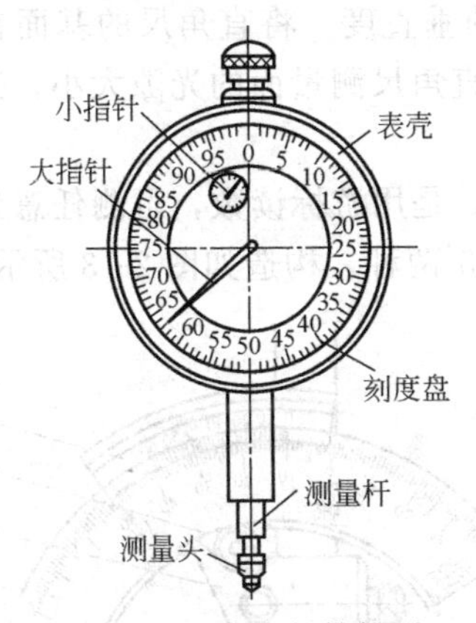

图2-8 百分表的结构图

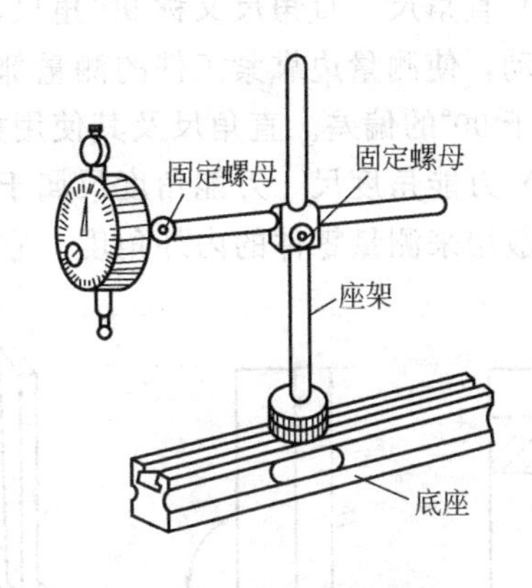

图2-9 百分表的固定

测量前，可以进行对零位，把指针转到表盘的零位作起始值；也可以将指针原来指的位置作为测量的起始位置的刻度，即将该刻度当作“0”刻度。对零位时先使测量头与基准表面接触，在测量范围允许的条件下，最好把表压缩，使指针转过2～3圈后再把表紧固住，然后对零位。同时，百分表的测量要与被测工件表面保持垂直。而测量圆柱形工件时，测量杆的中心线则应垂直地通过被测工件的中心线。

(6) 刀口形直尺　刀口形直尺是用透光法和光隙法检验精密平面直线度和平面度，其形状如图2-10所示。

刀口形直尺的规格用刀口长度表示，常用的有75mm、125mm、175mm、225mm和300mm等几种。检验时，将刀口尺的刀口与被检平面接触，而在平行于工件棱边方向和沿对角线方向放一个明亮均匀的光源，然后从尺的侧面观察工件表面与直尺之间漏光缝隙大小，来判断工件的表面是否平齐，如图2-10所示。

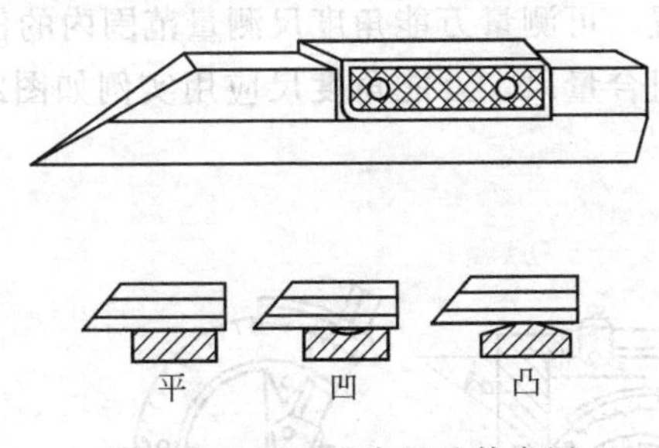

图2-10 刀口形直尺及其应用

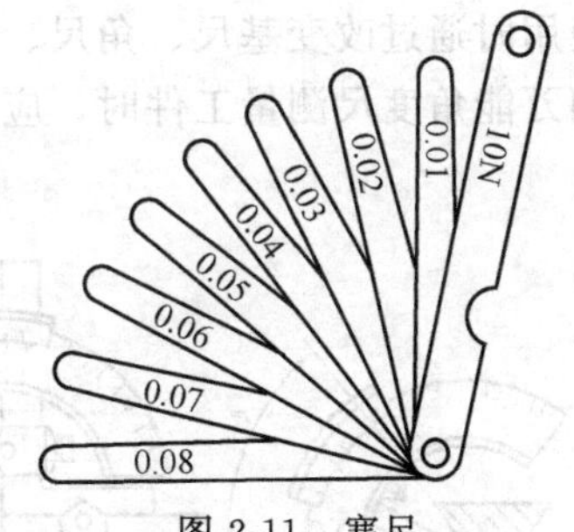

图2-11 塞尺

(7) 塞尺（厚薄规）　塞尺又称厚薄规或间隙规。塞尺是用来检查两贴合面之间间隙的薄片量尺，如图2-11所示。它是由一组薄钢片组成，其每片的厚度为0.01～1.00mm不等。测量时，先用较薄的一片塞尺插入被测间隙内，若有间隙，再依次挑选较厚的插入，直至恰好塞进不松不紧，而换用较厚的不能塞入。这时，塞入各片塞尺厚度（可由每片片身上的标记读出）之和，即为两贴合面的间隙值。塞尺片的测量精确度一般为0.01。

使用塞尺测量时选用的薄片越小越好，而且必须先用细棉纱软布或绸布擦净尺面和工件，测量时不能使劲硬塞，以免尺片打折。塞尺片与保护板的联结应能使塞尺片围绕轴心平滑的转动，不得有卡滞或松动现象。

2.2.2　角度量具

（1）直角尺　直角尺又称90°角尺，用于检查工件的垂直度。将直角尺的基面在平板上慢慢移动，使测量边靠紧工件的测量部位，观察工件与直角尺测量面的光隙大小，判断被测角相对于90°的偏差。直角尺及其使用如图2-12所示。

（2）万能角度尺　万能角度尺属于游标万能角度规，是用游标读数，可测任意角度的量尺，一般用来测量零件的内外角度。它的分度值有2′和5′两种，构造如图2-13所示。

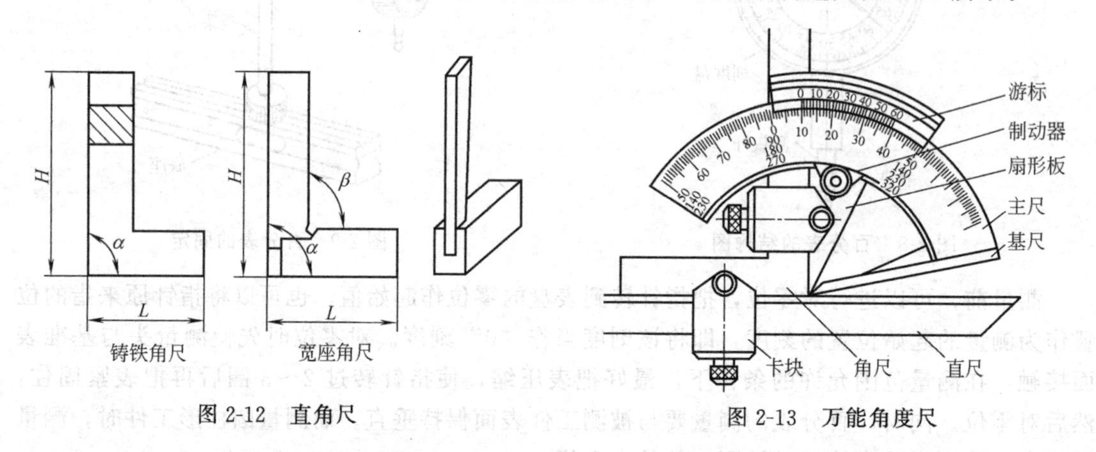

图2-12　直角尺　　图2-13　万能角度尺

万能角度尺的读数机构是根据游标原理制成的。分度值为2′的万能角度尺，其主尺刻度线每格为1°，而游标刻线每格为58′，即主尺1格与游标的1格的差值为2′。同理，分度值为5′的万能角度尺，游标尺的1格比主尺的1格角度值小1°/12，即5′。它们的读数方法与游标卡尺完全相同。

测量前，检查各运动部件是否灵活，制动是否可靠，然后校对零位。调零位的方法：把游标尺背面的两个螺钉松开，移动游标尺使它的“0”线与主尺“0”线以及末端刻线和主尺相应的刻线对齐，然后再拧紧螺钉，再对“0”位，使主尺与游标的“0”线对准时即调好零位。使用时通过改变基尺、角尺、直尺的相互位置，可测量万能角度尺测量范围内的任意角度。用万能角度尺测量工件时，应根据所测范围组合量尺，万能角度尺应用实例如图2-14所示。

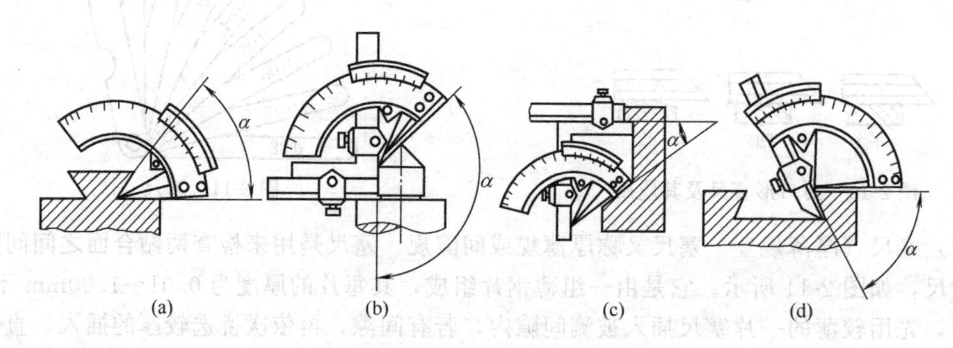

图2-14　万能角度尺应用实例

2.2.3　量具的保养技术

正确地使用和维护保养量具，对保持测量精度、延长使用寿命有着重要意义。因此，必须做到以下几点：

① 使用前必须用绒布将其擦干净；

② 不能用精密量具去测量毛坯或运动着的工件；

③ 测量时不能用力过猛、过大，也不能测量温度过高的工件；

④ 量具的存放地要干燥、清洁、无腐蚀性气体侵入，更不应和其他东西混放；

⑤ 不得用量具代替其他工具使用；

⑥ 不能用脏油或水清洗量具，更不能注入脏油；

⑦ 量具使用完后，要松开紧固装置，并将其擦洗干净后涂油并放入专用的量具盒内；

⑧ 量具要远离磁场，防止被磁化。

2.3 加工精度、表面粗糙度

2.3.1 互换性与标准公差

在机械加工中，零、部件的互换性是指在同一批合格的零件或部件中，在装配前，不需要挑选；装配时，不需要修配和调整；装配后，可以满足设计的使用要求。互换性通常包括几何参数和物理性能（如硬度、强度等）。保证产品具有互换性的生产，称为互换性生产。零件加工后的实际几何参数对理想几何参数的偏离程度，称为加工误差。在保证零件使用要求的前提下，必须给予零件几何量某一允许变动的范围，这个规定的允许变动的范围称为公差。

按零件的加工误差及其控制范围制定出的技术标准，称为公差与配合标准，也称为标准公差。它是实现互换性生产的基础。

2.3.2 加工精度

加工精度指零件加工后的几何参数（尺寸、形状和相互位置）与理想几何参数相符合的程度。对机械加工精度的要求程度取决于公差取值的大小。机加工精度具体包括尺寸精度、形状精度和位置精度三部分内容。

(1) 尺寸精度　尺寸精度指加工后零件的某些表面本身或表面之间的实际尺寸与理想尺寸之间的符合程度。同一基本尺寸（设计给定的尺寸）的零件，尺寸公差值的大小就决定了零件尺寸的精确程度。公差值小，精度高；公差值大，精度低。按国家标准 GB/T 1800.3—1998 规定，标准公差分为 20 级：IT01、IT0、IT1、IT2、…、IT18。其中 IT01 级精度最高，等级依次降低，IT18 级最低。

随基本尺寸的不同其标准公差值的大小也不同，尺寸小者公差小，尺寸大者公差大。总之，标准公差的数值，一与公差等级有关，二与基本尺寸有关。

(2) 形状精度　形状精度指加工后零件加工表面的实际形状与理想形状之间的符合程度。以图 2-15 所示轴为例，虽然在同样尺寸公差范围内，有八种不同的加工形状，这 8 种不同形状的轴不能很好地进行组装，而且对其工作精度、密封性、运动平稳性、耐磨性和使用寿命等性能都会有很大影响。因此，对某些零件的一些表面形状提出精度要求，即给这些表面的形状规定允许的变动范围，以限制零件的形状误差。该允许的变动量称为形状公差。

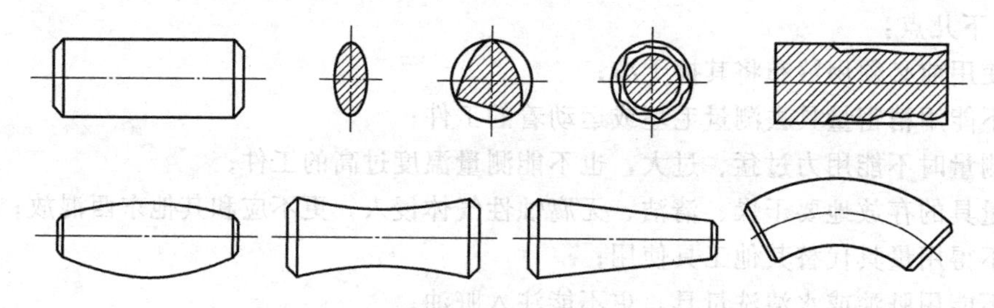

图 2-15 轴加工可能形成的八种不同形状示意图

按照国家标准 GB/T 1182—1996《形状和位置公差通则、定义、符号和图样表示法》规定，表面形状的精度用形状公差来表示控制，形状公差特征项目有 6 项，其符号如表 2-1 所示。

表 2-1 形位公差特征项目符号

公差		特征项目	符号	有或无基准要求
形状	形状	直线度	—	无
		平面度	▱	无
		圆度	○	无
		圆柱度	⌭	无
形状或位置	轮廓	线轮廓度	⌒	有或无
		面轮廓度	⌓	有或无
位置	定向	平行度	//	有
		垂直度	⊥	有
		倾斜度	∠	有
	定位	位置度	⌖	有或无
		同轴(同心)度	◎	有
		对称度	⌯	有
	跳动	圆跳动	↗	有
		全跳动	⌰	有

① 直线度 直线度误差是指零件上被测直线偏离其理想形状的程度。直线度公差是用以限制被测实际直线对其理想直线变动量的一项指标。

② 平面度 平面度误差是指零件上被测平面对其理想平面变动量的一项指标。

③ 圆度 圆度误差是指零件上被测圆柱面或圆锥面在正截面内的实际轮廓偏离其理想形状的程度。

④ 圆柱度 圆柱度误差是指零件上被测圆柱面偏离理想形状的程度。

⑤ 线轮廓度　线轮廓度表示被测实际曲线偏离理想曲线的程度。线轮廓度公差是实际轮廓线对理论正确几何形状的线的允许变动全量。

⑥ 面轮廓度　面轮廓度是表示被测实际曲面对理想曲面相差的程度。面轮廓度公差是实际轮廓面对有理论正确几何形状表面的允许变动全量。

(3) 位置精度　位置精度是指加工后零件有关表面之间的实际位置与理想位置之间的符合程度。位置误差是指关联实际要素的位置对基准所允许的变动量。按照国家标准 GB/T 1182—1996《形状和位置公差通则、定义、符号和图样表示法》，位置精度用位置公差来表示。位置公差包括 8 项，其符号如表 2-1 所示。

位置公差按其项目可分为定向公差、定位公差和跳动公差三大类。

① 定向公差　是指关联实际要素对基准要素在方向上允许的变动全量。定向公差包括平行度、垂直度和倾斜度三种公差特征项目。

② 定位公差　是指关联实际要素对基准要素在位置上允许的变动全量。定位公差包括同轴度、对称度和位置度三种公差特征项目。

③ 跳动公差　是指关联实际要素绕基准轴线回转一周或连续回转时允许的最大跳动量。跳动公差包括圆跳动和全跳动两种公差特征项目。

2.3.3 表面粗糙度

零件被加工后，在其表面产生微小的峰谷。这些微小的峰谷的高低程度和间距状态，就称为表面粗糙度。表面粗糙度的评定参数很多，一般用加工表面轮廓高度方向的几个参数来评定，轮廓算术平均偏差 R_a 如图 2-16 所示。

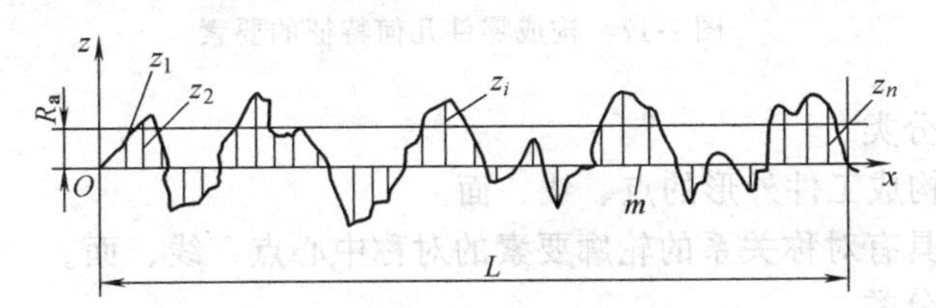

图 2-16　轮廓算术平均偏差

$$R_a=\frac{1}{l}\int_0^l |z(x)|\,dx$$

或近似为

$$R_a\approx\frac{1}{n}\sum_{i=1}^{n}|z_i|$$

式中　m——算术平均中线；

z_1，z_2，z_3，…，z_n——轮廓线上的点与算术平均中线之间的距离；

l——取样长度；

R_a——轮廓算术平均偏差。

零件表面的 R_a 值越大，则表面越粗糙。

为了测量和使用上的要求，不同尺寸精度等级应和相应的表面粗糙度相配合。例如，精度等级为 IT12 时，其相应的表面粗糙度 R_a 值应为 50μm；当尺寸精度等级为 IT7 时，其相应的表面粗糙度 R_a 值应为 1.6μm。

图纸上表面粗糙度符号含义如下。

⌀✓：表示该表面粗糙度是用不去除材料的方法（如铸、锻、冲压变形等）获得的，或者是用于保持原供应状况的表面。

▽✓：表示该表面粗糙度是用去除材料的方法（如车、铣、刨、磨、钻、剪切等）获得的。表面粗糙度 R_a 值的标注举例如下。

3.2▽✓：表示用去除材料方法获得的表面，R_a 最大允许值为 32μm。

3.2⌀✓：表示用不去除材料方法获得的表面，R_a 最大允许值为 32μm。

2.4 形状与位置公差

2.4.1 形位公差的基本知识

（1）零件的要素和要素的分类　零件的要素是指构成零件的具有几何特征的点、线、面。图 2-17 所示零件就是由点、球心、轴线、圆柱面、球面、圆锥面和平面等要素组成。

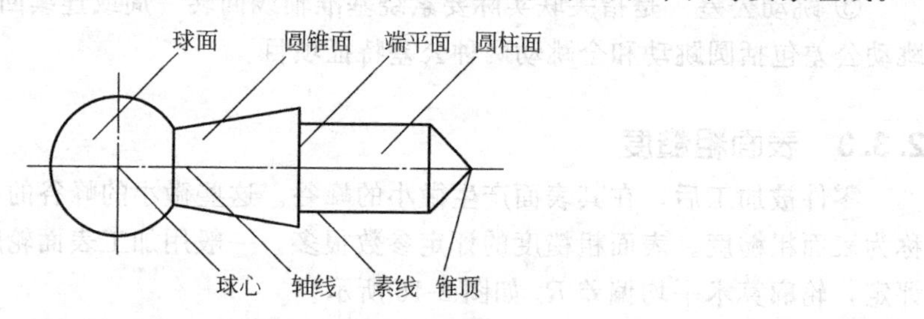

图 2-17　构成零件几何特征的要素

① 按结构特征分类

a. 轮廓要素。构成工件外形的点、线、面。

b. 中心要素。具有对称关系的轮廓要素的对称中心点、线、面。

② 按存在状态分类

a. 理想要素。具有几何意义的要素。

b. 实际要素。零件上实际存在的要素。

③ 按检测的地位分类

a. 被测要素。在图样上给出形位公差要求的要素。

b. 基准要素。用来确定被测要素方向或位置的要素。

④ 按功能关系分类

a. 单一要素。仅对其本身给出了形位公差的要素。

b. 关联要素。对其他要素具有功能关系的要素。

（2）形位公差的标注方法

① 被测要素的标注方法

a. 被测要素为线或表面时的标注，如图 2-18 所示。

b. 被测要素为轴线、球心或中心平面时的标注，如图 2-19 所示。

c. 被测要素为圆锥体轴线时的标注，如图 2-20 所示。

d. 被测要素为螺纹的轴线时的标注，如图 2-21 所示。

e. 同一被测要素有多项形位公差要求的标注，如图 2-22 所示。

f. 多个被测要素有相同的形位公差要求时的标注，如图 2-23 所示。

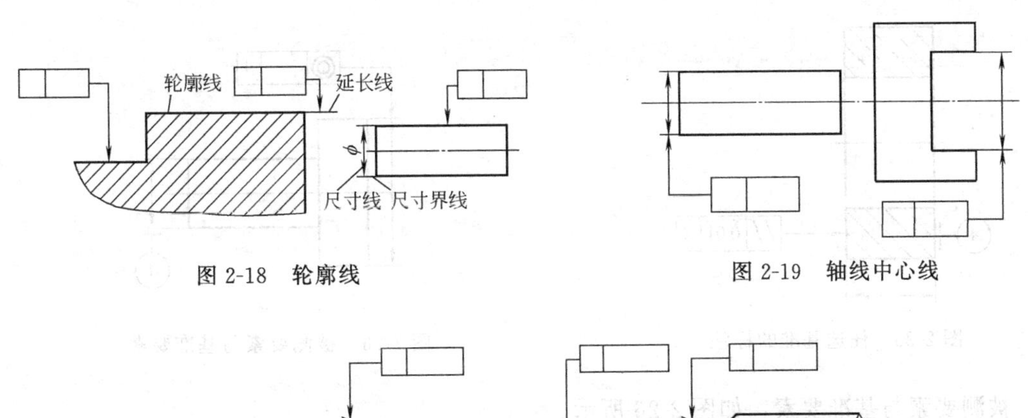

图 2-18　轮廓线　　　　图 2-19　轴线中心线

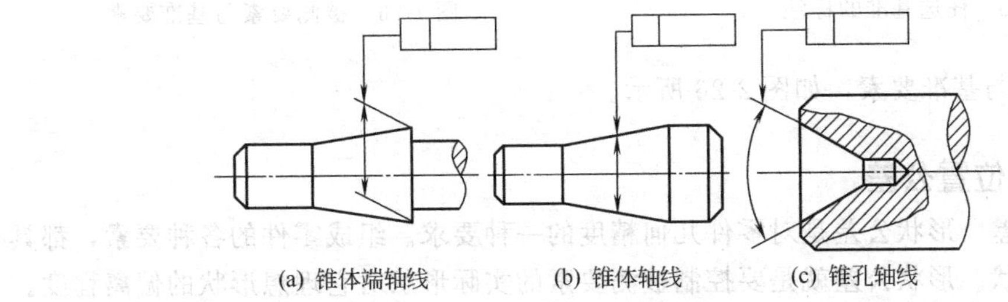

图 2-20　圆锥体

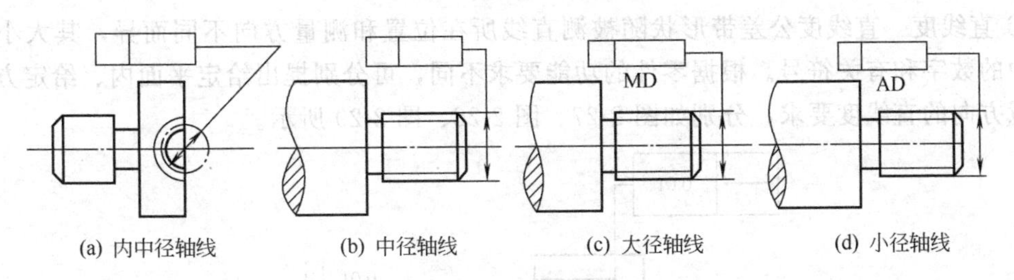

图 2-21　螺纹轴线

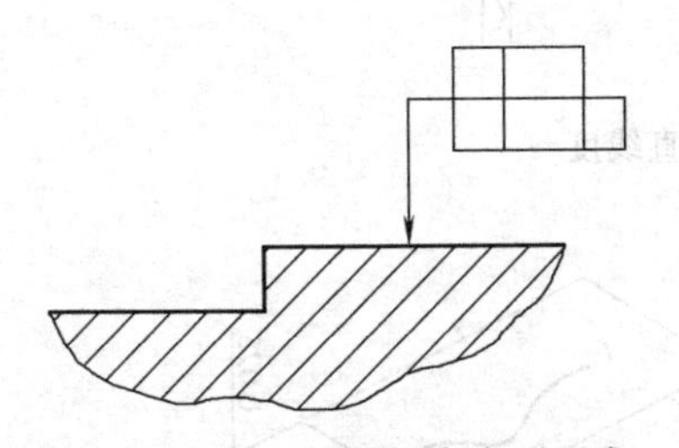

图 2-22　同一被测要素多项要求

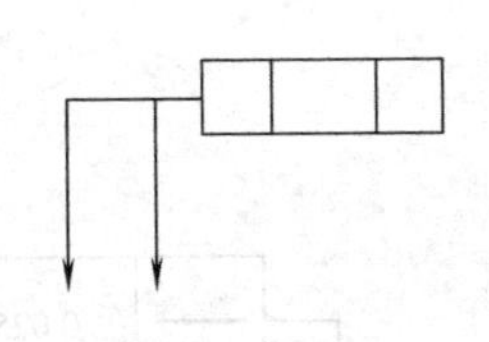

图 2-23　多个被测要素有相同要求

② 基准要素的标注方法

a. 用基准符号标注基准要素，如图 2-24 所示。

b. 任选基准的标注，如图 2-25 所示。

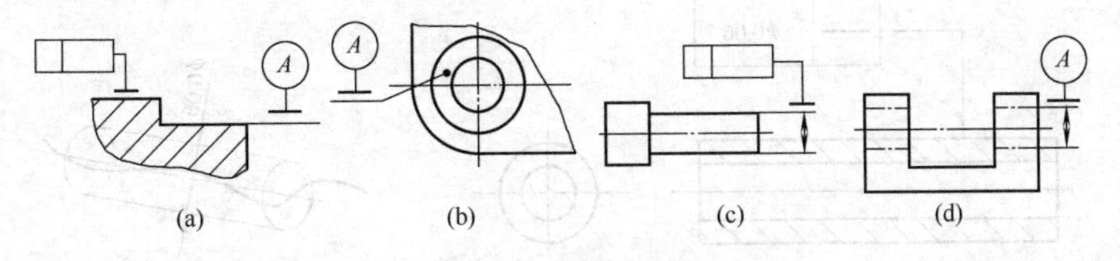

图 2-24　基准的标注

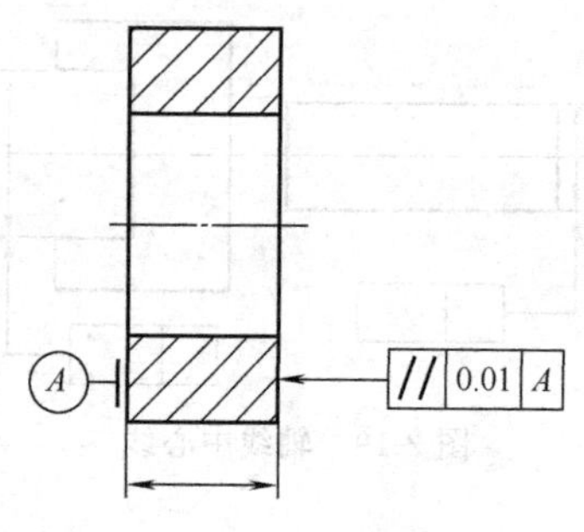

图 2-25　任选基准的标注

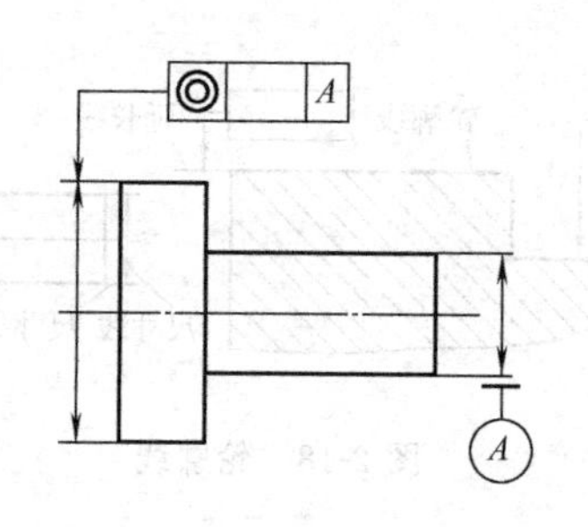

图 2-26　被测要素与基准要素

c. 被测要素与基准要素，如图 2-26 所示。

2.4.2　形状与位置公差

(1) 形状公差　形状公差是对零件几何精度的一种要求。组成零件的各种要素，都具有它本身的理想形状。形状公差就是要控制被测要素的实际形状对它理想形状的偏离程度。

形状公差是指单一实际要素的形状所允许变动的全量，形状公差检测就是要检查实际要素是否在形状公差范围之内。

① 直线度　直线度公差带形状随被测直线所在位置和测量方向不同而异，其大小就是框格中的数字和有关符号。根据零件的功能要求不同，可分别提出给定平面内、给定方向上和任意方向的直线度要求，分别如图 2-27、图 2-28、图 2-29 所示。

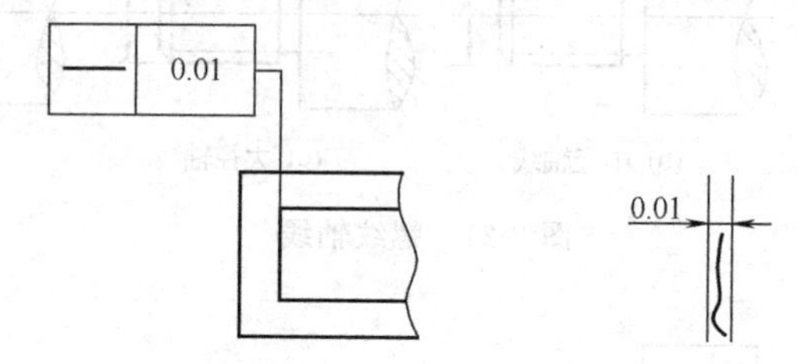

图 2-27　给定平面内的直线度

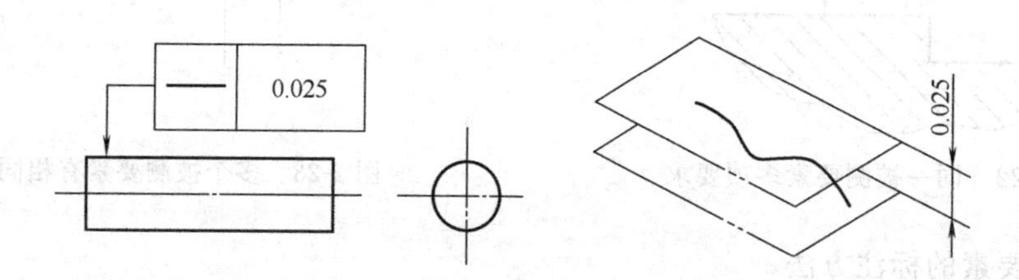

图 2-28　给定一个方向的直线度

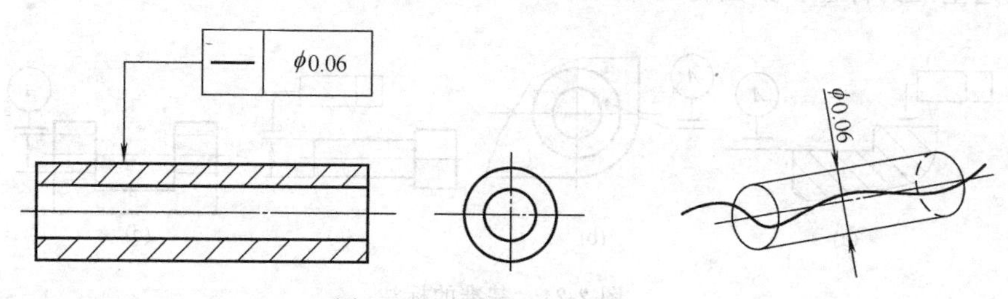

图 2-29　任意方向的直线度

② 平面度　平面度是指被测实际表面平整的程度。平面度公差是指实际平面对理想平面的允许变动全量。平面公差带的形状和大小如图 2-30 所示。

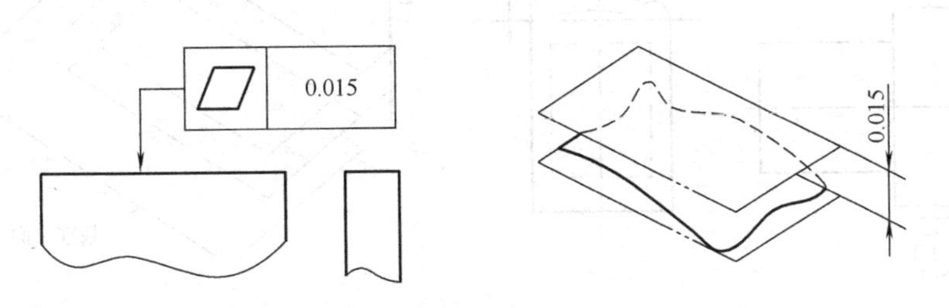

图 2-30　平面公差带的形状和大小

③ 圆度　表示被测要素圆的程度。圆度公差是指在同一截面内，实际圆对理想圆的允许变动全量。如图 2-31 所示，零件上被测圆柱面在截面内的轮廓线圆度公差为 0.01mm，指在垂直于轴线的任一正截面内，轮廓圆必须位于半径差为 0.01mm 的两同心圆之间。

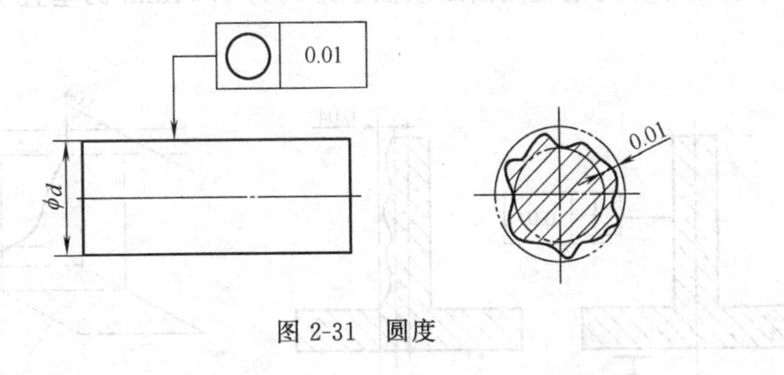

图 2-31　圆度

④ 圆柱度　表示被测实际圆柱体纵向在半径上圆度一致的程度。圆柱度公差是实际圆柱面对理想圆柱面的允许变动全量。如图 2-32 所示，零件上被测内圆柱面的圆柱度公差为 0.022mm，被测内圆柱面必须位于半径差为 0.022mm 的两同轴圆柱面之间。

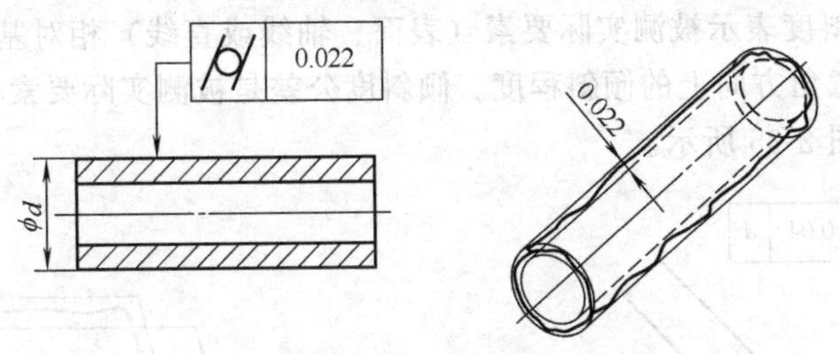

图 2-32　圆柱度

(2) 位置公差　国家标准规定，在零件图上标注位置公差时，要比标注形状公差多一个框格，还要标注基准。基准代号由基准符号、圆圈、连线与字母组成。基准符号用加粗的短划线表示。位置公差包括定向公差、定位公差和跳动公差。定向公差包括平形度、垂直度和倾斜度；定位公差包括同轴度、对称度和位置度；跳动公差包括圆跳动和全跳动。

① 定向公差

a. 平行度。平行度表示被测要素相对基准要素的平行程度。平行度公差是用以限制被测实际要素在与基准平行方向上变动量的一项指标。如图 2-33 所示，零件上被测要素对基准平面的平行度公差为 0.025mm，被测表面必须位于距离为 0.025mm 且平行于基准平面 A 的两平行平面之间。

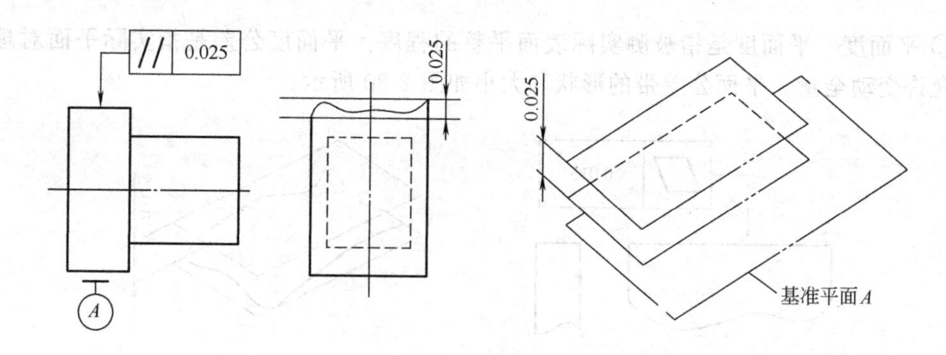

图 2-33 平行度

b. 垂直度。垂直度表示被测实际要素（直线或平面）与基准要素（直线或平面）相互垂直的程度。垂直度公差是用以限制被测实际要素在与基准垂直方向上变动量的一项指标。如图 2-34 所示，被测零件的垂直侧面必须位于距离为 0.04mm 的垂直于水平侧面基准的两平行平面之间。

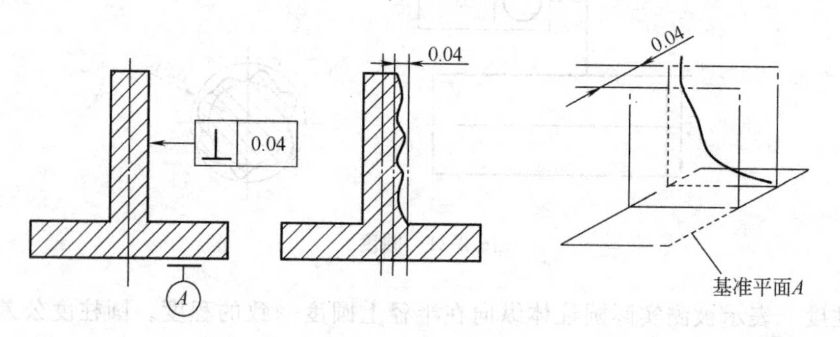

图 2-34 垂直度

c. 倾斜度。倾斜度表示被测实际要素（表面、轴线或直线）相对基准要素（理想表面、轴线或直线）呈任意角方向上的倾斜程度。倾斜度公差是被测实际要素相对基准要素倾斜度允许变动全量，如图 2-35 所示。

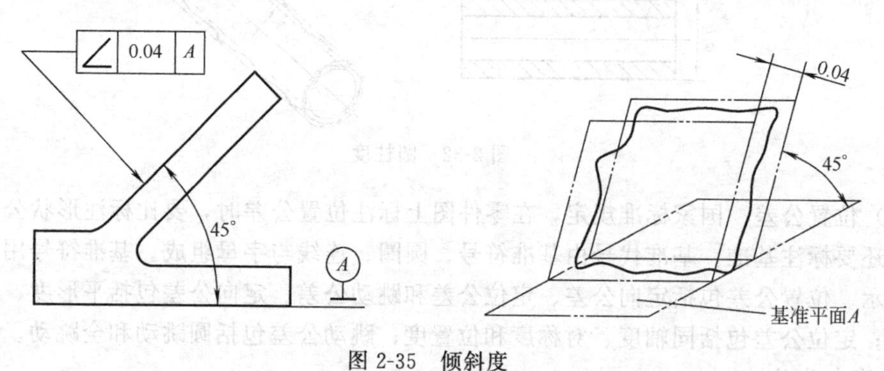

图 2-35 倾斜度

② 定位公差

a. 同轴度。同轴度表示同一零件上的同一轴线上不同直径轴线间的精确程度。同轴度公差是指被测实际轴线相对基准轴线同轴度允许变动全量，如图 2-36 所示。

b. 对称度。对称度表示被测实际中心面相对基准中心面对称的程度。对称度公差是被

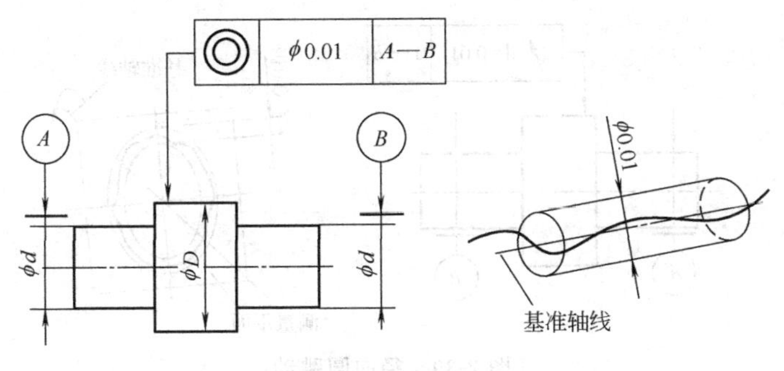

图 2-36 同轴度

测实际要素（中心面、直线或轴线），相对基准要素（中心面、直线或轴线）对称度允许变动全量，如图 2-37 所示。

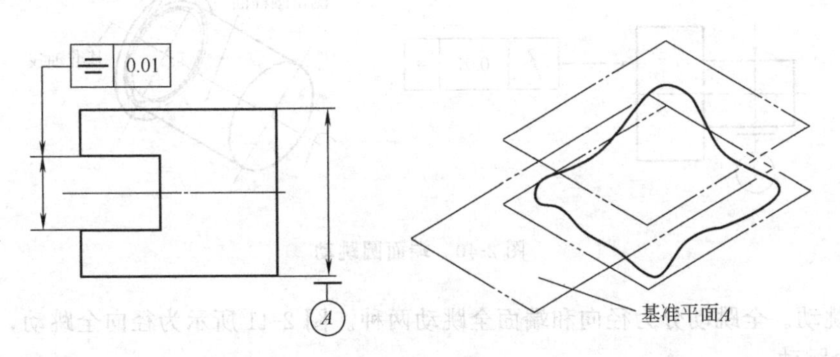

图 2-37 对称度

c. 位置度。位置度是表示被测实际要素（点、线、面）的位置相对基准要素（理想的点、线、面）的位置精度。位置公差是被测实际要素相对基准要素位置所允许变动全量，如图 2-38 所示。

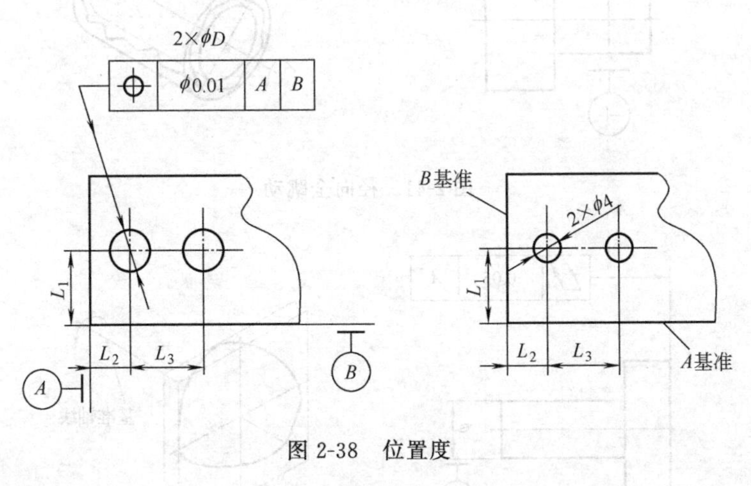

图 2-38 位置度

③ 跳动公差

a. 圆跳动。圆跳动公差是以特定的测量方法建立的位置公差项目，具有综合控制形位误差的功能。圆跳动分为径向、端面和斜向圆跳动三种。图 2-39 所示为径向圆跳动，图 2-40 所示为端面圆跳动。

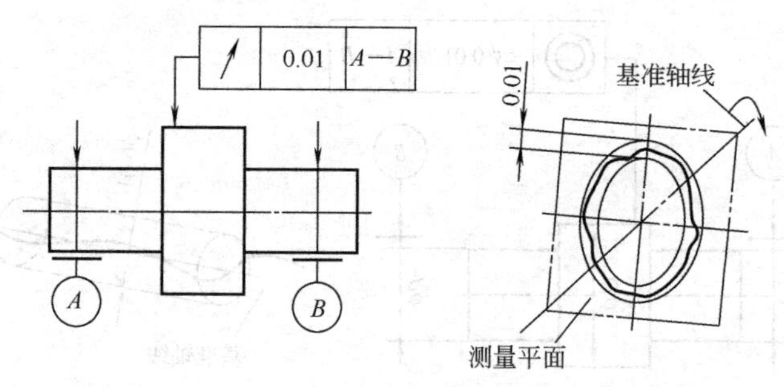

图 2-39　径向圆跳动

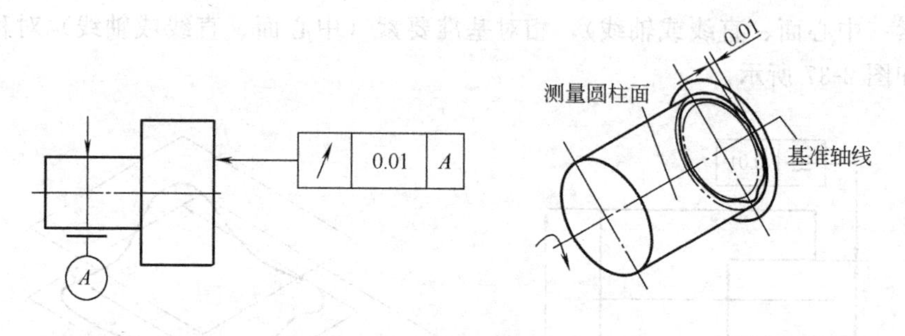

图 2-40　端面圆跳动

b. 全跳动。全跳动分为径向和端面全跳动两种。图 2-41 所示为径向全跳动，图 2-42 所示为端面全跳动。

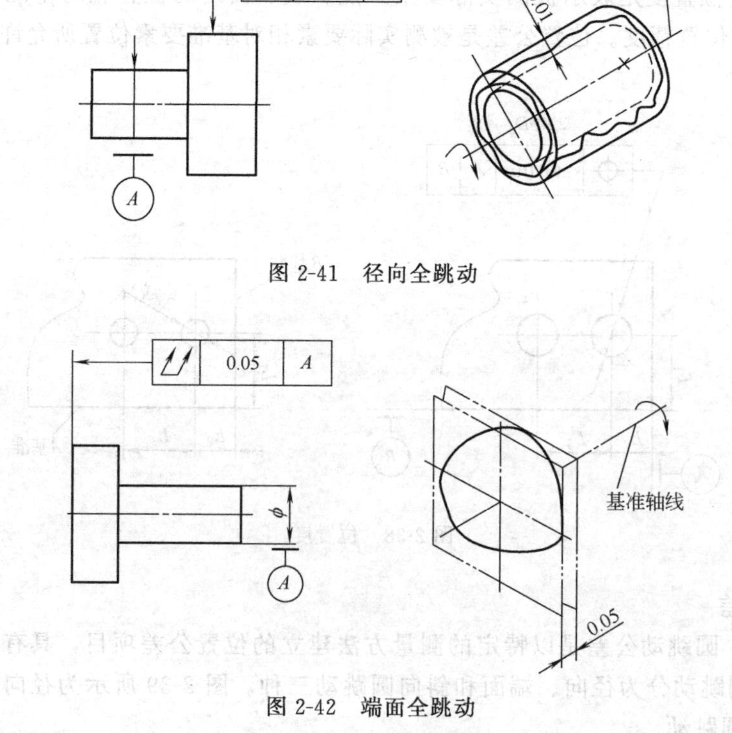

图 2-41　径向全跳动

图 2-42　端面全跳动

2.5　三坐标测量技术简介

(1) 三坐标测量机介绍　三坐标测量技术主要是指依靠三坐标测量机（CMM）对产品上的点坐标的测定，以确定产品几何特征的一种方法。三坐标测量机是通过探头系统与工件的相对移动，来探测工件表面点三维坐标的测量系统。主要包括主体部分、输送部分、装夹部分和软件部分。测量原理：将被测物体置于三坐标测量空间，可获得被测物体上各测点的坐标位置，根据这些点的空间坐标值，经计算求出被测物体的几何尺寸、形状和位置。三坐标测量机的测量方式大致可分为接触式与非接触式两种。三坐标测量机基本可以分为龙门式、悬臂式、桥式、L 式、便携式。主要常用的有桥式测量机、龙门式测量机、水平臂式测量机和便携式测量机。国际上的大品牌主要有莱兹、蔡司、BrownSharpe、Faro、日本三丰、LK 等。

(2) 测量范围和精度　三坐标测量机是精密的数控检测设备，其精度高于一般的数控机床，可对产品的几何尺寸和形位公差进行精确检测。三坐标测量机的测量范围有大有小，小的大概只有 1m 多的空间测量范围，大的可以直接测量整车外形。它的精度受本身的结构、材料、驱动系统、光栅尺等各个环节影响。它的光栅尺分辨率一般在 0.0005mm，测量时精度又受当时的温度、湿度、震动等很多环境因素影响。它与传统测量工具比较，可以一次装夹，完成很多尺寸的测量，包括很多传统测量仪器无法进行的测量，更能输入 CAD 模型，在模型上采点进行自动测量。

(3) 应用范围　三坐标测量机普遍具有高精度、高速度、很好的柔性、很强的数据处理能力，主要用于机械、汽车、航空、军工、模具等行业中的箱体、机架、齿轮、凸轮等的测量。

思考与练习

1. 游标卡尺的分度值有哪几种？说明分度值为 0.02mm 游标卡尺的刻线原理。使用游标卡尺时应注意哪些问题？

2. 简述常见量具的读数原理、使用方法及其应用场合。

3. 量具保养应注意哪些问题？

4. 简述零件的加工精度和表面粗糙度。

第3章 钳 工

3.1 概述

钳工是工人手持工具对工件进行加工的方法。钳工工具简单，操作灵活方便，可以完成机械加工所不能完成的某些工作，因此尽管钳工工作劳动强度较大，生产率低，但在机械制造和修配中仍占有重要地位，是切削加工不可缺少的一个组成部分。钳工工具和操作方法也在不断改进和发展。

钳工的基本操作有：划线、整削、锯割、锉削、钻孔、攻螺纹、套螺纹、刮削和装配等。钳工操作主要在钳工台和台虎钳上进行。

3.2 钳工工作台和台虎钳

3.2.1 钳工工作台

钳工台是用硬质木材制成，桌面一般用铁皮包着，坚实平稳，如图 3-1 所示。

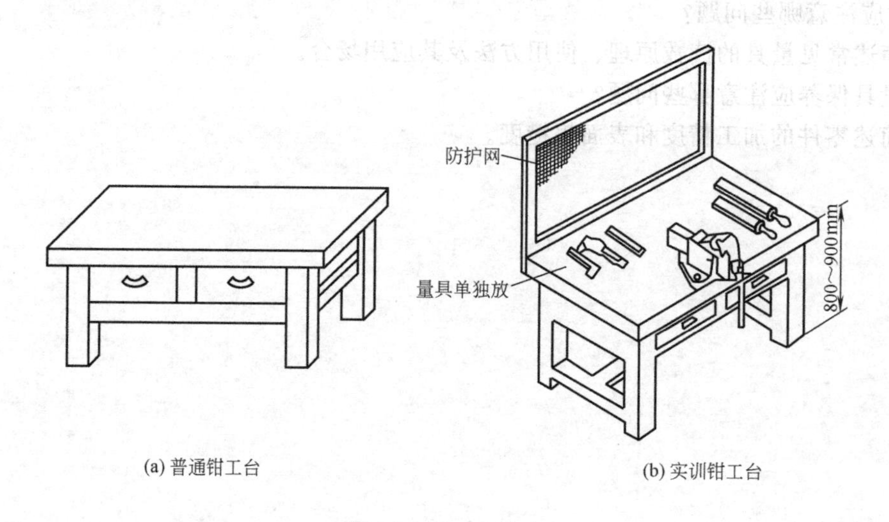

(a) 普通钳工台　　(b) 实训钳工台

图 3-1 钳工工作台

3.2.2　台虎钳

台虎钳是用于夹持工件的，外形结构如图 3-2 所示，它固定在工作台上。台虎钳的大小以钳口长度表示，常用的有 100mm、125mm 和 150mm 三种规格。钳口有斜形齿纹，若夹持精密工件时，钳口要垫上软铁或铜皮，以免工件表面损伤。

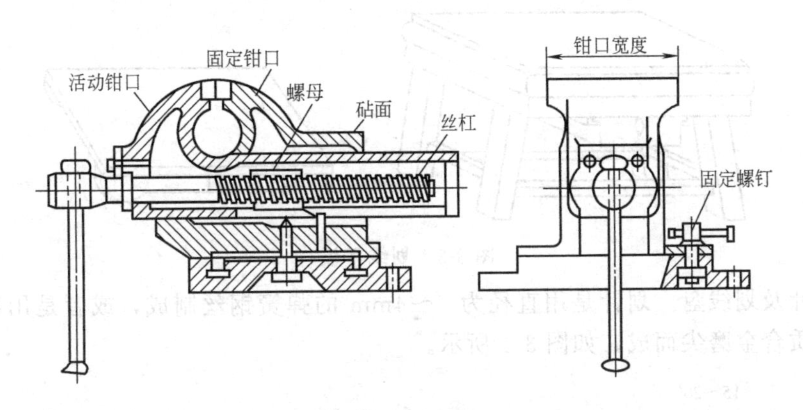

图 3-2　台虎钳

3.3　划线

3.3.1　划线的分类和用途

（1）划线的作用　划线是根据图纸要求，在毛坯或半成品上划出加工界限的一种操作。其作用是：

① 检查毛坯的形状和尺寸是否合格，避免不合格的毛坯投入机械加工而造成浪费；

② 明确表示出加工余量、加工位置或作为安装工件的依据；

③ 合理分配各表面加工余量（又称借料），以提高成品率。

（2）划线的分类　划线分为平面划线和立体划线。

① 平面划线。在工件的表面上划线称为平面划线，其方法类似于平面作图。

② 立体划线。用划针、划规、钢直尺、角尺等工具在工件的长、宽、高三个方向上划线称为立体划线。

（3）划线的用途

① 确定工件各表面的加工余量，确定孔的位置，使机械加工有明确的尺寸界线。对精度高的工件，可以按线加工到最后尺寸。但由于划线误差较大，精度一般在 0.25～0.5mm 之间，所以对于要求较高的工件不能靠划线来确定加工时的最后尺寸，必须通过精确的测量来保证尺寸的精确度。

② 通过划线可以检查毛坯是否正确，毛坯误差小时，可以通过划线找正补救；无法找正补救的误差大的毛坯，也可通过划线及时发现，避免采用不合格的毛坯，以免浪费机械加工工时。

③ 在机床上安装复杂工件，常常按划线找正定位。

④ 在坯料上按划线下料，可以做到正确配料，使材料合理使用，避免不必要的浪费。

3.3.2 划线常用工具

（1）划线平板　划线平板是一块经过精刨或刮削加工的铸铁平板，是划线的基准工具，如图 3-3 所示。平板安放要平稳牢固，并保持水平。平板使用要均匀，以免局部地方磨凹，还要注意保持清洁，防止受到撞击，不允许在平板上锤击工件。

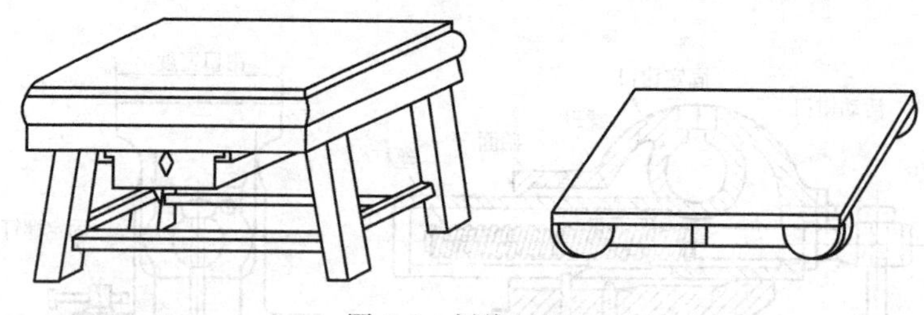

图 3-3　划线平板

（2）划针及划线盘　划针是用直径为 3～4mm 的弹簧钢丝制成，或者是用碳钢钢丝在端部焊上硬质合金磨尖而成，如图 3-4 所示。

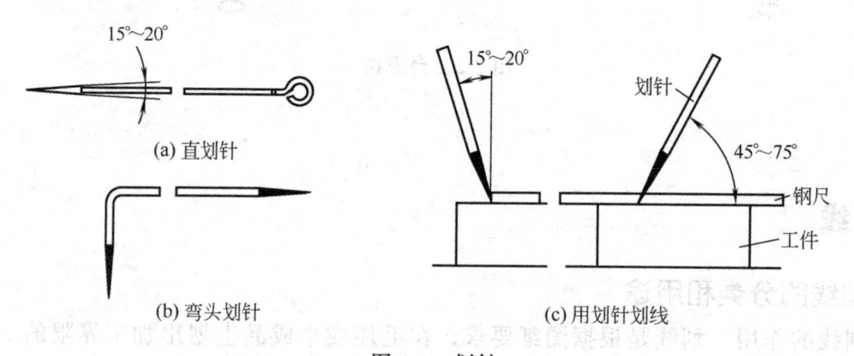

图 3-4　划针

划线盘是进行立面划线和校正工件位置的工具，有普通划线盘和可微调划线盘两种形式。

图 3-5 是用划线盘划线的情况。先调节划针的高度，然后在划线平板上移动划线盘，就可在工件上划出与划线平板平行的刻线。

（3）样冲　为了避免划出的线条在加工过程中被擦掉，要在划好的刻线上用样冲打出小而均匀的样冲眼。需要钻孔的圆心也要打样冲眼，以便钻头对准和切入。图 3-6 所示为样冲及其用法。

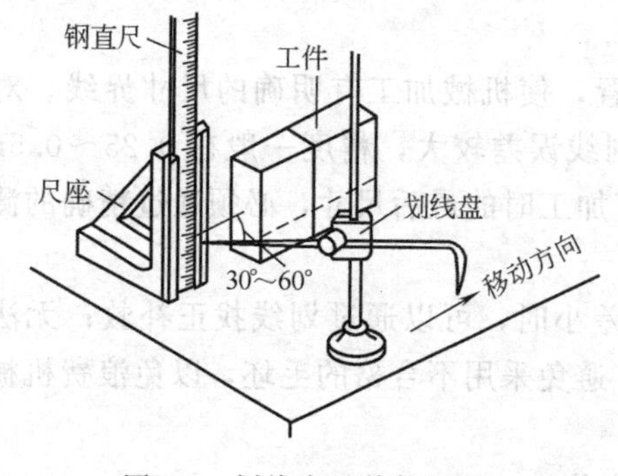

图 3-5　划线盘及其使用图

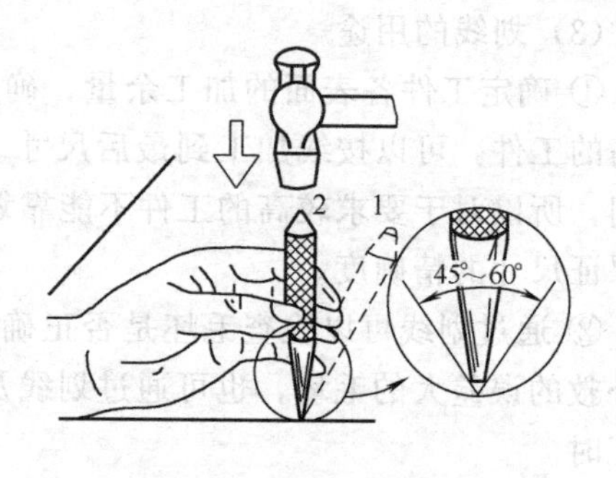

图 3-6　样冲及其使用

1—对准位置；2—冲眼

冲眼的间距和深浅，可根据刻线的长短和工件表面的粗糙程度决定。一般情况下，粗糙的毛坯，冲眼间距可以密些、深些；直线上冲眼应稀些，曲线上密些；薄工件和薄板上的冲眼要浅些。

软材料和精加工过的表面不能打样冲眼。

(4) 划规和划卡　划规用工具钢制成，两脚尖要坚硬磨利。为了耐磨，脚尖焊有硬质合金，如图 3-7 所示。划规用于划圆、量取尺寸和等分线段。

划卡又称单脚规，用于确定轴及孔的中心位置，也可用于划平行线。图 3-8 为划卡及其使用。

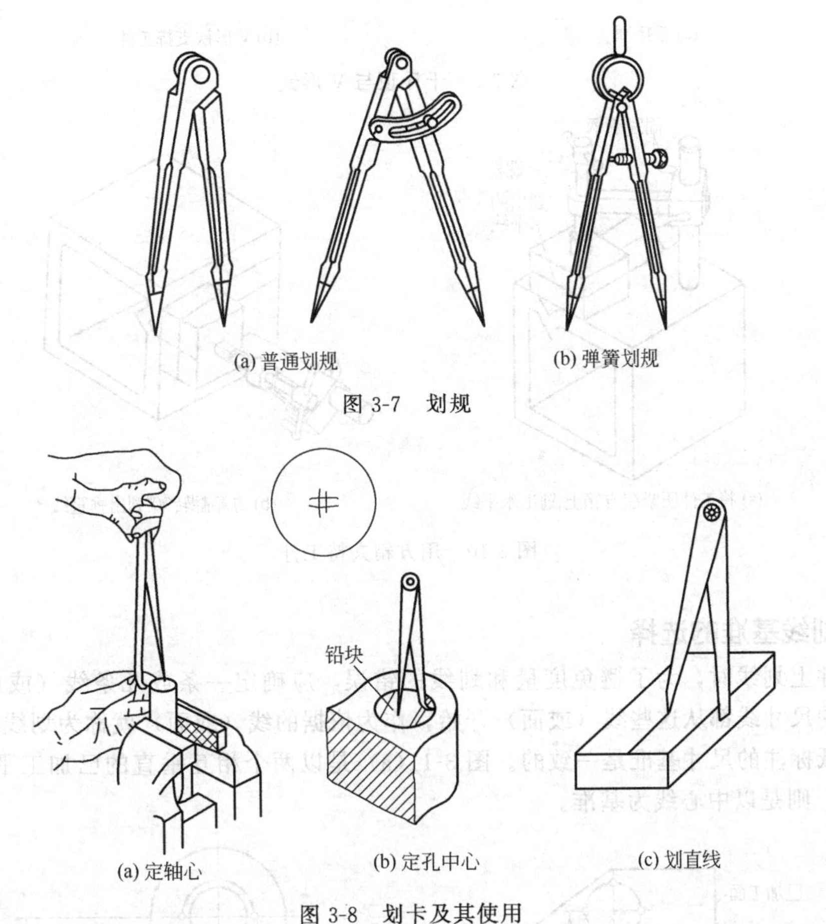

图 3-7　划规

图 3-8　划卡及其使用

(5) 千斤顶与 V 形铁　千斤顶与 V 形铁都是用于支撑工件的。工件的平面用千斤顶支撑，圆柱面则用 V 形铁支撑，如图 3-9 所示。千斤顶通常是三个一组使用。由于它能支撑很重的工件，而且又可调节工件位置高低，所以在工件划线中应用很广。

(6) 方箱　如图 3-10 所示，用以夹持较小的工件，可划三个互成 90°方向的直线，V 形槽放置圆柱工件，垫角度垫板可划斜线。使用时严禁碰撞，夹持工件时紧固螺钉松紧要适当。

(7) 高度游标尺　高度游标尺与划针盘用于精密划线和测量尺寸，不允许在毛坯上划线。在划线过程中使刀刃一侧成 45° 平稳接触工件，移动尺座划线。

(8) 分度头　用于等分圆周，划角度线，直线分度。

(9) 量具　钢尺、高度尺、直角尺等。

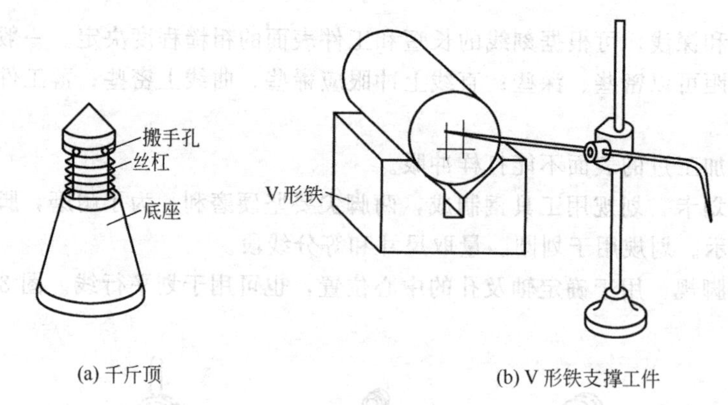

(a) 千斤顶　　(b) V形铁支撑工件

图 3-9　千斤顶与V形铁

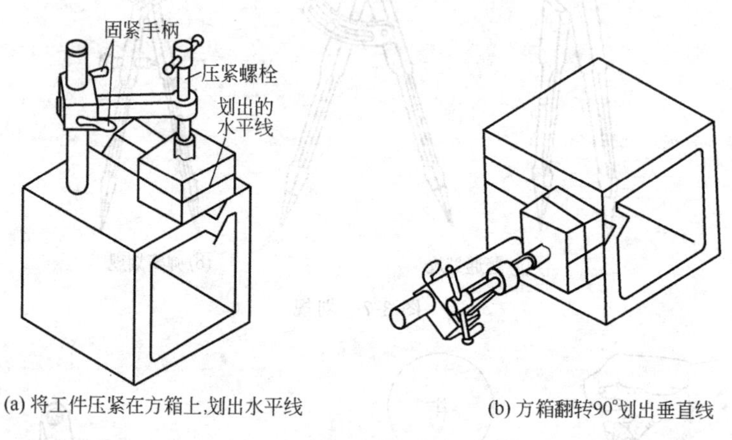

(a) 将工件压紧在方箱上,划出水平线　　(b) 方箱翻转90°划出垂直线

图 3-10　用方箱夹持工件

3.3.3 划线基准的选择

在工件上划线时，为了避免度量和划线的错误，应确定一条或几条线（或面）作为依据，其余的尺寸线都从这些线（或面）开始，作为依据的线（或面）就称为划线基准。通常它们和图纸标注的尺寸基准是一致的。图 3-11(a) 是以两个相互垂直的已加工平面为基准；图 3-11(b) 则是以中心线为基准。

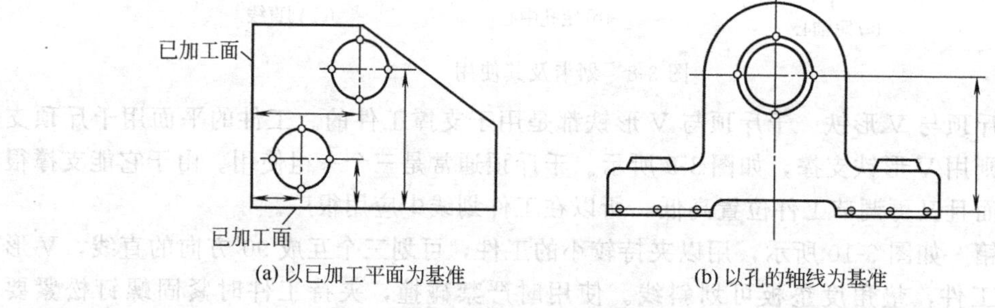

(a) 以已加工平面为基准　　(b) 以孔的轴线为基准

图 3-11　划线基准

3.3.4 划线操作

(1) 划线前准备　为了使工作表面上划出的线条正确、清晰，划线前表面必须清理干净，如锻件表面的氧化皮、铸件表面的粘砂都要去掉；半成品要修毛刺，并洗净油污。有孔

的工件划圆时，还要用木板或铅块塞孔（见图 3-12），以便找出圆心。划线表面上要均匀涂色，锻、铸件一般涂石灰水，小件可涂粉笔，半成品涂蓝油或硫酸铜溶液。

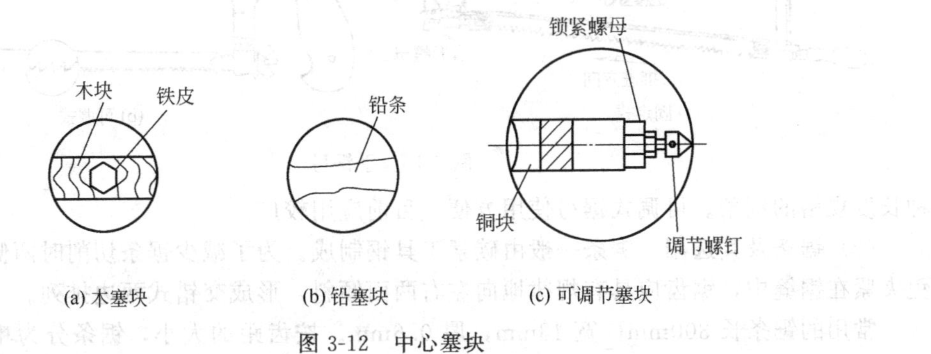

图 3-12　中心塞块

（2）划线操作　划线分平面划线和立体划线两种。平面划线是在工件的一个表面上划线。

平面划线和机械制图的画图相似，所不同的是用钢尺、角尺、划针和圆规等工具在金属工件上作图。

立体划线是在工件的几个表面上划线。

划线时应注意工件支承平稳。同一面上的线条应在一次支承中划全，避免再次调节支承补划，否则容易产生误差。

3.3.5　划线注意事项

划线是一项细致而重要的工作，线若划错，工件就会报废，所以要注意以下几点。

① 在划线前一定要看清图纸，特别要注意视图方向不能搞错。

② 毛坯划线时，要做好找正工作，第一条线如何划要从多方面考虑，制订划线方案要考虑大局。

③ 要掌握各种划线工具和测量工具的使用方法，工件支撑在三个千斤顶上划线时，应使千斤顶之间间距尽可能大一些，当工件较重、较大时，要采用松吊保护措施，防止工件倒落伤人。

④ 划线时要全神贯注，反复核对尺寸、划线位置，划出的线条要求清晰均匀，尺寸准确无误，关键部位要划辅助线；样冲眼的位置、大小、疏密要适当；敲样冲眼要冲准、冲好、冲匀。

总之要小心仔细，避免出差错。虽然划线是一种技术要求高、生产率很低的工序，但仍然广泛应用于单件和小批量生产中。

3.4　锯切

锯切是用手锯切断材料或在工件上切槽的操作。锯切工件的精度较低，需要进一步加工。

3.4.1　锯切工具

（1）手锯弓　手锯弓有固定式和可调式两种形式，如图 3-13 所示。固定式锯弓只能安装一种长度规格的锯条。可调式锯弓的弓架分成两段，前段可沿后段的套内移动，可安装几

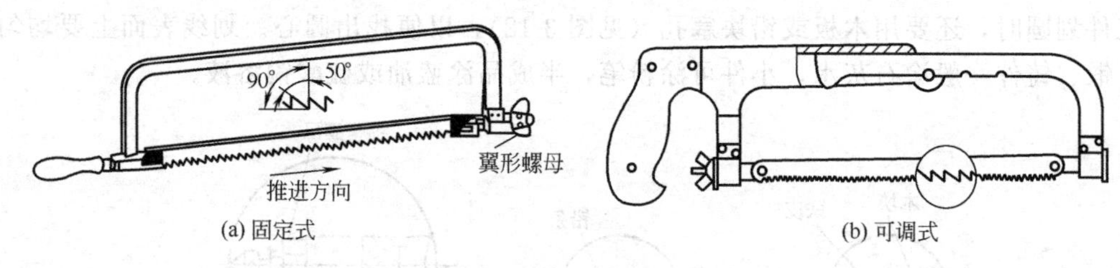

图 3-13 手锯弓

种长度规格的锯条。可调式锯弓使用方便，目前应用较广。

(2) 锯条及其选用　锯条一般由碳素工具钢制成。为了减少锯条切削时两侧的摩擦，避免夹紧在锯缝中，锯齿应具有规律地向左右两面倾斜，形成交错式两边排列。

常用的锯条长 300mm，宽 13mm，厚 0.6mm。按齿距的大小，锯条分为粗齿、中齿和细齿三种。

如图 3-14 所示，粗齿锯条的齿距约为 1.6mm（每 25mm 长度内的齿数为 14～16），用于锯切低碳钢、铜、铝等有色金属、塑料以及断面尺寸较大的工件。细齿锯条的齿距为 0.8mm（每 25mm 长度内齿数为 32），用于锯切硬材料、薄板和管子等。中齿锯条的齿锯为 1.2mm（每 25mm 长度内齿数为 22），用于加工普通钢材、铸铁以及中等厚度的工件。

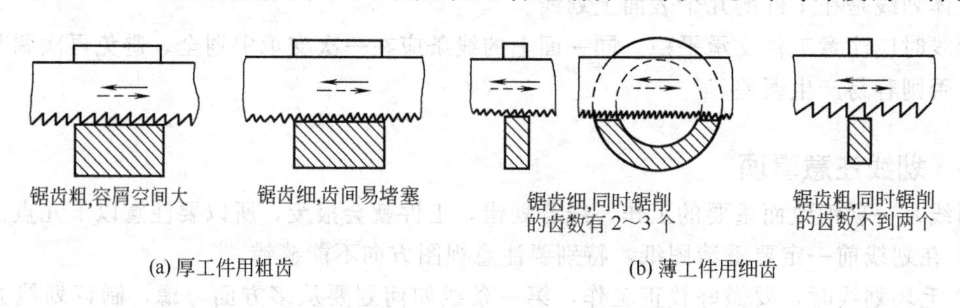

图 3-14 锯条的选用

3.4.2 锯切基本操作

(1) 锯条的安装　要使锯齿齿尖向前，如图 3-15 所示，松紧程度要适当，一般以两个手指的旋紧为止。锯条安装后要检查，不能有歪斜和扭曲。

(2) 手锯握法　右手握锯柄，左手轻扶弓架前端，如图 3-16 所示。

(3) 锯切方法　锯切时要掌握好起锯、压力、速度和往复长度，如图 3-17 所示。

起锯时，锯条应与工件表面倾斜成 10°～15°的起锯角度。若起锯角度过大，锯齿容易崩碎；锯角度太小，锯齿不易切入。为了防止锯条的滑动，可用左手拇指指甲靠稳锯条。

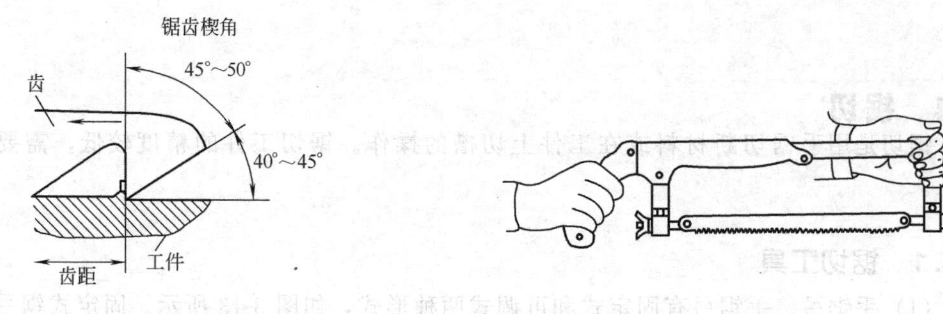

图 3-15 锯齿形状　　图 3-16 手锯握法

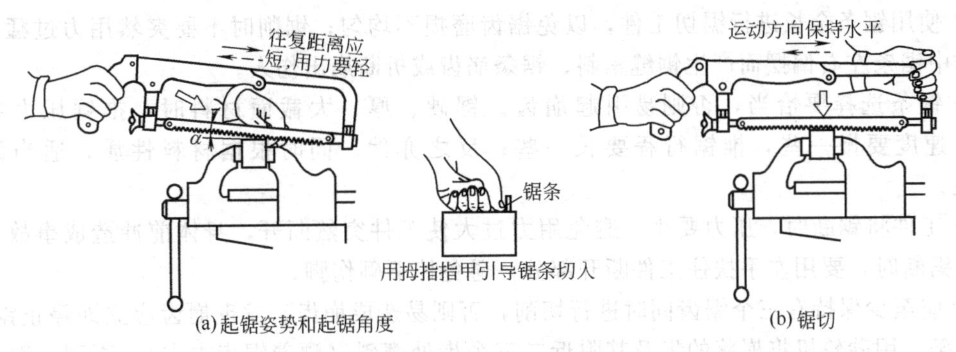

(a) 起锯姿势和起锯角度　　(b) 锯切

图 3-17　锯切方法

锯切时，锯工作往复直线运动，右手推进，左手施压；前进时加压，用力要均匀。返回时锯条从加工面上轻轻滑过，往复速度不宜太快。锯切的开始和终了，压力和速度都应减小。

锯硬材料时，压力应大些，速度慢些；锯软材料时，压力可以小些，速度快些。为了提高锯条的使用寿命，锯切钢材时可加些乳化液、机油等切削液。

锯条应全长工作，以免中间部分迅速磨钝。锯缝如歪斜，不可强扭，应将工件翻过 90°重新起锯。锯切的工件应夹牢。用台虎钳夹持工件时，锯缝尽量靠近钳口并与钳口垂直。较小的工件或较软的材质工件既要夹牢又要防止变形。

（4）锯切操作示例

① 锯扁钢　锯扁钢应从宽面下锯，这样锯缝浅且整齐，如图 3-18 所示。

② 锯圆管　锯圆管不可从上到下一次锯断，应当在管壁锯透时将圆管向着推锯的方向转过一个角度，锯条仍从原锯缝锯下去，不断转动，直到锯断为止，如图 3-19 所示。

③ 锯深缝　锯深缝时，应将锯条转 90°安装，锯弓放平推锯，如图 3-20 所示。

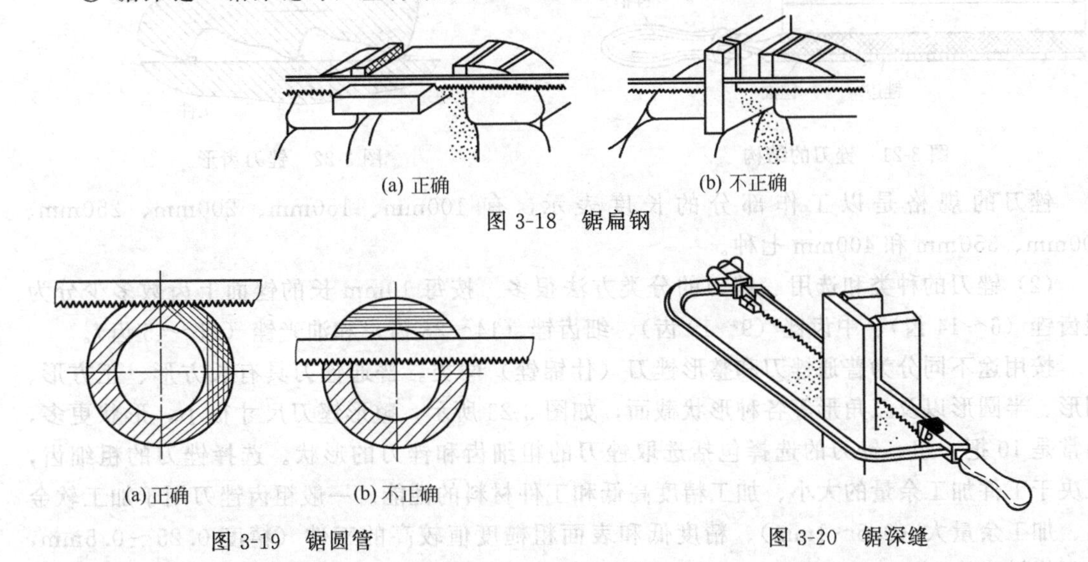

(a) 正确　　(b) 不正确

图 3-18　锯扁钢

(a) 正确　　(b) 不正确

图 3-19　锯圆管

图 3-20　锯深缝

3.4.3　锯切注意事项

① 锯条安装要松紧适当，并保持锯条直线往复，否则易产生锯缝歪斜或锯条折断。

② 工件装夹正确牢固，锯缝线与铅垂线方向一致，否则易产生锯缝歪斜或工件动、松动使锯条折断。

③ 使用锯条全长进行锯切工件，以免锯齿磨损不均匀；锯削时不要突然用力过猛，防止工作中锯条左右偏摆而产生锯缝歪斜、锯条崩齿或折断崩出伤人。

④ 锯条选择要恰当，否则易引起崩齿。锯硬、厚、大截面材料时，推锯压力要大一些，速度要慢一些，推锯行程要长一些；反之亦然。同时根据材料性质，适当添加切削液。

⑤ 工件将锯断时，压力要小，避免用力过大使工件突然断开，身体前冲造成事故。一般将要锯断时，要用左手扶住工件断开部分，避免掉下砸伤脚。

⑥ 应至少保持有三个锯齿同时进行切削，否则易造成崩齿。发现崩齿应立即停止锯切，取出锯条，用砂轮机将崩落的齿及其附近二三个齿处磨斜（顺着锯齿方向）；否则，锯齿崩落会使其后的锯齿迅速磨钝。

3.5　锉削

锉削是用锉刀对工件表面进行切削加工的操作。锉削是钳工的主要操作之一，常安排在机械加工、錾削或锯切之后，在机器或部件装配时还用于修整工件。

锉削的加工准确度可达到 0.01mm，表面粗糙度 R_a 值可达 3.2μm。锉削的工作范围有锉平面、锉曲面、锉内外圆弧以及其他复杂表面等。

3.5.1　锉削工具

(1) 锉刀的结构　锉刀的结构如图 3-21 所示。锉刀的齿纹是交叉排列，形成许多小齿，便于断屑和排屑，锉刀齿形如图 3-22 所示。

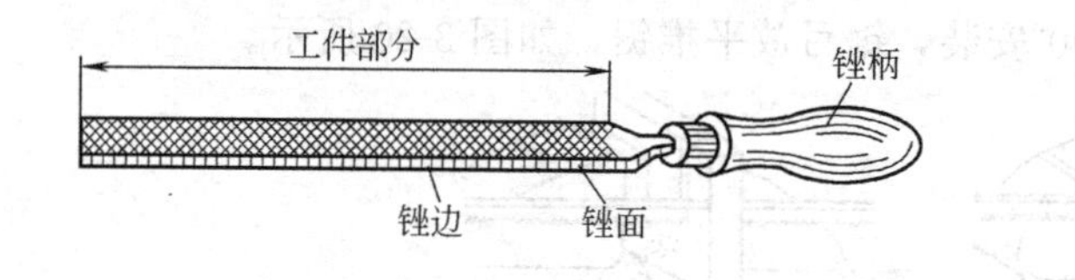

图 3-21　锉刀的结构

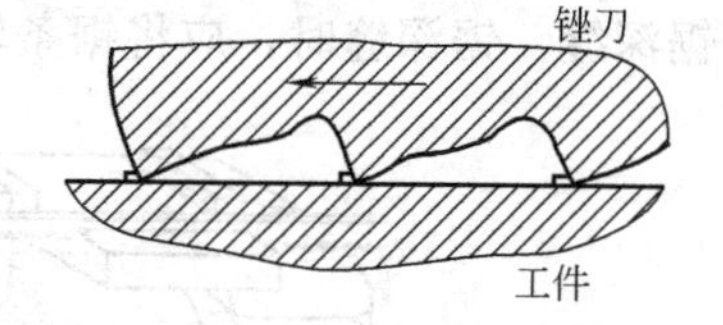

图 3-22　锉刀齿形

锉刀的规格是以工作部分的长度表示，有 100mm、150mm、200mm、250mm、300mm、350mm 和 400mm 七种。

(2) 锉刀的种类和选用　锉刀的分类方法很多。按每 10mm 长的锉面上齿数多少分为粗齿锉（6～14 齿）、中齿锉（9～19 齿）、细齿锉（14～23 齿）和油光锉（21～45 齿）。

按用途不同分为普通锉刀和整形锉刀（什锦锉）两类。普通锉刀具有长方形、正方形、圆形、半圆形以及三角形等各种形状截面，如图 3-23 所示。整形锉刀尺寸很小，形状更多，通常是 10 把一组。锉刀的选择包括选取锉刀的粗细齿和锉刀的形状。选择锉刀的粗细齿，取决于工件加工余量的大小、加工精度高低和工件材料的性能。一般粗齿锉刀用于加工软金属、加工余量大（0.5～1mm）、精度低和表面粗糙度值较高的工件（精度 0.25～0.5mm，表面粗糙度 R_a 值 25～100μm）；细齿锉刀用于加工硬材料，加工余量小（0.05～0.2mm）、精度较高（0.01mm）和表面粗糙度值（R_a3.2μm）较低的工件；中齿锉刀用于粗锉之后的加工，加工余量为 0.2～0.5mm，精度 0.04～0.2mm，表面粗糙度 R_a 值为 6.3μm；油光锉用于精加工，加工精度为 0.01mm，表面粗糙度 R_a 值可达 1.6μm。

锉刀形状的选择取决于工件加工面的形状，如图 3-24 中左侧形状的加工面选用不同形

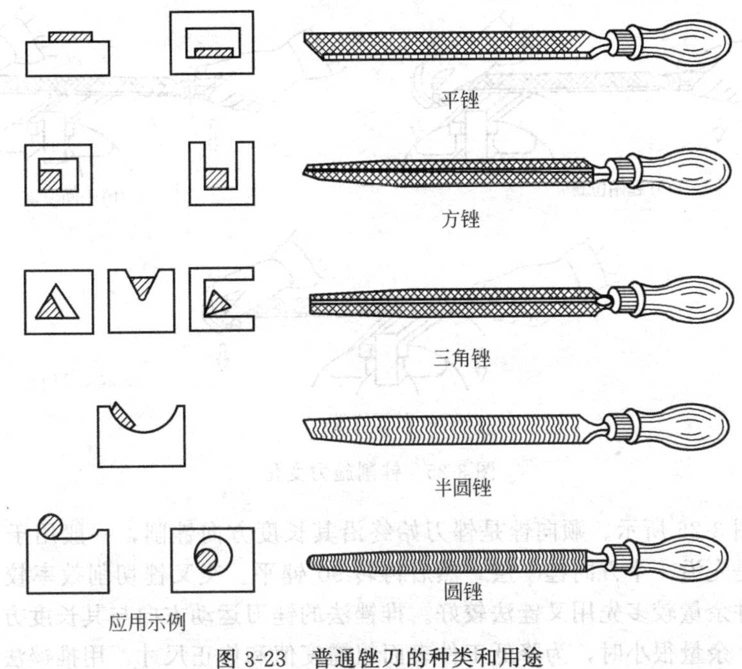

图 3-23 普通锉刀的种类和用途

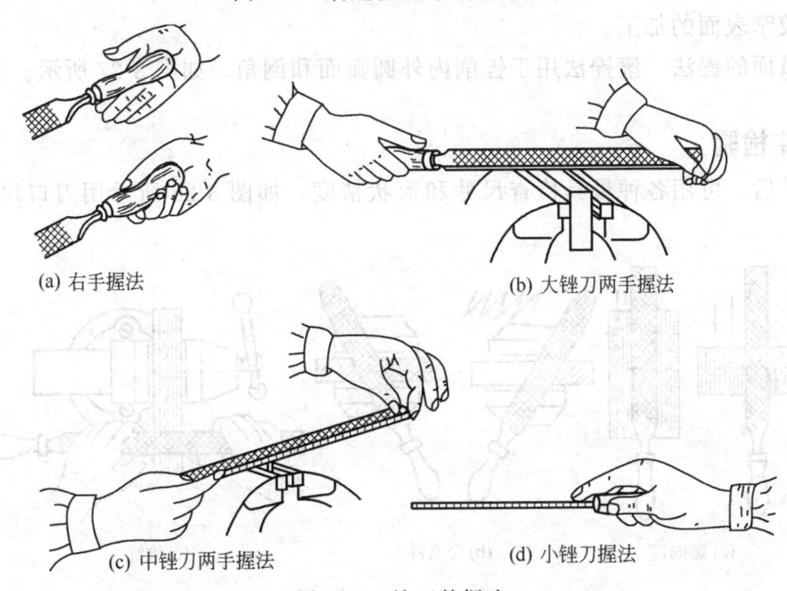

图 3-24 锉刀的握法

状锉刀的示例，其中以平锉应用最广。

3.5.2 锉削基本操作

(1) 锉刀握法 锉刀的握法如图 3-24 所示。右手握锉柄，左手压锉。使用不同大小的锉刀有不同的握法。

(2) 锉削力的运用 锉刀推进时应保持在水平面内。两手施力按图 3-25 所示变化，返回时不加压力，以减少齿面磨损。如锉削时两手施力不变，则开始阶段刀柄会下偏，而锉削终了时前端又会下垂，结果锉成两端低、中间凸起的鼓形表面。

(3) 平面锉削方法 平面锉削是锉削中最基本的一种，常用顺向锉、交叉锉、推锉三种

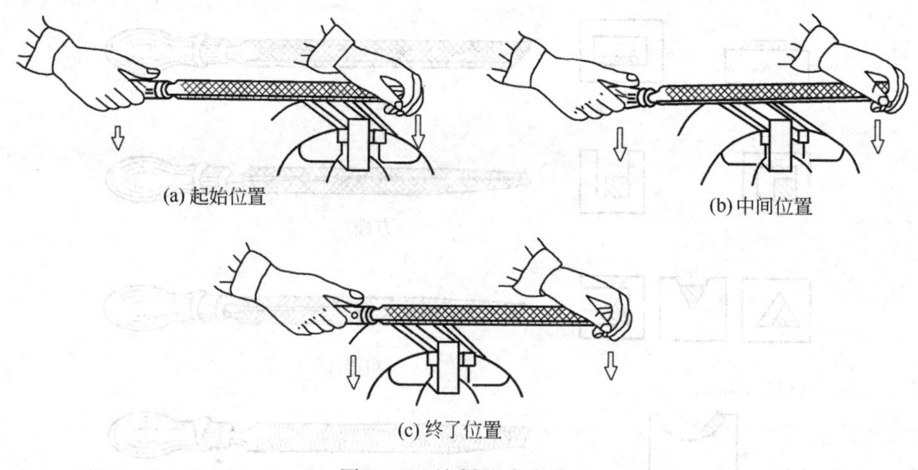

图 3-25　锉削施力变化

操作方法，如图 3-26 所示。顺向锉是锉刀始终沿其长度方向锉削，一般用于最后的锉平或锉光。交叉锉是先沿一个方向锉一层，然后再转 90°锉平。交叉锉切削效率较高，锉刀也容易掌握，如工件余量较多先用叉锉法较好。推锉法的锉刀运动方向与其长度方向垂直。当工件表面已锉平、余量很小时，为降低工件表面粗糙度值和修正尺寸，用推锉法较好。推锉法尤其适用于较窄表面的加工。

（4）圆弧面的锉法　滚锉法用于锉削内外圆弧面和倒角，如图 3-27 所示。

3.5.3　工件检验

工件锉平后，可用各种量具检查尺寸和形状精度，如图 3-28 所示用刀口尺检查平直度的情况。

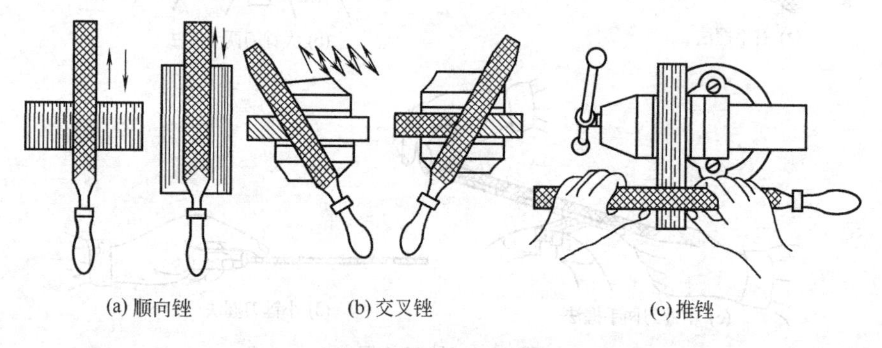

图 3-26　平面锉削方法

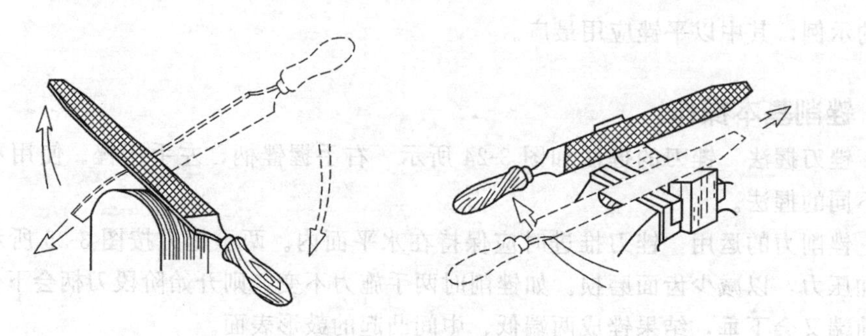

图 3-27　滚锉法

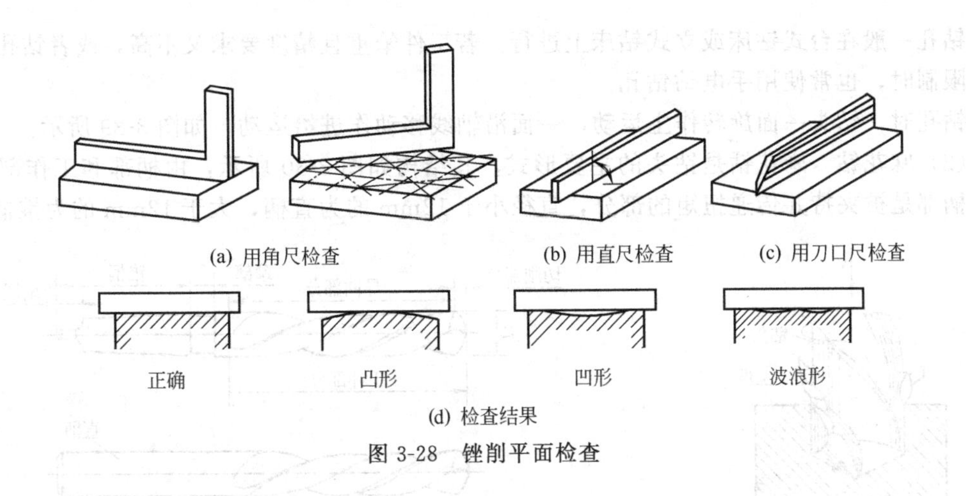

图 3-28 锉削平面检查

3.5.4 锉削注意事项

（1）锉削顺序

① 选择工件所有锉削面中最大的平面先锉，达到规定的平面度要求后作为其他平面锉削的测量基准。

② 先锉削平行面达到规定的平面度、平行度要求后，再锉削与其相关的垂直面，以便于控制尺寸和精度要求。

③ 平面与曲面连接时应先锉削平面后再锉削曲面，以便于圆滑连接。

（2）注意事项

① 不得使用无柄或柄已开裂的锉刀，以防锉舌尖端刺伤手。

② 锉削时不要用手摸工件表面或锉刀面，以防沾上油污，再锉时打滑。

③ 不得用嘴吹锉屑，以防飞入眼睛。

④ 对于铸件上的硬皮和粘砂，应先用砂轮磨去或凿去，然后再用半锋利的锉锉或旧锉刀锉削。

⑤ 锉刀应先使用一面锉齿，只有在锉刀的一面锉齿用钝后，或必须用锐利的锉齿工作时可以用另一面锉齿。

⑥ 锉刀的锉刀面如果被锉屑堵塞，可用钢丝刷顺着锉纹方向刷去锉屑，以免表面拉毛。

⑦ 锉削时，锉刀柄不能撞击工件或台虎钳，以防锉刀柄脱开而刺伤人。

⑧ 锉刀不能用作撬棒或锤子，以防锉刀折断造成伤害。

⑨ 不得用新锉刀锉硬金属，不准用细齿锉锉软金属。

⑩ 锉刀放置时不要露出钳台外，以防掉落砸伤脚或损坏锉刀。

3.6 钻孔、铰孔、扩孔和锪孔

3.6.1 钻孔与钻头

（1）钻孔 钻孔是用钻头在工件上加工出孔的操作。钳工的钻孔多用于装配和修理，也是攻螺纹前的一项准备工作。

钻出的孔精度较低，表面粗糙度值较高，所以精度要求较高的孔，经钻孔后还需要扩孔和铰孔。

钻孔一般在台式钻床或立式钻床上进行。若工件笨重且精度要求又不高，或者钻孔部位受到限制时，也常使用手电钻钻孔。

钻孔时，钻头一面旋转作主运动，一面沿轴线移动作进给运动，如图 3-29 所示。

（2）麻花钻　麻花钻是钻头的主要形式，其结构如图 3-30 所示，由柄部和工作部分组成。柄部是被夹持并传递扭矩的部分，直径小于 12mm 的为直柄，大于 12mm 的为锥柄。

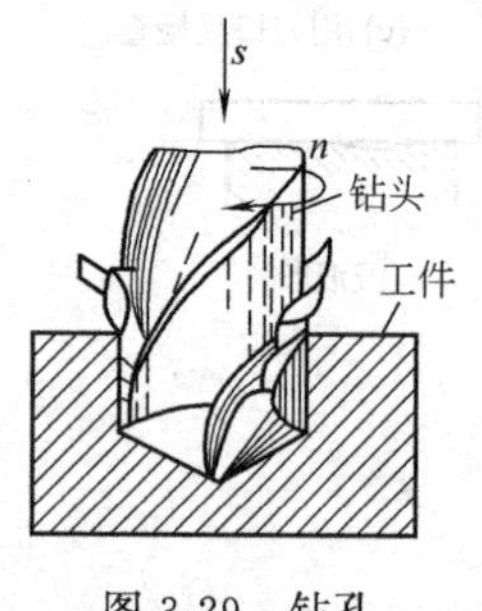

图 3-29　钻孔

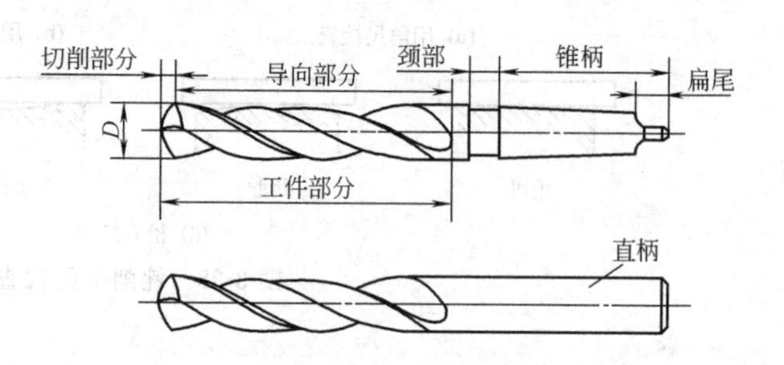

图 3-30　麻花钻的结构

工作部分包括导向部分和切削部分。导向部分的作用是引导并保持钻削方向。它有对称的两条螺旋槽，作为输送切削液和排屑的通道。螺旋槽的外缘是较窄的螺旋棱带。切削时，棱带与工件孔壁相接触，以保持钻孔方向不致偏斜，同时又能减小钻头与工件孔壁的摩擦。切削部分上的两条切削刃担负着切削工作，其夹角为 118°，为了保证孔的加工精度，两切削刃的长度及其与轴线的交角应相等。

图 3-31 为两切削刃刃磨不正确时钻孔的情况。

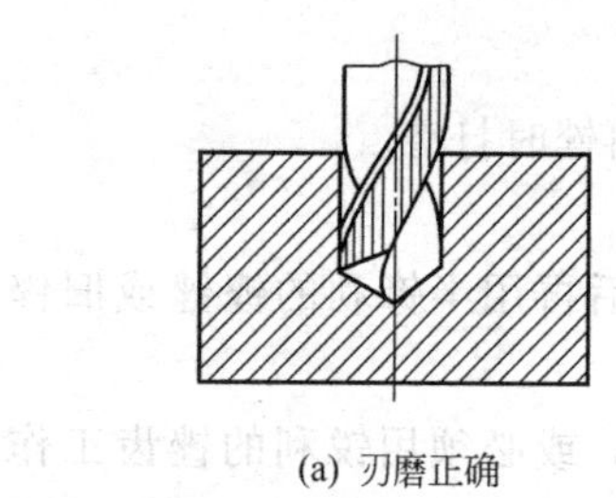

(a) 刃磨正确

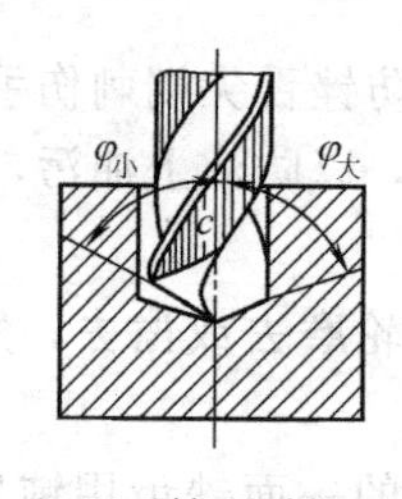

(b) 顶角不对称

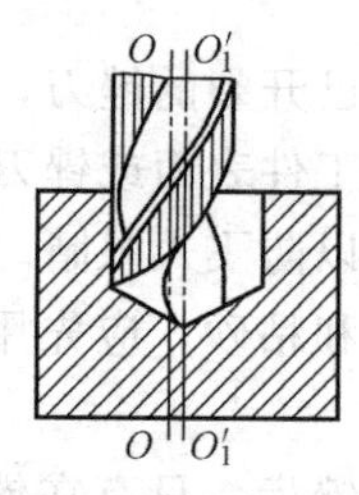

(c) 刃刃长度不等

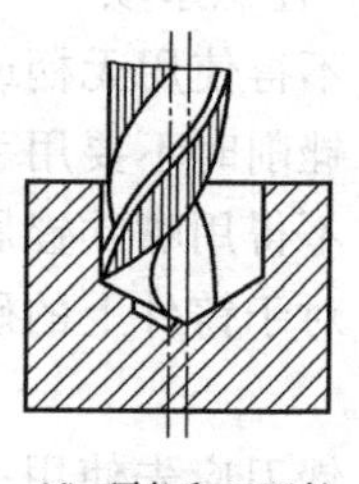

(d) 顶角和刀刃长度都不对称

图 3-31　钻头刃磨不正确对加工的影响

3.6.2 常用钻床

常用的钻床有台式钻床、立式钻床和摇臂钻床。生产中根据加工要求来选用。

（1）台式钻床［图 3-32(a)］　它是一种放在钳台上使用的小型钻床，简称台钻。钻孔直径一般在 13mm 以下，最小加工孔径可小于 1mm，台钻主轴下端带有锥孔，用来安装夹持刀具的钻夹头。刀具向下的直线运动（即进给运动）为手动，台钻小巧灵活，使用方便，常用于加工小型工件上直径较小的孔。

（2）立式钻床［图 3-32(b)］　它因主轴为竖直布局而得名，简称立钻。其规格用最大钻孔直径表示，常用的有 25mm、35mm、40mm、50mm 等几种。

立式钻床通过主轴变速箱和进给箱，将电动机的运动分别变为主轴所需的转速和多种走刀量。刀具的轴向进给既可手动也可自动。工作台用以安装工件，并可作升降调整。

立式钻床刚性较好，加工精度及生产率较高。由于主轴相对工作台的位置是固定的，加工时需要移动工件使孔中心对准钻头，故不宜加工大型或多孔工件。仅用于中小型工件上中

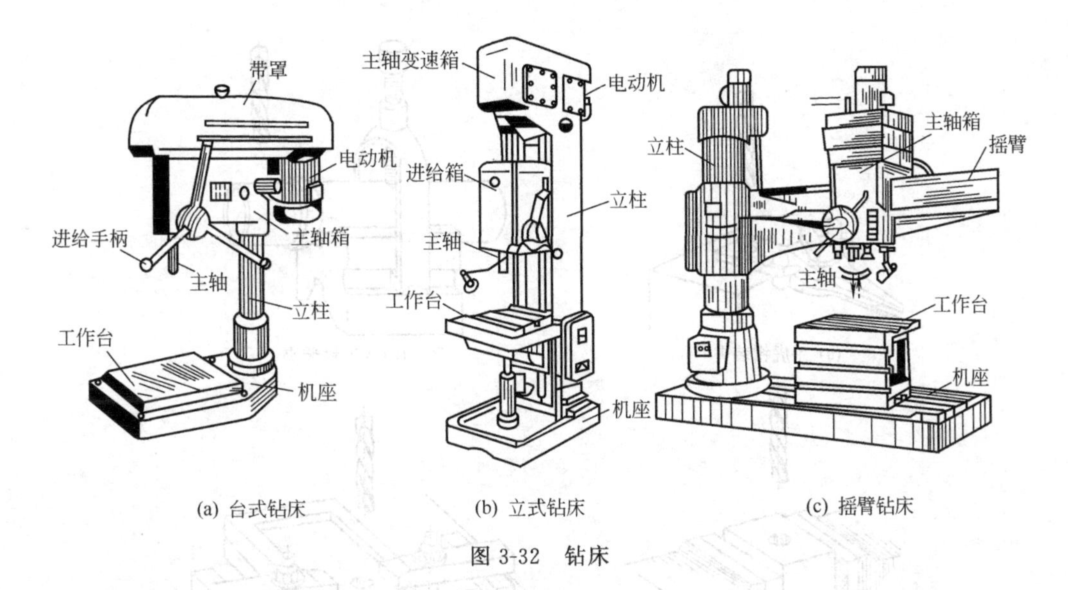

(a) 台式钻床　(b) 立式钻床　(c) 摇臂钻床

图 3-32　钻床

小尺寸孔的加工。

(3) 摇臂钻床［见图 3-32(c)］　这类钻床的主轴箱能沿摇臂导轨作水平移动，而摇臂又能绕立柱旋转和沿立柱上下移动，故能将刀具方便地调至所需位置，而无需移动工件（工件固定在工作台或机座上）。适用于大型、复杂及多孔工件上各种类型的孔加工。

3.6.3 钻头的夹装工具和钻削基本操作

① 钻孔前，工件要划线定心。在工件孔的位置划出孔径圆和检查圆，并在孔径圆上和中心冲出小坑，如图 3-33 所示。

根据工件孔径大小和精度要求选择合适的钻头（图 3-34），检查钻头两切削刃是否锋利和对称，如不合要求应认真修磨。装夹钻头时，先轻轻夹住，开车检查是否偏摆，若有摆动，则停车纠正后再夹紧。

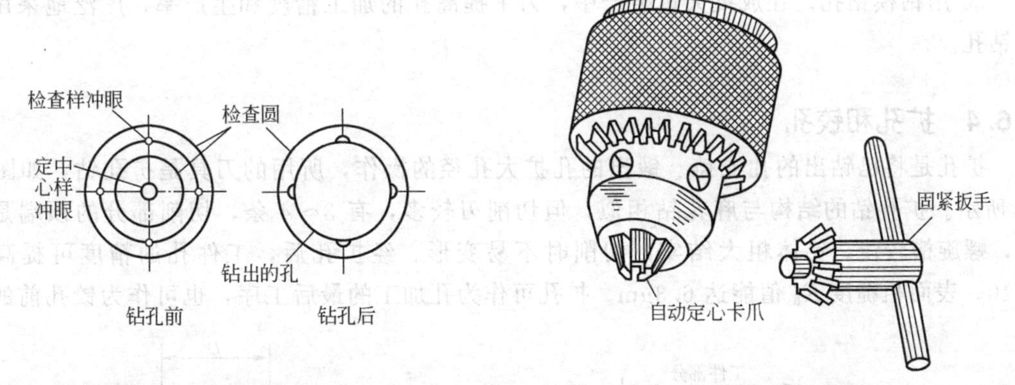

图 3-33　钻孔前的准备　　图 3-34　钻夹头

根据工件的大小，选择合适的装夹方法。一般可用手虎钳、平口钳和台虎钳装夹工件。在圆柱面上钻孔应放在 V 形铁上进行。较大的工件可用压板螺钉直接装夹在机床工作台上，各种工件的装夹方法如图 3-35 所示。调整钻床主轴位置，选定主轴转速。钻大孔时，转速应低些，以免钻头很快磨钝。钻小孔时转速应高些，但进给可慢些，以免钻头折断。钻硬材料转速要低些，反之应高些。

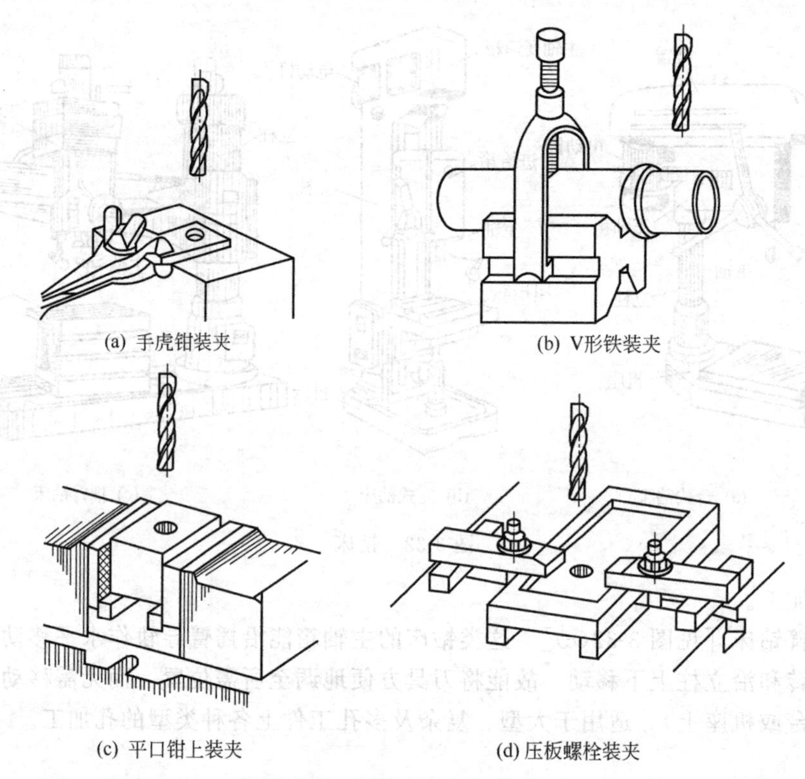

图 3-35 钻孔时工件的装夹

② 钻孔时，先对准样冲眼试钻一浅坑，如有偏位，样冲重新冲孔纠正，也可用錾子錾几条槽来加以校正。钻孔进给速度要均匀，快要钻通时，进给量要减小。钻韧性材料需加切削液。钻深孔时，钻头需经常退出，以利于排屑和冷却。

钻削孔径大于 30mm 的大孔，应分两次钻。先钻 0.4～0.6 倍孔径的小孔，第二次再钻至所需要的尺寸。精度要求高的孔，要留出加工余量以便精加工。

③ 用钻模钻孔。在成批大量生产中，为了提高孔的加工精度和生产率，广泛地采用钻模钻孔。

3.6.4 扩孔和铰孔

扩孔是将已钻出的孔或铸、锻出的孔扩大孔径的操作，所用的刀具是扩孔钻，如图 3-36 所示。扩孔钻的结构与麻花钻相似，但切削刃较多，有 3～4 条，切削部分的顶端是平的，螺旋槽较浅，钻体粗大结实，切削时不易变形。经扩孔后，工件孔的精度可提高到 IT10，表面粗糙度 R_a 值能达 6.3μm。扩孔可作为孔加工的最后工序，也可作为铰孔前的准

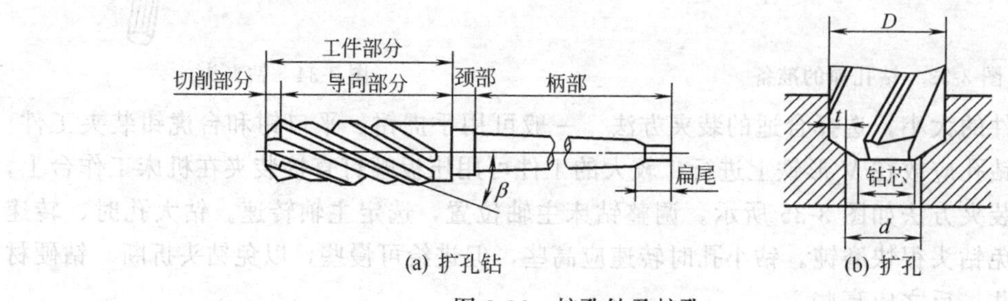

图 3-36 扩孔钻及扩孔

备工作。

铰孔是孔的精加工，精度可达IT7～IT8，表面粗糙度R_a值为1.6，精铰加工余量只有0.06～0.25mm。因此铰孔前工件应经过钻孔、扩孔或镗孔等加工。

铰孔所用刀具是铰刀，如图3-37所示。

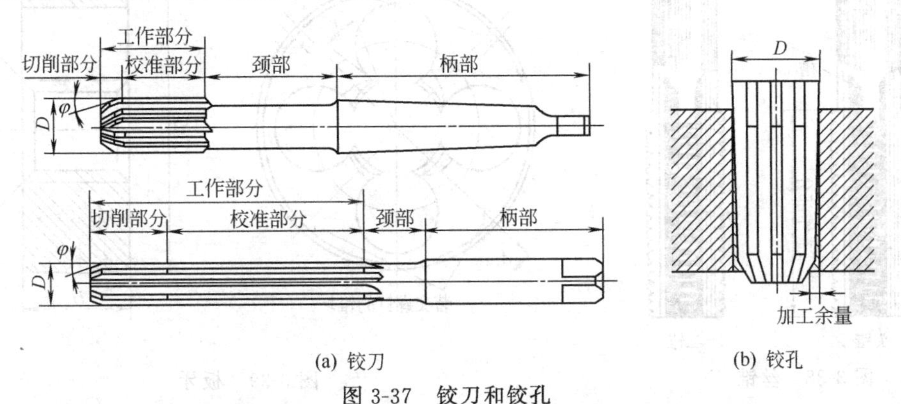

(a) 铰刀　　(b) 铰孔

图3-37　铰刀和铰孔

铰刀有手用铰刀和机用铰刀两种。手用铰刀为直柄，工作部分较长。机用铰刀多为锥柄，可装在钻床、车床上铰孔。铰刀的工作部分由切削部分和修光部分组成。切削部分成锥形，担负着切削工作。修光部分起着导向和修光作用。铰刀有6～12个切削刃，每个切削刃的负荷较轻。

铰孔时选用的切削速度较低，进给量较小，一般都要使用切削液。

3.7　攻丝和套丝

攻螺纹是用丝锥加工内螺纹的操作。用板牙加工外螺纹的操作称为套螺纹。攻螺纹和套螺纹一般用于加工三角形紧固螺纹。

由于连接螺钉和紧固螺钉已经标准化，所以在钳工的螺纹加工中，以攻螺纹操作最常见。

3.7.1　丝锥和板牙

丝锥的结构如图3-38所示。它是一段开槽的外螺纹，由切削部分、校准部分和柄部所组成。切削部分磨成圆锥形，切削负荷被分配在几个刀齿上。校准部分具有完整的齿形，用以校准和修光切出的螺纹，并引导丝锥沿轴向运动。丝锥有3～4条容屑槽，便于容屑和排屑。柄部方头，用以传递扭矩。

手用丝锥一般由两支组成一套，分为头锥和二锥。两支丝锥的外径、中径和内径相等，只是切削部分的长短和锥角不同。头锥的切削部分长些，锥角小些，约有6个不完整的齿以便起切；二锥的切削部分短些，不完整齿约为2个。切不通螺孔时，两支丝锥顺次使用。切通孔螺纹，头锥能一次完成。螺距大于2.5mm的丝锥常制成三支一套。

板牙的形状和螺母相似，只是在靠近螺纹外径处钻了3～8个排屑孔，并形成了切削刃，如图3-39所示。板牙两端面带有2φ锥角的部分是切削部分，中间一段是校准部分，也是套螺纹的导向部分。板牙的外圆有四个锥坑。两个用于将板牙夹持在板牙架内并传递扭矩。另外两个相对板牙中心有些偏斜，当板牙磨损后，可沿板牙V形槽锯开，拧紧板牙架上的调节螺钉，可使板牙螺纹孔作微量缩小，以补偿磨损的尺寸。

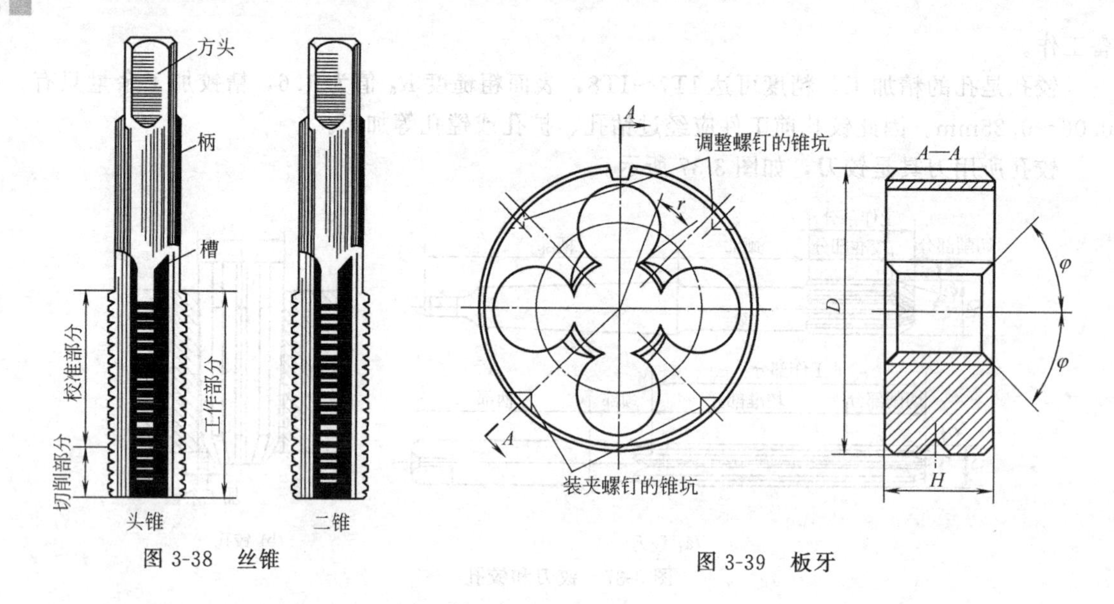

图 3-38　丝锥　　　　图 3-39　板牙

3.7.2　铰杠和板牙架

它们是加工螺纹的辅助工具。可调式铰杠如图 3-40(a) 所示。转动右边手柄或调节螺钉即可调节方孔大小，以便夹持各种不同尺寸的丝锥方头。铰杠的规格要与丝锥大小相适应，小丝锥不宜用大铰杠，否则丝锥容易折断。

板牙架的外形结构如图 3-40(b) 所示。为了减小板牙架的数目，一定直径范围内的板牙外径是相等的。当板牙外径较小时，可以加过渡套使用大一号的板牙架。

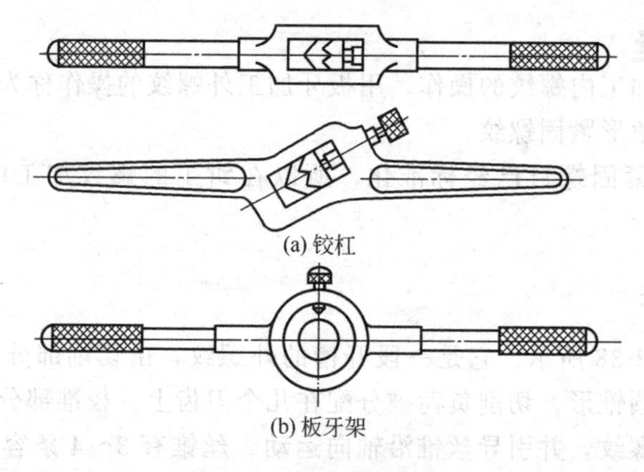

(a) 铰杠

(b) 板牙架

图 3-40　铰杠和板牙架

3.7.3　基本操作方法

(1) 攻螺纹前螺纹底孔直径和深度的确定　攻螺纹时，丝锥除了切削金属以外，还有挤压作用，如果工件上螺纹底孔直径与螺纹内径相同，那么被挤出的材料将嵌到丝锥的牙间，甚至咬住丝锥，使丝锥损坏，加工塑性高的材料时，这种现象尤为严重，因此，工件上螺纹底孔直径要比螺纹内径稍大些。确定底孔直径可用下列经验公式计算

钢料及韧性金属　　　　$D_0 \approx D-P$

铸铁及脆性金属　　　　$D_0 \approx D-1.1P$

式中　D_0——底孔直径，mm；

D——内螺纹大径，mm；

P——螺距，mm。

不通孔攻螺纹时，由于丝锥不能切到底，所以钻孔深度要稍大于螺纹长度，增加的长度约为0.7倍的螺纹外径。

(2) 套螺纹前圆杆直径的确定 套螺纹和攻螺纹的切削过程一样，工件材料也将受到挤压而凸出，因此圆杆的直径应比螺纹外径小些，一般减小0.2～0.4mm。

也可由经验公式计算

$$D_0 = D - 0.2P$$

式中 D_0——圆杆直径，mm；

D——螺纹大径，mm；

P——螺距，mm。

(3) 攻螺纹 攻螺纹前，确定螺纹底孔直径，选用合适钻头钻孔，并用较大的钻头倒角，以便丝锥切入，防止孔口产生毛边或崩裂。

用头锥攻螺纹时，将丝锥头部垂直放入孔内。右手握铰杠中间，并用食指和中指夹住丝锥，适当加些压力，左手则握住丝锥柄沿顺时针转动，待切入工件1～2圈后，再用目测或直尺校准丝锥是否垂直，然后继续转动，直至切削部分全部切入后，就用两手平稳地转动铰杠，这时可不加压力，而旋到底。为了避免切屑过长而缠住丝锥，每转1～2转后要轻轻倒转1/4转，以便断屑和排屑，如图3-41所示。不通孔攻螺纹时，更要注意及时排屑。

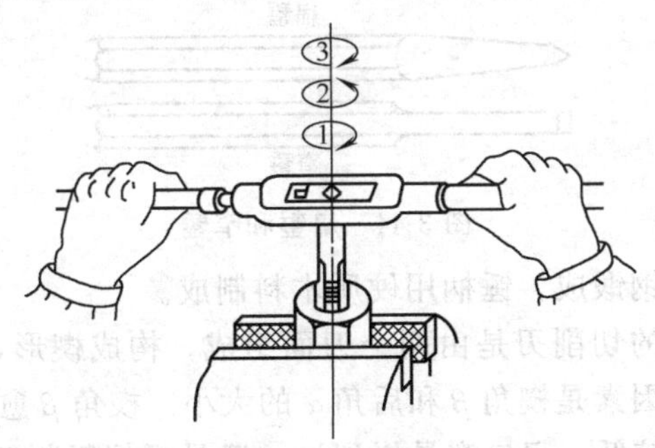

图3-41 攻螺纹

在钢料上攻螺纹时，要加浓乳化液或机油；在铸铁件上攻螺纹时，一般不加切削液，但若螺纹表面粗糙度值要求较低时，可加些煤油。用二锥攻螺纹时，先用手指将丝锥旋进螺纹孔，然后再用铰杠转动，旋转铰杠时不需加压。

(4) 套螺纹 套螺纹前，先确定圆杆直径。圆杆端头要倒15°～20°的斜角。倒角要超过螺纹全深，即圆杆直径小于螺纹的内径，如图3-42所示。

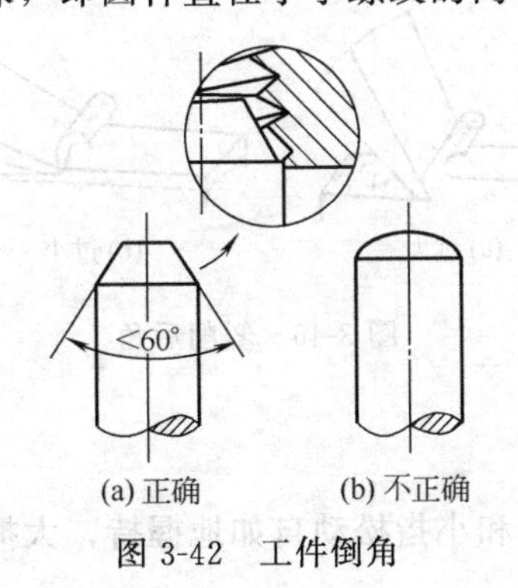

图3-42 工件倒角

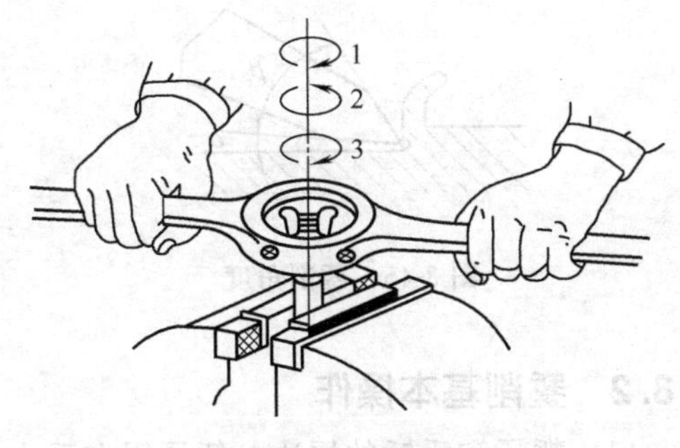

图3-43 套螺纹

套螺纹时，板牙端面应与圆杆轴线垂直。开始转动板牙架要稍加压力，当板牙已切入圆杆后，就不再施压力，只要均匀旋转。为了断屑也需要常倒转，如图 3-43 所示。钢件套螺纹也要加切削液，以提高工件质量和板牙寿命。

3.8　錾削

錾削是用手锤锤击錾子，对金属进行切削加工的操作。錾削用于切除铸、锻件上的飞边，切断材料，加工沟槽和平面等。

3.8.1　錾削的工具和用途

（1）錾子和手锤　錾子一般是用碳素工具钢锻制而成，刃部经淬火和回火处理后有较高的硬度和足够的韧性。常用的錾子有扁錾（阔錾）和窄錾两种，如图 3-44 所示。扁錾刃宽为 10～15mm，用于錾切平面和切断材料。窄錾刃宽约 5～8mm，用于錾沟槽。錾子全长为 125～175mm。錾子的横截面以扁圆形为好。

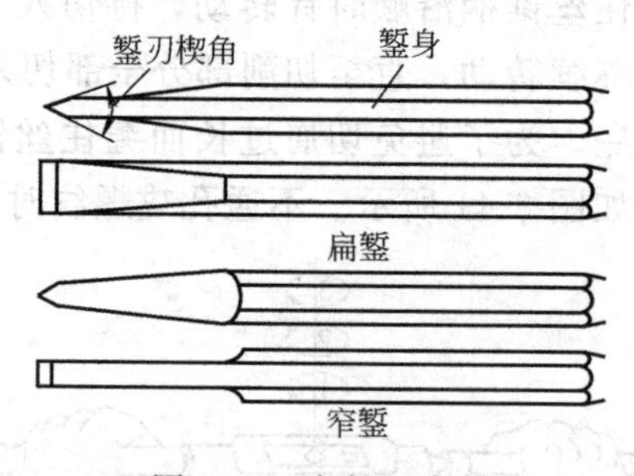

图 3-44　扁錾和窄錾

手锤也是用碳素工具钢锻成，锤柄用硬质木料制成。

（2）錾削角度　錾子的切削刃是由两个刀面组成，构成楔形，如图 3-45 所示。錾削时影响质量和生产率的主要因素是楔角 β 和后角 α 的大小。楔角 β 愈小，錾刃愈锋利，切削省力，但 β 太小时刀头强度较低，刃口容易崩裂。一般是根据錾削工件材料来选择 β，錾削硬脆的材料如工具钢等，楔角要选大些，$\beta=60°\sim70°$；錾削较软的低碳钢、铜、铝等有色金属，楔角要选小些，$\beta=30°\sim50°$；錾削一般结构钢时，$\beta=50°\sim60°$。

后角 α 的改变将影响錾削过程的进行和工件加工质量，其值在 $5°\sim8°$ 范围内选取。粗錾时，切削层较厚，用力重，α 应选小值；精细錾时，切削层较薄，用力轻，α 应大些。若 α 选择不合适，太大了容易扎入工件，太小时錾子容易从工件表面滑出，如图 3-46 所示。

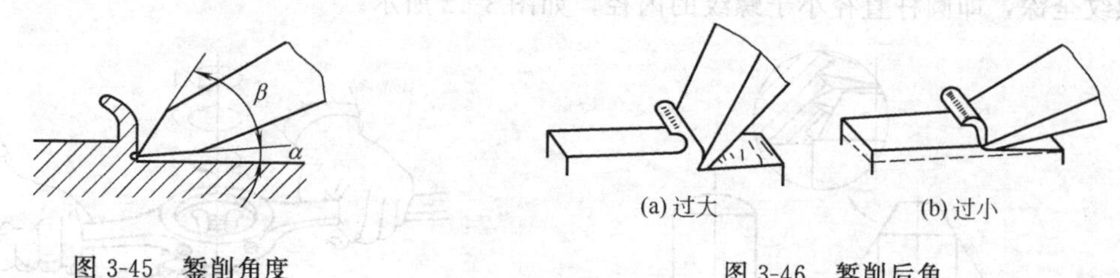

图 3-45　錾削角度

图 3-46　錾削后角

3.8.2　錾削基本操作

（1）錾子和手锤的握法　錾子用左手中指、无名指和小指松动自如地握持，大拇指和食指自然地接触，錾子头部伸出 20～25mm。手锤用右手拇指和食指握持，其余各指当锤击时才握紧。锤柄端头约伸出 15～30mm，如图 3-47 所示。

(2) 錾削操作过程　錾削可分为起錾、錾切和錾出三个步骤，如图 3-48 所示。

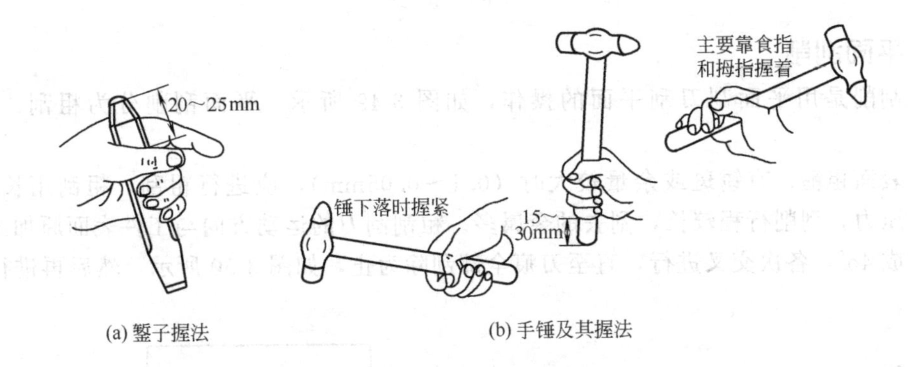

图 3-47　錾削和手锤的握法

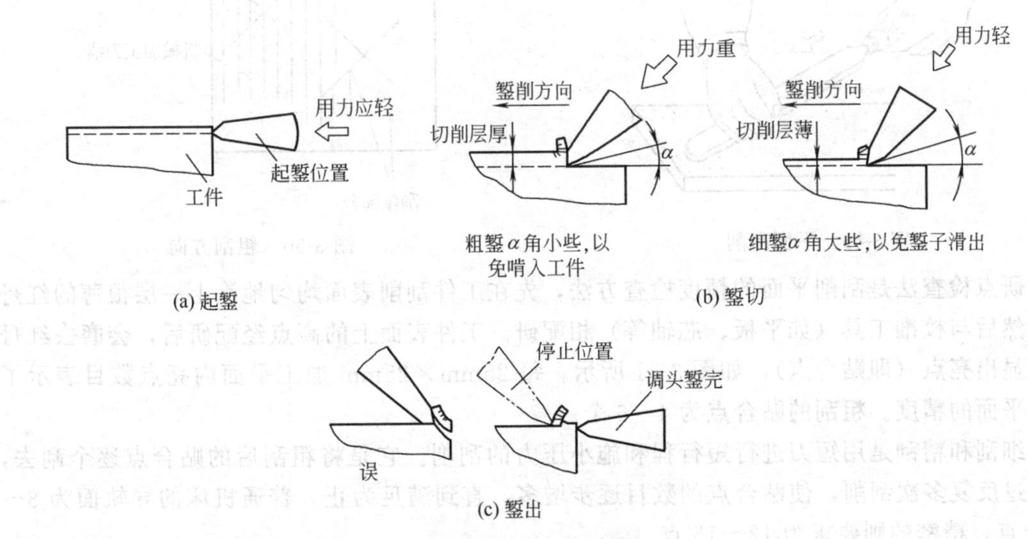

图 3-48　錾削步骤

起錾时，錾子要握平或将錾头略向下倾斜以便切入。

錾切时，錾子要保持正确的位置和前进方向。锤击用力要均匀。锤击数次以后应将錾子退出一下，以便观察加工情况有利于刃口散热，也能使手臂肌肉放松，有节奏地工作。

錾出时，应调头錾切余下部分，以免工件边缘部分崩裂。錾削铸铁、青铜等脆性材料，尤其要注意。

錾削的劳动量较大，操作时要注意所站的位置和姿势，尽可能使全身不易疲劳，又便于用力。锤击时，眼睛要看到刃口和工件之间，不要举锤时看錾刃，而锤击时转看錾子尾端部，这样容易分散注意力，使工件表面不易錾平整，而且手锤容易打到手上。

3.9 刮削与研磨

刮削是利用刮刀在工件已加工表面上刮去一层很薄的金属层的操作。刮削是钳工的精密加工。刮削后的表面，其表面粗糙度 R_a 值可达 0.4～1.6μm，并有良好的平直度。零件上相配合的滑动表面，为了增加接触面，减少摩擦磨损，提高零件使用寿命常需要经过刮削加工，如机床导轨、滑动轴承等。

刮削每次的切削层很薄，生产率低，劳动强度大，所以加工余量不能大，如 500mm×100mm 的加工平面余量不超过 0.1mm。

3.9.1　平面刮削

平面刮削是用平面刮刀刮平面的操作，如图 3-49 所示。平面刮削分为粗刮、细刮、精刮。

工件表面粗糙、有锈斑或余量较大时（0.1～0.05mm），应进行粗刮。粗刮用长刮刀，施较大的压力，刮削行程较长，刮去的金属多。粗刮刮刀的运动方向与工件表面原加工的刀痕方向约成 45°，各次交叉进行，直至刀痕全部刮除为止，如图 3-50 所示，然后再进行研点检查。

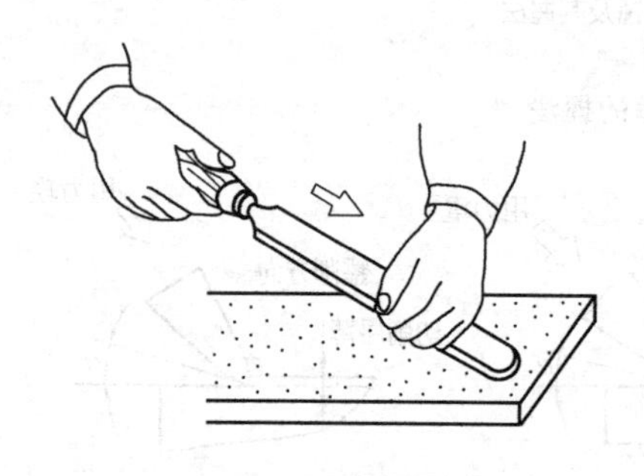

图 3-49　平面刮削

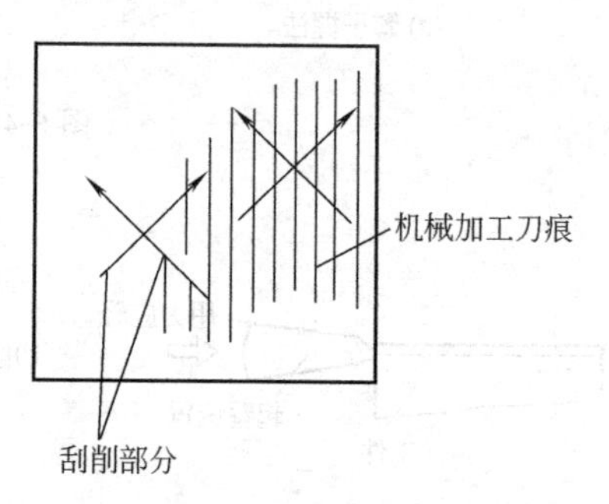

图 3-50　粗刮方向

研点检查法是刮削平面的精度检查方法，先在工件刮削表面均匀地涂上一层很薄的红丹油，然后与校准工具（如平板、芯轴等）相配研。工件表面上的高点经配研后，会磨去红丹油而显出亮点（即贴合点），如图 3-51 所示。每 25mm×25mm 加工平面内亮点数目表示了刮削平面的精度。粗刮的贴合点为 4～6 个。

细刮和精刮是用短刀进行短行程和施小压力的刮削。它是将粗刮后的贴合点逐个刮去，并经过反复多次刮削，使贴合点的数目逐步增多，直到满足为止。普通机床的导轨面为 8～10 个点，精密的则要求为 12～15 点。

3.9.2　曲面刮削

曲面刮削常用于刮削内曲面，如滑动轴承的轴瓦、衬套等。用三角形刮刀刮轴瓦的示例如图 3-52 所示。曲面刮削后也需进行研点检查。

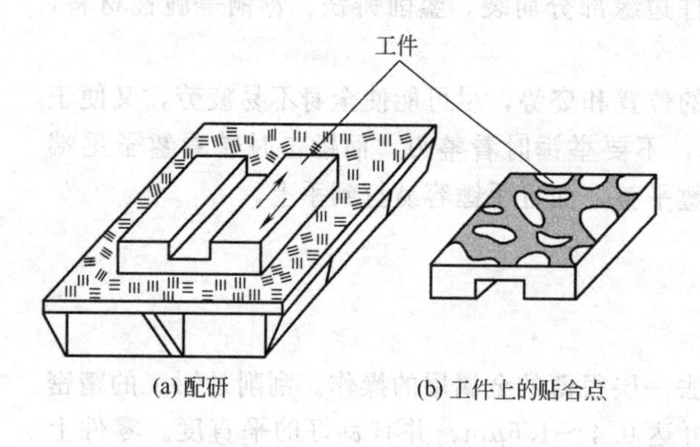

图 3-51　研点

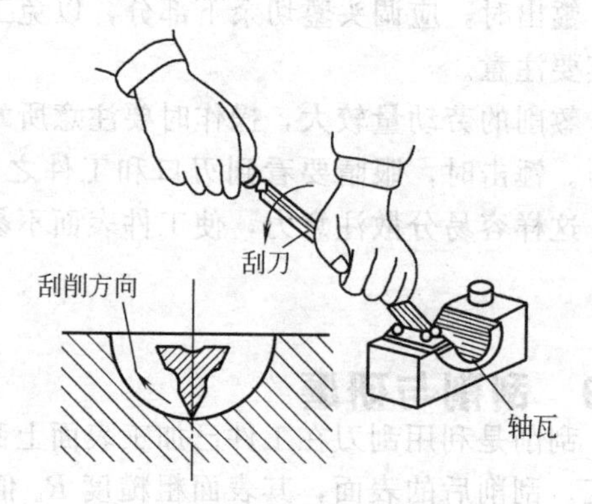

图 3-52　曲面刮削

3.10 装配与拆卸

3.10.1 基本概念

装配是将合格零件按照规定的技术要求装成部件或机器的生产过程。

装配是机器制造的最后阶段，也是重要的阶段。装配质量的优劣对机器的性能和使用寿命有很大影响。

3.10.2 装配工艺过程

装配过程可分为组件装配、部件装配和总装配。组件装配是将零件连接和固定成为组件的过程。部件装配是将零件和组件连接和组合成为独立机构（部件）的过程。总装配就是将零件、组件和部件连接成为整台机器的操作过程。

3.10.3 装配与拆卸

（1）紧固零件连接　紧固零件连接有螺纹连接、键连接、铆接等。

螺纹连接是机器中常用的可拆连接，它装拆调整都很方便。用于连接的螺栓、螺母各贴合表面要求平整光洁，螺母的端面与螺栓轴线垂直，旋拧螺母或螺栓的松紧程度要适中。在旋紧四个以上成组螺母时，应按一定顺序拧紧，如图 3-53 所示，每个螺母拧紧到 1/3 的松紧程度以后，再按 1/3 的程度拧紧一遍，最后依次全部拧紧，这样每个螺栓受力比较均匀，不致使个别螺栓过载。

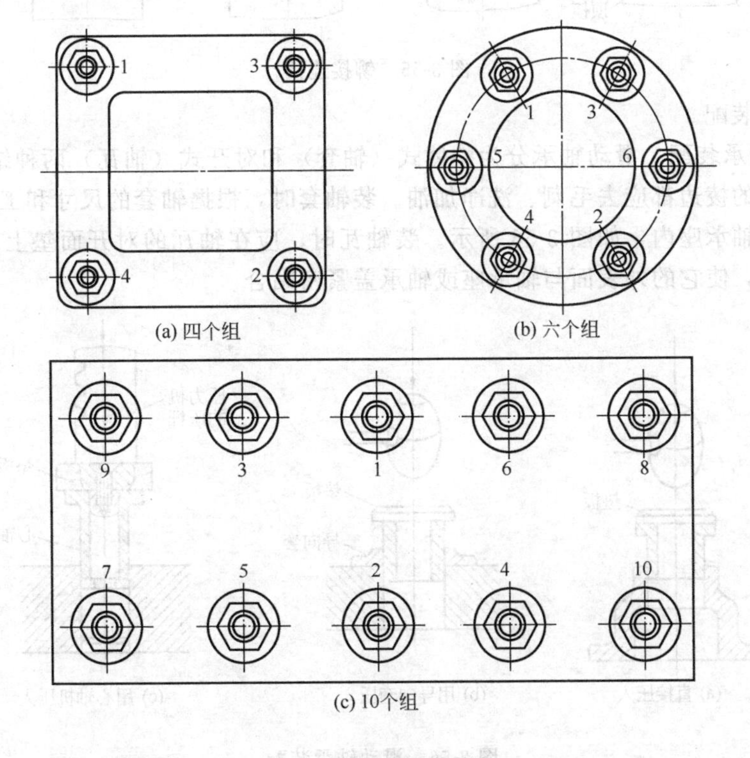

图 3-53　螺母旋紧顺序

键连接也属于可拆连接，多用于轴套类零件的传动中，如图 3-54 所示为平键连接图。装平键时，先去毛刺，选配键，洗净加油，再将键轻轻地敲入轴槽内，并与槽底接触，然后试装轮子。若轮壳上的键槽与键配合过紧，可修键槽，但侧面不能有松动。键的顶面与槽底应留有间隙。

铆接是不可拆连接，多用于板件连接。先在被连接的零件上钻孔，插入铆钉，铆钉头部用顶模支持，铆钉尾部用手锤敲打或用气动工具打铆，如图 3-55 所示。

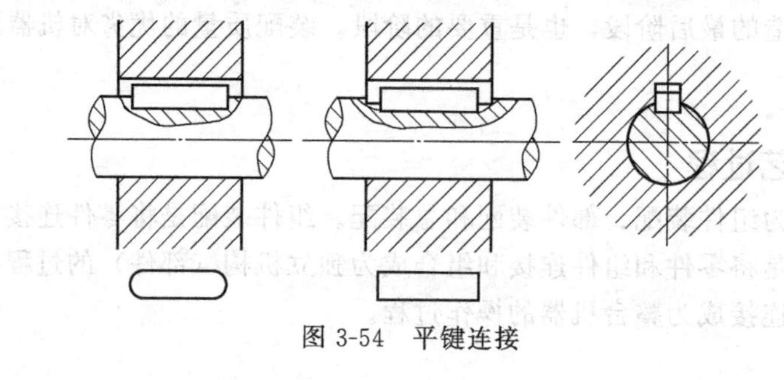

图 3-54 平键连接

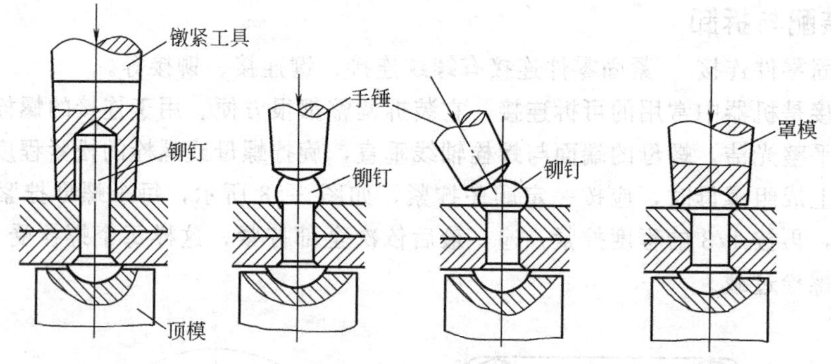

图 3-55 铆接连接

（2）轴承装配

① 滑动轴承装配 滑动轴承分为整体式（轴套）和对开式（轴瓦）两种结构。装配前，轴承孔和轴颈的棱边都应去毛刺、洗净加油。装轴套时，根据轴套的尺寸和工作位置用手锤或压力机压入轴承座内，如图 3-56 所示。装轴瓦时，应在轴瓦的对开面垫上木块，然后用手锤轻轻敲打，使它的外表面与轴承座或轴承盖紧密贴合。

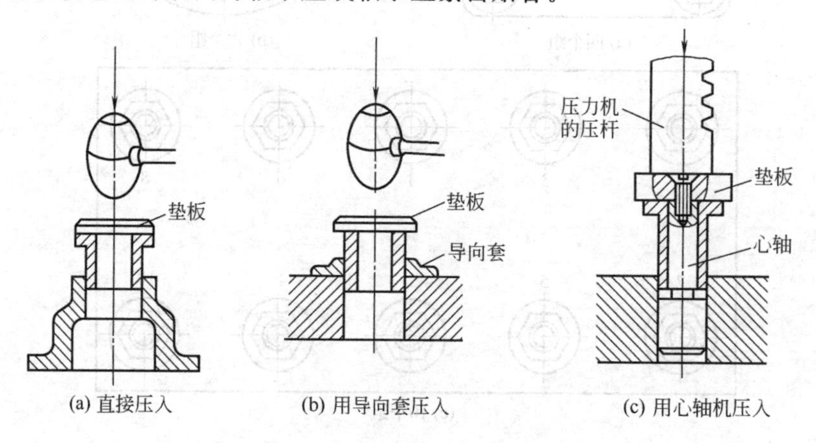

图 3-56 滑动轴承装配

② 滚珠轴承装配　滚珠轴承一般也是用手锤或压力机压装，但因传动结构不同而有不同的装配方法，为了使轴承圈上受到均匀的压力，常应用不同结构的芯棒，如图3-57所示。若轴承内圈与轴配合的过盈量较大时，可将轴承放在80～90℃的机油中加热，然后再套入轴中。热套法装配质量较好，应用很广。

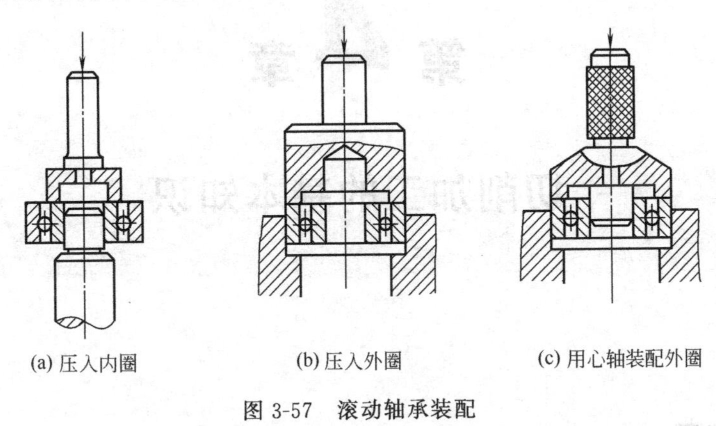

(a) 压入内圈　(b) 压入外圈　(c) 用心轴装配外圈

图3-57　滚动轴承装配

思考与练习

1. 钳工的基本操作有哪些？
2. 划线的基本作用是什么？
3. 起锯和锯切时的操作要领是什么？
4. 试比较分析顺锉法、交叉锉法、推锉法的优缺点及应用场合。
5. 台式钻床、立式钻床和摇臂钻床的机构和用途有何不同？
6. 两个一套的丝锥，各切削部分和校准部分有何不同？怎样区分？各用于什么场合？

第4章 切削加工的基本知识

4.1 切削加工

4.1.1 切削加工的分类

切削加工是利用切削工具从毛坯上切除多余的材料，以获得尺寸精度、形状精度、位置精度和表面粗糙度等方面都符合图样要求的零件的加工方法。切削加工分为钳工和机械加工两部分。

(1) 钳工　钳工一般由工人手持刀具对工件进行切削加工。钳工的基本操作有划线、整削、锯削、錾削、钻孔、铰孔、攻螺纹、套螺纹、刮削、研磨及装配等。由于钻孔与钳工工作特别密切，所以通常把钻孔也归入钳工。

(2) 机械加工　机械加工是由工人操作机床对工件进行切削加工的。常见的机械加工方式有车削、钻削、铣削、刨削、磨削、放电加工等（图 4-1）。所用的机床分别称为车床、钻床、铣床、刨床、磨床、数控机床和放电加工机床。

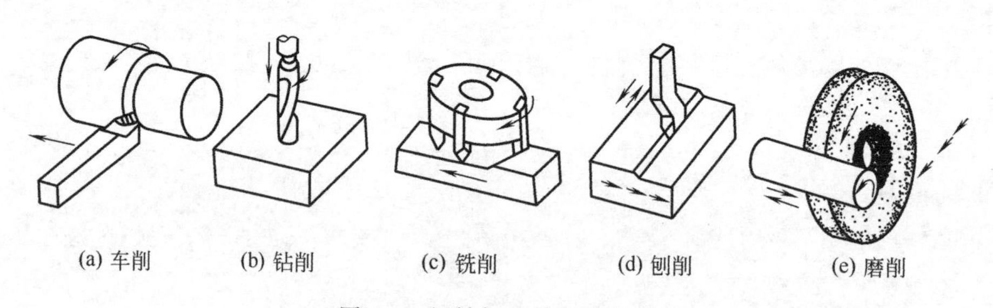

图 4-1　机械加工的主要方式

4.1.2 切削运动

金属切削加工是指在机床上，通过刀具与工件之间的相对运动，从工件上切下多余的余量，从而获得形状精度、尺寸精度和表面质量都符合技术要求的工件的加工方法。根据刀具与工件之间的相对运动对切削过程所起的不同作用，可以把切削运动分为主运动和进给运动。

(1) 主运动　直接切除工件上的切削层，使之转变为切屑，从而形成已加工表面的运动称为主运动。主运动的特征是速度最高、消耗功率最多、切削加工只有一个主运动。可由工件完成，也可由刀具完成；可以是直线运动，也可以是旋转运动。如车床上工件的旋转；牛头刨上刨刀的移动；铣床上的铣刀、钻床上的钻头和磨床上的砂轮的旋转等。

（2）进给运动　配合主运动使新的切削层不断投入切削的运动称为进给运动，进给运动可以是连续的，也可以是步进的，还可以是有一个或几个进给运动。如车刀、钻头、刨刀（龙门刨）的移动，铣削时和刨削（牛头刨）时工件的移动，磨外圆时工件的旋转和轴向移动等。

4.1.3　切削用量三要素

切削用量三要素可以从图 4-2 看出。

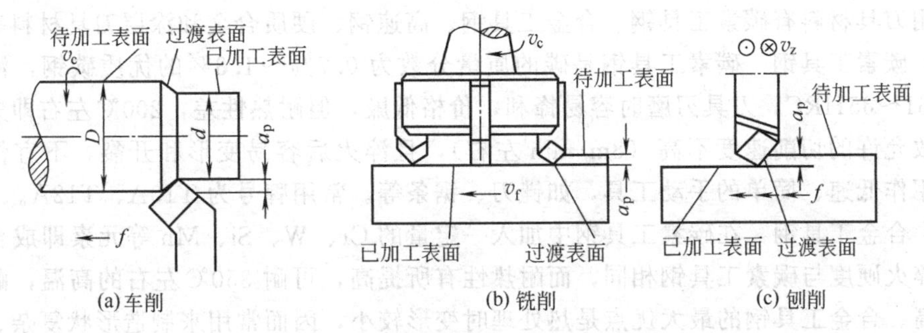

图 4-2　切削用量三要素

（1）切削速度 v_c　在单位时间内，工件和刀具沿主运动方向相对移动的距离，即

$$v_c=\frac{\pi Dn}{1000\times 60}\ (\text{m/s})$$

式中　D——加工面或刀具的最大直径，mm；

n——主运动每分钟转数，r/min。

（2）进给量 f　在单位时间内（或一个工作循环），刀具或工件沿进给运动方向上的相对位移量。单位为 mm/r 或 mm/往复行程等。

（3）背吃刀量 a_p　已加工表面与待加工面之间的垂直距离称为背吃刀量，单位为 mm。

（4）切削用量的选择原则　在选择切削用量时，首先选择最大的背吃刀量，其次选用较大的进给量，最后选定合理的切削速度。

4.2　刀具材料

刀具是切削加工中影响生产率、加工质量和成本的最活跃因素。本节只讨论刀具材料方面的知识，有关刀具的其他知识将在后面几章中分别介绍。

4.2.1　刀具材料应具备的性能

在切削过程中，刀具的切削部分要承受很大的压力、摩擦、冲击和高温，因此，刀具材料应具备以下的性能。

（1）高的硬度　一般刀具切削部分的硬度，要高于工件硬度一倍至几倍。常温下，刀具材料的硬度一般应在 60HRC 以上。

（2）高的耐磨性　为了抵抗切削过程中剧烈摩擦所引起的磨损，刀具材料需有很高的耐磨性。

（3）足够的强度和韧性　刀具材料应具备足够的抗弯强度和冲击韧度，以承受切削过程中的冲击和振动，防止刀具崩刃和断裂。

（4）高的耐热性　耐热性又称红硬性，是指刀具材料在高温下仍能保持足够硬度的性能。它是衡量刀具材料性能的主要指标。耐热性一般以红硬温度（能保持足够硬度的最高温度）来表示。

（5）良好的工艺性　为了便于制造刀具，刀具材料应具有良好的工艺性，如锻造性、焊接性、切削加工性和热处理性能。

4.2.2 常用刀具材料

常用刀具材料有碳素工具钢、合金工具钢、高速钢、硬质合金和涂层刀具材料等。

（1）碳素工具钢　碳素工具钢是碳的质量分数为0.7%～1.3%的优质碳钢，淬火后硬度可达61～65HRC，刀具刃磨时容易锋利，价格低廉，但耐热性差，200℃左右即失去原有硬度，故允许的切削速度不高（8m/min左右），且淬火后容易变形和开裂，不宜作复杂刀具，常用作低速、简单的手动工具，如锉刀、锯条等。常用牌号为T10A、T12A。

（2）合金工具钢　在碳素工具钢中加入一定量的Cr、W、Si、Mn等元素即成合金工具钢，其淬火硬度与碳素工具钢相同，而耐热性有所提高，可耐350℃左右的高温，耐磨性也略有提高。合金工具钢的最大优点是热处理时变形较小，因而常用来制造形状复杂、要求热处理变形小的低速刀具，如丝锥、板牙、铰刀等。常用的合金工具钢牌号有9SiCr、CrWMn等。

（3）高速钢　它是在合金工具钢中加入较多的W、Cr、V等合金元素制成的。它具有较高的强度、韧度和耐磨性，常温时硬度为60～70HRC，当温度高达550～600℃时，硬度仍无明显下降，允许切削速度为40m/min左右。同时，高速钢热处理时变形较小。由于高速钢具有上述突出的优点，因而是目前最常用的刀具材料之一，常用的牌号有W18Cr4V、W6Mo5Cr4V2等。但在近代工业中，高速钢已无法承受高速切削时的高温，所以它仅用于制造中等切削速度、形状复杂的刀具，如钻头、铰刀、拉刀、铣刀、齿轮刀具及各种成形刀具。

（4）硬质合金　它是以高硬度、高熔点的金属碳化物（WC、TiC等）粉末作基体，以金属Co等作黏结剂，用粉末冶金的方法烧结而成。它的硬度很高，可达74～82HRC，耐热温度达800～1000℃，允许切削速度达100～300m/min。但其强度和韧度较低，不能承受较大的冲击载荷，工艺性也不如高速钢。因此，硬质合金常制成各种形式的刀片，焊接或机械夹固在车刀、刨刀、面铣刀等的刀柄（刀体）上使用。

硬质合金一般分为三大类。

① 钨钴类硬质合金　代号为YG，由WC和Co组成，相当于ISO标准中K类硬质合金。它的韧度较好，抗弯强度较高，耐热性较差，故适用于加工铸铁、青铜等脆性材料。常用牌号有YG3、YG6、YG8等。牌号中的数字表示含钴量的百分数。含Co越多，韧度与强度越高，而硬度与耐磨性较低。故YG8适用于粗加工，YG3适用于精加工。

② 钨钛钴类硬质合金　代号为YT，由WC、TiC和Co组成，相当于ISO标准中的P类硬质合金。其耐磨性、耐热性、抗黏性、抗氧化及抗扩散能力都比YG类高，适用于加工碳钢等塑性材料。常用牌号有YT5、YT15、YT30等。牌号中T表示TiC，数字表示其含

量的百分数。含 TiC 量越多，耐热性越高，相应地含钴量减少，韧度较差。故 YT30 用于精加工，YT5 用于粗加工。

③ 钨铁钽（铌）类硬质合金　代号为 YW，在 YT 类硬质合金中加入碳化钽（TaC）或碳化铌（NbC）而组成，相当于 ISO 标准中 M 类硬质合金。它既适于加工脆性材料，又适于加工塑性材料，特别适于加工各种难加工的合金钢，如耐热钢、不锈钢等。常用牌号有 YW1、YW2 等。

（5）涂层刀具材料　涂层刀具材料是在硬质合金或高速钢的基体上，涂上一层几微米厚的高硬度、高耐磨性的金属化合物（TiC、TiN、Al_2O_3 等）而构成的。涂层硬质合金刀具的寿命比不涂层的至少可提高 1～3 倍，涂层高速钢刀具的寿命比不涂层的可提高 2～10 倍。常用牌号有 CN、CA、YB 等系列。

随着科学技术的进步，新的刀具材料不断被采用，如陶瓷材料、人造金刚石、立方氮化硼等，它们的硬度和耐磨性都比上述各种材料高，分别适用于高硬度金属材料（如淬火钢、冷硬铸铁等）的精加工，高强度和高温合金的精加工、半精加工，以及有色金属的低粗糙度加工等。但这些刀具材料脆性较大，抗弯强度较低，且成本通常较高，故目前尚未广泛使用。

4.2.3　切削液

在切削加工过程中，为了有效地降低切削温度、提高生产率和加工表面质量，常常使用各种切削液。

（1）切削液的作用　切削液具有冷却、润滑、洗涤和防锈等重要作用。

① 冷却　切削液的冷却作用就是降低温度的作用。切削液可以减小摩擦，减少切削中产生的热量；同时，把大量的切削热吸收带走。

② 润滑　切削时，工件与刀具、刀具与切屑之间存在着很大压力，因而相互间的摩擦是相当严重的。切削液的润滑作用就是指切削液能够减小摩擦力，从而使切削力减小，刀具寿命提高，表面质量得到改善。

③ 洗涤　采用切削液，可将切削中产生的细碎切屑、磨削中的磨屑和磨粒碎片冲刷带走，以免损坏机床或黏附在工件上划伤已加工表面。

④ 防锈　在切削液中加入了各种防锈剂，它们与金属表面有很强的附着能力，使金属表面与腐蚀介质隔开，起到防锈作用。

（2）切削液的种类

① 水溶液　主要成分是水，并加入少量的防锈剂等添加物。水溶液具有良好的冷却作用，可以大大降低切削温度，但润滑性能较差。

② 乳化液　乳化液是将乳化油用水稀释而成，具有良好的流动性和冷却作用，并有一定的润滑作用。

③ 切削油　主要用矿物油，少数采用动植物油或混合油。切削油润滑作用良好，而冷却作用较差，多用以降低工件表面粗糙度值。

（3）切削液的选择　切削液一般按加工性质（粗加工、精加工）和工件材料等来选用。粗加工时主要是冷却，应选用以冷却为主同时具有一定润滑、洗涤和防锈作用的切削液。

精加工时主要希望提高表面质量和加工精度，提高刀具寿命，应选用浓度较大的切削液，要求切削液有良好的润滑性和一定的流动性。

通常在切削脆性材料（如铸铁、青铜）时不用切削液。硬质合金刀具一般也不用切削液，如果使用，必须大量、连续地注射，以免造成硬质合金因忽冷忽热产生裂纹而导致破裂。

4.3 工件的定位、夹紧

4.3.1 定位

（1）定位　确定工件在机床上或夹具中有正确位置的过程称为定位。

（2）六点定位原理　一个物体在空间的任何运动都可以分解为六个方向的运动，即沿直角坐标系三个直角坐标轴OX、OY、OZ的移动以及绕这三个轴的转动。这六个运动，称作六个自由度。工件在机床上或夹具中定位时，要用六个支承点来限制工件的六个自由度使工件得到正确的定位。六个支承点在工件三个直角坐标平面上的分布是有规律的，其中一个平面叫主要基准面，分布三个支承点；第二个平面叫导向基准面，分布两个支承点；第三个平面叫支承基准面，分布一个支承点。每一个支承点限定一个自由度，六个支承点就限定了六个自由度，使工件在空间的相对位置确定下来。

六点定位原理是定位任何形状工件普遍适用的原理。当定位面是圆弧面或其他形状时，也同样应按这个原理去分析。在实际的定位中，除利用工件平面作为定位基准面外，还常采用外圆柱面和内圆柱面作为定位基准面，以小面积能够定位的元件来代替点定位，如短V形块、圆形定位销、菱形定位销、顶尖等。

① 完全定位与不完全定位　工件的六个自由度完全被限制的定位称为完全定位。按加工要求，允许有两个或几个自由度不被限制的定位称为不完全定位。

② 欠定位与过定位　按工序的加工要求，工件应该限制的自由度而未予限制的定位，称为欠定位。在确定工件定位方案时，欠定位是绝对不允许的。工件的同一自由度被两个或两个以上的支撑点重复限制的定位，称为过定位。在通常情况下，应尽量避免出现过定位。

4.3.2 夹紧

工件定位后将其固定，使其在加工过程中保持定位位置不变的操作称为夹紧。

（1）夹紧装置　工件定位后，为使加工过程顺利实现，必须采用一定的装置将工件压紧夹牢，防止工件在切削力、重力、惯性力等的作用下发生位移或振动，这种将工件压紧压牢的装置称为夹紧装置。压紧紧凑合理，布局均匀，压紧才稳固可靠。

（2）夹紧装置的基本要求

① 夹紧中要保持工件定位后获得的正确位置。

② 夹紧力的大小适当，既保证夹紧牢固有力，又不能使工件产生很大变形以保证工件的加工精度。

③ 工艺性好，夹紧结构简单，便于制造维修。夹紧结构自锁性能要好。

④ 使用性好，方便、安全、省力。

（3）夹紧的基本原理　夹紧是为了克服切削力等外力干扰而使工件在空间中保持正确的定位位置的一种手段，夹紧一般在定位步骤之后，有时定位与夹紧是同时进行的，如车床的三爪卡盘。在考虑夹紧结构时必须正确解决好三个要素，即夹紧力的大小、夹紧力的方向、夹紧力的作用点。

① 夹紧力的大小　在切削加工过程中由于受到切削力、离心力、惯性力及重力的作用，

要使工件保持正确的位置，夹紧力应与上述各力的作用相平衡。

② 夹紧力的方向 夹紧力的方向对夹紧力的大小影响很大，它又和切削力的大小、工件的重量、工件的定位方式都有着极密切的关系。确定夹紧力方向的原则是：

a. 使夹紧力方向作用在垂直于主要定位基准面上，使定位基准面与定位元件接触良好，保证工件定位可靠；

b. 夹紧力应朝向工件刚性较好的方向，以减小工件变形；

c. 夹紧力的方向应尽可能实现夹紧力、切削力、工作重力“三力”同向，以利于减小夹紧力。

③ 夹紧力的作用点 正确选择夹紧力的作用点，对保证加工精度极为有利，因此在布置夹紧力的作用点时应考虑以下几点原则。

a. 夹紧力的作用点应尽可能地落在主要支承点、面上或是几个点组成的平面上，从而保证夹紧稳固可靠。如果夹紧力作用点位于支承点之外，易形成有破坏正确定位的趋势。

b. 夹紧力作用点应尽量作用在工件刚性较大的部位，有利于减小夹紧变形。

c. 夹紧力的作用点应尽量靠近加工表面，以减小切削力对夹紧点的力矩，防止或减小工件的加工振动或弯曲变形。

4.4 组合夹具

(1) 夹具的概念 夹具是用以装夹工件（和引导刀具）的装置。机床夹具是一个定位和夹紧装置。其功能主要是将工件定位，可靠地夹紧，保证工件的质量和生产率。夹具作为工艺装备的主体，在机械加工中起着举足轻重的作用。

(2) 夹具的分类 机床夹具按通用性可分为通用夹具（如三爪自定心夹盘、四爪单动卡盘、万能分度头、机用台虎钳、顶尖、中心架、跟刀架、回转工作台、电磁吸盘等）、专用夹具、组合夹具。

按使用的机床分类可分为车床夹具、铣床夹具、钻床夹具、镗床夹具、磨床夹具、齿轮加工机床夹具和其他机床夹具。

按夹紧的动力源可分为手动夹具和机动夹具，机动夹具又可分为气动夹具、液压夹具、电动夹具、磁力夹具、真空夹具和其他夹具等。

(3) 组合夹具 组合夹具是可循环使用的标准夹具零部件（或专用零部件）组装成易于连接和拆卸的夹具，它是在夹具零部件标准化的基础上发展起来的一种模块夹具。组合夹具元件如图 4-3 所示。

组合夹具元件具有较高的精度元件，精度一般为 IT6～IT7 级（精密级可达 IT5 级），利用组合夹具加工工件时，工件的位置精度一般可达 IT8～IT9 级。通过精选元件和精心调整，可达到 IT6～IT7 级的精度，即 0.02mm 的公差。

组合夹具元件（基础件、支承件等）采用优质低碳合金钢制造，经渗碳、淬火后，内部硬度为 HRC35 左右，表面硬度达 HRC58～HRC64，保证元件具有足够的强度、韧性、高耐磨性及形状尺寸的稳定性，元件的使用寿命长。

组合夹具用完后可拆卸，经清洗后组装新的夹具。组合夹具可缩短生产准备周期、元件能重复使用、降低生产成本，特别适用新产品试制，单件、中、小批量生产和数控加工。

(4) 组合夹具分类 组合夹具分为槽系组合夹具、孔系组合夹具、孔槽结合的柔性组合夹具。图 4-4、图 4-5 所示为孔系组合夹具和槽系组合夹具。

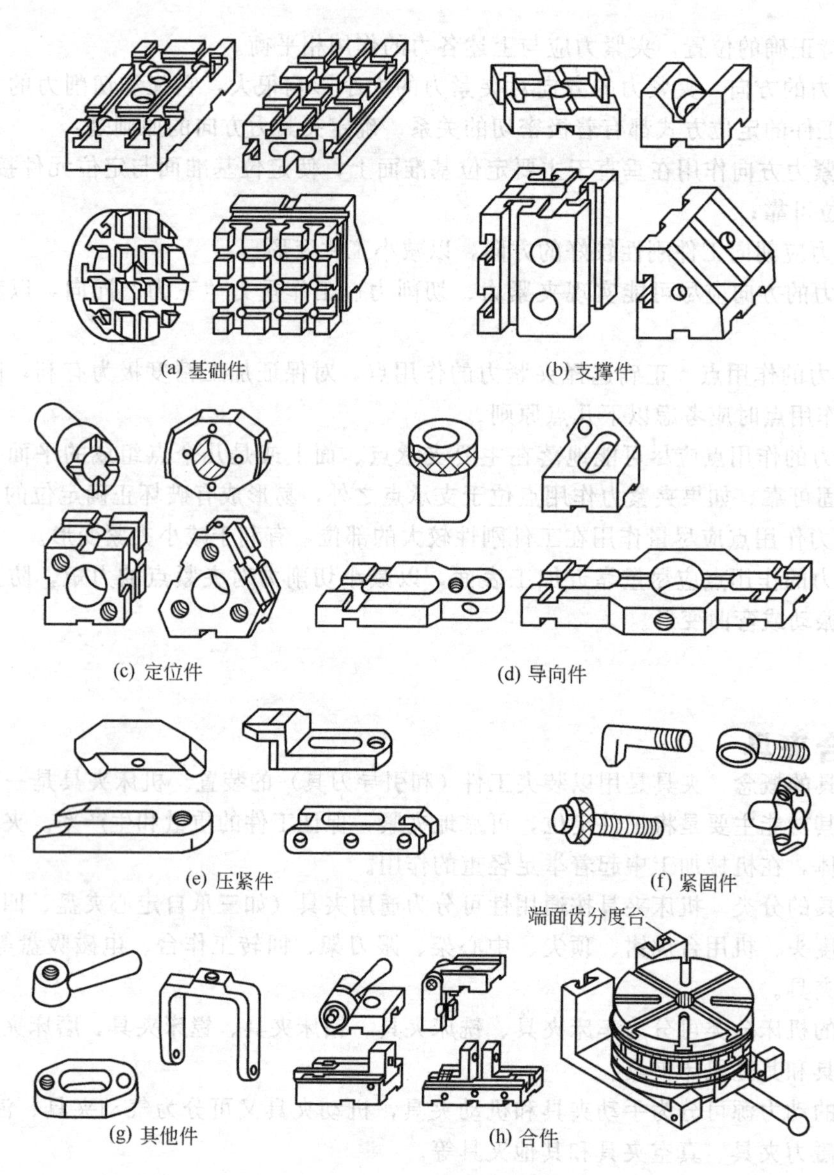

图 4-3 组合夹具基本元件

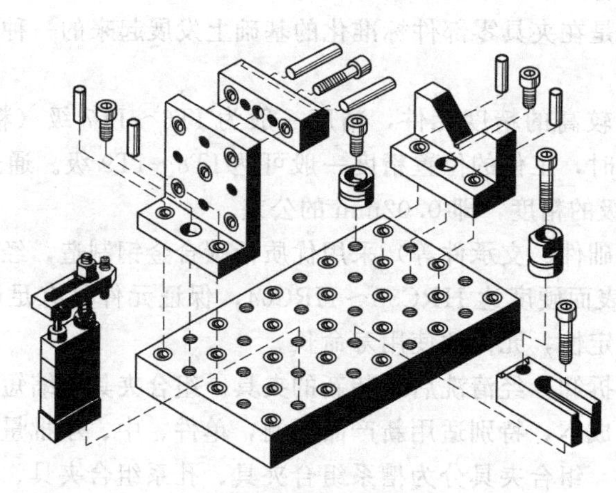

图 4-4 孔系组合夹具

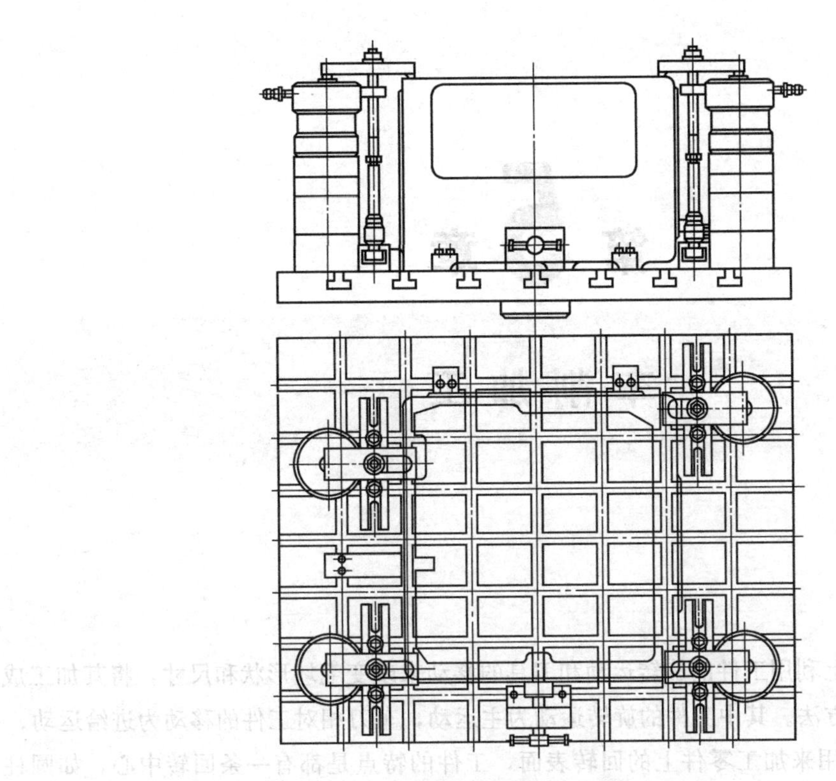

图 4-5　槽系组合夹具

思考与练习

1. 试述切削用量的三要素，切削用量选择的原则。

2. 试述刀具材料应具备的性能，加工铸铁、钢件应当选用的硬质合金刀具牌号。

3. 试述切削液的作用，粗加工、精加工时切削液选择的原则。

4. 试述六点定位原理，加工时，欠定位与过定位是否允许？为什么？试分析车床上几种主要的夹紧方式（三爪，一夹一顶，四爪，双顶尖），并分别说明它们是几点定位。

5. 试述工件夹紧的三要素，定位与夹紧的区别。

第5章

车削加工

5.1 概述

车削是指在车床上利用工件的旋转运动和刀具的移动来改变毛坯形状和尺寸，将其加工成所需零件的一种加工方法。其中工件的旋转运动为主运动，车刀相对工件的移动为进给运动。

车削加工主要是用来加工零件上的回转表面，工件的特点是都有一条回转中心，如圆柱面、圆锥面、螺纹、端面、成形面、沟槽、切断等。车削加工可分为粗车、半精车、精车。各种工艺的尺寸精度及表面质量见表 5-1。

在工厂的机械加工车间中，卧式车床是金属切削机床中最为普遍的一种。车削加工是主要的一种加工方法，车削的应用范围很广泛，它的基本工作内容见图 5-1。

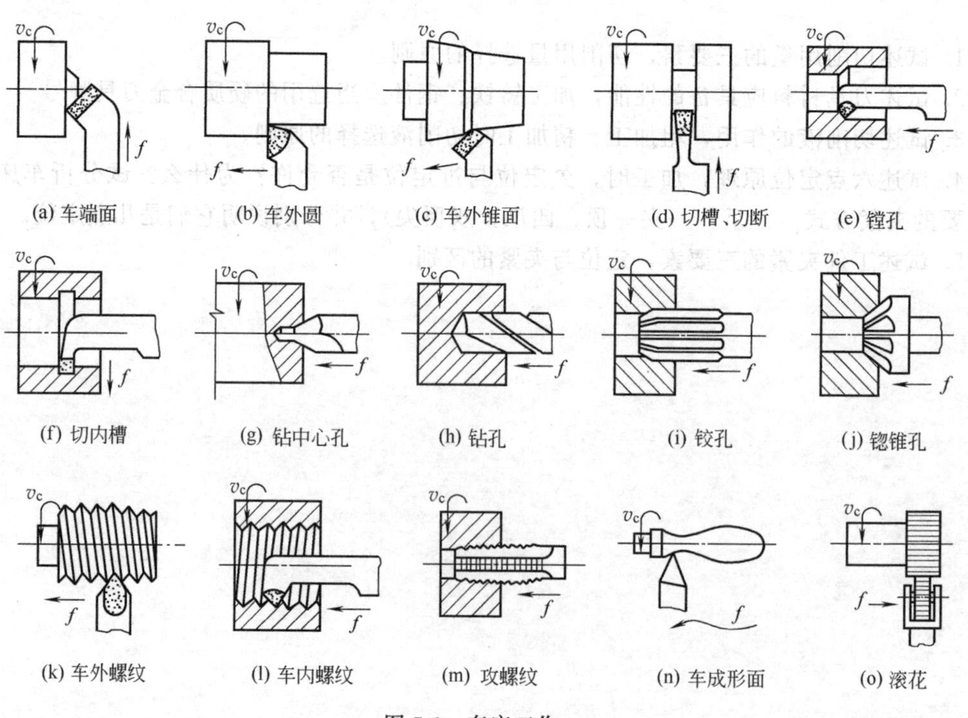

图 5-1 车床工作

表 5-1 各种工艺的尺寸精度及表面质量

	粗　车	半 精 车	精　车
尺寸公差等级	IT12～IT11	IT10～IT9	IT8～IT7
表面粗糙度 R_a	25～12.5	6.3～3.2	1.6～0.8

5.2 车床

5.2.1 车床的型号

机床均用汉语拼音字母和数字，按一定规律组合进行编号，以表示机床的类型和主要规格。现以卧式车床 C6132 为例进行介绍。根据国家标准 GB/T 15375—1994《金属切削机床型号编制方法》的规定，C6132 车床型号中，各字母与数字的含义如下：

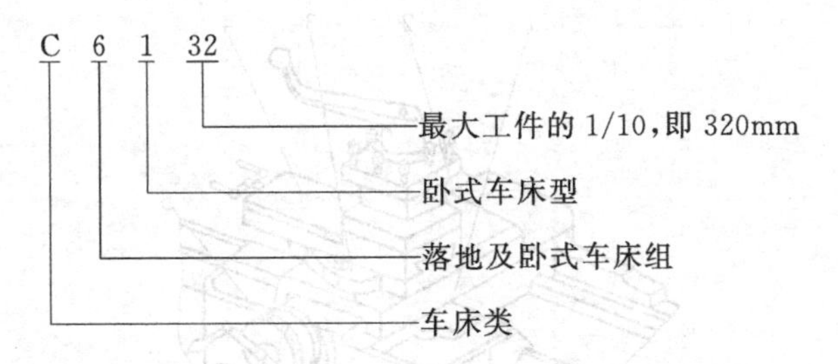

5.2.2 C6132 车床的组成部分

C6132 车床的外形结构如图 5-2 所示。它由床身、变速箱、主轴箱、进给箱、光杠和丝杠、溜板箱、刀架、尾座和床腿组成。

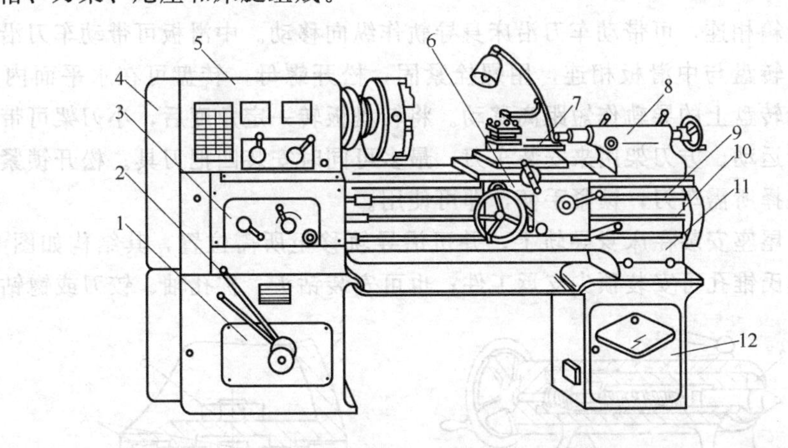

图 5-2 C6132 车床的外形结构图

1—变速箱；2—变速手柄；3—进给箱；4—交换齿轮箱；5—主轴箱；6—溜板箱；7—刀架；8—尾座；9—丝杠；10—光杠；11—床身；12—床腿

(1) 床身　床身是车床的基础零件，用以支承和连接各主要部件并保证各部件间有正确的相对位置。床身上有四条平行的导轨，外侧的两条供床鞍作纵向移动之用，内侧的两条用于尾座的移动和定位。

(2) 变速箱 变速箱内装有变速齿轮，可将电动机的转速变成六种不同的转速输出，它远离车床主轴，可减小由于齿轮传动产生的振动和热量对主轴的不利影响。

(3) 主轴箱 主轴箱内装空心主轴和少量变速齿轮。它可使变速箱提供的6种转速变为主轴的12种转速。主轴还通过另一些齿轮，将运动传入进给箱。

(4) 进给箱 进给箱内装进给运动的变速齿轮，调整各手柄位置，可获得纵向或横向走刀的进给量和加工螺纹时所需的螺距，并将所需的运动传给光杠或丝杠。

(5) 光杠和丝杠 通过光杠或丝杠，将进给箱的运动传给溜板箱。自动进给时用光杠。车削螺纹时用丝杠。

(6) 溜板箱 溜板箱与刀架相连，是车床进给运动和车削螺纹的操纵箱。它既可将光杠传来的旋转运动变为车刀的纵向或横向直线运动；也可通过开合螺母将丝杠传来的旋转运动变为车刀的纵向移动，以车削螺纹。

(7) 刀架 刀架由床鞍、中滑板、转盘、小滑板和方刀架组成（图5-3），用以夹持车刀，并提供纵向、横向或斜向的进给运动。

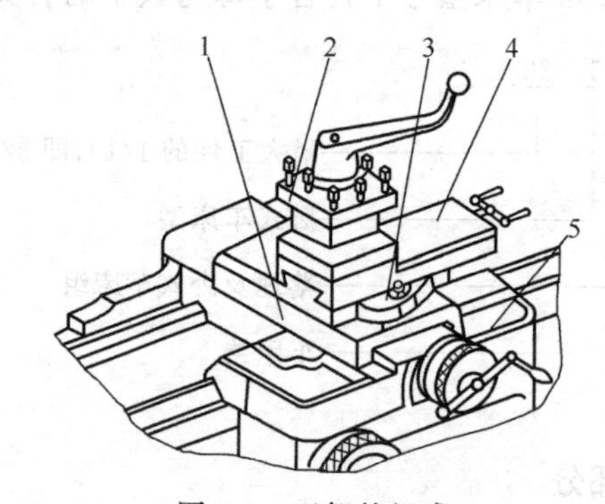

图5-3 刀架的组成

1—中滑板；2—方刀架；3—转盘；4—小滑板；5—床鞍

床鞍与溜板箱相连，可带动车刀沿床身导轨作纵向移动。中滑板可带动车刀沿床鞍上导轨作横向移动。转盘与中滑板相连，用螺栓紧固，松开螺母，转盘可在水平面内转任意角度。小滑板可沿转盘上的导轨作短距离移动。将转盘板转一定角度后，小刀架可带动车刀作相应的斜向进给运动。方刀架用来安装车刀，最多可同时安装四把刀具。松开锁紧手柄方刀架即可转位，选择所需车刀，锁紧手柄，即可使用。

(8) 尾座 尾座安装在床身导轨上，并可沿导轨移至所需位置，其结构如图5-4所示。尾座套筒内的莫氏锥孔可安装顶尖支承工件；也可安装钻头、扩孔轴、铰刀或锪钻，以便在

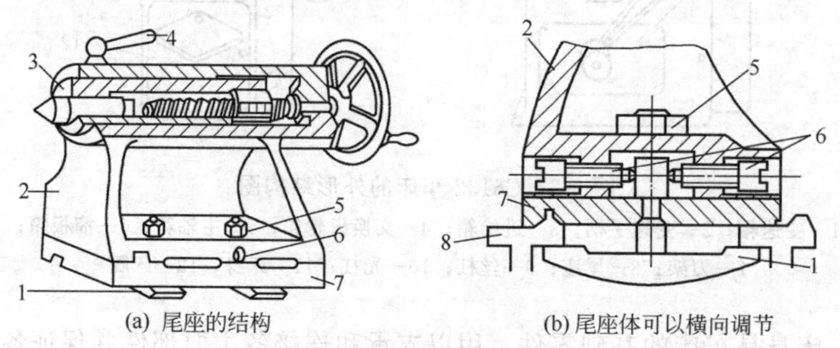

(a) 尾座的结构 (b) 尾座体可以横向调节

图5-4 尾座

1—压板；2—尾座体；3—套筒；4—套筒锁紧手柄；5—固定螺钉；
6—调节螺钉；7—底座；8—床身导轨

工件上钻孔、扩孔、铰孔或锪锥孔。松开尾座体与底座的固定螺钉，用调节螺钉调节尾座体的横向位置，可使尾座顶尖对准中心或偏离一定距离，以便车削小锥度的长锥面。

(9) 床腿　床腿支承床身，并与地基相连。C6132 车床的左床腿内安放变速箱和电动机，右床腿内安放电器。

5.3　车削基本知识

5.3.1　车刀的组成

车刀由刀头和刀体两部分组成。刀头是车刀的切削部分；刀体是用以夹持在刀架上的部分。车刀刀头部分一般由三面二刃一尖组成（图 5-5）。

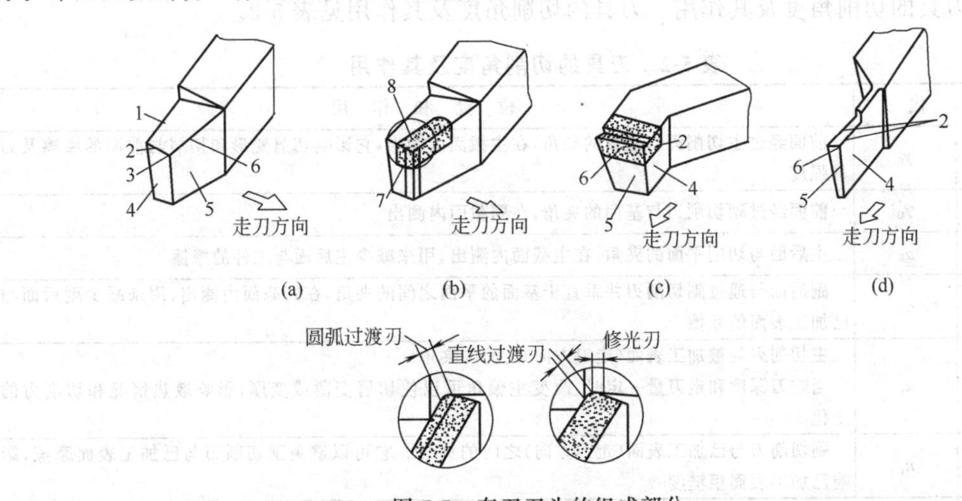

图 5-5　车刀刀头的组成部分

1—前面；2—副切削刃；3—刀尖；4—副后面；5—主后面；6—主切削刃；7—修光刃；8—过渡刃

① 前面切削时切屑流出所经过的表面。

② 主后面切削时与工件过渡表面相对的表面。

③ 副后面切削时与工件已加工表面相对的表面。

④ 主切削刃前面与主后面的交线。它承担主要的切削工作。

⑤ 副切削刃前面与副后面的交线。它尾随主切削刃完成少量的切削工作。

⑥ 刀尖主切削刃与副切削刃的交接处。为了增强刀尖，常磨成直线或圆弧形。

5.3.2　车刀的角度

(1) 辅助平面　为了确定刀具角度的大小，必须选定几个辅助平面，即基面、切削平面和正交平面（图 5-6）。为了便于刀具的制造、刃磨和测量，辅助平面是在不考虑进给运动，规定车刀刀尖与工件轴线等高，刀体的中线垂直于进给方向等简化条件下建立的。

① 基面是通过主切削刃上选定点，垂直于该点切削速度方向的平面。对于车刀，基面一般为过主切削刃上选定点的水平面。

② 切削平面是通过主切削刃上选定点，与主切削刃相切，并垂直于基面的平面。对于车刀，切削平面一般为铅垂面。

③ 正交平面是通过主切削刃上选定点，并同时垂直于基面和切削平面的平面。对于车

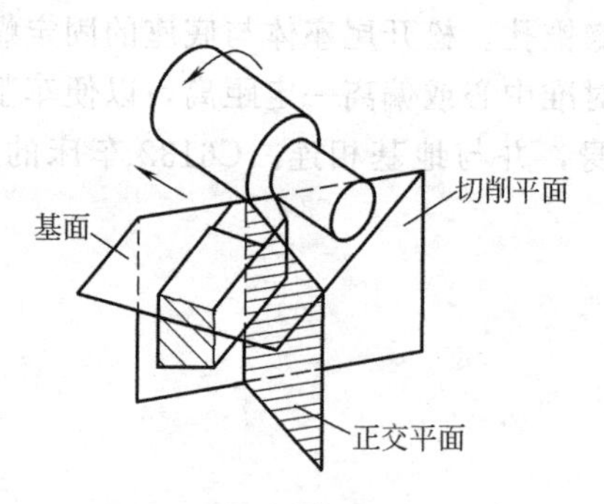

图 5-6 辅助平面

刀，正交平面一般也是铅垂面。

(2) 刀具的切削角度及其作用 刀具的切削角度及其作用见表 5-2。

表 5-2 刀具的切削角度及其作用

名称	代号	位置和作用
前角	γ_0	前面经过主切削刃与基面的夹角，在主截面内测出，它影响切屑变形和切屑与前面的摩擦及刀具强度
副前角	γ_0'	前面经过副切削刃与基面的夹角，在副截面内测出
后角	α_0	主后面与切削平面的夹角，在主截面内测出，用来减少主后面与工件的摩擦
副后角	α_0'	副后面与通过副切削刃并垂直于基面的平面之间的夹角，在副截面内测出，用来减少副后面与已加工表面的摩擦
主偏角	κ_r	主切削刃与被加工表面(走刀方向)之间的夹角。 当吃刀深度和走刀量一定时，改变主偏角可以使切屑变薄或变厚，影响散热情况和切削力的变化
副偏角	κ_r'	副切削刃与已加工表面(走刀方向)之间的夹角。它可以避免副切削刃与已加工表面摩擦，影响已加工表面粗糙度
过渡偏角	ϕ_0	过渡刀刃与被加工表面(走刀方向)之间的夹角，用来增加刀尖强度
刃倾角	λ_s	主切削刃与基面之间的夹角，它可以控制切屑流出方向，增加刀刃强度，并能使切削力均匀
楔角	β_0	前面与主后面之间的夹角，在主截面内测出，它影响刀头截面的大小
切削角	δ_0	前面和切削平面间的夹角，在主截面内测出
刀尖角	ε_r	主切削刃与副切削刃在基面上投影的夹角，它影响刀头强度和导热能力
倒棱	f	在切刀前面刀刃上的狭窄平面，用来增加刀刃强度

车刀切削部分的主要角度有前角、后角、主偏角、副偏角、刃倾角，前角、后角、主偏角、副偏角分别见图 5-7、图 5-8。刃倾角可以控制切屑流出方向，提高刀刃强度，并能使切削力均匀。刃倾角及其对切屑流出方向的影响见图 5-9。

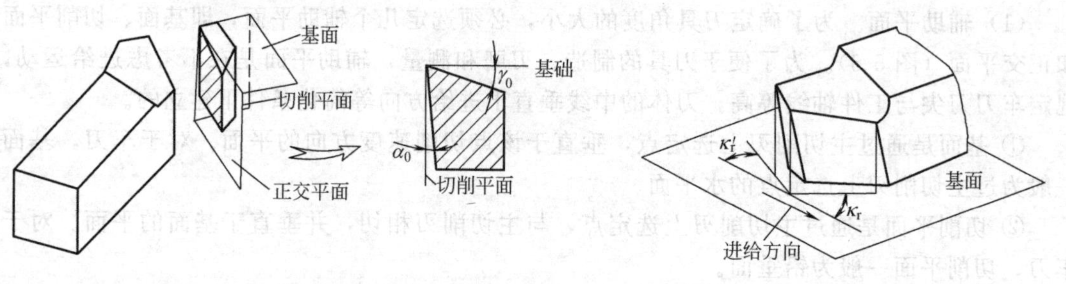

图 5-7 车刀的前角和后角　　图 5-8 车刀的主偏角和副偏角

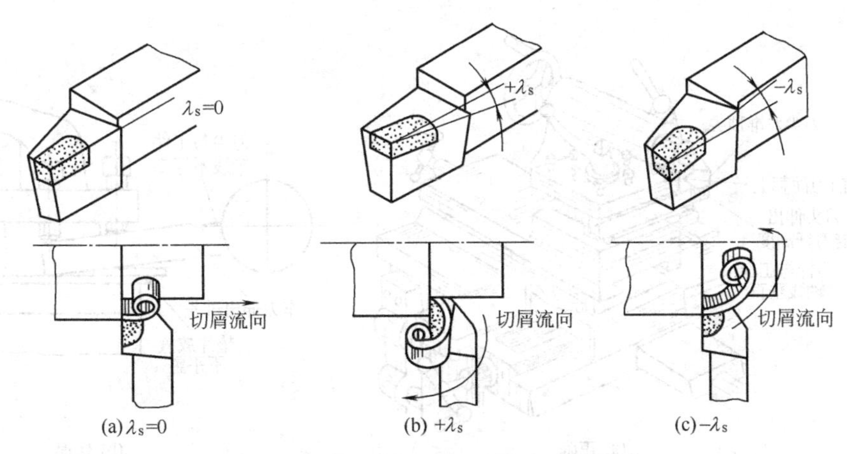

图 5-9　刃倾角及其对切屑流出方向的影响

5.3.3　车刀刃磨

（1）砂轮的选择

① 氧化铝砂轮（白色）：适用于刃磨高速钢车刀和硬质合金的刀柄部分。

② 碳化硅砂轮（绿色）：适用于刃磨硬质合金车刀。

（2）刃磨方法　如图 5-10 所示，以硬质合金车刀为例说明刃磨方法。

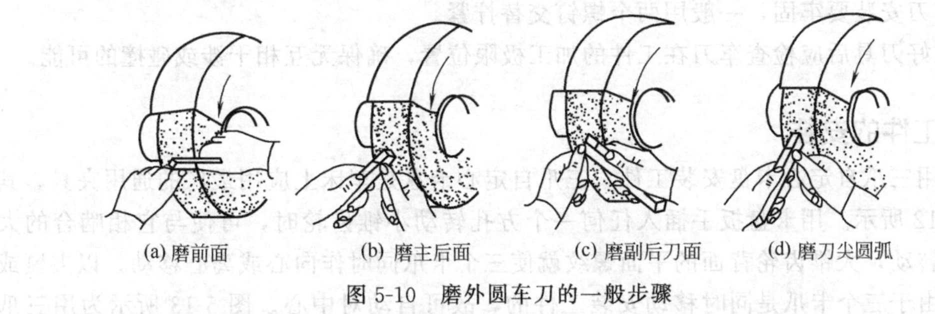

图 5-10　磨外圆车刀的一般步骤

① 磨出刀杆部分的主后角和副后角，其数值比刀片部分的后角大 2°～3°。

② 粗磨主后刀面，磨出主后角和主偏角。

③ 粗磨副后刀面，磨出副后角和副偏角。

④ 粗磨前刀面，磨出前角。在砂轮上将各面磨好后，再用油石精磨各面。

⑤ 精磨前刀面，磨好前角和断屑槽。

⑥ 精磨主后刀面，磨好主后角和主偏角。

⑦ 精磨副后刀面，磨好副后角和副偏角。

⑧ 磨刀尖圆弧，在主刀面和副刀面之间磨刀尖圆弧。

磨刀时，人要站在砂轮侧面，双手拿稳车刀，要用力均匀，倾斜角度应合适，要在砂轮圆周面的中间部位磨，并左右移动。磨高速钢车刀，当刀头磨热时，应放入水中冷却，以免刀具因温升过高而软化。磨硬质合金车刀，当刀头磨热后应将刀杆置于水内冷却，避免刀头过热沾水急冷而产生裂纹。

5.3.4　车刀的安装

车刀使用时必须正确安装（图 5-11）。车刀安装应注意下列事项。

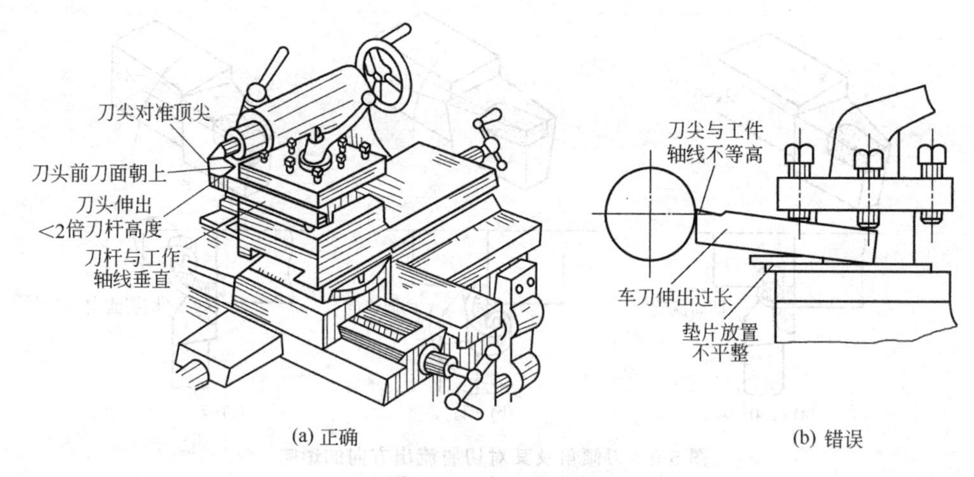

(a) 正确　　(b) 错误

图 5-11　车刀的安装

① 车刀刀尖应与车床的主轴轴线等高，可根据尾座顶尖的高度来调整。

② 车刀刀体应与车床的主轴轴线垂直。

③ 车刀应尽可能伸出短些，一般伸出长度不超过刀体厚度的 2 倍，否则刀体刚性减弱，车削时易产生振动。

④ 刀体下面的垫片应平整，并与刀架对齐，一般不超过 2～3 片。

⑤ 车刀安装要牢固，一般用两个螺钉交替拧紧。

⑥ 装好刀具后应检查车刀在工件的加工极限位置，确保无互相干涉或碰撞的可能。

5.3.5　工件的安装

(1) 用三爪自定心卡盘安装工件　三爪自定心卡盘是车床上应用最广的通用夹具，其构造如图 5-12 所示。用卡盘扳手插入任何一个方孔转动小锥齿轮时，可使与它相啮合的大锥齿轮随之转动，大锥齿轮背面的平面螺纹就使三个卡爪同时作向心或离心移动，以夹紧或松开工件。由于三个卡爪是同时移动安装工件的，故可自动对中心。图 5-13 所示为用三爪自定心卡盘安装不同工件的方法。三爪自定心卡盘主要用来安装截面为圆形、正六边形的中小型轴类、盘套类工件，一般不需找正，装夹方便迅速。其定位精度一般为 0.05～0.15mm。当工件直径较大用正爪不便安装时，可换上反爪装夹。

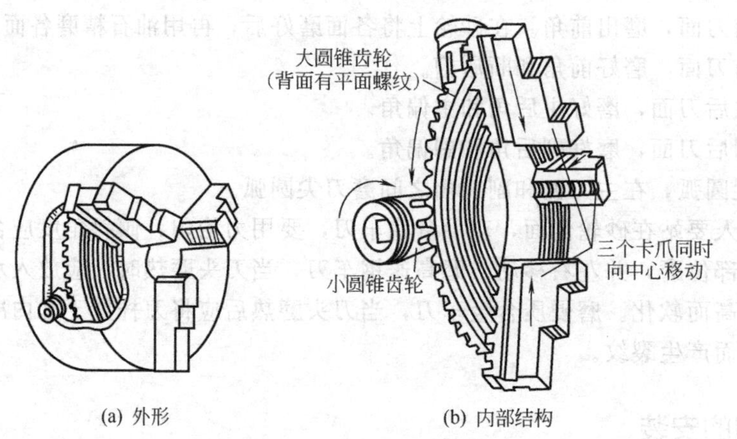

(a) 外形　　(b) 内部结构

图 5-12　三爪自定心卡盘

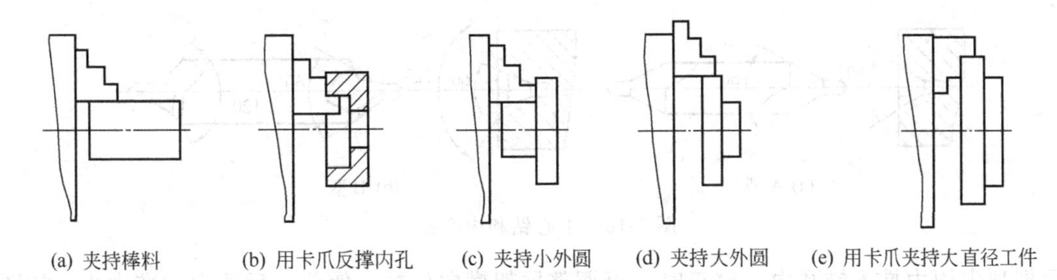

图 5-13　三爪自定心卡盘安装工件举例

(2) 在四爪单动卡盘上安装工件　夹紧力大，但校正比较麻烦，适合于安装方形、椭圆和形状不规则的工件。

(3) 双顶尖装夹工件

① 双顶尖定位的特点及适用范围　双顶尖装夹工件方便，不需找正，装夹精度高，但只能承受较小切削力，一般用于精加工。对于较长的、需经过多次装夹的或工序较多的工件，为保证装夹精度，可用双顶尖装夹，见图 5-14，用双顶尖装夹工件，必须先在工件端面钻出中心孔。前顶尖一般是普通顶尖［见图 5-15(a)］，安装在主轴锥孔内和主轴一起旋转，后顶尖一般是回转顶尖（活顶尖）［见图 5-15(b)］，装在尾座的套筒内，工件被卡箍夹紧，由安装在主轴端部的拨盘带动卡箍一起旋转。

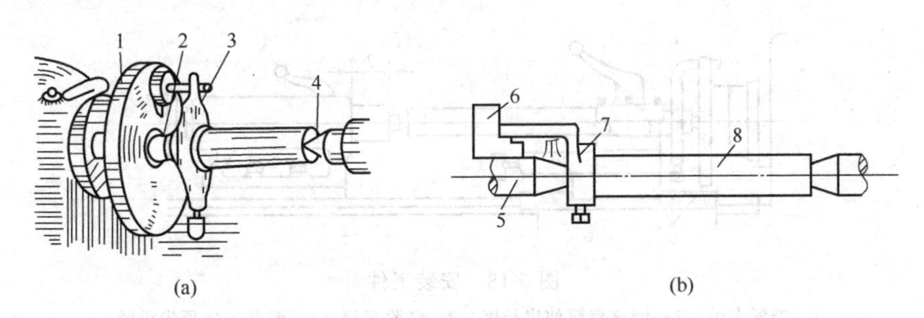

图 5-14　双顶尖装夹工件

1—拨盘；2,5—前顶尖；3,7—鸡心夹；4—后顶尖；6—卡爪；8—工件

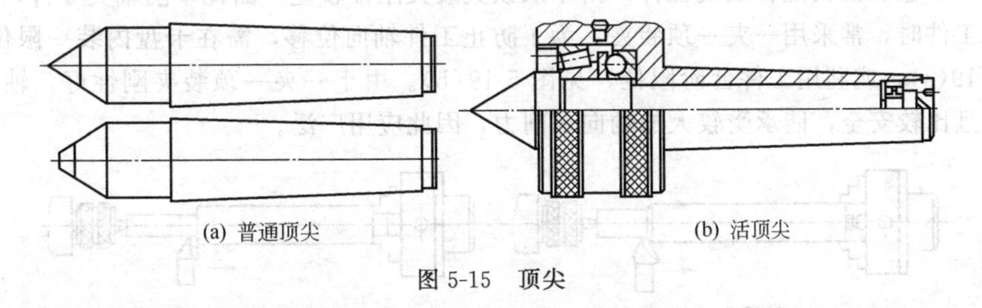

图 5-15　顶尖

② 用双顶尖装夹轴类工件的步骤

a. 车平两端面，钻中心孔。先用车刀把端面车平，再用中心钻钻中心孔。中心钻安装在尾架套筒的钻夹头中，随套筒纵向移动钻削。中心钻和中心孔的形状如图 5-16 所示。中心孔呈 60°锥面与顶尖锥面配合支承，内端小孔保证两锥面配合贴切，并可储存少量润滑油，B 型 120°锥面是保护锥面，防止碰 60°锥面而影响定位精度。

b. 安装、校正顶尖。安装时，顶尖尾部锥面、主轴内锥孔和尾架套筒锥孔必须擦净，

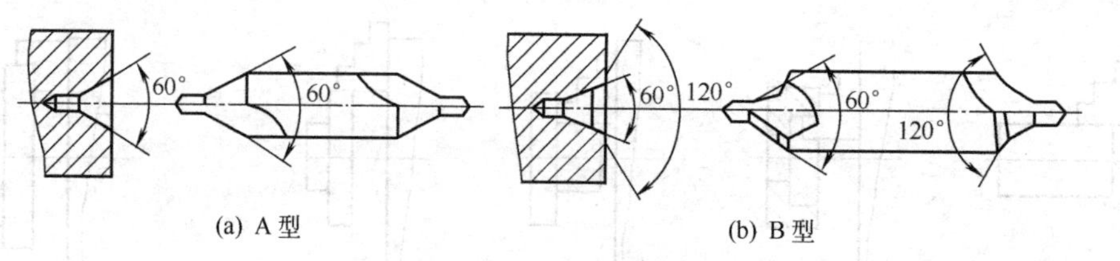

图 5-16 中心钻和中心孔

然后把顶尖用力推入锥孔内。校正时，可调整尾架横向位置，使前、后顶尖对准为止，如图 5-17 所示。如前、后顶尖不对准，轴将被车成锥体。

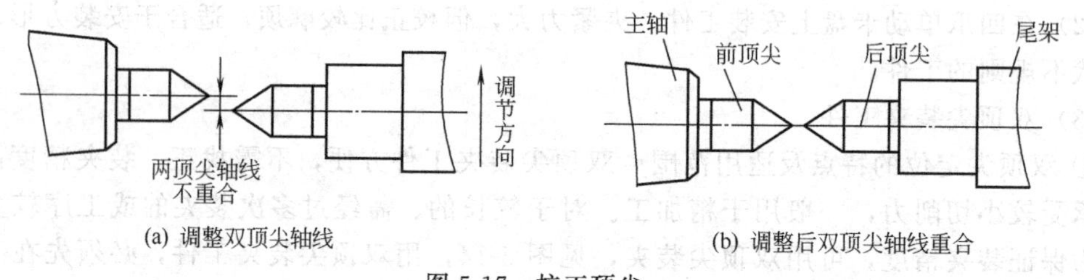

图 5-17 校正顶尖

c. 安装拨盘和工件。首先擦净拨盘的内螺纹和主轴的外螺纹，把拨盘拧在主轴上，再把轴的一端装上卡箍，拧紧卡箍螺钉，最后在双顶尖中安装工件，如图 5-18 所示。

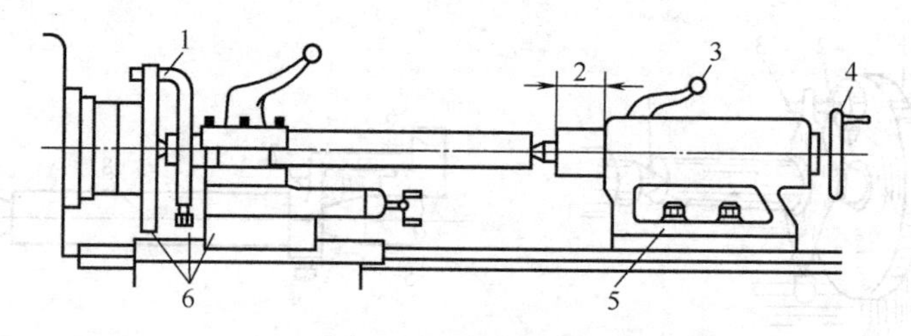

图 5-18 安装工件

1—拧紧卡箍；2—调整套筒伸出长度；3—锁紧套筒；4—调节工件顶尖松紧；
5—将尾架固定；6—刀架移至车削行程左端，用手转动，检查是否会碰撞

（4）卡盘和顶尖配合装夹工件 由于双顶尖装夹刚性较差，因此车削轴类零件，尤其是较重的工件时，常采用一夹一顶装夹。为了防止工件轴向位移，需在卡盘内装一限位支撑，见图 5-19(a)，或利用工件台阶限位，见图 5-19(b)。由于一夹一顶装夹刚性好，轴向定位准确，且比较安全，能承受较大的轴向切削力，因此应用广泛。

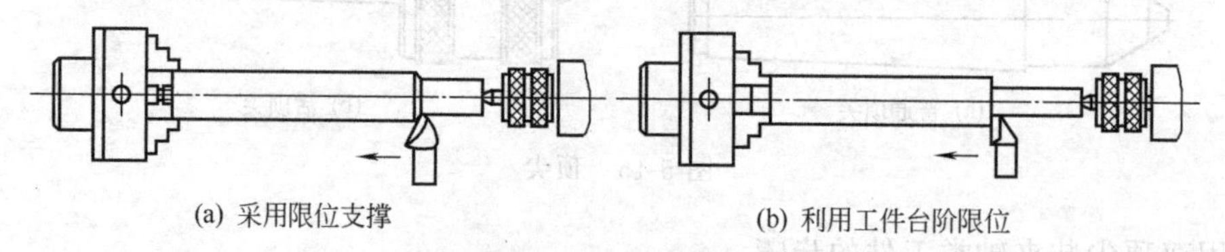

(a) 采用限位支撑
(b) 利用工件台阶限位

图 5-19 一夹一顶装夹工件

5.3.6 刻度盘及刻度手柄的使用

中滑板及小滑板均有刻度盘，刻度盘的作用是为了车削工件时能准确移动车刀，控制背吃刀量。

中滑板的刻度盘与横向进给手柄均装在横向丝杠的端部，中滑板和横向丝杠的螺母连接在一起，当横向进给手柄带动横向丝杠和刻度盘转动一周时，螺母即带动中滑板移动一个螺距，则

$$\text{刻度盘每转 1 格中滑板移动的距离}=\frac{\text{丝杠螺距}}{\text{刻度盘格数}}$$

例如，C6132 车床中滑板的丝杠螺距为 4mm，其刻度盘圆周等分为 200 格，故每转一格，中滑板带动车刀在横向的背吃刀量 a_p 为 4mm/200＝0.02mm，从而使回转表面车削后直径的变动量为 0.04mm。为方便起见，车削回转表面时，通常将每格的读数记为 0.04mm，25 格的读数记为 1mm。

加工外圆面时，车刀向工件中心移动为进刀，手柄和刻度盘是顺时针旋转；车刀由中心向外移动为退刀，手柄和刻度盘是逆时针旋转。加工内圆表面时，情况相反。

由于丝杠与螺母之间有一定间隙，如果刻度盘手柄多摇过几格［图 5-20(a)］，或试切后发现尺寸不对而需将车刀退回时，不能直接退回几格［图 5-20(b)］，必须反向摇回约半圈，消除全部间隙后再转到所需的位置［图 5-20(c)］。

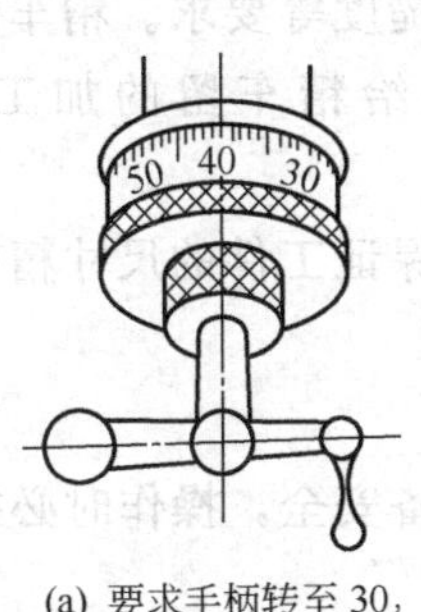

(a) 要求手柄转至 30，但摇过头成 40

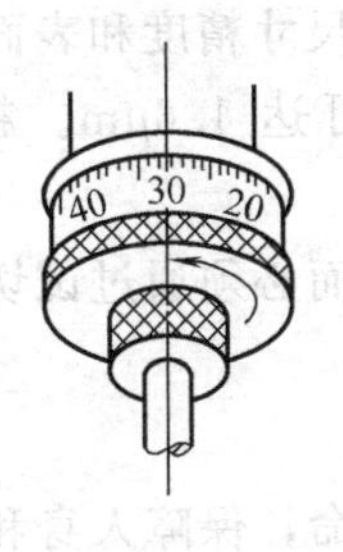

(b) 错误；直接退至 30

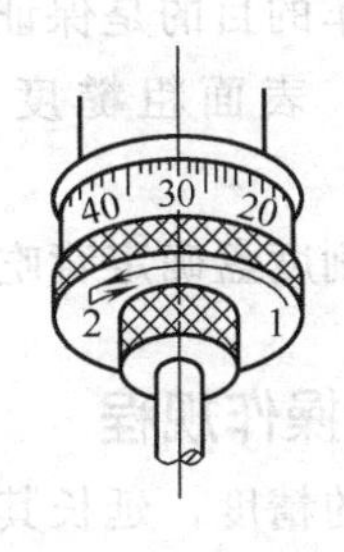

(c) 正确；反转约一圈后，再转至所需位置 30

图 5-20　刻度盘的正确使用

小滑板刻度盘的作用、读数及使用方法与中滑板刻度盘相同。所不同的是，小滑板刻度盘一般用来控制工件端面的背吃刀量，利用刻度盘移动小滑板的距离就是工件长度的变动量。

5.3.7　对刀和试切

车削外圆时径向尺寸的控制见图 5-21。

① 正确使用刻度盘手柄。

② 试切法调整加工尺寸。工件在车床上装夹后，要根据工件的加工余量决定进给的次数和每次进给的背吃刀量。

5.3.8　粗车和精车

车削一个表面，一般需要经过多次走刀才能完成。为了提高生产率，保证加工质量，生产中常把车削加工分为粗车和精车（零件精度要求高，需要磨削时，车削分为粗车和半精车）。

(1) 粗车　粗车的目的是尽快地从工件上切去大部分加工余量，使工件接近最后的形状和尺寸。粗车要给精车留有合适的加工余量，而精度和表面粗糙度则要求较低。粗车后尺寸

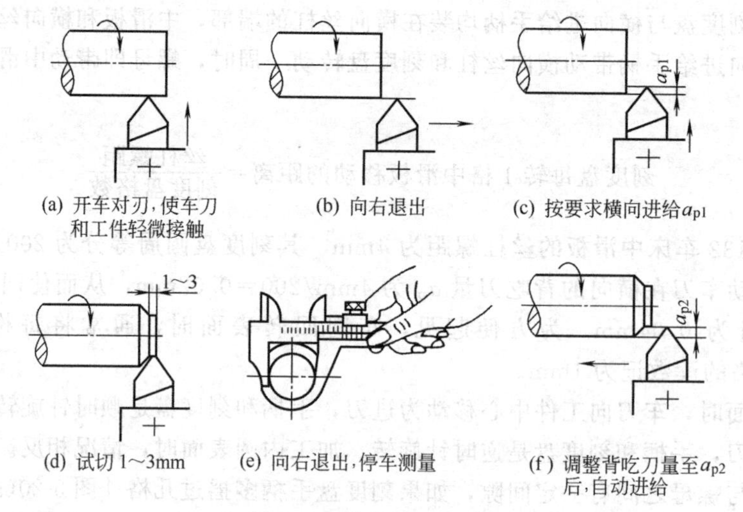

图 5-21 车外圆试切法

公差等级一般为 IT14～IT11，表面粗糙度 R_a 值一般为12.5～6.3μm。

(2) 精车 精车的目的是保证零件的尺寸精度和表面粗糙度等要求。精车的尺寸公差等级可达 IT8～IT7，表面粗糙度 R_a 值可达 1.6μm。粗车给精车留的加工余量一般为 0.5～2mm。

精车不能单靠刻度盘确定背吃刀量，而必须通过试切来保证工件的尺寸精度。

5.3.9 车床安全操作规程

为了保持车床的精度，延长其使用寿命，保障人身和设备安全，操作时必须严格遵守下列安全操作规程。

(1) 开车前

① 上班时应按规定部位对机床润滑。

② 检查车床各手柄是否处于正常位置。

③ 女同学必须戴好工作帽。

(2) 安装工件

① 工件应装正，夹紧。

② 装卸工件后，必须立即取下卡盘扳手。

(3) 安装刀具

① 要根据加工需要，将车刀安装在方刀架的合适位置上，刀尖要与尾座顶尖的轴线等高。

② 刀具要夹紧，要正确使用方刀架扳手，防止滑脱伤人。

③ 装卸刀具和切削时要先锁紧方刀架。

④ 安装好工件和车刀后要进行极限位置检查。

(4) 开车后

① 开车后不能改变主轴转速。

② 溜板箱上的纵、横向自动手柄不能同时抬起使用。

③ 开车后不能测量工件尺寸。

④ 不能用手触摸旋转着的工件；不能用手触摸切屑。

⑤ 切削时要精力集中，不得离开机床。

(5) 下班前

① 擦净机床，整理场地，切断机床电源。

② 在已擦净的机床导轨面上加润滑油。

(6) 若发生事故

① 立即停车，关闭电源。

② 保护好现场。

③ 及时向有关人员汇报，以便分析原因，总结经验教训。

5.4 基本车削加工

5.4.1 车端面

端面车削方法及所用刀具如图 5-22 所示。

弯头车刀车端面［图 5-22(a)］，中心凸台是逐渐去掉的，不易损坏刀尖。右偏刀由外向中心车端面［图 5-22(b)］，凸台是瞬时去掉的，容易损坏刀尖。因此，切近中心时应放慢进给速度。车削带孔工件的端面，常用右偏刀由中心向外进给［图 5-22(c)］，这时主切削刃的前角较大，切削顺利，表面粗糙度 R_a 值较小。当零件的结构不允许用右偏刀时，可采用左偏刀车端面［图 5-22(d)］。

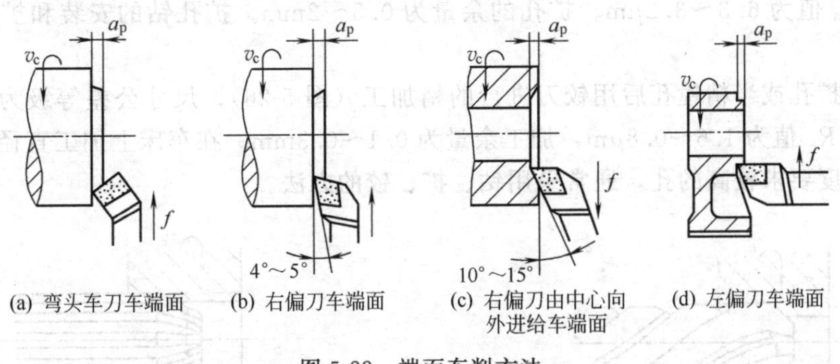

(a) 弯头车刀车端面　(b) 右偏刀车端面　(c) 右偏刀由中心向外进给车端面　(d) 左偏刀车端面

图 5-22　端面车削方法

5.4.2 车外圆及台阶

常用的车外圆方法和车刀如图 5-23 所示。直头车刀主要用于车没有台阶的外圆，并可倒角。弯头车刀用于车外圆、端面和倒角。90°偏刀主要用来车削带台阶的工件，由于它切

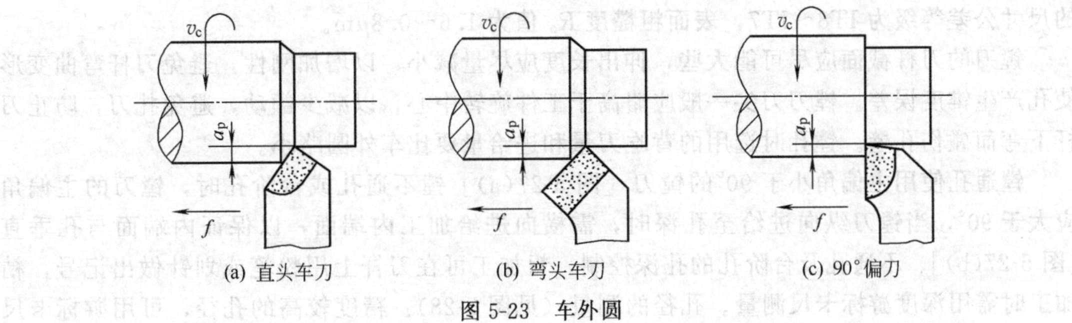

(a) 直头车刀　(b) 弯头车刀　(c) 90°偏刀

图 5-23　车外圆

削时径向力比较小，不易将工件顶弯，所以也常用来车削细长的轴类工件。

5.4.3 孔加工

在车床上可以用钻头、扩孔钻、铰刀和镗刀进行钻孔、扩孔和镗孔。

(1) 钻孔、扩孔、铰孔　在车床上钻孔如图 5-24 所示。工件旋转为主运动，摇尾座手柄带动钻头纵向移动为进给运动。钻孔的尺寸公差等级为 IT14～IT11，表面粗糙度 R_a 值为 25～6.3μm。

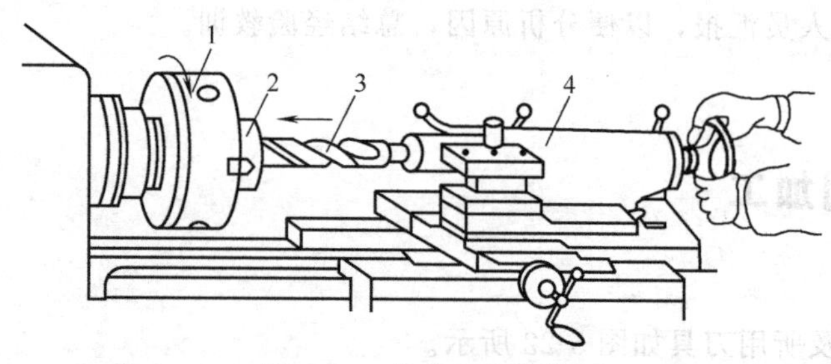

图 5-24　在车床上钻孔
1—三爪自定心卡盘；2—工件；3—钻头；4—尾座

钻孔前一般应先将工件端面车平，有时用中心钻钻出中心孔，以便定心，防止钻孔时钻头偏斜。钻削时要加注切削液。孔较深时应经常退出钻头，以便排屑。

扩孔是用扩孔钻进行钻孔后的半精加工（图 5-25)，尺寸公差等级为 IT10～IT9，表面粗糙度 R_a 值为 6.3～3.2μm。扩孔的余量为 0.5～2mm。扩孔钻的安装和扩孔方法与钻孔相同。

孔是在扩孔或半精镗孔后用铰刀进行的精加工（图 5-26)，尺寸公差等级为 IT8～IT7，表面粗糙度 R_a 值为 1.6～0.8μm，加工余量为 0.1～0.3mm。在车床上加工直径较小而精度和表面粗糙度要求较高的孔，通常采用钻、扩、铰的方法。

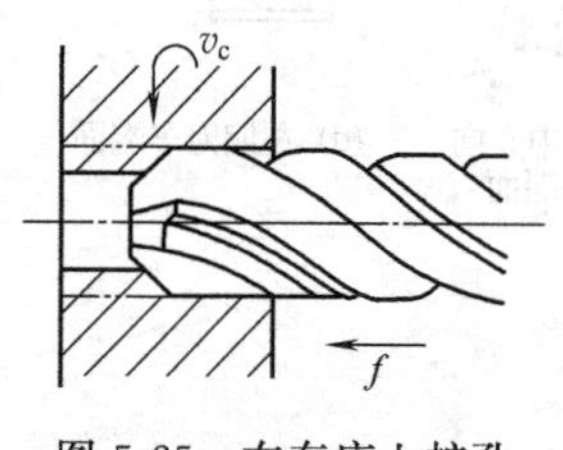

图 5-25　在车床上扩孔

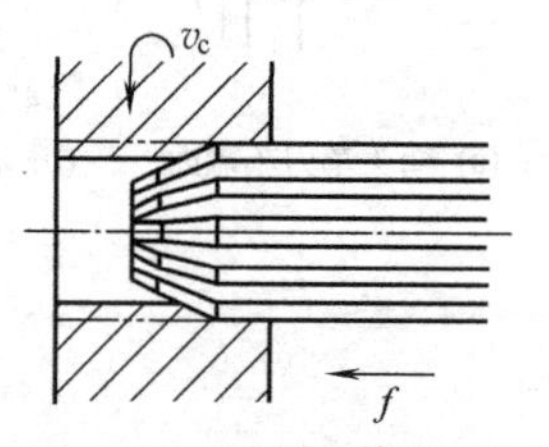

图 5-26　在车床上铰孔

(2) 镗孔　镗孔是用刀对已经铸出、锻出或钻出的孔做进一步加工，以扩大孔径，提高精度，降低表面粗糙度值和纠正原孔的轴线偏斜。镗孔分为粗镗、半精镗和精镗。精镗可达的尺寸公差等级为 IT8～IT7，表面粗糙度 R_a 值为 1.6～0.8μm。

镗刀的刀杆截面应尽可能大些，伸出长度应尽量减小，以增加刚性，避免刀杆弯曲变形使孔产生锥度误差。镗刀刀尖一般应略高于工件旋转中心，以减少颤动，避免扎刀，防止刀杆下弯而碰伤孔壁。镗孔时选用的背吃刀量和进给量要比车外圆略小。

镗通孔使用主偏角小于 90°的镗刀［图 5-27(a)］镗不通孔或台阶孔时，镗刀的主偏角应大于 90°，当镗刀纵向进给至孔深时，需横向进给加工内端面，以保证内端面与孔垂直［图 5-27(b)]、不通孔及台阶孔的孔深控制。粗加工可在刀杆上用粉笔或划针做出记号，精加工时需用深度游标卡尺测量。孔径的测量（见图 5-28)：精度较高的孔径，可用游标卡尺

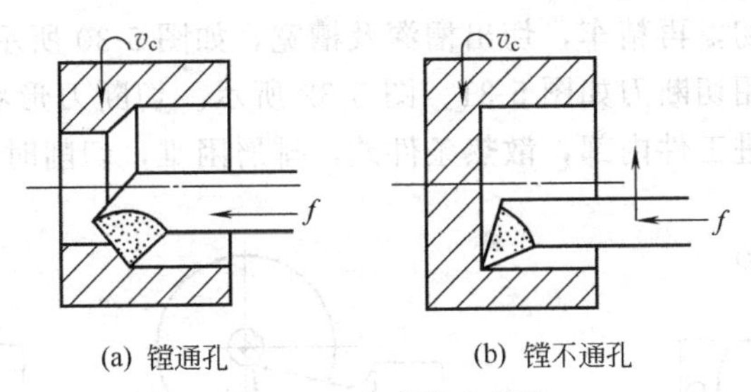

图 5-27　在车床上镗孔

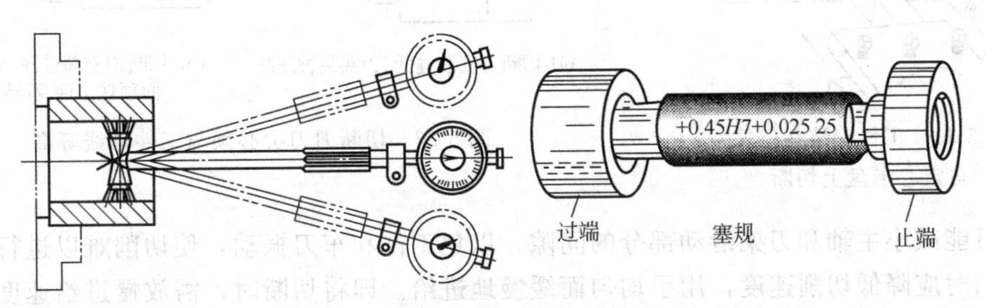

图 5-28　精密内孔的测量

测量；高精度的孔径则用内径千分尺或内径百分表测量。对于大批量生产或标准孔径，可用塞规检验。塞规过端能进入孔内，止端不能进入孔内，说明工件的孔径合格。这是内孔尺寸和形状的综合测量方法。

5.4.4　切槽和切断

(1) 切槽　在车床上可切外槽、内槽与端面槽，如图 5-29 所示。切槽使用切槽刀。宽度小于 5mm 的窄槽，可用主切削刃与槽等宽的切槽刀一次切出。切削宽度大于 5mm 的宽

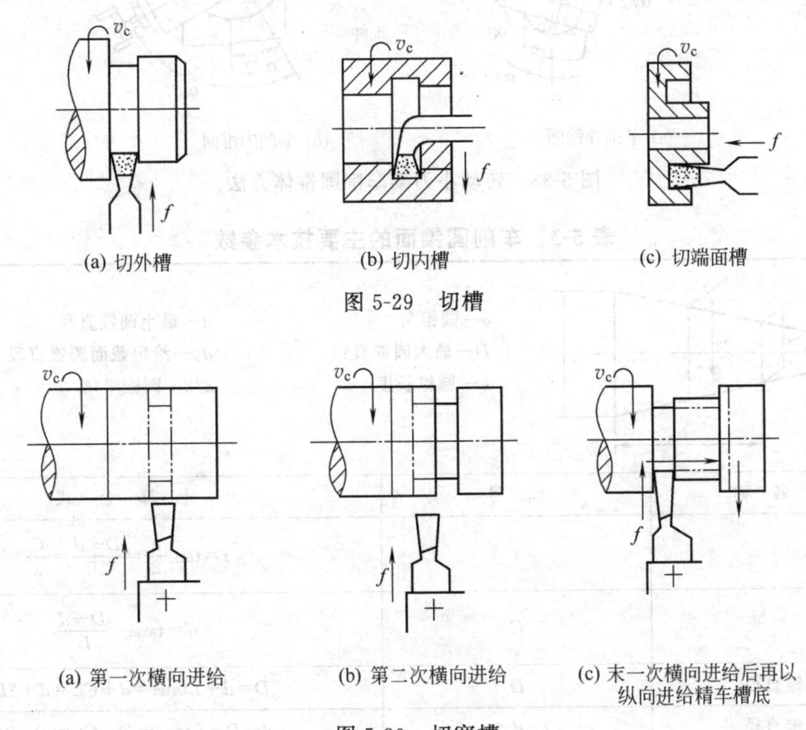

图 5-29　切槽

图 5-30　切宽槽

槽时，先沿纵向分段粗切，再精车，切出槽深及槽宽，如图 5-30 所示。

（2）切断 切断使用切断刀如图 5-31、图 5-32 所示。切断刀形状与切槽刀相似，但因刀头窄而长，切断时伸进工件内部，散热条件差，排屑困难，切削时容易折断。

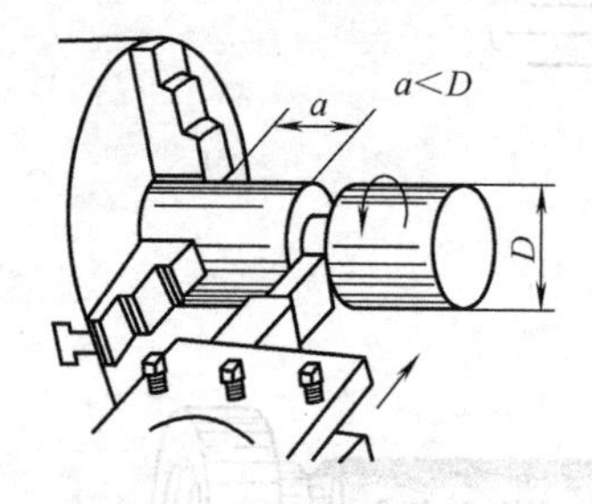

图 5-31 工件安装在三爪自定心卡盘上切断

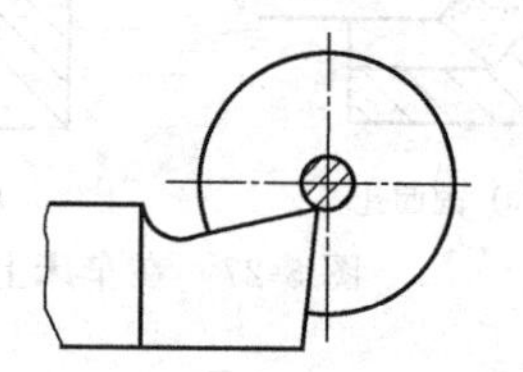

(a) 切断刀安装过低，刀头易被压断

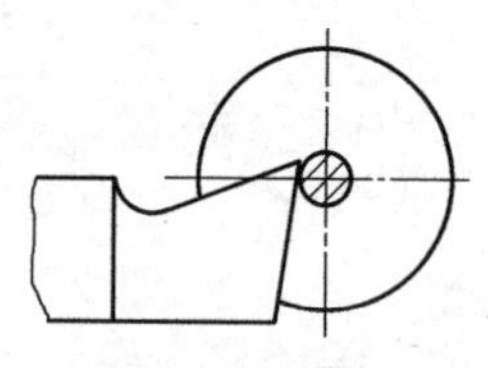

(b) 切断刀安装过高，刀具后面顶住工件，不易切削

图 5-32 切断刀刀尖必须与工件轴线等高

尽可能减小主轴和刀架滑动部分的间隙，以免工件和车刀振动，使切削难以进行。

切断时应降低切削速度，用手均匀而缓慢地进给。即将切断时，需放慢进给速度，以免刀头折断。切钢时需加切削液。

5.4.5 车锥面

① 转动小刀架车削圆锥体方法见图 5-33。

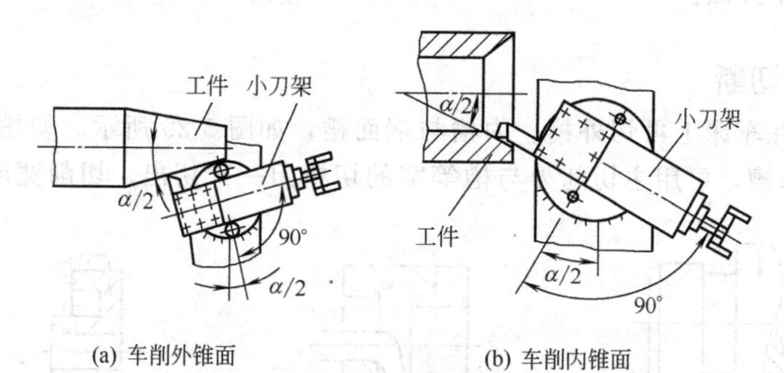

(a) 车削外锥面　　(b) 车削内锥面

图 5-33 转动小刀架车削圆锥体方法

表 5-3 车削圆锥面的主要技术参数

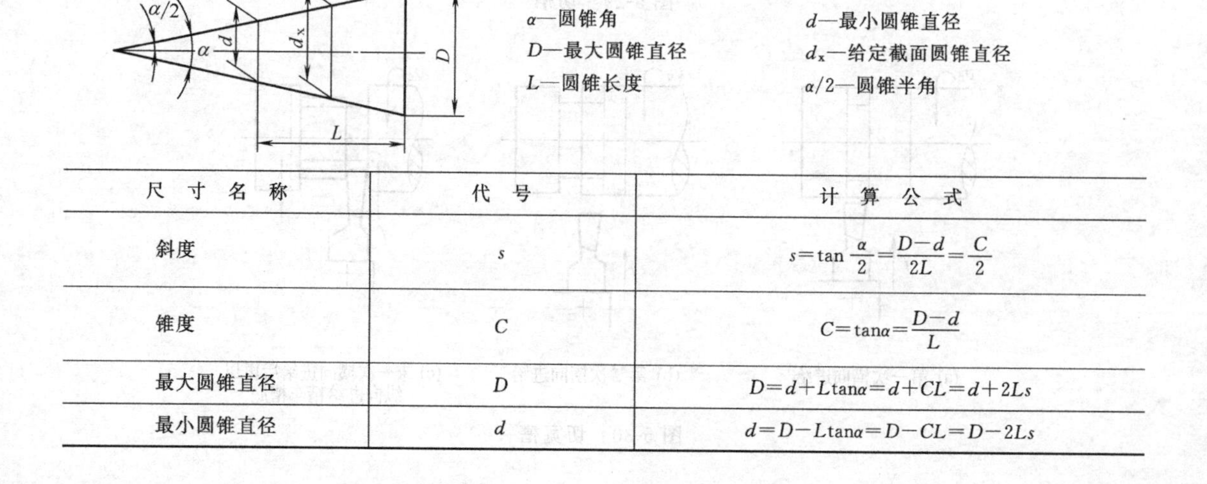

α—圆锥角　　d—最小圆锥直径
D—最大圆锥直径　　d_x—给定截面圆锥直径
L—圆锥长度　　α/2—圆锥半角

尺寸名称	代号	计算公式
斜度	s	$s=\tan\frac{\alpha}{2}=\frac{D-d}{2L}=\frac{C}{2}$
锥度	C	$C=\tan\alpha=\frac{D-d}{L}$
最大圆锥直径	D	$D=d+L\tan\alpha=d+CL=d+2Ls$
最小圆锥直径	d	$d=D-L\tan\alpha=D-CL=D-2Ls$

② 用靠模板车削锥面。这种方法适用于圆锥长度较短、斜角 $\alpha/2$ 较大时采用。

由于圆锥的角度标注方法不同，一般不能直接按图样上所标注的角度去转动。小刀架，必须经过换算。换算的原则是把图样上所标注的角度换算成圆锥母线与零件轴线（即车床主轴轴线）的夹角，这才是车床小刀架应该转过的角度，即 $\alpha/2$（表 5-3）。

③ 用偏移尾座法车锥面。这种方法适用于工件精度要求不高，锥体较长而锥度较小时采用（图 5-34）。这种方法可应用于任何卧式车床，可以采用自动进刀车削圆锥体。由于顶尖在中心孔中歪斜，接触不良，将使中心孔磨损不均，因此，加工工件表面粗糙度较差。受尾座偏移量限制，不能车削锥角大的工件及锥孔和整锥体。

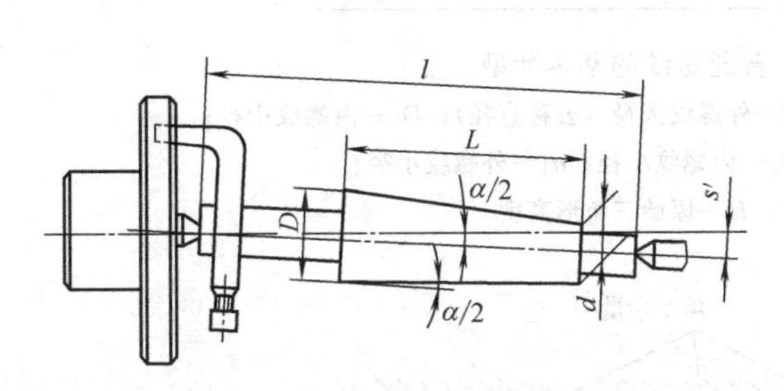

图 5-34　用偏移尾座车削锥体方法

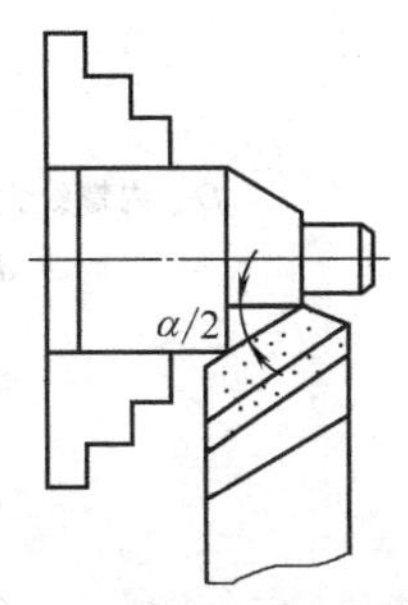

图 5-35　用宽刃刀车锥面方法

④ 用宽刃刀车锥面。在车削较短的锥面时，也可用宽刃刀直接车出（图 5-35）。宽刃刀的刀刃必须平直，刀刃与主轴线的夹角应等于工件圆锥斜角 $\alpha/2$。使用宽刃刀车锥面时，车床必须具有很好的刚性，否则容易引起振动。

5.4.6　车螺纹

在机械制造工业中，螺纹的应用很广泛。例如，车床的主轴与卡盘的连接，方刀架上螺钉对刀具的紧固，丝杠与螺母的传动等。螺纹的种类很多，有米制螺纹与英制螺纹；按牙型分有三角螺纹、方牙螺纹、梯形螺纹等（图 5-36）。其中普通米制三角螺纹应用最广。

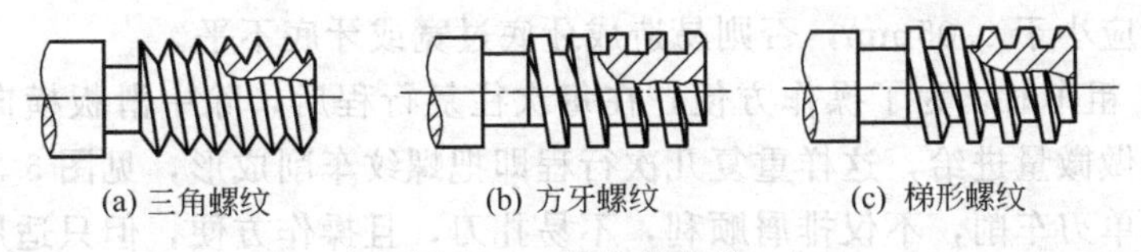

图 5-36　螺纹的种类

（1）普通螺纹的基本牙型　普通螺纹的基本牙型见图 5-37。

（2）低速车削普通螺纹的进刀方法　低速车削螺纹时，一般都选用高速钢车刀。低速车削螺纹精度高，表面粗糙度值小，但车削效率低。低速车削时，应根据机床和工件的刚性、螺距的大小，选择不同的进刀方法。低速车削普通螺纹的进刀方法有以下三种。

① 直进法　车削时，在每次往复行程后，车刀沿横向进给，通过多次行程，把螺纹车削成形，见图 5-38(a)。

采用直进法车削，容易获得较准确的牙型，但车刀两切削刃同时车削，切削力较大，容易产生振动和扎刀现象，因此常用于车削螺距小于 3mm 的三角形螺纹。

② 左右切削法　车削过程中，在每次往复形成后，除了作横向进刀外，同时利用小滑板使车刀向左或向右做微量进给（俗称赶刀），这样重复几次行程即把螺纹车削成形，见图 5-38(b)。

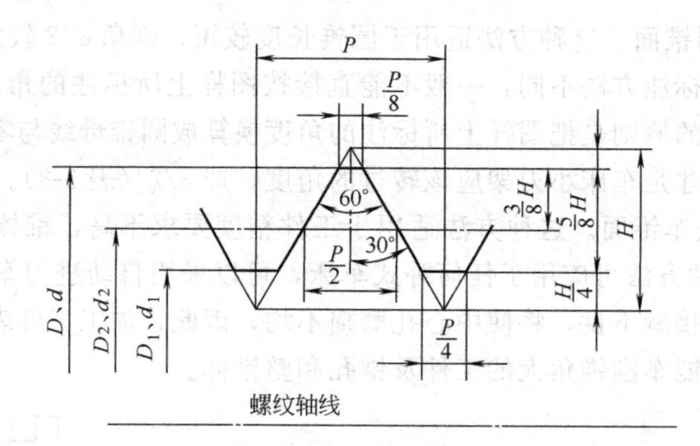

图 5-37 普通螺纹的基本牙型

D—内螺纹大径（公称直径）；d—外螺纹大径（公称直径）；D_2—内螺纹中径；

d_2—外螺纹中径；D_1—内螺纹小径；d_1—外螺纹小径；

P—螺距；H—原始三角形高度

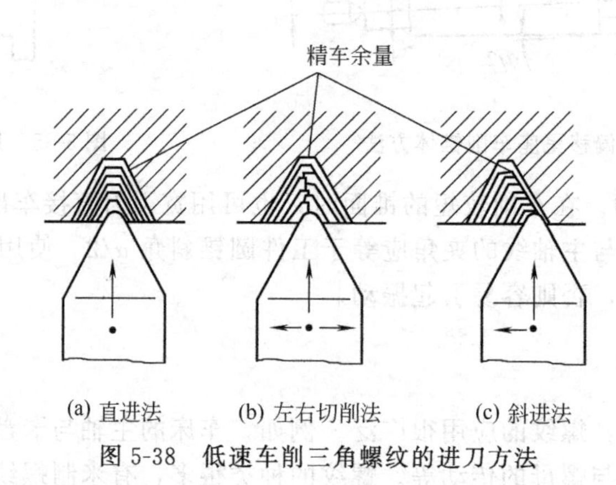

(a) 直进法 (b) 左右切削法 (c) 斜进法

图 5-38 低速车削三角螺纹的进刀方法

采用左右切削法车削，车刀单刃车削，不仅排屑顺利，而且还不易扎刀。精车时，车刀左右进给量一般应小于 0.05mm，否则易造成牙底过宽或牙底不平。

③ 斜进法　粗车时，为了操作方便，在每次往复行程后，除中滑板横向进给外，小滑板只向一个方向做微量进给，这样重复几次行程即把螺纹车削成形，见图 5-38(c)。

斜进法也是单刃车削，不仅排屑顺利，不易扎刀，且操作方便，但只适用于粗车。精车时必须用左右切削法才能保证螺纹精度。

(3) 螺纹的车削加工

① 保证正确的牙型　螺纹牙型的精度取决于螺纹车刀的刃磨与安装。螺纹车刀两侧刃的夹角（刀尖角）应等于牙型角 α，且前角 $\gamma_0=0°$（图 5-39）。粗车螺纹时，为了改善切削条件，可用有正前角的车刀。

车刀刀尖必须与工件中心等高，否则螺纹的截面形状将会改变。此外，车刀刀尖角的等分线需垂直于工件旋转中心线。为了保证这一要求，应用对刀样板来安装车刀，如图 5-40 所示。

② 保证螺距 P　从 C6132 车床车螺纹的传动示意图（图 5-41）可看出，工件由主轴带动，车刀由丝杠带动，必须保证工件每转一转，车刀纵向移动一个螺距。加工前根据工件的螺距 P_g，按进给箱上标牌指示的交换齿轮 z_1、z_2、z_3 和 z_4 的齿数及进给箱各手柄的位置调整机床。调整好以后还应进行试切，以核对螺距是否正确。

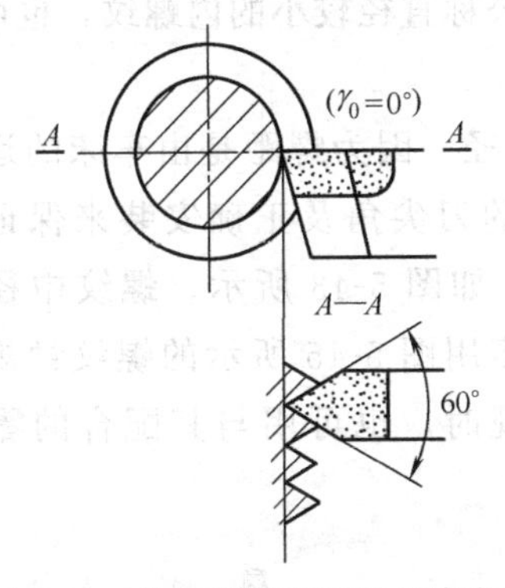

图 5-39　普通螺纹车刀的刃磨角度

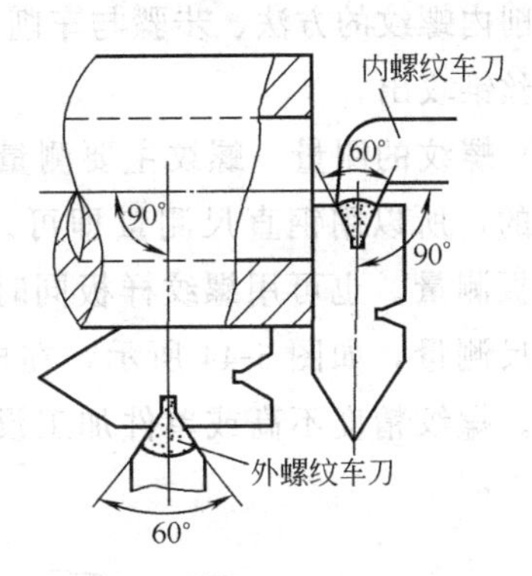

图 5-40　螺纹车刀的对刀方法

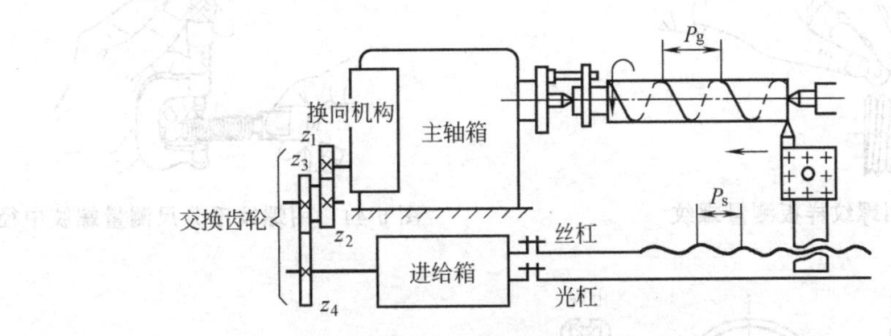

图 5-41　车螺纹的传动示意图

主轴通过换向机构、交换齿轮、进给箱和丝杠联系起来。调整换向机构手柄可改变丝杠旋转方向，以车削右旋或左旋螺纹。

螺纹车削经多次走刀才能完成。每次走刀时，必须保证刀尖落在已切出的螺纹槽中，否则会造成“乱扣”。一旦乱扣，工件即成废品。

如果车床丝杠的螺距 P_s 是工件螺距的整数倍，则每次切削完成后，可打开开合螺母，纵向摇回刀架，进行第二次走刀，而不会乱扣。如果 P_s 不是 P_g 的整数倍，则不能打开开合螺母摇回刀架；只能采用主轴反转（俗称打反车）的方法使车刀纵向退回，再进刀车削。

（4）螺纹的车削方法与步骤　以外螺纹为例，车削的方法与步骤如图 5-42 所示。

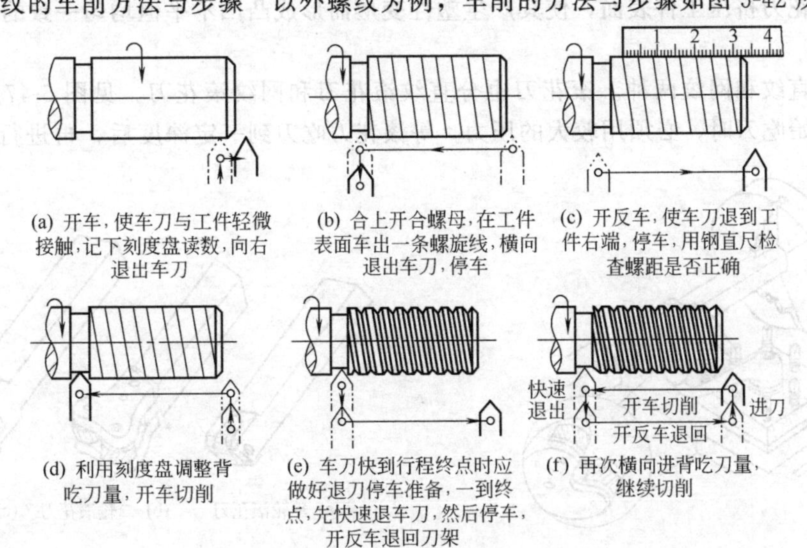

图 5-42　螺纹的车削方法与步骤

车削内螺纹的方法、步骤与车削外螺纹类似。对于公称直径较小的内螺纹，也可以在车床上用丝锥攻出。

(5) 螺纹的测量　螺纹主要测量螺距、牙型角和中径。因为螺距是由车床的运动关系来保证的，所以用钢直尺测量即可。牙型角是由车刀的刀尖角及正确安装来保证的，一般用样板测量。也可用螺纹样板同时测量螺距和牙型，如图 5-43 所示。螺纹中径常用螺纹千分尺测量，如图 5-44 所示。在成批大量生产中，多用图 5-45 所示的螺纹量规进行综合测量。螺纹精度不高或单件加工没有合适的螺纹量规时，也可用与其配合的零件进行检验。

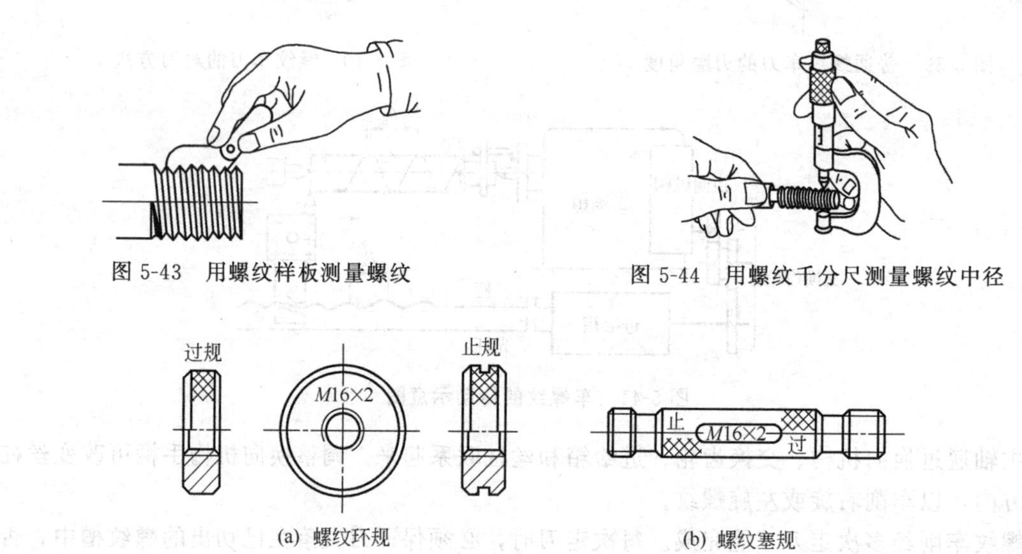

图 5-43　用螺纹样板测量螺纹

图 5-44　用螺纹千分尺测量螺纹中径

(a) 螺纹环规　(b) 螺纹塞规

图 5-45　螺纹量规

5.4.7　滚花

为了增加摩擦和美观，某些工具和零件常常在手握持部分滚出各种不同的花纹。滚花是用特制的滚花刀挤压工件表面，使其产生塑性变形而形成凸凹不平但均匀一致的花纹，见图 5-46。

花纹有直纹和网纹两种。滚花刀也分直纹滚花刀和网纹滚花刀，见图 5-47。在滚花刀接触工件开始吃刀时，必须用较大的压力，等滚花刀吃刀到一定深度后，再进行自动进给，

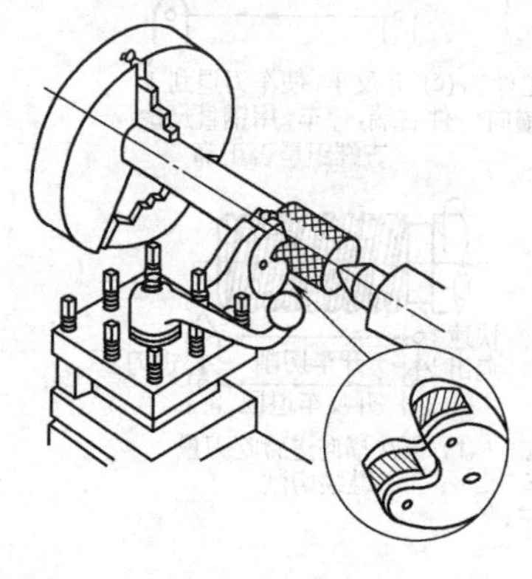
图 5-46　滚花

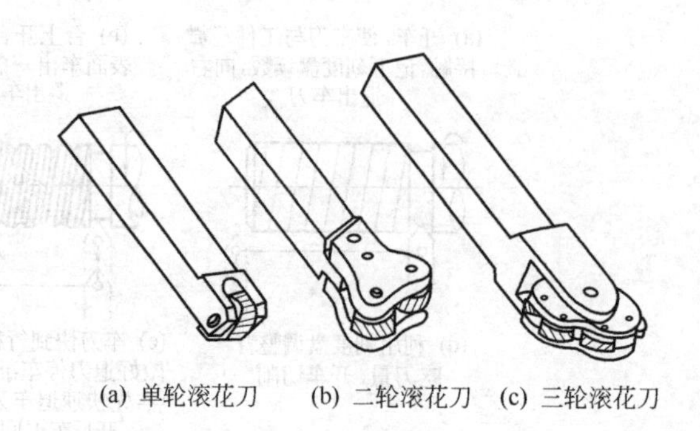
(a) 单轮滚花刀　(b) 二轮滚花刀　(c) 三轮滚花刀

图 5-47　滚花刀

这样来回滚压 1～2 次，直到花纹滚好为止。滚花时，工件所受的径向力大，滚花部分应靠近卡盘装夹，工件转速要低，并且还要充分润滑，防止产生乱纹。

思考与练习

1. 试述 C6132 车床型号中，各字母与数字的含义，C6132 型车床的组成。
2. 试述车刀的组成和主要切削角度，车刀如何安装。
3. 试述车床上工件安装的几种方式，以及每种安装方式适应的加工场合。
4. 试述车削普通螺纹的进刀方法和螺纹的车削方法与步骤。
5. 试述车床上刻度盘及刻度手柄使用时的注意事项。

第6章

刨、铣和磨削加工

6.1 铣削概述

铣削是金属切削加工中的常用方法之一。在一般情况下，它的切削运动是刀具作快速的旋转运动（即主运动）和工件作缓慢的直线运动（即进给运动）。如图 6-1 所示。

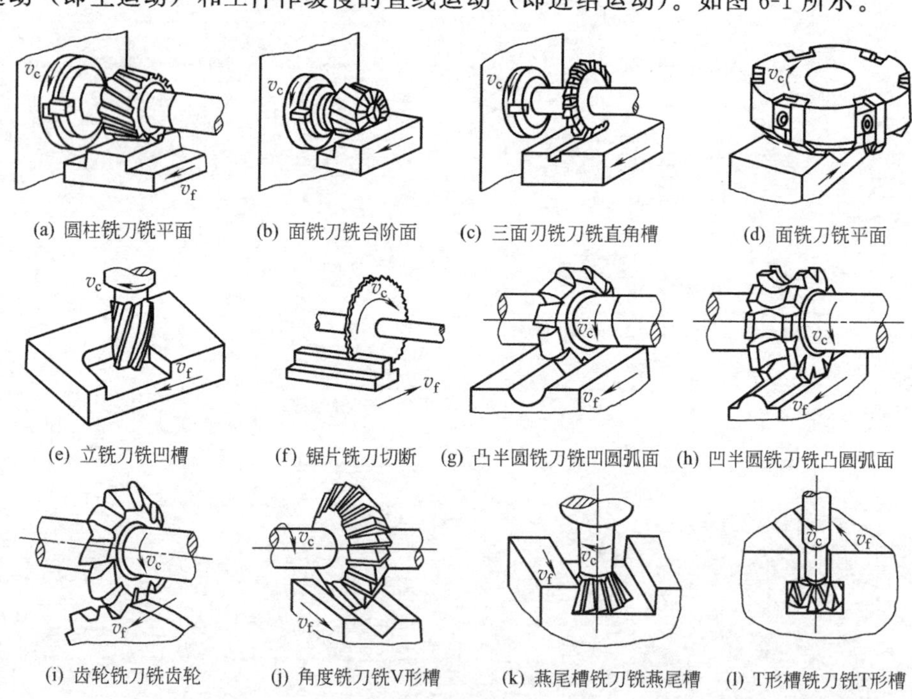

(a) 圆柱铣刀铣平面　(b) 面铣刀铣台阶面　(c) 三面刃铣刀铣直角槽　(d) 面铣刀铣平面

(e) 立铣刀铣凹槽　(f) 锯片铣刀切断　(g) 凸半圆铣刀铣凹圆弧面　(h) 凹半圆铣刀铣凸圆弧面

(i) 齿轮铣刀铣齿轮　(j) 角度铣刀铣V形槽　(k) 燕尾槽铣刀铣燕尾槽　(l) T形槽铣刀铣T形槽

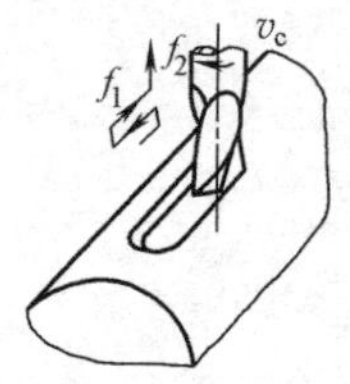

(m) 键槽铣刀铣键槽

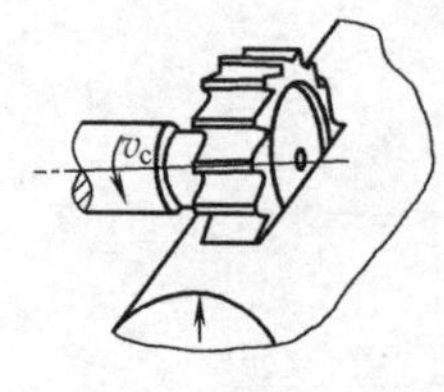

(n) 半圆键槽铣刀铣半圆键槽

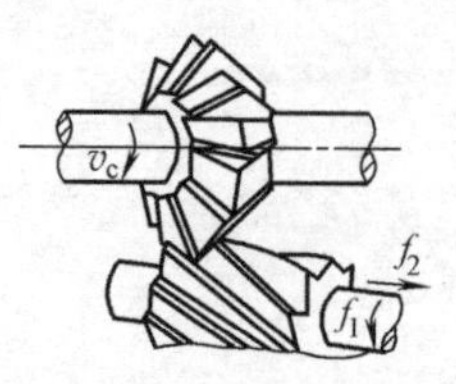

(o) 角度铣刀铣螺旋槽

图 6-1　铣削加工举例

铣刀是一种旋转使用的多齿刀具。在铣削时铣刀每个刀齿不像车刀和钻头那样连续地进行切削，而是间歇地进行切削。因而刀刃的散热条件好，切速可选的高些。铣削时经常是多齿进行切削，因此铣削的生产率较高。由于铣刀刀齿的不断切入、切出，铣削力不断地变化，故而铣削容易产生振动。

6.2 普通铣床

铣床的种类很多，常用的有卧式铣床和立式铣床。

6.2.1 万能升降台铣床

卧式万能升降台铣床简称万能铣床，其主轴是水平的。图 6-2 所示为 X6132 卧式万能升降台铣床（旧型号为 X62W），它是铣床中应用最多的一种。型号中各字母和数字的含义如下：

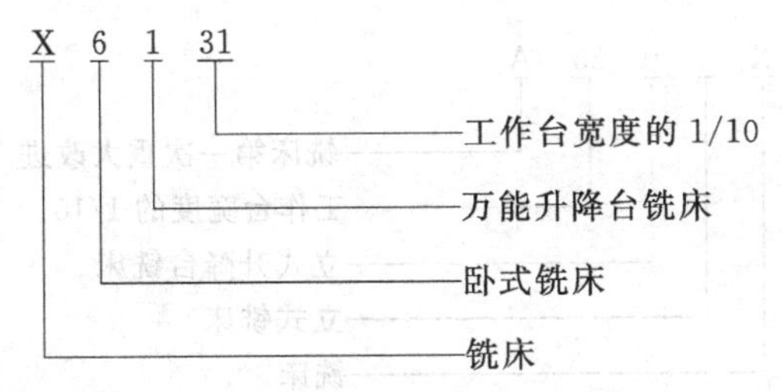

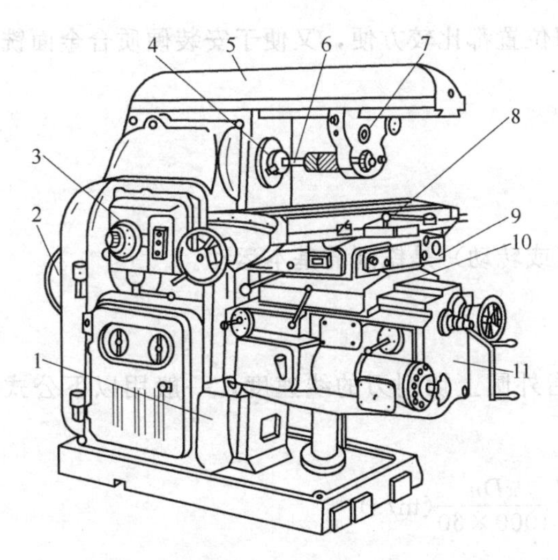

图 6-2 X6132 卧式万能升降台铣床

1—床身；2—电动机；3—主轴变速机构；4—主轴；5—横梁；6—刀杆；7—吊架；8—纵向工作台；9—转台；10—横向工作台；11—升降台

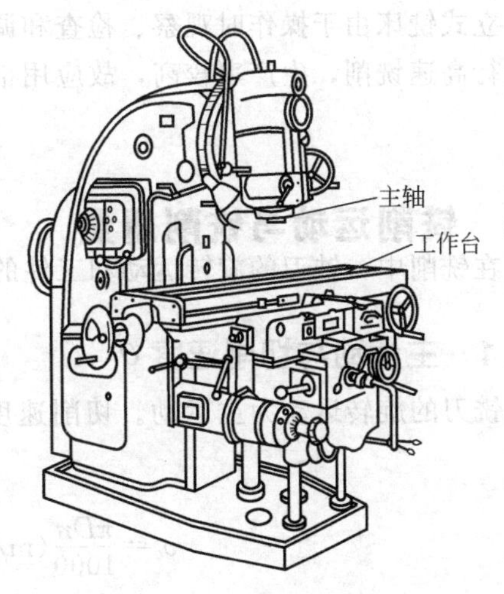

图 6-3 X5025A 立式升降台铣床

X6132 卧式万能升降台铣床由下列主要部分组成。

（1）床身　床身用来支撑和固定铣床上所有部件。其内部装有电动机、主轴及主轴变速机构。

（2）横梁　横梁安装在床身上部的燕尾导轨中，它可安装吊架，用来支撑刀杆，以增强其刚性。横梁可根据工作要求沿燕尾导轨移动，以调整其伸出长度。

(3) 主轴　主轴用来带动铣刀旋转。其前端有 7∶24 的精密锥孔，用以安装刀杆或直接安装带柄铣刀。

(4) 升降台　升降台可沿床身的垂直导轨上下移动，以调整工件到铣刀的垂直距离，并可作垂直进给运动。

(5) 纵向工作台　纵向工作台用以安装工件或夹具，可沿转台的导轨作纵向进给运动。

(6) 横向工作台　横向工作台可带动纵向工作台沿升降台水平导轨作横向进给运动。

(7) 转台　转台可随横向工作台移动，并可使纵向工作台在水平面内按顺时针或逆时针方向扳转一定角度（最大角度为±45°），以便铣削螺旋槽等。具有转台的卧式铣床称为万能卧式铣床。

6.2.2 立式升降台铣床

立式升降台铣床简称立式铣床，它与卧式铣床的主要区别在于主轴与工作台台面相垂直。图 6-3 所示为 X5025A 立式升降台铣床（旧型号为 X51）。型号中各字母的含义如下：

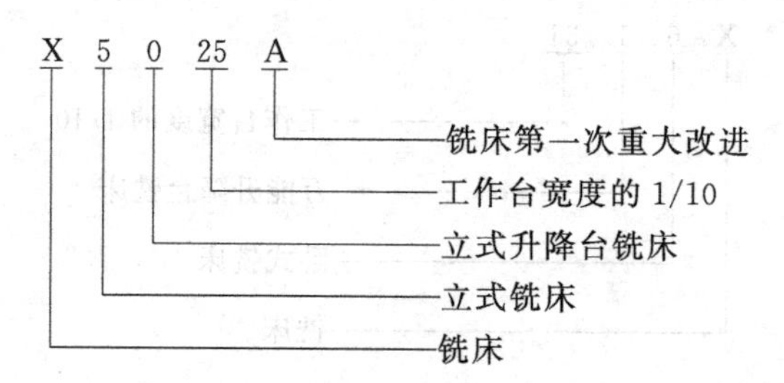

立式铣床由于操作时观察、检查和调整铣刀位置都比较方便，又便于安装硬质合金面铣刀进行高速铣削，生产率较高，故应用很广。

6.3 铣削运动与铣削用量

在铣削中，铣刀的旋转运动和工件的移动（或转动）是铣削的基本运动。

6.3.1 主运动与切削速度 v_c

铣刀的旋转运动为主运动。切削速度一般指外圆上切削刃的线速度，一般用以下公式计算

$$v_c=\frac{\pi Dn}{1000}(\mathrm{m/min})=\frac{\pi Dn}{1000\times 60}(\mathrm{m/s})$$

式中　D——铣刀直径，mm；

n——铣刀每分钟转速，r/min。

6.3.2 进给运动与进给量

(1) 进给速度 v_f　即每分钟工件在进给运动方向上的位移量，单位是 mm/min，也称每分钟进给量。

(2) 每齿进给量 f_z　即铣刀每转一个齿时，工件在进给运动方向上的相对位移量，单位是 mm/z（即毫米/齿）。

(3) 每转进给量 f　即铣刀每转一周时，工件在进给运动方向上的相对位移量，单位是

mm/r。这三种进给量之间的关系是

$$v_c = fn = f_z zn$$

式中　z——铣刀的齿数；

n——铣刀每分钟转速，r/min。

6.3.3　背吃刀量 a_p

指平行于铣刀轴线方向上的切削层的宽度，单位为 mm。

6.3.4　侧吃刀量 a_e

指垂直于铣刀轴线方向上的切削层的厚度，单位为 mm。

铣削速度、进给量、背吃刀量和侧吃刀量合称切削要素，合理地选用这些要素，对提高生产效率、改善表面粗糙度和加工精度有着密切的关系。

以铣平面为例，铣削用量及铣削要素如图 6-4 所示。

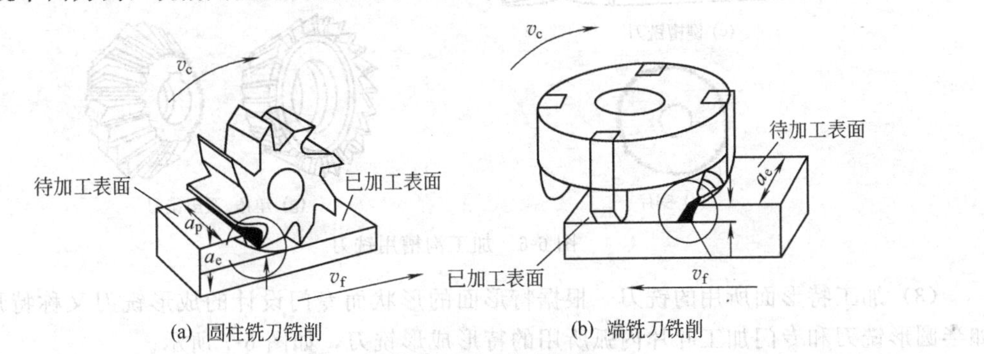

图 6-4　铣削用量及铣削要素

6.4　铣削刀具及其安装

6.4.1　铣刀的种类及其应用

铣刀的种类很多，用处也各不相同。按材料不同可分为，高速钢和硬质合金两大类；按刀齿与刀体是否为一体，又可分为整体式和镶齿式；按铣刀的安装方法不同，可分为带孔铣刀和带柄铣刀。此外，按铣刀的用途和形状还可分为以下几类。

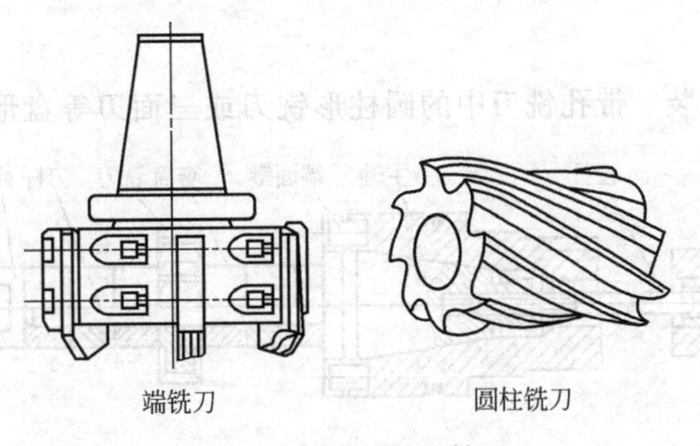

图 6-5　加工平面用铣刀

（1）加工平面的铣刀　加工平面用的铣刀主要有端铣刀和圆柱铣刀，如图 6-5 所示。如果是加工比较小的平面，也可以使用立铣刀和三面刃铣刀。

（2）加工沟槽用的铣刀　加工直角沟槽用的铣刀主要有立铣刀、三面二刃铣刀、键槽铣刀、盘形槽铣刀和锯片铣刀等。加工特形槽的铣刀主要有 T 形槽铣刀、燕尾槽铣刀和角度铣刀等，如图 6-6 所示。

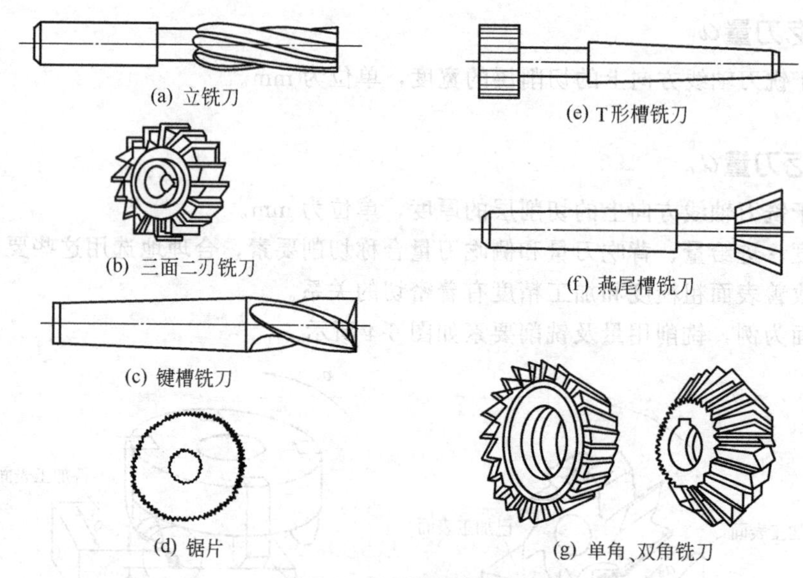

(a) 立铣刀　(b) 三面二刃铣刀　(c) 键槽铣刀　(d) 锯片　(e) T形槽铣刀　(f) 燕尾槽铣刀　(g) 单角、双角铣刀

图 6-6　加工沟槽用铣刀

（3）加工特形面所用的铣刀　根据特形面的形状而专门设计的成形铣刀又称特形铣刀，如半圆形铣刀和专门加工叶片内弧所用的特形成形铣刀，如图 6-7 所示。

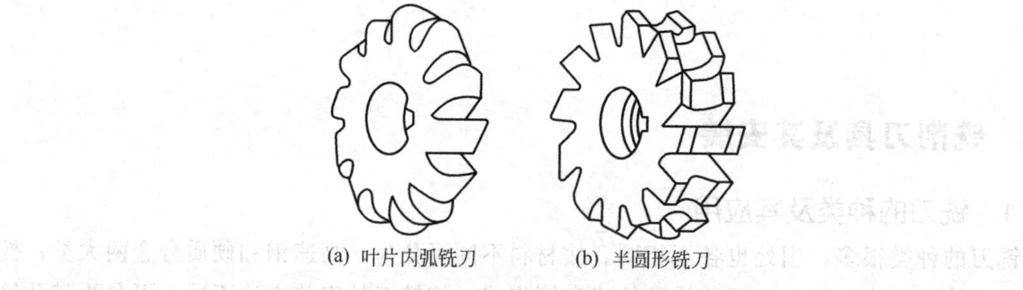

(a) 叶片内弧铣刀　(b) 半圆形铣刀

图 6-7　加工特形面的铣刀

6.4.2　铣刀的安装

（1）带孔铣刀的安装　带孔铣刀中的圆柱形铣刀或三面刃等盘形铣刀常用长刀杆安装，

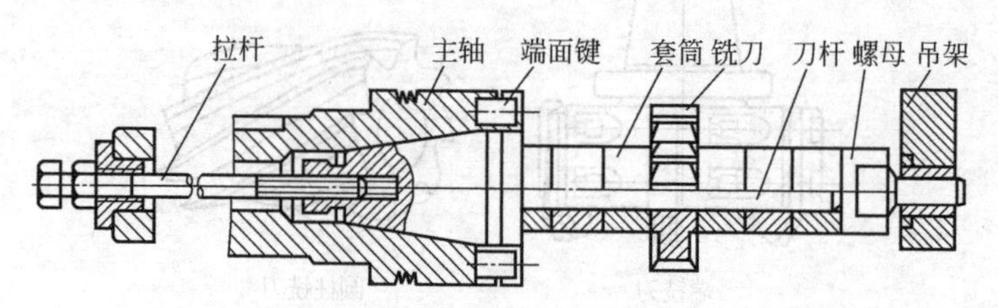

图 6-8　带孔铣刀的安装

如图 6-8 所示。

安装时应注意以下几点。

① 铣刀尽可能靠近主轴或吊架，以避免由于刀杆长在切削时产生弯曲变形而使铣刀出现较大的径向跳动，影响加工质量。

② 为了保证铣刀的端面跳动小，在安装套筒时，两端面必须擦干净。

③ 拧紧刀杆端部螺母时，必须先装上吊架，以防止刀杆变弯。

（2）带柄铣刀的安装

① 锥柄铣刀的安装如图 6-9(a) 所示。安装时，如锥柄立铣刀的锥度与主轴孔锥度相同，可直接装入铣床主轴中拉紧螺杆将铣刀拉紧。如锥柄立铣刀的锥度与主轴孔锥度不同，则需利用大小合适的变锥套筒将铣刀装入主轴锥孔中。

② 直柄铣刀的安装如图 6-9(b) 所示。安装时，铣刀的直柄要插入弹簧套的光滑圆孔中，然后旋转螺母以挤压弹簧套的端面，使弹簧套的外锥面受压而孔径缩小，夹紧直柄铣刀。

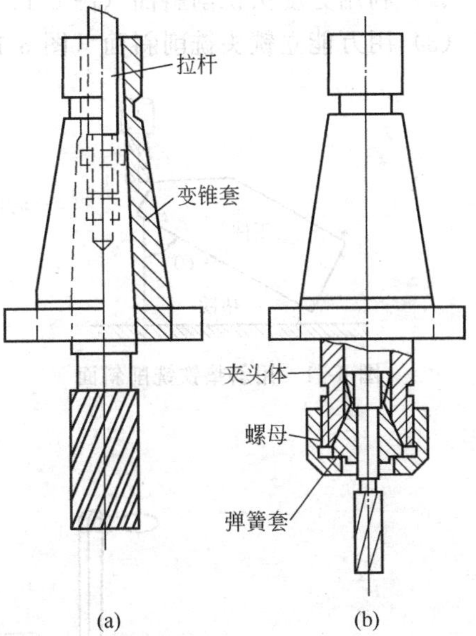

图 6-9 带柄铣刀的安装

注意：铣刀安装好以后，必须检查其跳动是否在其允许的范围之内，各螺母和螺钉是否已经紧固，在一般的情况下，只要在铣床开动后，看不出铣刀有明显的跳动就可以了。造成铣刀跳动量过大的原因有可能是配合部位没有擦干净有杂物、刀轴受力过大有弯曲、刀轴垫圈的两平面不平行、铣刀的刃磨质量差或主轴孔有拉毛等。

6.5 基本铣削加工

6.5.1 在立式铣床上铣削平面

（1）周边铣削平面　将定位键插在工作台中央的 T 形槽中，使工件紧贴定位键，并用压板压紧，因此适用于加工基准面比较宽而加工面比较窄的工件［图 6-10(a)］。

（2）端面铣削平面　采用机床用平口钳夹紧工件。此法适用于加工小件［图 6-10(b)］。

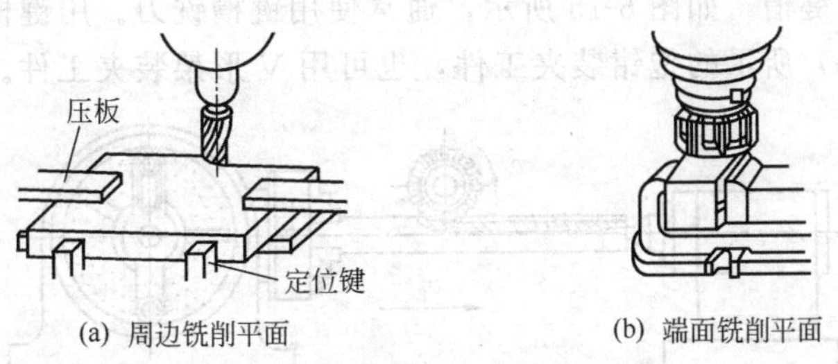

图 6-10 在立式铣床上铣削平面

6.5.2 铣削斜面

(1) 使用斜垫铁铣削斜面（图 6-11）

(2) 利用分度头铣削斜面（图 6-12）

(3) 用万能立铣头铣削斜面（图 6-13）

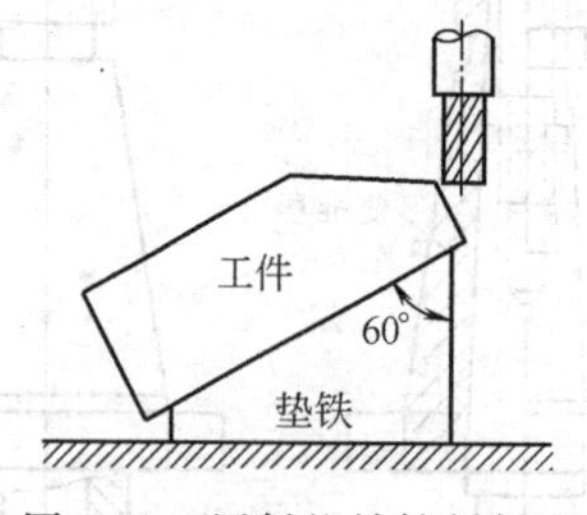

图 6-11 用斜垫铁铣削斜面

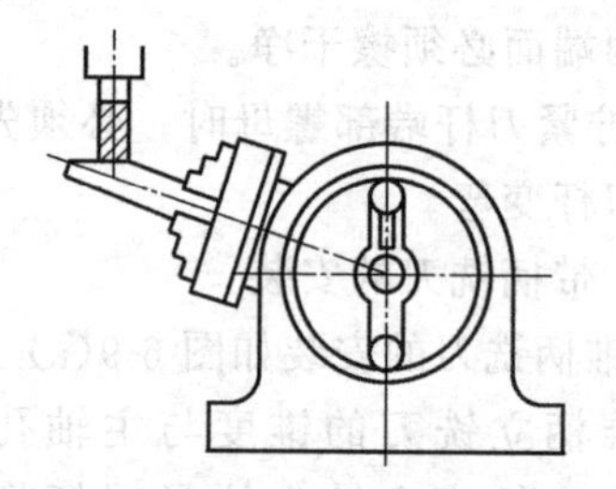
图 6-12 用分度头铣削斜面

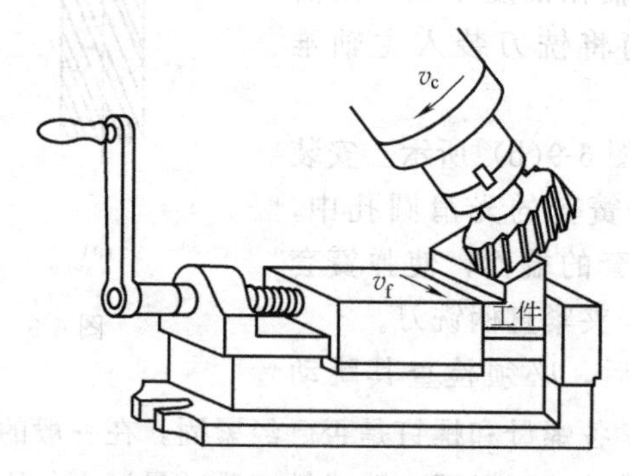

图 6-13 用万能立铣头铣削斜面

6.5.3 键槽铣削加工

轴上的键槽有开口式和封闭式两种。铣键槽时，工件的装夹方法很多，一般常用平口钳或专用抱夹钳、V形架、分度头等装夹工件，但不论哪一种装夹方法，都必须使工件的轴线与工作台的进给方向一致，并与工作台面平行。

(1) 铣削开口式键槽　如图 6-14 所示，使用三面刃铣刀铣削。由于铣刀的振摆会使槽宽扩大，所以铣刀的宽度应稍小于键槽宽度。对于宽度要求较严的键槽，可先进行试铣，以便确定铣刀合适的宽度。同时，铣刀和工件安装好以后，要进行仔细的对刀，也就是使工件的轴线与铣刀的中心平面对准，以保证所铣键槽的对称性，随后进行铣削键槽深的调整，调好后才可加工。当键槽较深时，需分多次走刀进行铣削。

(2) 铣削封闭式键槽　如图 6-15 所示，通常使用键槽铣刀。用键槽铣刀铣削封闭式键槽时，可用图 6-15(a) 所示的抱钳装夹工件，也可用 V 形架装夹工件。铣削封闭式键槽的

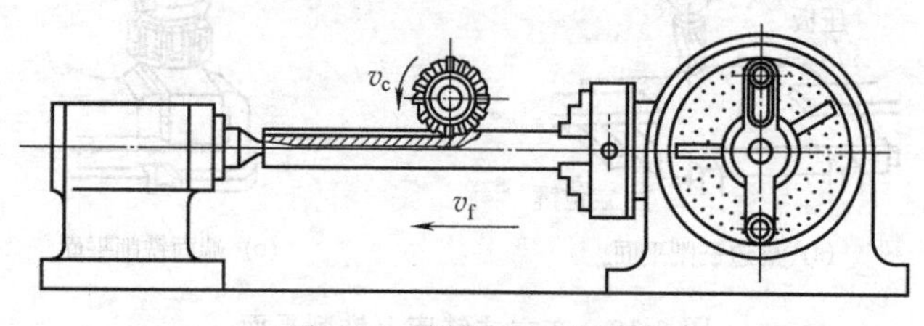

图 6-14 铣削开口式键槽

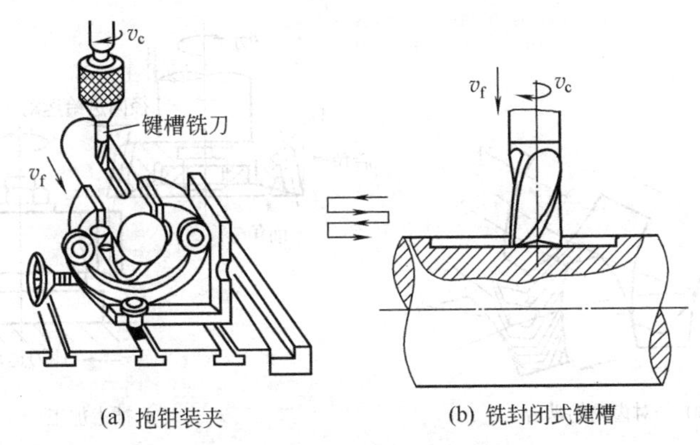

图 6-15　铣削封闭式键槽

长度是由工作台纵向进给手轮上的刻度或电子尺来控制的，深度由工作台升降进给手柄上的刻度或电子尺来控制，宽度则由铣刀的直径来控制。铣封闭式键槽的操作方法如图 6-15(b) 所示，即先将工件垂直进给移向铣刀，选用一定的吃刀量将工件纵向进给切至键槽的全长，再垂直进给吃刀，最后反向纵向进给，经过多次反复直到完成键槽的加工。

6.6 插齿和滚齿

展成法是利用齿轮刀具与被加工齿轮的互相啮合运动而加工出齿形的方法。常用的有插齿和滚齿。

6.6.1　插齿

插齿是在插齿机上进行的（图 6-16）。插齿过程相当于一对齿轮啮合对滚［图 6-17 (a)］。插齿刀的形状类似一个齿轮。为使插齿刀具有锋利的切削刃，其端部呈碗形，以形成前角；其外形呈倒锥形，以形成后角（图 6-17）。插齿时，要求插齿刀与齿坯间保持一对渐开线齿轮的啮合关系，并作上下往复运动，切去工件上的齿间金属而形成渐开线齿形。完成

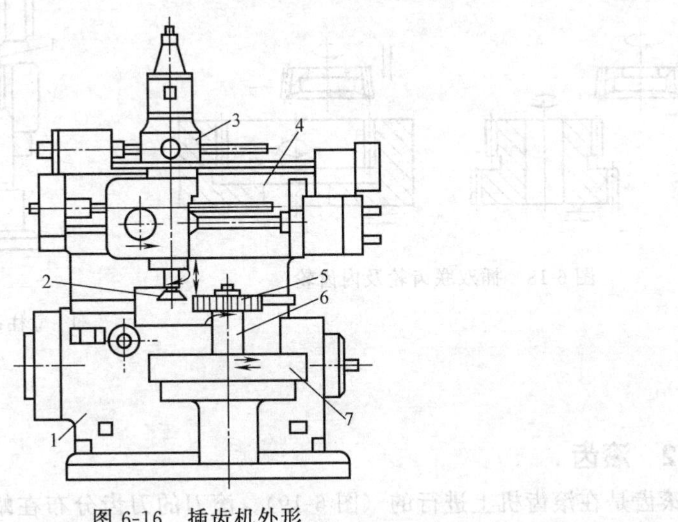

图 6-16　插齿机外形

1—床身；2—插齿刀；3—刀架；4—横梁；5—工件；
6—心轴；7—工作台

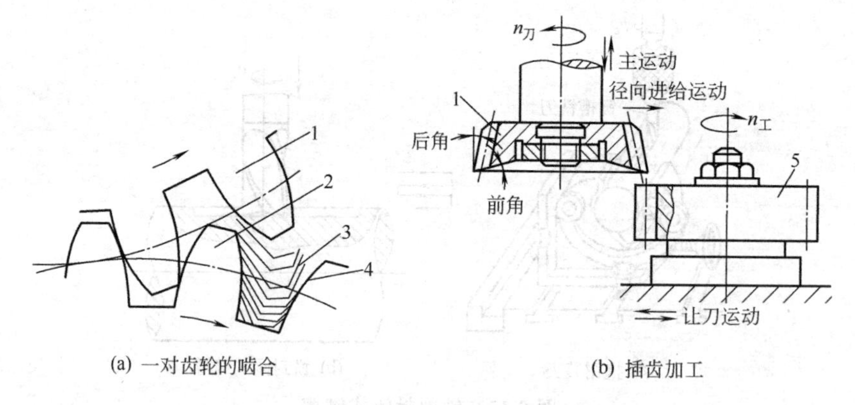

(a) 一对齿轮的啮合　　(b) 插齿加工

图 6-17 插齿

1—插齿刀；2—被切齿轮；3—刀齿侧面运动轨迹；4—包络线；5—齿轮坯

插齿加工，插齿机应具备下列 5 种运动（图 6-17）。

① 切削运动，指插齿刀上下往复直线运动。

② 分齿运动，指插齿刀和齿坯间强制保持一对齿轮传动啮合关系的运动。

③ 圆周进给运动，指插齿刀在完成切削运动的同时所作的旋转运动。

④ 径向进给运动，为逐渐切至全深，插齿刀在齿坯半径方向上的移动。

⑤ 让刀运动，为避免插齿刀回程时与工件摩擦，插齿刀回程时，要求工作台带着工件让开插齿刀；而在插齿行程开始前又必须恢复原位，工作台这种短距离的运动称为让刀运动。

插齿机除可以加工一般外圆柱齿轮外，还可加工双联、多联齿轮及内齿轮（图 6-18）。插齿机加工齿轮的齿形精度一般为 8～7 级；表面粗糙度 R_a 值可达 1.6μm。

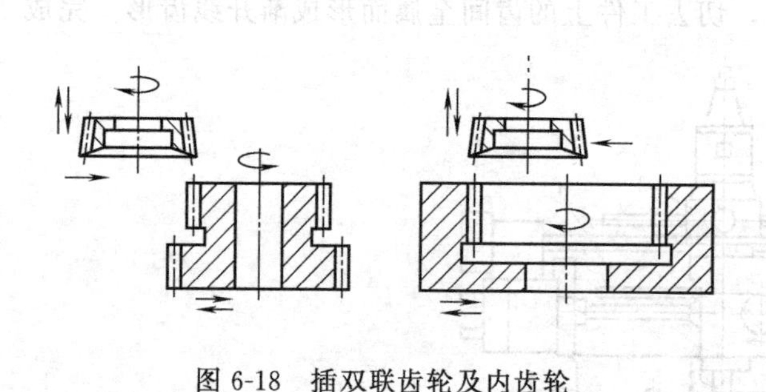

图 6-18 插双联齿轮及内齿轮

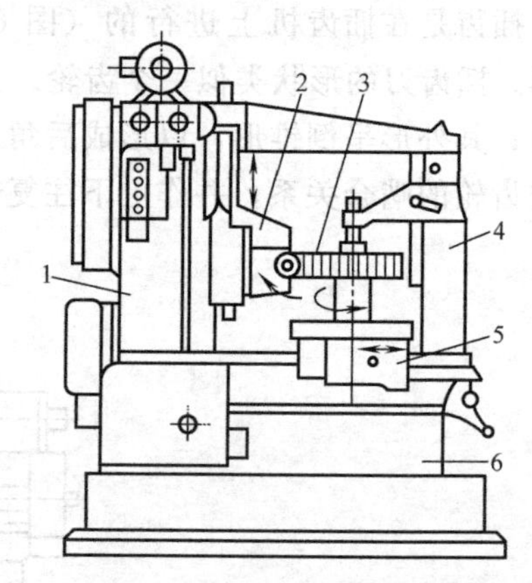

图 6-19 滚齿机外形

1—立柱；2—刀架；3—工件；4—支撑架；5—工作台；6—床身

6.6.2 滚齿

滚齿是在滚齿机上进行的（图 6-19）。滚刀的刀齿分布在蜗杆的螺旋线上，其法向剖面为齿条。在滚齿过程中，可近似地看作齿轮与齿条保持强制啮合的运动关系。滚刀的连续旋转，可视为一根无限长的齿条作连续的直线运动［图 6-20(a)］。由于滚刀刀齿轮廓线是锋利

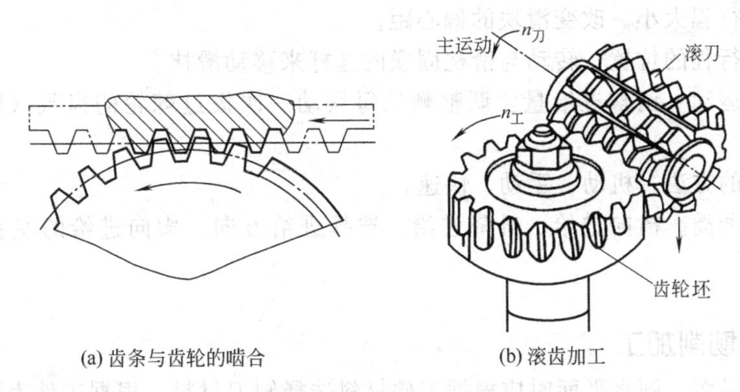

(a) 齿条与齿轮的啮合　　(b) 滚齿加工

图 6-20　滚齿

的切削刃，在与齿坯啮合的过程中，刀齿的运动轨迹即可包络出渐开线齿形。由于滚刀刀齿的齿向与滚刀轴线相交一个角度，滚齿前，必须将刀架扳转一个角度，以保证滚刀刀齿的旋转平面与齿坯的齿槽方向一致。

完成滚齿加工，滚齿机应具备下列三种运动［图 6-20(b)］。

① 切削运动（主运动），指滚刀的旋转运动。

② 分齿运动，指保证滚刀与被切齿坯间强制啮合的运动。对于单线滚刀，滚刀转一转(相当于齿条法向移动一个齿距)，被切齿坯必须相应转过一个齿的角度。

③ 垂直进给运动，指滚刀沿齿坯轴线方向的垂直向下进给，以切出全齿宽。滚齿机主要用于加工圆柱直齿轮和斜齿轮，也用于加工蜗轮和链轮。其齿形加工精度一般为 8～7 级；表面粗糙度 R_a 值可达 3.2～1.6μm。

插齿和滚齿均能用一把刀具加工同一模数不同齿数的齿轮，其加工精度和生产率比较高，应用较为广泛。

6.7　刨削

在刨床上用刨刀对工件进行加工称为刨削加工。刨床可加工平面（水平面、垂直面、斜面)、沟槽（直槽、T 形槽、V 形槽、燕尾槽）及某些成形面。刨削一般只用单刃刀具进行切削，返回时为空程，间断切削，切削速度低，因此，生产率低。单刃刨削由于刀具简单、生产设备容易、加工调整灵活，尤其是加工狭长零件的平面、T 形槽、燕尾槽时，生产率较高；运用分度头和台虎钳等附件，还可以加工轴类和长方体零件的端面及等分槽等，所以，在单件小批量生产及修配工作中，应用较为广泛。

6.7.1　牛头刨床

刨床的主运动是刀具的直线往复运动，因此，采用摆杆机构使电动机的转动变成滑枕的往复运动，进给运动是间歇的，而且必须与主运动同步配合，为此采用棘轮机构来控制进给丝杆的转动。

B6050H 牛头刨床型号中 B 表示刨床类，60 表示牛头刨床，50 表示最大刨削长度为 500mm，H 表示经过第 8 次改进设计。

牛头刨床要做以下调整工作。

(1) 主运动　往复行程次数。通过变速机构，可得到 6 级往复速度。

滑枕往复行程大小。改变滑块的偏心距。

滑枕往复行程的位置。转动与滑枕固联的丝杆来移动滑枕。

(2) 进给运动　调整进给量。调整棘爪每摆动一次拨过棘轮的齿数（$K=1\sim20$），有10种进给量。

选择进给的方法。机动、手动、快速。

选择进给种类。横向进给、升降进给。选择进给方向。横向进给的左右、升降进给的上下。

6.7.2 基本刨削加工

(1) 刨水平面　刨水平面时应根据工件材料选择刨刀材料，根据工件表面粗糙度的要求选择刨刀。粗刨时，用普通直头或弯头平面刨刀；精刨时，可用窄的精刨刀（切削刃的圆弧半径为6～15mm），或圆头精刨刀，切削刃的圆弧半径约为3～5mm。

刨刀的结构和几何参数与车刀相似，刃倾角一般取负值，使刀尖强度增加。由于刨刀切削工件时，受到较大的冲击力，因此，刀杆横截面一般比车刀大1.25～1.5倍，切削量大的刨刀往往制成弯头［如图6-21(a) 所示］。弯头刨刀在受到较大的切削力时，刀杆弯曲变形可围绕O点抬离工件，不至损坏刀尖和已加工面。而直头刨刀受力变形时易扎入工件［如图6-21(b) 所示］，故用于切削量较小的刨削工作。

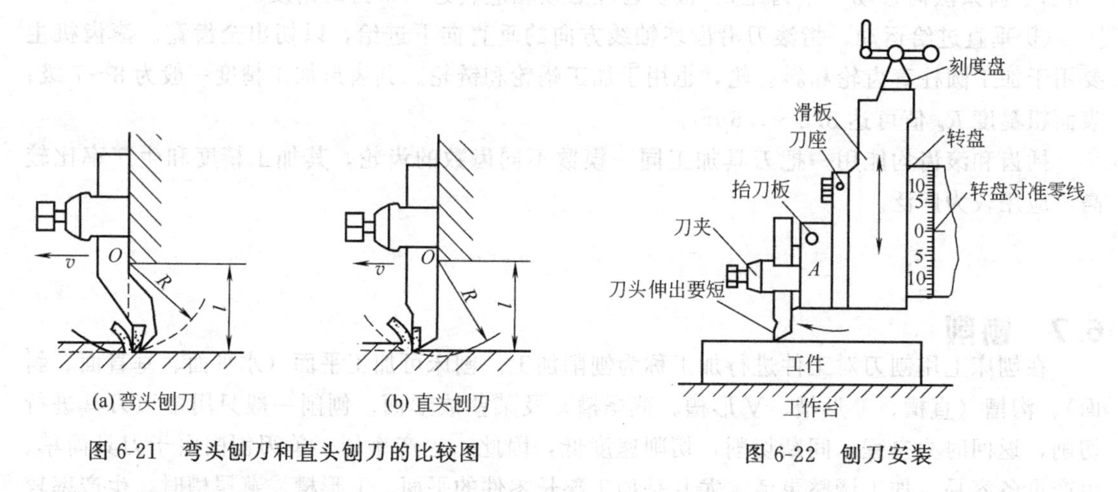

图6-21　弯头刨刀和直头刨刀的比较图　　　图6-22　刨刀安装

刨削水平面的步骤大致分为以下几步。

① 装夹工件　用平口钳装夹，或用压板直接夹紧在工作台上。

② 装夹刀具　牛头刨床用刀架来夹持刨刀，如图6-22所示，摇动刀架上端的手柄时，滑板便可沿转盘上的导轨带动刨刀作上下移动。松开转盘上的螺母，将转盘扳转一定角度后，就可使刀架斜向进给。滑枕上还装有可偏转的刀座，刀座中的抬刀板可绕A轴向上转动。刨刀安装在刀夹上，可减少刀具后刀面与工件的摩擦。

安装刨刀时，刨刀不要伸出太长，以免产生振动或折断刨刀。直头刨刀伸出刀架的长度约为刀杆厚度的1.5倍，弯头刨刀允许伸出稍长些。装刀和卸刀时，必须一只手扶住刨刀，另一只手使用扳手。

③ 升高工作台　把工作台升高到接近刀具的位置。

④ 调整滑枕行程长度及位置　滑枕行程长度应大于加工面长度，并且后端空行程应大

于前端。刨刀在前端的空行程是为了刨刀顺利切出，不至崩刀或碰到刀头，一般为 10～15mm。刨刀在后端的空行程是为了保证刨刀在进刀前有足够的时间落下，并且进刀也应在这一段空行程时间内完成，所以，后端空行程距离要长些，一般为 20～25mm。

⑤ 调整滑枕每分钟的往复次数和进给量

⑥ 开车刨削　加工前先用于送进，试切出 0.5～1mm 宽度。停车测量尺寸后，利用刀架的刻度盘调整切削深度。加工余量较大时可分几次刨削。

当要求工件表面粗糙度较大时，粗刨后还要进行精刨。精刨的切削深度和进给量比粗刨小，切削速度可以略高些。为使工件表面光整，在刨刀返回时，可用于掀起刀座上的抬刀板，使刀尖不与工件摩擦。刨削是断续切削，而且速度较低，一般不采用冷却液。粗刨后精刨前，应把工件的夹紧程度适当放松，以减少因夹紧力引起的工件弹性变形。

(2) 其他刨削工作

① 刨垂直面　刨垂直面需采用偏刀，此时工作台应作垂直升降进给运动，或用于动刀架进给。此法一般在不能或不便于进行水平面刨削时才用，例如加工长工件的两端面。安装偏刀时，刨刀伸出长度应大于整个刨削面的高度。

② 刨斜面　与水平面成倾斜的平面叫做斜面。工件上的斜面可分为内斜面和外斜面两种。刨削斜面的方法可根据零件要求分为四种加工夹持法，即正夹持斜刨法、斜夹正刨法、转动台虎钳刨削法及用样板刀刨削法。其中最常用的方法是正夹持法，亦称为倾斜刀架法。它是将刀架和刀座分别倾斜一定角度，从上向下倾斜进给刨削，刀座偏转的方向与刨削垂直面时相同，即刀座上端偏离加工面。

加工燕尾槽、V 形槽及有一定要求的斜面均采用倾斜刀架法加工。

③ 刨 T 形槽　刨 T 形槽前，应先刨出各关联平面，以达到图纸要求的尺寸，并在工件端面和顶面画出加工线，然后按下列步骤加工（如图 6-23 所示）。

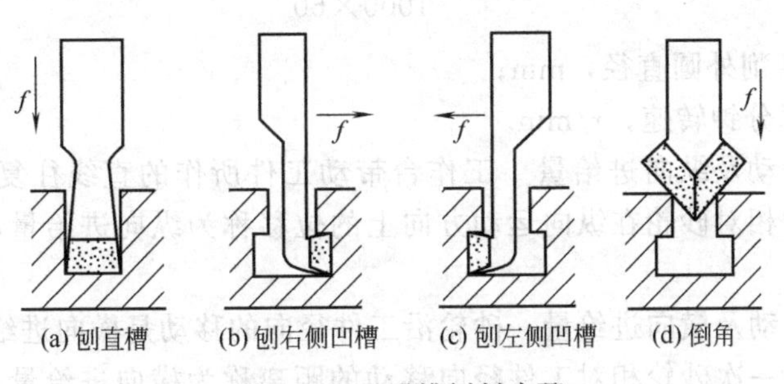

图 6-23　T 形槽刨削步骤

a. 安装工件，并正确地在纵横方向上进行找正。用切槽刀刨出直角槽，使其宽度等于 T 形槽槽口的宽度，深度等于 T 形槽的深度。

b. 用弯切刀刨削一侧的凹槽。如果凹槽的高度较大，一刀不能刨完时，可分几次刨完，但凹槽的垂直面要用垂直走刀精刨一次，这样才能使槽壁平整。

c. 换上方向相反的弯切刀，刨削另一侧的凹槽。

d. 换上 45°刨刀倒角。

6.8 磨削

在磨床上用砂轮对工件进行切削加工的方法称为磨削加工。磨削加工是零件精加工的主要方法之一。

6.8.1 磨削运动与磨削用量

图 6-24 所示为磨削外圆时的磨削运动和磨削用量。

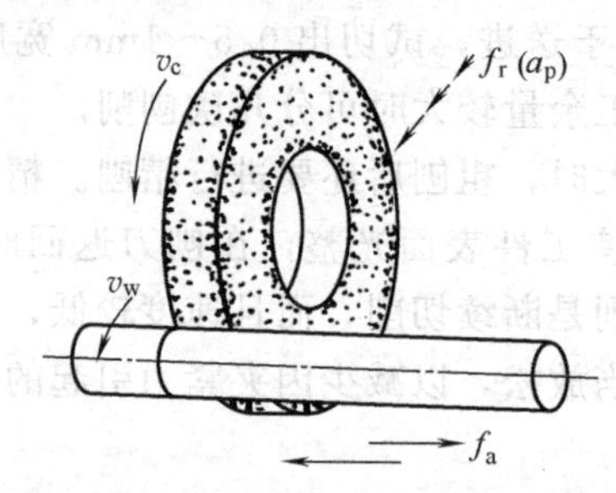

图 6-24 磨削外圆时的磨削运动和磨削用量

(1) 主运动及磨削速度 砂轮的旋转运动是主运动；砂轮外圆的线速度称为磨削速度 v_c (m/s)，可用下式计算

$$v_c=\frac{\pi d_s n_s}{1000\times 60}$$

式中 d_s——砂轮直径，mm；

n_s——砂轮每分钟转速，r/min。

(2) 圆周进给运动及圆周进给速度 工件的旋转运动是圆周进给运动；磨削工件外圆处的线速度称为圆周进给速度 v_w (m/s)，可用下式计算

$$v_w=\frac{\pi d_w n_w}{1000\times 60}$$

式中 d_w——工件磨削外圆直径，mm；

n_w——工件每分钟转速，r/min。

(3) 纵向进给运动及纵向进给量 工作台带动工件所作的直线往复运动是纵向进给运动；工件每转一转时相对砂轮在纵向运动方向上的位移称为纵向进给量，用 f_a 表示，单位为 mm/r。

(4) 横向进给运动及横向进给量 砂轮沿工件径向的移动是横向进给运动；工作台每往复行程（或单行程）一次砂轮相对工件径向移动的距离称为横向进给量，用 f_r 表示。横向进给量实际上是砂轮每次切入工件的深度，即磨削深度，也可用背吃刀量 a_p 表示，其单位为 mm。

6.8.2 磨削加工的特点及应用范围

(1) 磨削加工的特点 磨削加工与其他切削加工（车削、铣削、刨削）相比较，具有如下特点。

① 加工精度高、表面粗糙度小。磨削时，砂轮表面上有极多的磨粒进行切削，每个磨粒相当于一个刃口半径很小且很锋利的切削刃，能切下一层很薄的金属。磨床的磨削速度很高，一般可达 $v_c=30\sim50$m/s；磨削背吃刀量很小，一般 $a_p=0.01\sim0.005$mm。经磨削加工的工件一般尺寸公差等级可达 IT6～IT5，表面粗糙度 R_a 值可达 0.8～0.2μm，精磨后的 R_a 值更小。

② 可以加工硬度很高的材料。由于磨粒硬度很高，磨削不但可以加工钢和铸铁等常用金属材料，还可以加工硬度很高的工件，特别是经过热处理后的淬火钢工件。但磨削不利于加工硬度很低而塑性很好的有色金属材料，因为磨削这些材料时，容易卡塞砂轮，使砂轮失去切削性能。

③ 磨削加工温度高。由于磨削速度很高，是一般切削加工的 10～20 倍，加工中产生大量的切削热。在砂轮与工件的接触处，瞬间温度高达 1000℃。同时，剧热会使磨屑在空气中发生氧化作用，产生火花。高的磨削温度会烧伤工件的表面，使工件硬度下降，严重时产生微裂纹，降低了工件的表面质量和使用寿命。因此，为了减少摩擦和散热，降低磨削温度，及时冲走磨屑，以保证工件的表面质量，在磨削加工时需使用大量的切削液。

(2) 磨削加工的应用范围 磨削加工主要用于零件的内外圆柱面、内外圆锥面、平面及成形面（如花键、齿轮、螺纹等）的精加工，以获得高的尺寸精度和较小的表面粗糙度值。常见的几种磨削加工类型如图 6-25 所示。

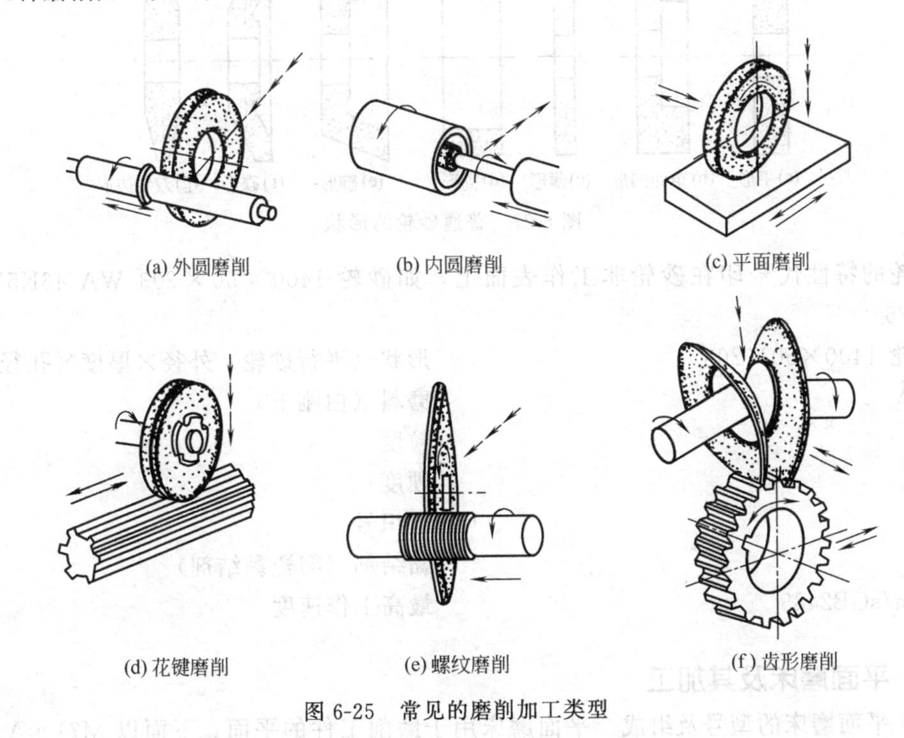

图 6-25 常见的磨削加工类型

6.8.3 砂轮

砂轮是由许多细小而坚硬的磨粒用黏结剂粘接而成的多孔物体，是磨削加工的切削工具。磨粒、黏结剂和空隙是构成砂轮的三要素，如图 6-26 所示。

砂轮的特性对工件的加工精度、表面粗糙度和生产率影响很大。砂轮的特性包括磨料、粒度、黏结剂、硬度、组织、形状和尺寸等方面。

常用的砂轮磨料有两类：刚玉类，主要成分是 Al_2O_3，韧性较好，适于磨削普通钢材和高速钢；碳化硅类，主要成分是 SiC，硬度比刚玉类高，性脆而锋利，导热性好，适于磨削铸铁、青铜等脆性材料及硬质合金。

磨料的大小用粒度表示，粒度号数越大，颗粒越小。粗颗粒用于粗加工及磨软材料，细颗粒则用于精加工。

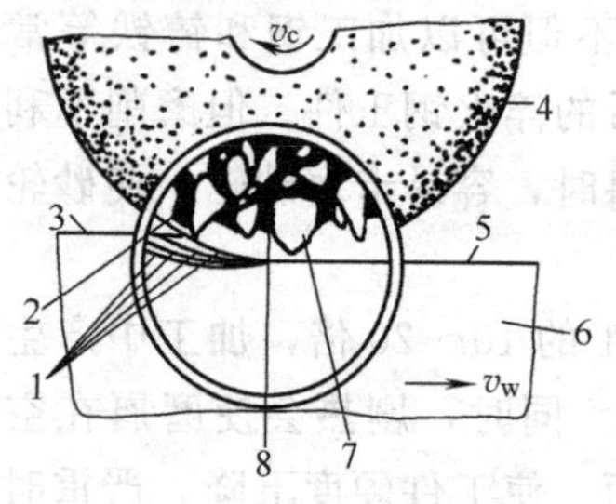

图 6-26 砂轮的组成
1—过渡表面；2—空隙；3—待加工表面；4—砂轮；5—已加工表面；6—工件；7—磨粒；8—黏结剂

磨料用黏结剂可以粘接成具有一定强度和形状、尺寸的砂轮。常用的黏结剂有陶瓷黏结剂、树脂黏结剂和橡胶黏结剂。

砂轮的硬度是指砂轮表面的磨料在外力作用下脱落的难易程度。容易脱落称为软；反之称为硬。磨削硬材料时，砂轮的硬度应低些；反之，应高些。

砂轮的组织是指砂轮中磨料、黏结剂、空隙三者的比例关系。磨料所占的体积越大，砂轮的组织越致密。

根据机床的类型和磨削加工的需要，砂轮制成各种标准形状和尺寸。常用的几种砂轮形状如图 6-27 所示。

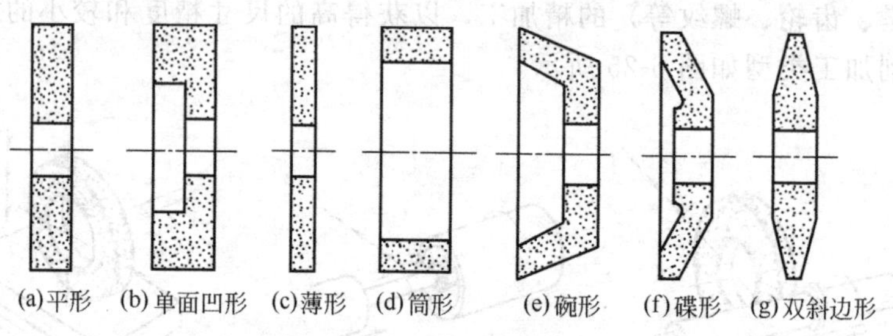

图 6-27 普通砂轮的形状

砂轮的特性代号印在砂轮非工作表面上，如砂轮 1400×50×203 WA 46K5V 35m/s GB2485

砂轮 1400×50×203	形状（平行砂轮）外径×厚度×孔径/mm
WA	磨料（白刚玉）
46	粒度
K	硬度
5	组织号
V	黏结剂（陶瓷黏结剂）
35m/sGB2485	最高工作速度

6.8.4 平面磨床及其加工

（1）平面磨床的型号及组成　平面磨床用于磨削工件的平面。下面以 M7120A 卧轴矩台平面磨床为例进行介绍。

① 平面磨床的型号　在型号 M7120A 中，各字母与数字的含义如下：

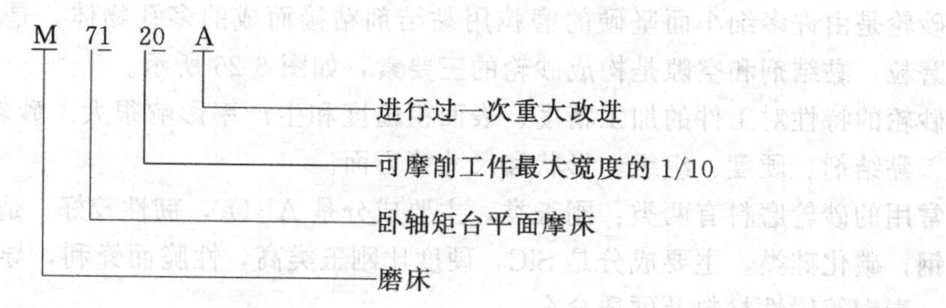

② 平面磨床的组成　M7120A 卧轴矩台平面磨床主要由床身、工作台、立柱、拖板、头架和砂轮修整器等部件组成（图 6-28）。工作台实际上是一个电磁吸盘，它安装在床身的

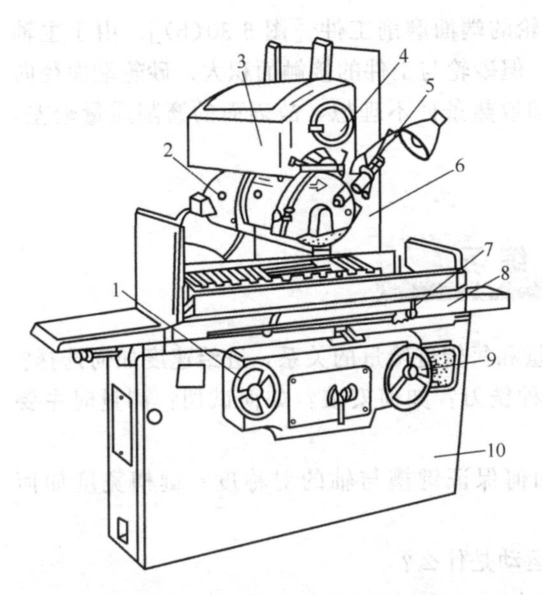

图 6-28 M7120A 卧轴矩台平面磨床
1—工作台手轮；2—头架；3—拖板；4—横向进给手轮；5—砂轮修整器；6—立柱；7—行程挡块；8—工作台；9—垂直进给手轮；10—床身

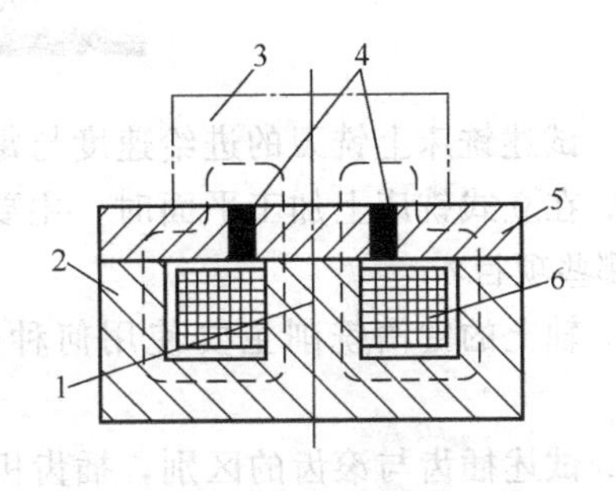

图 6-29 电磁吸盘
1—心体；2—吸盘体；3—工件；4—绝磁层；5—盖板；6—线圈

纵向导轨上，它的往复运动由液压驱动。

(2) 平面磨削

① 工件的安装 对于钢、铸铁等导磁性材料制成的中小型零件，一般靠电磁吸盘产生的磁力直接安装（图 6-29）。电磁吸盘的吸盘体由钢制成，在中间凸起的心体上绕有线圈，上部有被绝磁层隔成许多条块的钢制盖板。当线圈通电时，心体被磁化，产生的磁力线经心体→盖板→工件→盖板—吸盘体→心体而闭合，从而吸住工件。绝磁层的作用是使绝大部分磁力线通过工件再返回吸盘体，而不是通过盖板直接回去，以保证有足够的电磁吸力。对于铜、铝及其合金以及陶瓷等非导磁材料，可采用精密平口钳、专用夹具等导磁性夹具进行安装。

② 平面磨削方法 平面磨削的方法有周磨法和端磨法。

a. 周磨法周磨时，在卧轴平面磨床上用砂轮的圆周面磨削工件［图 6-30(a)］。此时砂轮与工件的接触面积较小，散热和排屑条件好，工件热变形小，砂轮磨损均匀，工件的表面加工质量好，但磨削效率较低，适于精磨。

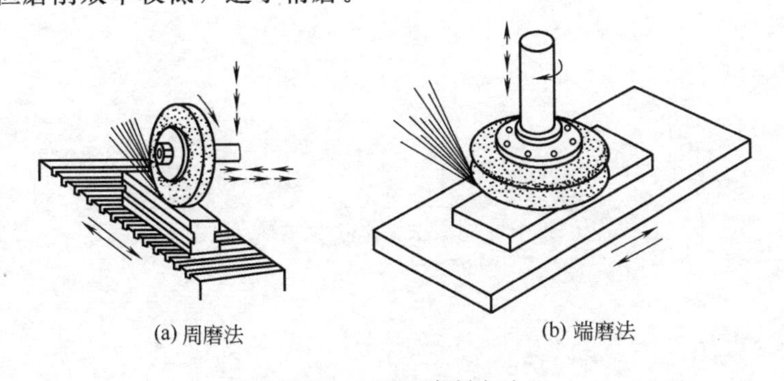

(a) 周磨法　　(b) 端磨法

图 6-30 平面磨削方法

b. 端磨法端磨时，在立轴平面磨床上用砂轮的端面磨削工件［图 6-30(b)］。由于主轴刚性好，可采用较大的切削用量，生产率较高。但砂轮与工件的接触面积大；砂轮端面径向各处的切削速度不同，磨损不均匀；排屑和冷却散热条件不理想，故表面的磨削质量较差，多用于粗磨。

思考与练习

1. 试述铣床上铣刀的进给速度与每齿进给量和每转进给量的关系，进给速度如何选择？
2. 在立式铣床上加工平面时，主要使用何种铣刀？如何安装？如何试切？测量时主要测量哪些项目？
3. 轴上的键槽铣削主要使用何种夹具？如何保证键槽与轴的对称度？键槽宽度如何测量？
4. 试述插齿与滚齿的区别，插齿机的 5 种运动是什么？
5. 试述刨削加工的范围，T 形槽如何刨削？
6. 试述磨削加工的特点，砂轮的三要素是什么？电磁吸盘的工作原理是什么？

第二篇
材料成型加工实训

第7章

金属材料热加工成型

7.1 铸造

7.1.1 铸造基本知识

铸造生产是把金属加热融化后注入型腔中，待金属液冷却凝固后获得铸件的一种生产工艺方法（图7-1）。铸型是接受金属液的容器，空腔部分称作“型腔”；铸件是用铸造的方法制成的金属件，一般作为毛坯，经切削加工成为零件。

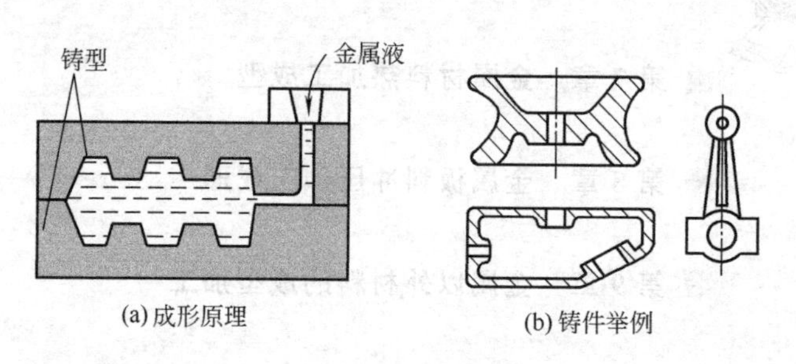

图7-1 铸造

铸造生产遵循“实体相反”的工艺原则。“实体相反”是指在金属液注入型腔并冷却凝固的过程中，铸型中原来的空腔部分变成了铸件的实体；而铸型中原来的实体部分因金属液不能进入而成为铸件的空腔。

铸造生产适用于制造形状复杂的毛坯，如各种箱体、床身、机架等；适用于各种尺寸规格，铸件外形尺寸可从几毫米到十几毫米，质量从几克到数百吨（如小至拉链扣、大至数百吨的铜佛）；既适用于单件小批量生产，又适用于大批量生产。

用于铸造的金属有铸铁、铸钢和有色金属（如铜、铝等），其中铸铁应用最广。铸铁件成本低廉，在金属切削机床、轧钢机、锻压机中，铸件占机床质量的75%以上，而生产成本仅占15%～30%。

铸造是机械制造业的基础，是制造毛坯应用最广泛的方法，也是获得脆性金属及其合金材料毛坯（如铸铁件）的唯一制取方法。以砂型为材料制作铸型的铸造方法称为砂型铸造，它是最基本、应用最广泛的铸造方法。除砂型铸造以外的各种铸造方法称为特种铸造。传统的砂型铸造，在产品质量、生产率、劳动条件及环境保护等方面都存在不足，由于铸件的力学性能通常不如锻件，故承受动载荷或交变载荷等重要零件的毛坯（如传动轴）一般都不宜采用铸件。

7.1.2 砂型铸造

(1) 砂型铸造　砂型铸造是将融化的金属液注入由型砂制成的铸型中，冷却凝固后获得铸件的方法。取出铸件必须打碎砂型，故砂型铸造又称为“一次型”铸造，主要用于铸铁和铸钢生产，图 7-2 是铸件的砂型铸造过程。

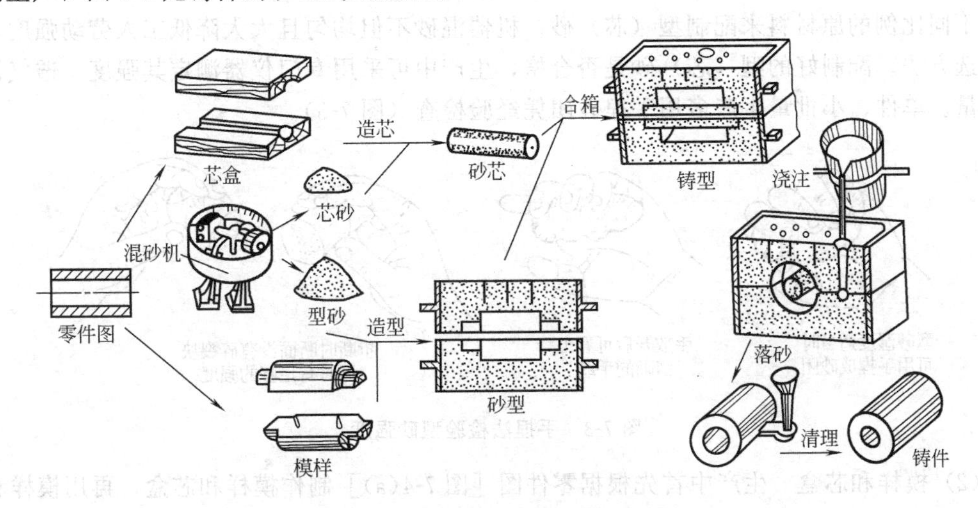

图 7-2　铸件的砂型铸造过程

① 型（芯）砂的组成　制造砂型与型芯的材料称为造型材料，包括用来制造砂型的型砂和用来制造型芯的芯砂、黏土、有机或无机黏结剂及其他附加物等。

a. 原砂：是型（芯）砂的主体，一般含量高达 95%以上，常用材料为熔点是 1700℃左右的石英砂（SiO_2）。型（芯）砂中 SiO_2 含量越高，其耐火性越好。

b. 黏结剂：是用于黏结砂粒的材料。黏土资源丰富、价格低廉，可多次重复使用，故生产中用得最为广泛。常用的有用于型（芯）砂的普通黏土和用于湿型（芯）砂的膨胀土，为了提高它们的黏结力，需加入适量的水。对性能要求较高的芯砂，常采用桐油、合成树脂等材料作黏结剂。

c. 附加物：有时根据要求，在型（芯）砂中还加入一些附加物。如加入的煤粉在高温下燃烧形成气膜可防止铸件表面粘砂，使逐渐表面光洁；加入锯木屑使型（芯）砂有更好的退让性和透气性；在型腔和型芯表面涂耐火度高的石墨浆等薄层涂料，涂层材料在高温下燃烧产生气体，使金属液与型腔不直接接触，从而使铸件表面更光洁。

② 型砂和芯砂的性能　一般铸件中小铸件的铸型常采用不经烘干即可直接浇注的型砂，称为湿型砂。型芯因大部分被高温金属液包围，故对芯砂性能的要求高于型砂。重要的型芯一般要先烘干再放入砂型中。型砂和芯砂的性能主要包括强度、耐火性、透气性、退让性。

a. 强度是指型砂和芯砂抵抗外力破坏的能力，包括抗压、抗拉和抗剪切强度等。其中抗压强度影响最大，强度最高，会使型砂和芯砂的透气性和退让性变差。

b. 耐火性是指型砂和芯砂在高温金属液的作用下不软化、不融化、不黏附在铸件表面的性能。使用耐火性差的造型材料，会使铸件表面产生粘砂缺陷，铸件的清理困难，切削加工不易；粘砂严重时，甚至使铸件成为废品。

c. 透气性是指气体通过紧实后的型砂和芯砂内部的能力。透气性能差，则高温金属浇入铸型时产生的大量气体不易从砂型中排出，在铸件里形成气孔缺陷。

d. 退让性是指当铸件冷却凝固而收缩时，型砂和芯砂的体积可以被压缩，从而退让出空间位置的能力。退让性差，会使铸件收缩时受阻碍而产生内应力、变形和裂纹。型砂舂得越紧实，其退让性越差。

e. 型（芯）砂的配制及质量控制，生产不同合金种类、几何形状和尺寸的铸件，需要采用不同比例的原材料来配制型（芯）砂。机器混砂不但均匀且大大降低工人劳动强度，常为首选方法。配制好的型（芯）砂是否合格，生产中可采用专门仪器测定其强度、透气性和含水量。单件、小批量生产多用手捏砂团凭经验检查（图 7-3）。

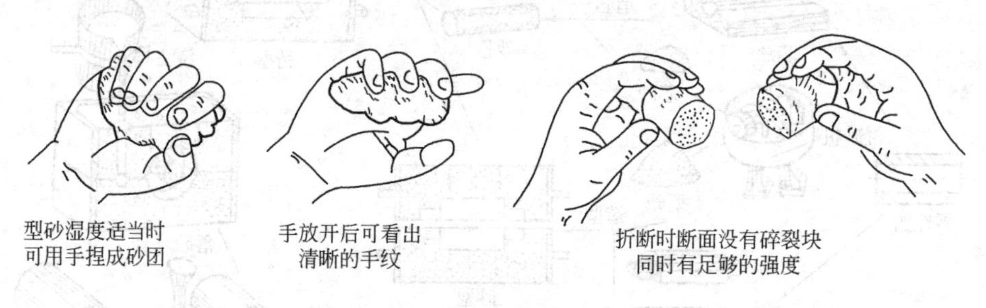

图 7-3　手捏法检验型砂强度

（2）模样和芯盒　生产中首先根据零件图［图 7-4(a)］制作模样和芯盒，再用模样和芯盒分别来造型和制芯［图 7-4(b)］。模样主要用来获得铸件的外形，通常两者形状相似；由芯盒制得的型芯，主要用来形成铸件［图 7-4(c)］的内部形状（如内腔、通孔等），故芯盒内腔形状与铸件内腔形状相似。单件、小批量生产中常用木材来制作模样和芯盒；大批量生产时则常用铸造铝合金、塑料等材料制作。

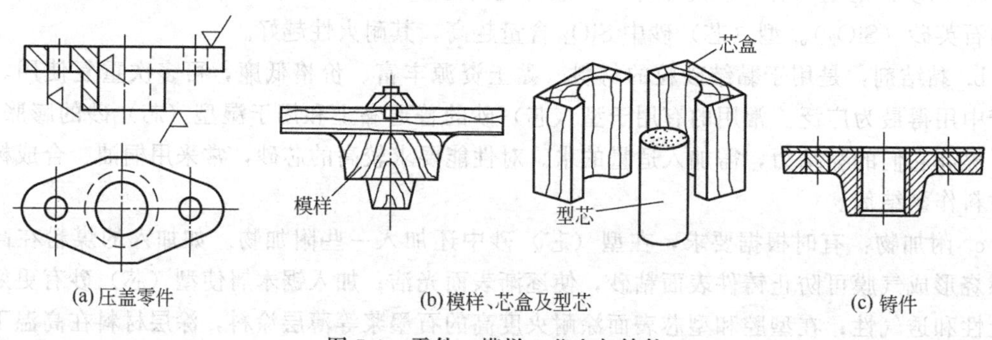

图 7-4　零件、模样、芯盒与铸件

（3）模样、型腔、铸件和零件的关系　铸造的生产过程是：零件图→模样和芯盒→造型→制芯→合箱→型腔，最后将金属液浇入型腔，待冷却凝固后开箱获得铸件。由于金属液在冷却时要产生收缩，为了获得所需尺寸的铸件，模样和型腔尺寸应大于铸件尺寸。生产大多数情况下铸造获得的是毛坯，必须通过切削加工才能得到零件，故铸件尺寸应大于零件。对于尺寸小于 25mm 的孔，通常不是铸造出来的，而是采用切削加工的方法来获得的，从而避免了制造型芯，简化了工艺，降低了成本，此方法具有较好的经济性。

了解模样、型腔、铸件和零件间的关系，有助于正确绘制铸造工艺图和制定铸造工艺流程。

(4) 造型方法 造型是砂型铸造的必备工序，按造型手段分为手工造型和机器造型。

① 手工造型 手工造型因其灵活多变、适应性强，在生产中应用广泛。按模型特征分类，常用的手工造型方法有以下六种。

a. 整模造型。对于形状简单，端部为平面，同时又是最大截面的铸件，应采用整模造型，即模样做成与零件形状相应的整体结构，造型时整个模样全部位于一个砂箱中（图7-5）。整模造型操作最简便，不会出现上、下砂箱错位（错箱）等缺陷。该方法适用于各种批量的最大截面在一端的铸件，如齿轮坯、轴承座、罩、壳等。

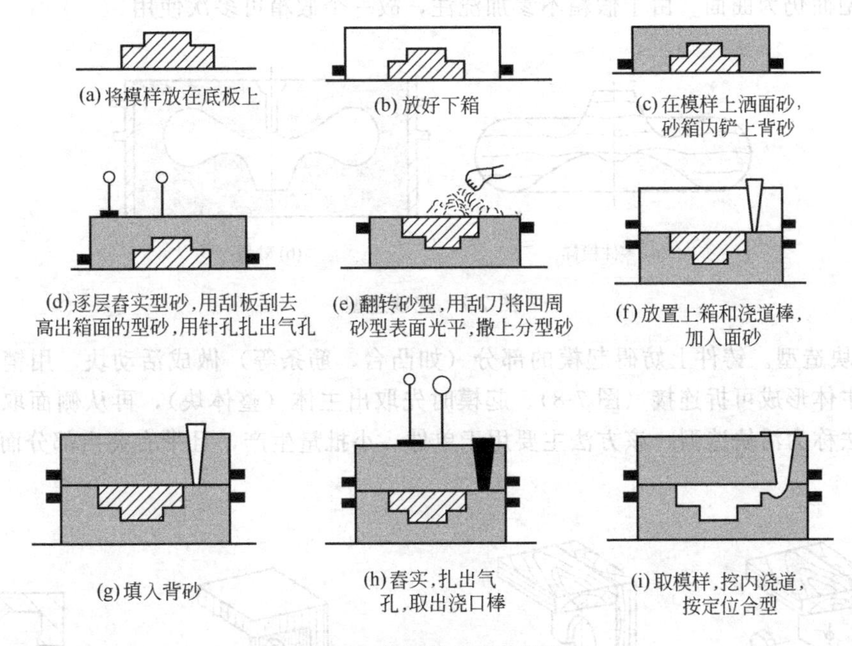

图7-5 整模造型操作顺序

b. 分模造型。对于不适宜采用整模造型的铸件，通常把模样分成两半或几部分，称为分模造型。当铸件的最大截面在中部时，应采用两箱分模造型（图7-6），即将模样从最大截面处分为两半部分（用销钉定位），造型时模样分别置于上、下砂箱中。此种情况下，分模面（模样与模样间的接合面）与分型面（砂型与砂型间的结合面）位置相重合，且都是平面，操作过程比较简便。两箱分模造型广泛用于生产水管、轴套、阀体等有孔铸件。

生产形状为两端截面大、中间截面小的，如带轮、槽轮、车床四方刀台等铸件时，为保证顺利起模，分模面应选在模样的最小截面处，而分型面则仍选在铸件两端的最大截面处，

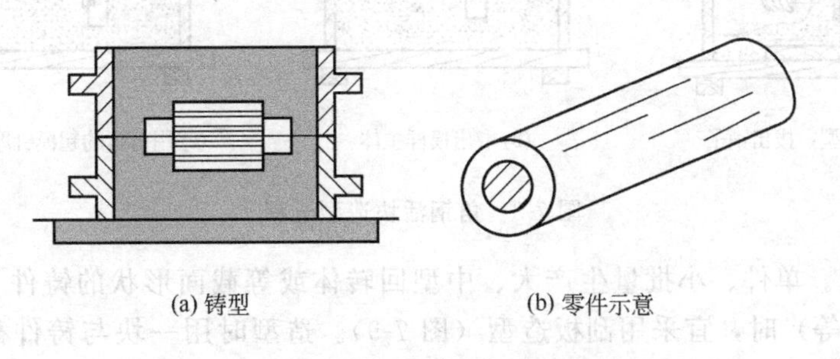

图7-6 两箱分模造型示意图

采用两个分型面和上、中、下三个砂箱的造型方法。采用三箱分模造型时，分模面与分型面的位置不一定重合。

三箱造型采用手工操作，费工时，故一般用于单件、小批量生产。

c. 挖砂造型。铸件的外部轮廓为曲面（如手轮等），其最大截面不在端部，且模样又不宜分成两半时，应将模样做成整体放在一个砂箱内，造型时通过挖砂挖掉妨碍取出模样的那部分型砂，完成造型的方法称为挖砂造型（图 7-7）。此时分型面为曲面，为保证顺利起模，必须把砂挖到模样最大截面处。由于是手工挖砂，技术难度较大，生产效率低，只适用于单件、小批量生产。成批生产需要挖砂造型的铸件时，应采用假箱造型。假箱造型可免去挖砂操作，分型面仍为曲面。由于假箱不参加浇注，故一个假箱可多次使用。

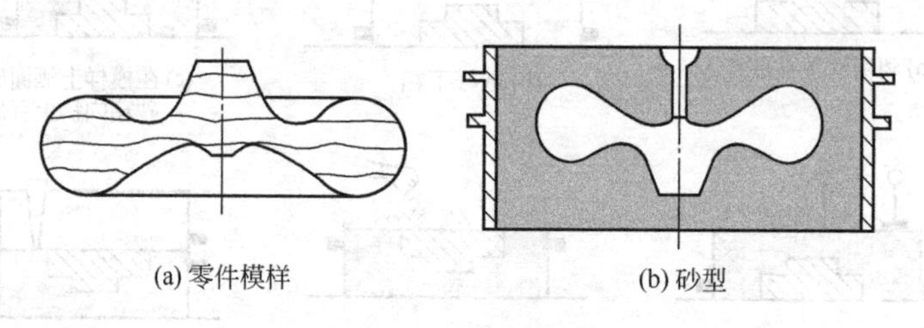

图 7-7 挖砂造型

d. 活块造型。铸件上妨碍起模的部分（如凸台、筋条等）做成活动块，用销子或燕尾榫与模样主体形成可拆连接（图 7-8）。起模时先取出主体（整体块），再从侧面取出活动块的造型方法称为活块造型。该方法主要用于单件、小批量生产，且带有突出部分而难以起模的铸件。

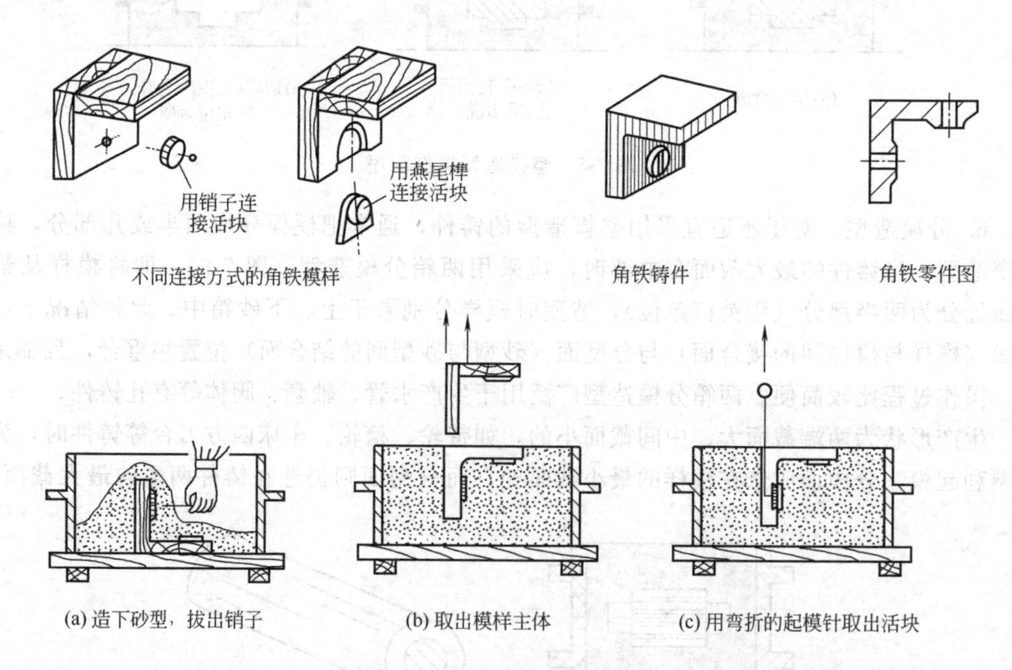

图 7-8 角钢活块造型过程

e. 刮板造型。单件、小批量生产大、中型回转体或等截面形状的铸件（如齿轮、皮带轮、飞轮、弯管等）时，宜采用刮板造型（图 7-9）。造型时用一块与铸件截面形状相应的刮板（多用木材制成）来代替模样，在上、下砂箱中刮出所需铸件的型腔。其特点是能大大

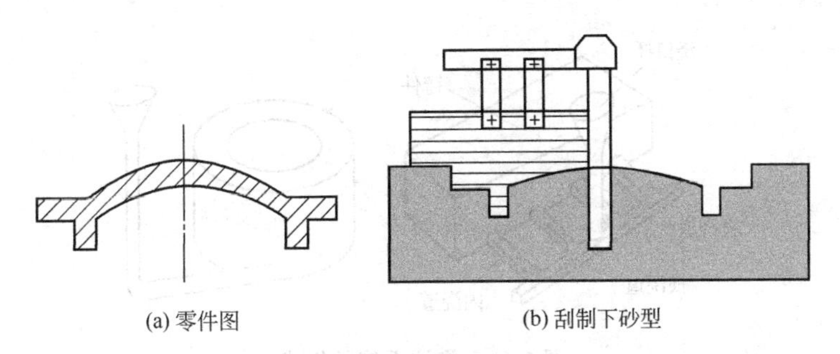

图 7-9　刮板造型

降低模样成本，缩短生产周期，但造型生产率较低，对工人技术要求较高。

f. 组芯造型。对于难以找到合适分型面的复杂铸件（如链条），应采用组合型芯造型，简称组芯造型（图 7-10）。组芯造型时只需用芯盒制得型芯，再由型芯构成铸件的型腔，无须用模样造型。此外，单件、小批量生产大型或重型铸件（如大型的机身、底座）时，常以地坑或地面代替下砂箱进行造型，这种方法称为地坑造型。造型时，利用车间地坑代替下砂箱，只需配置上砂箱从而减少砂箱投资，但造型劳动量大，对工人技术水平要求较高。

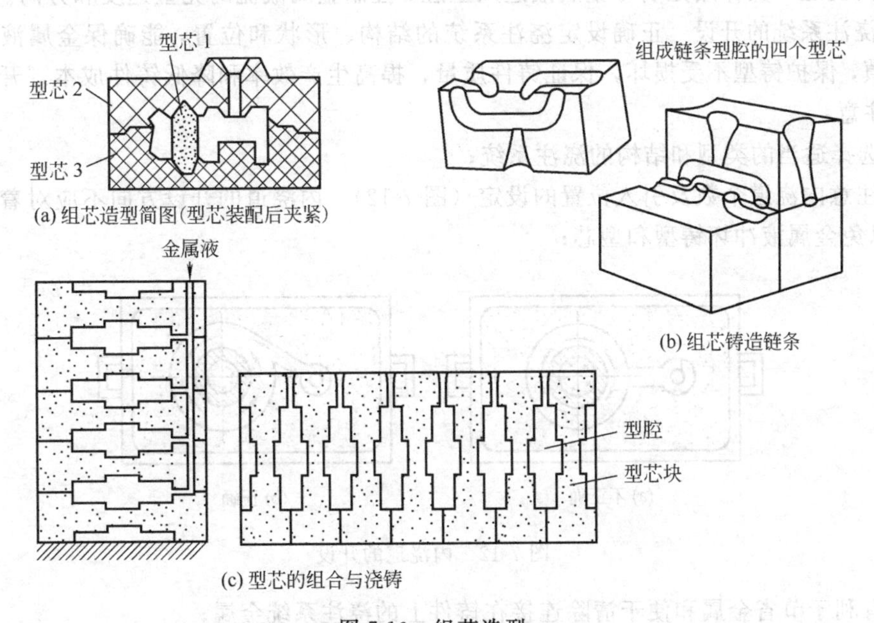

图 7-10　组芯造型

② 机器造型和造芯　紧砂、翻箱、起模等操作均由造型机来完成的造型方法称为机器造型。机器造型（芯）是现代化铸造车间里成批大量生产铸件的主要造型方法，每小时可生产 100 个以上中等尺寸的铸型，生产率高且铸型精度和表面质量好，不仅能减少机器加工余量，还降低了铸件的废品率，能大大减轻工人劳动强度和改善劳动环境。由于机器投资较大，为降低铸件成本，只有在大批量生产时才采用机器造型。必须注意的是，由于受造型设备和造型过程的限制，机器造型只适用于两箱造型。随着各种新的造型设备的出现，铸造生产的自动化程度将会进一步提高。

（5）浇注系统的组成及作用　图 7-11 为铸件浇注系统的典型结构，通常由浇口杯、直

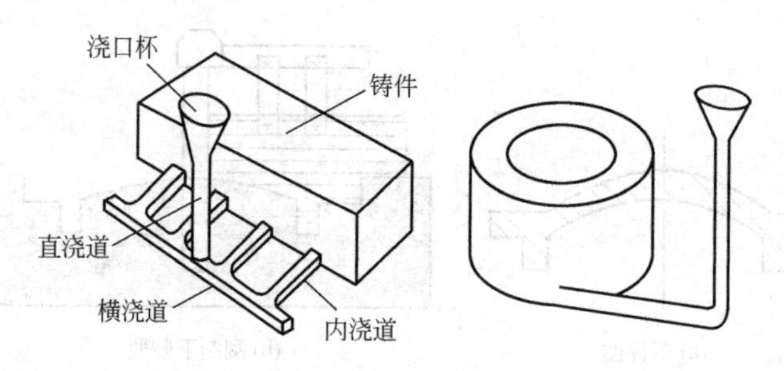

图 7-11　浇注系统的组成

浇道、横浇道和内浇道组成。

① 浇口杯　它的作用是容纳注入的金属液，并减少金属液体对砂型的冲击，将金属液平稳地导入直浇道。其形状多为漏斗形或盒形。

② 直浇道　它是利用其高度所产生的静压力，使金属液充满型腔各部分，并调节金属液流入型腔的速度。直浇道截面形状多为圆形。

③ 横浇道　它的作用除将金属液均匀分配到各个内浇道外，还有重要的挡渣功能，故又称撇渣槽。

④ 内浇道　其作用是引导金属液进入型腔，控制金属液流的充型速度和方向。

⑤ 浇注系统的开设　正确设定浇注系统的结构、形状和位置，能确保金属液顺利地流动和充填，保护铸型不受损坏，保证铸件质量，提高生产效率和降低铸件成本。开设浇注系统时应注意：

a. 选择适当的类型和结构的浇注系统；

b. 注意内浇道个数及引入位置的设定（图 7-12），内浇道的开设方向不应对着型腔壁和型芯，以免金属液冲坏铸型和型芯；

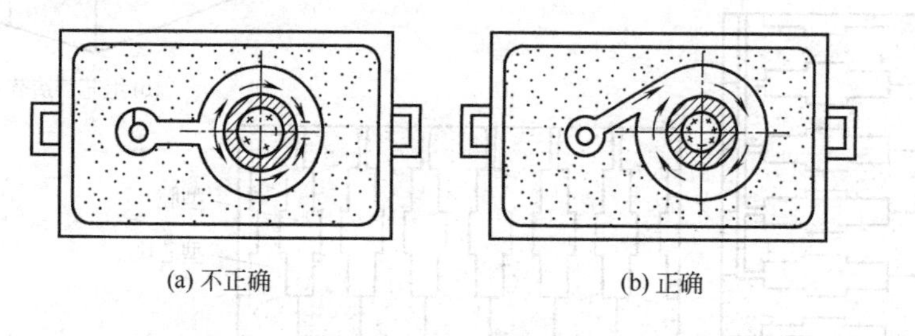

图 7-12　内浇道的开设

c. 有利于节省金属和便于清除连接在铸件上的浇注系统金属；

d. 系统结构应简单紧凑，以利于提高铸型面积的利用率。

(6) 手工造型的技术操作要领　手工造型时，操作者的技术水平将直接影响铸件的质量，为保证获得合格铸件，操作时应注意：

① 认真读图，正确使用各种造型工具；

② 铸型的紧实度要适中，为兼顾铸型强度和透气性，靠近模样和砂箱壁处的型砂紧实度应较高，其余地方型砂紧实度可低一些；

③ 起模前应在模样周围的型砂上刷适量的水，以增强该处型砂的强度，防止起模时损坏砂型；

④ 正确开设浇注系统，其中内浇道的位置、截面大小及形状对铸件质量的影响最大；

⑤ 合箱时应注意对准记号以免产生错箱；浇注时为防止上砂型受金属液产生的浮力抬起造成跑火（即金属液从两砂箱接合面之间的间隙中流出），应采用压铁、卡子或螺栓等方法紧固铸型。

(7) 熔炼与浇注

① 熔炼的任务　熔炼是将固态金属材料转变为液态，获得化学成分和温度都合格的金属液的过程。熔炼高质量的合金液是生产合格铸件的重要条件。

② 浇注　把金属液从浇包注入铸型的过程称为浇注。浇注操作不当常引起浇不足、冷隔、气孔、缩孔和夹渣等铸造缺陷。

浇注温度应遵循高温出炉、低温浇注的原则。因为提高金属液的出炉温度有利于熔渣上浮，便于清渣和减少铸件的夹渣缺陷；采用较低的浇注温度，则有利于降低金属液中的气体溶解度和液态收缩量，避免产生气孔、缩孔等缺陷。

为确保铸件质量、提高生产率以及做到安全生产，浇注时应严格遵守下列操作要领。

a. 盛放金属液的浇包，烘干后方能注入金属液。所盛金属液应适量，以免输送时溢出伤人。

b. 浇注人员必须按要求穿好工作服，并佩戴防护眼镜，工作场地应通畅无阻。

c. 铸件尺寸和壁厚、合金种类以及铸型条件都将影响浇注温度，过低或过高的浇注温度均会导致产生铸件缺陷。

d. 正确选择浇注速度，即开始时应缓慢浇注，以减少熔融金属对砂型的冲击和利于气体排出；随后快速浇注，以防止冷隔；快要浇满前又应缓慢浇注。

7.1.3 常见铸造缺陷分析

铸件的质量包括外观质量、内在质量和使用性能，其等级分优秀、一等和合格。

(1) 常见铸件缺陷分类　铸造生产过程较为复杂，影响铸件质量的因素很多，往往由于原材料质量不合格、工艺方案不合理、生产操作不正确、管理制度不完善等原因，使铸件容易产生各种缺陷。

常见的铸件缺陷的名称、特征和产生的原因见表 7-1。

(2) 铸件质量检验方法　铸件质量检验方法归纳起来可分为以下几点。

① 外观检验　对于显露在铸件表面及表皮下的缺陷，生产中常用肉眼或凿子、尖嘴锤等工具来检验。

② 无损探伤检验　为避免损伤铸件，常用的无损检验方法有 X 射线、γ 射线探伤、超声波探伤、磁粉探伤、电磁感应涡流探伤、荧光检查及着色探伤等。

③ 化学成分检验　这类检验可分为浇注前合金液检验以及对铸件的检验。

此外，还有机械性能检验，断口宏观及显微检验等。

7.1.4 特种铸造

砂型铸造应用广泛，但其铸件具有表面粗糙、尺寸精度低、力学性能差、生产率低等缺陷。随着生产技术和水平的提高，发展了许多新的特种铸造方法。所谓特种铸造，是指有别于砂型铸造方法的其他铸造工艺。目前特种铸造方法已发展到几十种，常用的有熔模铸造、金属型铸造、压力铸造、低压铸造、陶瓷型铸造、离心铸造，另外还有石型铸造、石墨型铸造、反压铸造、连续铸造和挤压铸造等。

常用的特种铸造的特点及适用范围见表 7-2。

表 7-1　常见的铸件缺陷的名称、特征和产生原因

缺　陷　名　称	特　征	产生的主要原因
气孔	在铸件内部或表面有大小不等的光滑孔洞	①舂砂过紧，砂型透气性差。②型砂含水过多或起模和修模时刷水过多。③型砂烘干不充分或砂芯通气孔堵塞。④浇注温度过低或浇注速度过快
缩孔与缩松	缩孔多分布在铸件厚断面处，形状不规则，孔内粗糙	①铸件结构设计不合理，如壁厚相差过大，厚壁处未放冒口或冷铁。②浇注系统和冒口的位置不对。③浇注温度太高。④合金化学成分不合格，收缩率过大，冒口太小
砂眼	在铸件内部或表面有型砂充塞的孔眼	①型砂和砂芯的紧实度不够，故型砂被金属液冲入型腔。②合箱时砂型局部损坏。③浇注系统不合理，内浇口方向不对，金属液冲坏了砂型。④型腔或浇口内散砂未清理干净
粘砂	铸件表面粗糙，粘有砂粒	①型砂和砂芯的耐火性不够。②浇注温度太高。③未刷涂料或涂料太薄
错型	铸件沿分型面有相对位移	①模样的上半模和下半模未对好。②合箱时，上、下砂箱未对准，造成错位
冷隔	铸件上有未完全融合的缝隙或洼坑，其交接处是圆滑的	①浇注温度太低。②浇注速度太慢或浇注中有中断。③浇注系统位置开设不当或内浇道面积太小。④金属流动性差，铸件壁薄。⑤浇注时金属量少，不够用
浇不足	铸件未被浇满	
裂缝	铸件开裂，开裂处金属表面氧化	①铸件结构不合理，壁厚相差大，冷却不均匀。②砂型和型砂的退让性差。③落砂过早。④浇口位置不当，导致各部收缩不均匀。⑤浇注温度低或速度太慢

表 7-2 特种铸造的特点及适用范围

名称	铸造方法及特点	适用范围
熔模铸造	又称“失蜡铸造”，用易熔材料制成精确模型，并涂以若干层耐火材料，经干燥、硬化成型壳，加热成型壳熔失型壳，加热制成耐火型壳。在型壳中浇注铸件，金属冷却后敲掉型壳获得铸件。铸件尺寸精度高，表面粗糙度低；适合于各种铸造金属。生产工序多、周期长，铸件不能太大，是少无切削加工的重要方法之一	难加工材料、难加工形状的零件
金属型铸造	用铸铁、铸钢或低合金钢等材料制成铸型，液态金属在重力作用下浇入金属模内获得铸件的方法。铸型可反复使用。金属模散热快，铸件易产生冷隔、浇不足、裂纹等缺陷。铸件组织致密、力学性能好，精度和表面质量好，适用于大批量生产有色金属铸件	主要生产非铁合金铸件
压力铸造	是目前铸造生产中先进的加工工艺之一。它是在高压的作用下，快速地把液态或半液态金属压入金属模型，并在压力下充型和结晶的铸造方法。特点是生产率高、质量好、成本低，但投资大、费用高、周期长，只适合于大批量生产中	可铸材料和大小范围广
低压铸造	介于重力铸造和压力铸造之间的一种铸造方法。浇注时压力和速度可人为控制，适合于各种不同的铸型。组织致密、性能好，金属利用率高	要求致密性较好的有色金属
陶瓷型铸造	选用优质耐火材料，在催化剂的作用下，用灌浆法成型，经过胶结、喷燃、烧结等工序，制成光滑、细致、精确的模型。尺寸精度高，表面粗糙度低，铸件质量从几千克到几千千克，节省加工工时	较多用来铸造热拉模、热锻模、金属模等
离心铸造	是将液态金属浇注入高速旋转的铸型内，在离心力作用下将型腔充填获得铸件的方法。离心铸造主要用来铸造圆筒、回转形状的铸件。组织致密	可生产合金套、环类铸件、铸铁水管、汽缸套等

7.2 锻压

7.2.1 锻压的概念

锻压是对金属坯料施加外力，使之产生塑性变形，改变其尺寸、形状并改善性能，用以制造机械零件、工具或其毛坯的一种加工方法。锻压是锻造和冲压的总称。

按照成型方式的不同，锻造可分为自由锻和模锻两大类。自由锻按其操作方式不同，又分为手工自由锻和机器自由锻。在现代工业生产中，手工自由锻已为机器自由锻所取代。按照使用的锻造设备不同，机器自由锻又分为锤上自由锻和水压机上自由锻。前者用于中小型锻件的生产，后者用于大中型锻件的生产。

金属材料的锻造（或冲压）性能以其锻造（或冲压）时的塑性和变形抗力来综合衡量，其中尤以材料的塑性对锻造性能影响最大。塑性好且变形抗力小，则锻造性能好。钢的含碳量及合金元素含量越高，锻造性能越差。锻件通常采用的中碳钢和低合金钢，大都具有良好的锻造性能。脆性材料，如铸铁，不能锻压。

金属铸锭经过锻造或轧制后，不仅尺寸、形状发生改变，其内部组织也更加致密，铸锭内部的疏松组织以及气泡、微小裂纹等也被压实和压合，同时，晶粒得到细化，因而具有更好的力学性能。所以，承受重载和冲击载荷的重要机器零件和工具，如机床主轴、传动轴、齿轮、凸轮、曲轴、连杆、弹簧、锻模、刀杆等，大都采用锻件为毛坯。

7.2.2 锻压金属的热处理

（1）加热的目的和锻造温度范围　加热的目的是提高坯料的塑性并降低变形抗力，以改善其锻造性能。一般来说，随着温度的升高，金属材料的强度降低而塑性提高。所以，加热后锻造，可以用较小的锻打力量使坯料产生较大的变形而不破裂。

但是，加热温度太高，也会使锻件质量下降，甚至造成废品。各种材料在锻造时，所允许的最高加热温度，称为该材料的始锻温度。

坯料在锻造过程中，随着热量的散失，温度不断下降，因而，塑性越来越差，变性抗力越来越大。温度下降到一定程度后，不仅难以继续变形，且易于断裂，必须及时停止锻造，重新加热。各种材料停止锻造的温度，称为该材料的终锻温度。

从始锻温度到终锻温度称为锻造温度范围。几种常用材料的锻造温度范围列于表 7-3。

碳钢在加热及锻造过程中的温度变化可通过观察火色（即坯料的颜色）的变化大致判断。坯料火色与温度的关系列于表 7-4。

表 7-3　常用材料的锻造温度范围

材料种类	始锻温度/℃	终锻温度/℃	材料种类	始锻温度/℃	终锻温度/℃
低碳钢	1200～1250	800	铝合金	450～500	350～380
中碳钢	1150～1200	800	铜合金	800～900	650～700
合金结构钢	1100～1185	850			

表 7-4　坯料火色与温度的关系

火色	亮白	淡黄	橙黄	橘黄	淡红	樱红	暗红	暗
大致温度/℃	1300 以上	1200	1100	1000	900	800	700	600 以下

（2）加热炉

① 明火炉　将坯料直接置于固体燃料上加热的炉子称为明火炉，又称手锻炉。它供手工锻造及小型空气锤上自由锻加热坯料使用，也可用于长杆形坯料的局部加热。

明火炉的结构简单。燃料放在炉筐上，燃烧所需的空气向鼓风机经风管从炉镗下方送入煤层。堆料平台可堆放坯料或备用燃料，后炉门用于出渣及加热长杆件时外伸之用。

明火炉结构简单，容易砌造，并可移动位置，使用方便；但其温度不均匀，加热质量不易控制，热效率很低，加热速度慢，劳动生产率低。

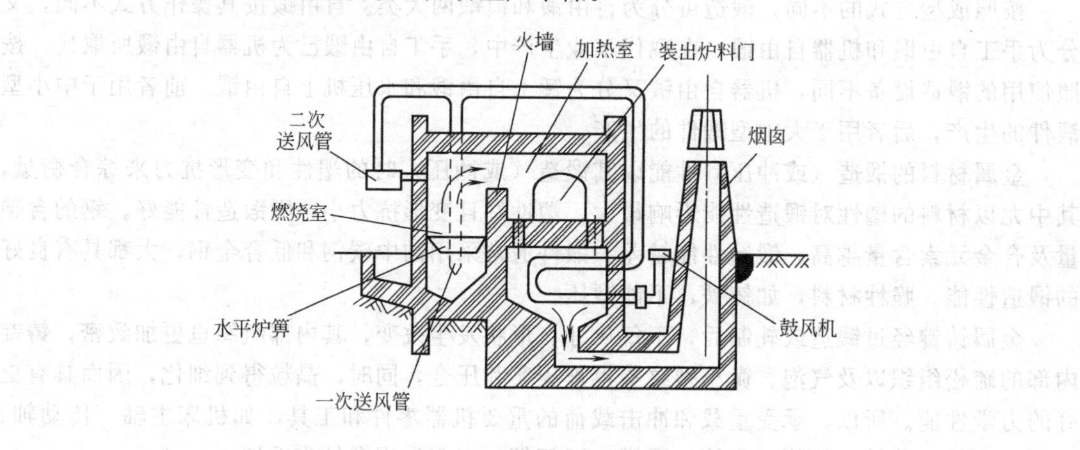

图 7-13　反射炉结构示意图

② 反射炉　燃料在燃烧室中燃烧，高温炉气（火焰）通过炉顶反射到加热室中加热坯料的炉子称为反射炉。

反射炉以烟煤为燃料，其结构如图 7-13 所示。燃烧所需的空气经过换热器预热后送入燃烧室。高温炉气越过火墙进入加热室。加热室的温度可达 1350℃。废气经烟道排出。坯料从炉门装入和取出。

反射炉目前在我国一般锻工车间中使用较普遍。

③ 室式炉　炉膛三面是墙，一面有门的炉子称为室式炉。

室式炉以重油或煤气为燃料。室式炉结构见图 7-14。压缩空气和重油分别由两个管道送入喷嘴，压缩空气从喷嘴喷出时所造成的负压，将重油带出并喷成雾状，进行燃烧。

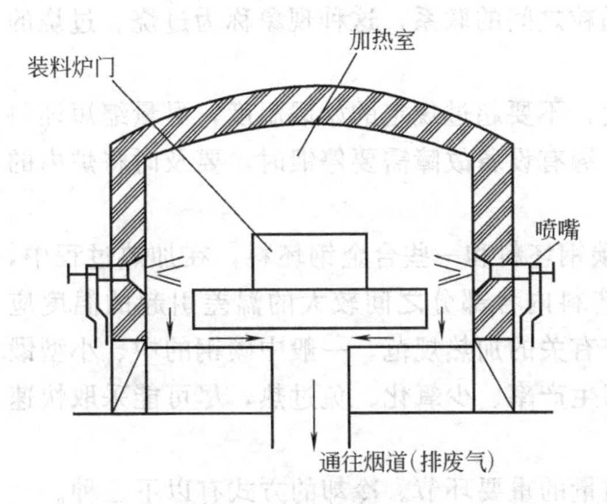

图 7-14　室式炉结构图

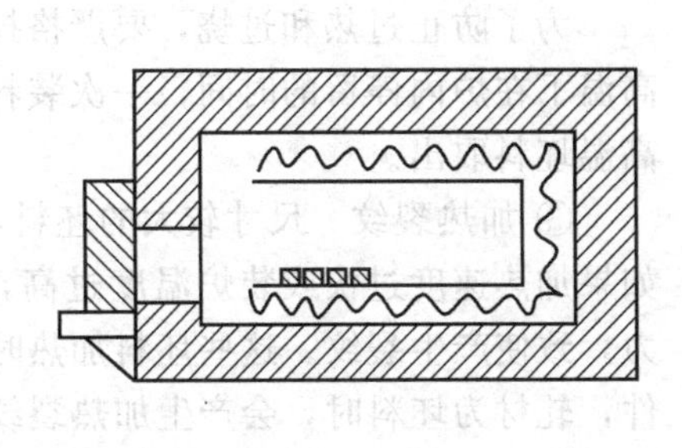
图 7-15　箱式电阻丝加热炉

室式炉比反射炉的炉体结构简单、紧凑，热效率也较高。

明火炉、反射炉和室式炉都是直接以燃料燃烧的热量作为热源的火焰式加热炉，它们的单位热耗、单位燃耗（即加热单位重量的金属所消耗的热量、燃料）和热效率列于表 7-5。

表 7-5　不同火焰加热炉的比较

炉　型	燃　料	热值 /(cal/kg 或 cal/m³)	单位金属热耗 /(cal/kg)	单位金属油耗 /(kg/kg 或 m³/kg)	热效率 /%
明火炉	煤或焦炭	约 6000	2000～6300	0.3～0.9	3～10
反射炉	煤	5500～6000	1250～4000	0.2～0.57	5～15
室式重油炉	重油	9400～9800	900～1400	0.1～0.15	15～22
室式煤气炉	发生炉煤气	1250～1600	800～1300	0.5～0.93	15～25

注：1cal＝4.1868J。

④ 电阻炉　利用电阻加热器通电时所产生的电阻热作为热源，以辐射方式加热坯料。电阻炉分为中温电炉（加热器为电阻丝，最高使用温度为 1100℃）和高温电炉（加热器为硅碳棒，最高使用温度为 1600℃）两种。图 7-15 为箱式电阻丝加热炉。

电阻炉操作简便，可通过仪表准确控制温度，且可通入保护性气体控制炉内气氛，或减少工件加热时的氧化，主要用于精密锻造及高合金钢、有色金属的加热。

(3) 加热缺陷

① 氧化和脱碳　钢是铁与碳组成的合金。采用一般方法加热时，钢料的表面不可避免地要与高温的氧气、二氧化碳及水蒸气等接触，发生剧烈的氧化，使坯料的表面产生氧化皮

及脱碳层。每加热一次，氧化烧损量约占坯料重量的2%～3%。在计算坯料的重量时，应加上这个烧损量。脱碳层可以在机械加工的过程中切削掉，一般不影响零件的使用。但是，如果上述氧化现象过于严重则会产生较厚的氧化皮和脱碳层，甚至造成锻件的报废。

减少氧化和脱碳的措施是严格控制送风量，快速加热，减少坯料加热后在炉中停留的时间，或采用少氧化、无氧化等加热方法。

② 过热及过烧 加热钢料时，如果加热温度超过始锻温度，或在始锻温度下保温过久，内部的晶粒会变得粗大，这种现象称为过热。晶粒粗大的锻件力学性能较差，可采取增加锻打次数或锻后热处理的办法，使晶粒细化。

如果将钢料加热到更高的温度，或将过热的钢料长时间在高温下停留，则会造成晶粒间熔点杂质的熔化和晶粒边界的氧化，从而削弱晶粒之间的联系，这种现象称为过烧。过烧的钢料是无可挽回的废品，锻打时必然碎裂。

为了防止过热和过烧，要严格控制加热温度，不要超过规定的始锻温度，尽量缩短坯料高温下在炉内停留的时间，一次装料不要太多，遇有设备故障需要停锻时，要及时将炉内的高温坯料取出。

③ 加热裂纹 尺寸较大的坯料，尤其是高碳钢坯料和一些合金钢坯料，在加热过程中，如果加热速度过快或装炉温度过高，可能由于坯料内各部分之间较大的温差引起的温度应力，致使产生裂纹。这些坯料加热时，严格遵守有关的加热规范。一般中碳钢的中、小型锻件，轧材为坯料时，会产生加热裂纹，为了提高生产率、少氧化、免过热，尽可能采取快速加热。

(4) 锻件的冷却 锻件的冷却是保证锻件质量的重要环节。冷却的方式有以下三种。

① 空冷 在无风的空气中，在干燥的地面上冷却。

② 坑冷 在充填有石棉灰、砂子或炉灰等绝热材料的坑中以较慢的速度冷却。

③ 炉冷 在500～700℃的加热炉中，炉缓慢冷却。

一般地说，碳素结构钢和低合金钢的中小型锻件，加热后均采用冷却速度较快的空冷法，成分复杂的合金钢锻件大都采用坑冷或炉冷。冷却速度过快会造成表层硬化，难以进行切削加工，甚至产生裂纹。

7.2.3 自由锻

采用简单的通用性工具，在锻造设备的上、下砧铁之间直接使坯料变形而获得锻件的方法，为自由锻。

自由锻适用于单件、小批量及大型锻件的生产。

自由锻的设备有空气锤、蒸汽-空气自由锻锤及自由锻水压机等。空气锤是生产小型锻件的通用设备，外形及工作原理如图7-16所示。

(1) 空气锤的结构 空气锤由锤身、压缩缸、工作缸、传动机构、操纵机构、落下部分及砧铁等几个部分组成。锤身和压缩缸及工作缸缸体铸成一体。传动机构包括减速机构及曲柄、连杆等。操纵机构包括踏杆（或手柄）、旋阀及其连接杠杆。

空气锤以及所有锻锤的主要规格参数是其落下部分的重量，称为锻锤的吨位。落下部分包括工作活塞、锤杆、锤头和上砧铁。例如65kg空气锤，就是指它的落下部分质量为65kg，这是一种小型号的空气锤。

(2) 工作原理 电动机通过传动机构带动压缩缸内的压缩活塞作上下往复运动，将空气压缩，并经过上、下旋阀压入工作缸的上部或下部，推动工作活塞向上或向下运动。

通过踏杆或手柄操纵上、下旋阀，可实现以下动作。

① 空转　压缩缸的上、下气道都通过旋阀与大气连通，压缩空气不进入工作缸，锤头靠自重落在下砧铁上，电动机空转，锤头不工作。

② 锤头上悬　工作缸及压缩缸上气道都经上旋阀与大气连通，压缩空气只能经下旋阀和工作缸的下气道进入工作缸的下部。下旋阀内有一个逆止阀，可防止压缩空气倒流，使锤头保持在上悬的位置。

锤头上悬时，在锤上进行辅助性操作，检查锻件尺寸、更换或安放锻件及工具、清除氧化皮等。

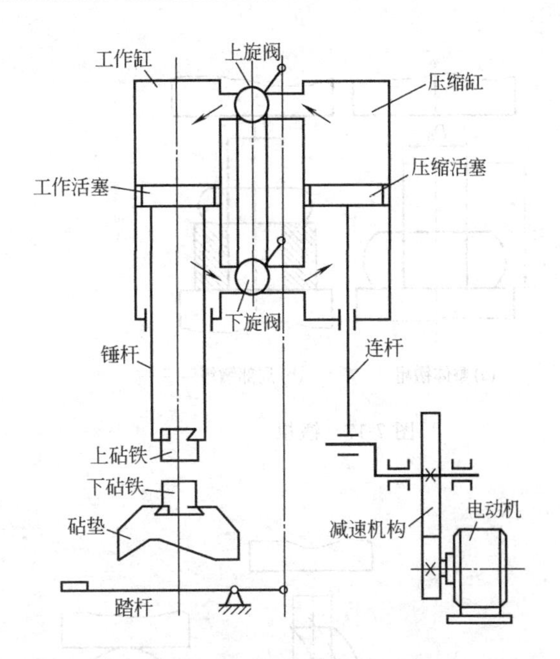

图 7-16　空气锤的外形及工作原理图

③ 锤头下压　压缩缸上气道及工作缸下气道与大气相通，压缩空气由压缩缸下部经逆止阀及中间通道进入工作缸上部，锤头向下压紧锻件，此时可进行弯曲或扭转等操作。

④ 连续打击　压缩缸和工作缸都不与大气相通，压缩缸不断将空气压入工作缸的上、下部分，推动锤头上、下往复运动（此时逆止阀不起作用），进行连续锻打往复运动。

⑤ 单次打击　将踏杆踩下后立即抬起，或将手柄由锤头上悬位置推到连续打击位置，再迅速退回到上悬位置，就成为单次打击。初学者不易掌握单打，操作稍有迟缓，就会成为连续打击，此时，务必等锤头停止打击后才能转动或移动锻件。

7.2.4　自由锻的工序

锻件的自由锻成形过程由一系列工序组成，根据变形性质和程度的不同，自由锻工序分为基本工序、辅助工序和精整工序三类。改变坯料的形状和尺寸，实现锻件基本成形的工序称为基本工序，有镦粗、拔长、冲孔、弯曲、扭转、切割等。为便于实施基本工序而使坯料预先产生少量变形的工序称为辅助工序，如压肩、压痕等。为修整锻件的尺寸和形状、消除表面不平、校正弯曲和歪扭等目的施加的工序称为精整工序，如滚圆、摔圆、平整、校直等。

下面简要介绍几个基本工序。

（1）镦粗　是使坯料高度减小、横截面增大的锻造工序，如图 7-17 所示。其中局部镦粗，是将坯料放在有一定高度的漏盘内，仅使漏盘以上的坯料镦粗。为了便于取出锻件，漏盘内应有 5°～7°的斜度，漏盘上口部应采取圆角过渡。

为使镦粗顺利进行，坯料的高径比，即坯料的原始高度 H_0 与直径 D_0 之比（图 7-17）应小于 2.5～3。局部镦粗时，镦粗部分的高径比也应满足这一要求。如果高径比过大，则易将坯料镦弯。发生镦弯现象时，应将坯料放平，轻轻锤击矫正（图 7-18）。高径比过大或锤击力量不足时，还可能将坯料镦成鼓形。若不及时矫正而继续锻打，则会产生折叠，使锻件报废（图 7-19）。

（2）拔长　是使坏料长度增加、横截面减小的锻造工序。

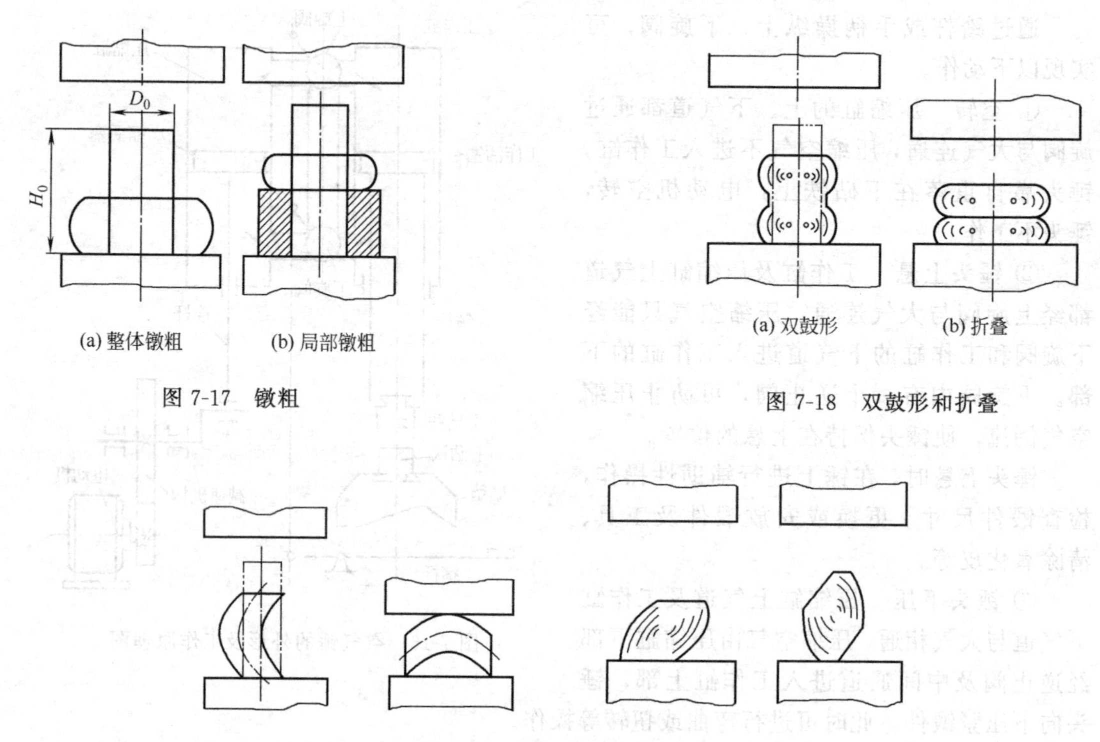

图 7-17　镦粗

图 7-18　双鼓形和折叠

图 7-19　镦弯产生及校正

锻打时，坯料沿砧铁的宽度方向送进，每次的送进量 L 应为砧铁宽度 B 的 0.3～0.7 倍。送进量太大，金属主要向宽度方向流动，反而降低拔长效率；送进量太小，又容易产生夹层。

锻打时，每次的压下量也不易过大，否则也会产生夹层。

将圆截面的坯料拔长成直径较小的圆截面锻件时，必须先把坯料锻成方形截面，在拔长到边长接近锻件的直径时，锻成八边形，然后滚打成圆形（图 7-20）。

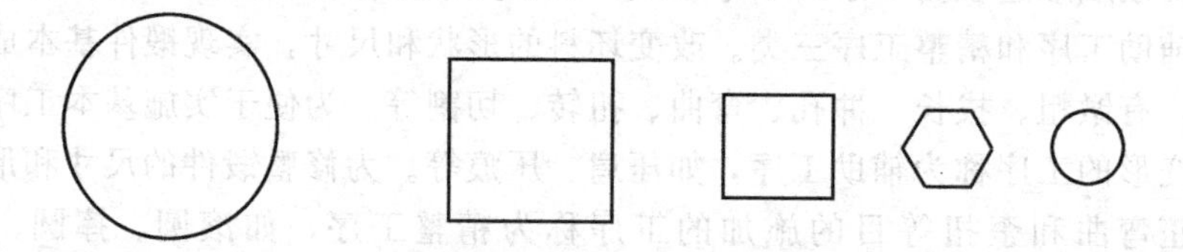

图 7-20　圆形坯料的拔长

拔长过程中应不断翻转锻件，使其截面经常保持近于方形。翻转的方法如图 7-21 所示。采用图示方法翻转时，应注意工件的宽度与厚度之比不要超过 2.5，否则再次翻转后继续拔长将容易形成折叠。

要先在截面分界处进行压肩。原料也可用压肩摔子压肩。压肩后将一端拔长，即可把台阶锻出。

锻件拔长后需进行修整，以使其尺寸准确，表面光洁。方形或矩形截面短形的锻件修整时，将工件沿下砧铁长度方向送进，以增加锻件与砧铁间的接触长度。修整时应轻轻锤击，可用钢板尺的侧面检查锻件的平直度及表面是否平整。圆形的锻件修整时，锻件在送进的同时还应不断转动，如使用摔子修整，锻件尺寸精度更高。

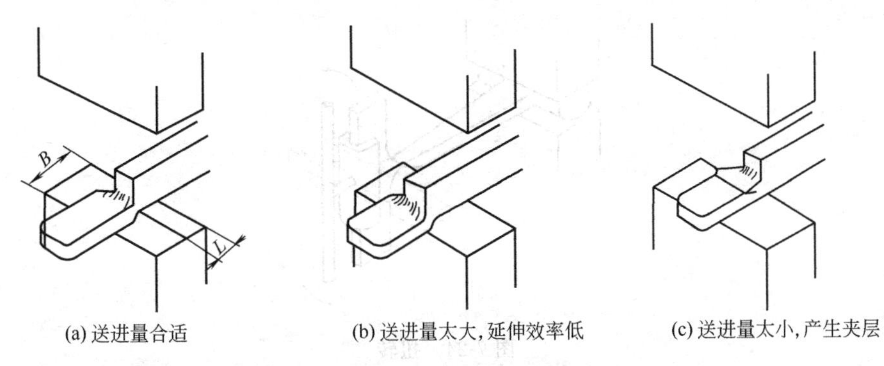

图 7-21　拔长时送进方向和送进量

(3) 冲孔　是在坯料上锻出通孔或不通孔的工序。

冲孔前坯料需先镦粗，以尽量减少冲孔深度并使端面平整。由于冲孔时坯料的局部变形量很大，为了提高塑性，防止冲裂，冲孔前应将坯料加热到始锻温度。为了保证孔位正确，应先试冲，即先用冲子轻轻冲出孔位的凹痕，以检查孔位是否正确。如有偏差，可将冲子放在正确位置上再试冲一次，加以纠正。

孔位检查或修正无误后，可向凹痕内撒放少许煤粉（其作用是便于拔出冲子)，再继续冲深。此时注意保持冲子与砧面垂直，防止冲歪［图 7-22(a)］。

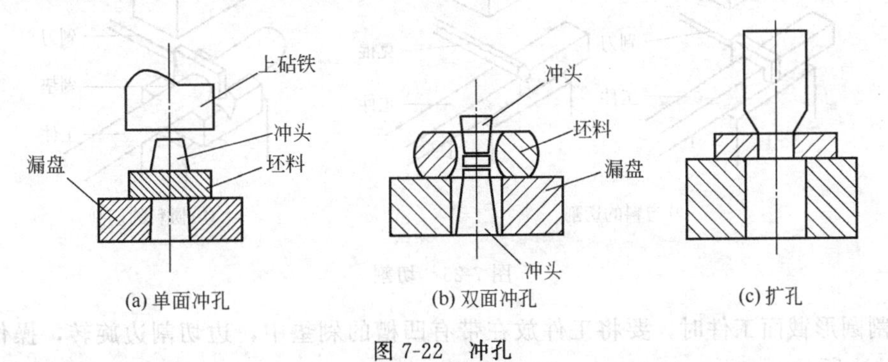

图 7-22　冲孔

一般锻件采用双面冲孔法，即将孔冲到坯料厚度的 2/3～3/4 深度时，取出冲子，翻转坯料，然后从反面将孔冲透［图 7-22(b)］。

较薄的坯料可采用单面冲孔法［图 7-22(a)］。单面冲孔时应将冲子大头朝下，且需仔细对正。

(4) 弯曲　是使坯料弯成一定角度或形状的工序，如图 7-23 所示。

(5) 扭转　是将坯料的一部分相对于另一部分旋转一定角度的工序，如图 7-24 所示。

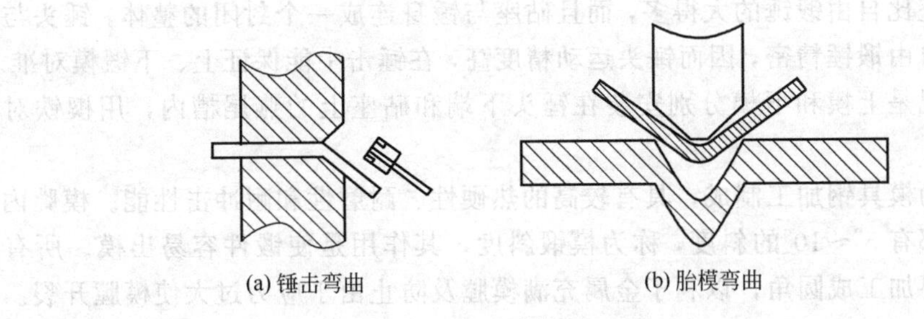

图 7-23　弯曲操作

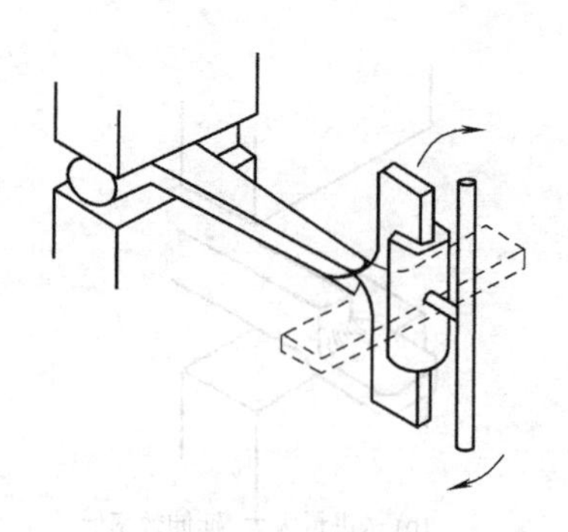

图 7-24　扭转

扭转时，应将坯料加热到始锻温度，受扭曲变形的部分必须表面光滑，面与面的相交处有过渡圆角，以防扭裂。

(6) 切割　是分割坯料或切除锻件余料的工序。

方形截面工件的切割如图 7-25(a) 所示，先将剁刀垂直切入工件，至快断开时，将工件翻转，再用剁刀或克棍截断。

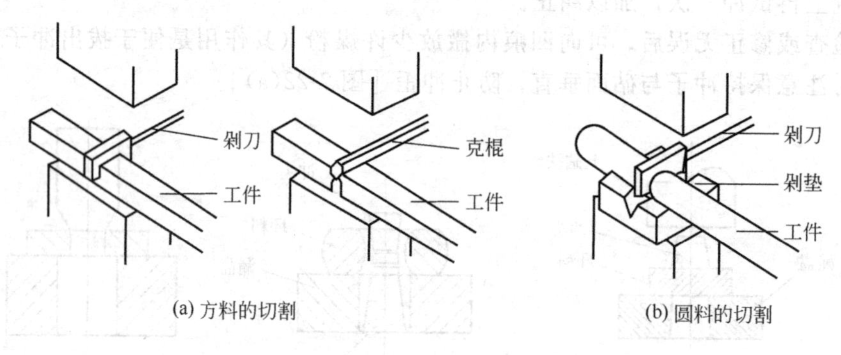

(a) 方料的切割　(b) 圆料的切割

图 7-25　切割

切割圆形截面工件时，要将工件放在带有凹槽的剁垫中，边切割边旋转，操作方法如图 7-25(b) 所示。

7.2.5　模锻和胎模锻简介

(1) 模锻　将坯料加热后放在上、下锻模的模膛内，施加冲击力或压力，使坯料在模膛所限制的空间内产生塑性变形，从而获得锻件的锻造方法称为模锻。

模锻可以在多种设备上进行，目前我国以在模锻锤上进行的模锻（简称锤上模锻）应用最多。

模锻锤的砧座比自由锻锤的大得多，而且砧座与锤身连成一个封闭的整体，锤头与导轨之间的配合也比自由锻锤精密，因而锤头运动精度高，在锤击中能保证上、下锻模对准。

模锻工作情况是上模和下模分别安装在锤头下端和砧座上的燕尾槽内，用楔铁对准和紧固。

锻模由专用的模具钢加工制成，具有较高的热硬性、耐磨性和耐冲击性能。模膛内与分模面垂直的表面都有 5°～10°的斜度，称为模锻斜度，其作用是使锻件容易出模。所有面与面之间的交角都要加工成圆角，以利于金属充满模膛及防止由于应力过大使模膛开裂。

为了防止锻件尺寸不足及上、下锻模直接撞击，模锻件下料时，除考虑烧损量及冲孔损失外，还应使坯料的体积稍大于锻件。模膛的边缘相应加工出容纳多余金属的飞边槽，在锻造过程中，多余的金属即存留在飞边槽内，锻后再用切边模将飞边切除。

同样，带孔的锻件不可能将孔直接锻出，而留有一定厚度的冲孔连皮，锻后再将连皮冲除。

模锻的生产率和锻件的精度都比自由锻高得多，但模具制造成本高，由于模锻时坯料为同时整体变形，因而所需锻锤的吨位也较大。模锻适用于大批量生产。

(2) 胎模锻　胎模锻是介于自由锻和模锻之间的一种锻造方法，它是在自由锻锤上用简单的模具生产锻件的一种常用的锻造方法。胎模锻时模具（称为胎模）不固定在锤头或砧座上，根据锻造过程的需要，可以随时放在下砧铁上，或者取下。

胎模锻的模具制造简单方便，在自由锻锤上即可进行锻造，不需要模锻锤，而生产率和锻件的质量又比自由锻高，在中、小批量的锻造生产中应用广泛，但由于劳动强度大，只适用于小批量生产。

7.3　焊接

7.3.1　焊接工艺基础

焊接是通过加热或加压（或两者并用），并且用（或不用）填充材料，使焊件形成原子间综合的一种连接方法。

在焊接方法广泛应用以前，连接金属的结构件主要靠铆接。与铆接相比，焊接具有节省金属、生产率高、质量优良、劳动条件好等优点。目前，在工业生产中，大量铆接件已由焊接件所取代。焊接已成为制造金属结构和机器零件的一种基本工艺方法。此外，焊接还可用于修补铸、锻件的缺陷和磨损的机器零件。

用焊接方法连接的接头称为焊接接头（图 7-26）。被焊的工件材料称为母材（或称为基本金属）。焊接过程中局部受热熔化的金属形成熔池，熔池金属冷却凝固后形成焊缝。近缝区的母材受焊接加热的影响引起金属内部组织和力学性能发生变化的区域，称为焊接热影响区。焊缝和热影响区构成焊接接头。

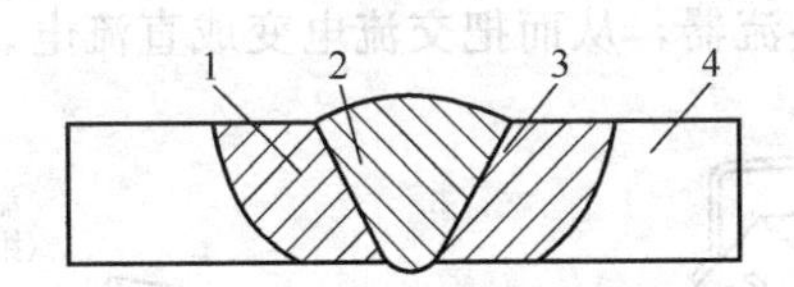

图 7-26　焊接接头及各区名称

1—热影响区；2—焊缝；3—熔合线；4—母材

在工业生产中应用的焊接方法种类很多，按焊接热源的形式不同，可分为电弧焊、气焊和电阻焊等。其中以电弧焊使用最广泛。

7.3.2　手工电弧焊

手工电弧焊（简称手弧焊）是利用电弧产生的热量来熔化母材和焊条的一种手工操作的焊接方法。手弧焊的焊接过程如图 7-27 所示。焊接时以电弧作为热源，电弧的温度可达 6000K，它产生的热量与焊接电流成正比。

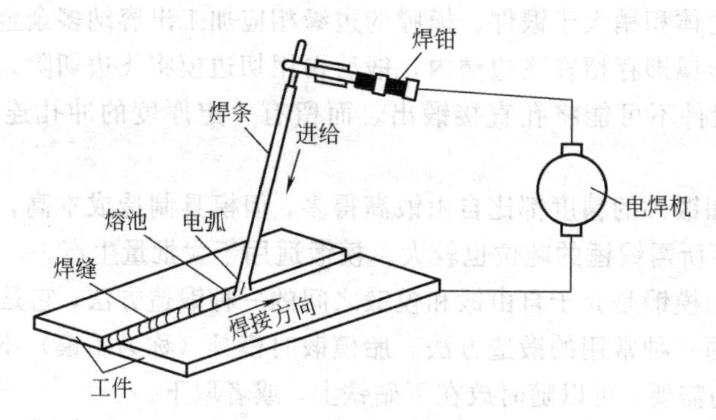

图 7-27　手工电弧焊

焊接前，把焊钳和焊件分别接到弧焊机输出端的两极，并用焊钳夹持焊条。焊接时，首先在焊件和焊条之间引出电弧，电弧同时将焊件和焊条熔化，形成金属熔池。随着电弧沿焊接方向前移，被熔化的金属迅速冷却凝固成焊缝，使两焊件牢固地连接在一起。手弧焊所需的设备简单，操作方便、灵活，适用于厚度 2mm 以上多种金属材料和各种形状结构的焊接。它是目前工业生产中应用最广泛的一种焊接方法。

(1) 手弧焊机

① 弧焊机的种类　电弧焊的电源称为电弧焊机（简称弧焊机），手工电弧焊的电源称为手弧焊机。弧焊机按其供给的焊接电流种类不同可分为交流弧焊机和直流弧焊机两类，目前使用的直流弧焊机又有旋转式和整流式两种。

a. 交流弧焊机实际上是一种特殊的降压变压器，又称弧焊变压器。它具有结构简单、价格便宜、使用可靠、维护方便等优点，但在电弧稳定性方面有些不足。BX1-250 型弧焊机是目前较常用的交流弧焊机，其外形如图 7-28 所示。

b. 旋转式直流弧焊机是由一台三相感应电动机和一台直流弧焊发电机组成，又称弧焊发电机。图 7-29 所示是常见的旋转式直流弧焊机的外形。它的特点是能够得到稳定的直流电，因此引弧容易，电弧稳定，焊接质量较好。但这种直流弧焊机结构复杂，价格比交流弧焊机贵得多，维修较困难，使用时噪声大。

c. 整流式直流弧焊机（又称弧焊整流器）是近年来发展起来的一种弧焊机。它的结构相当于在交流弧焊机上加上整流器，从而把交流电变成直流电。它既弥补了交流弧焊机电弧

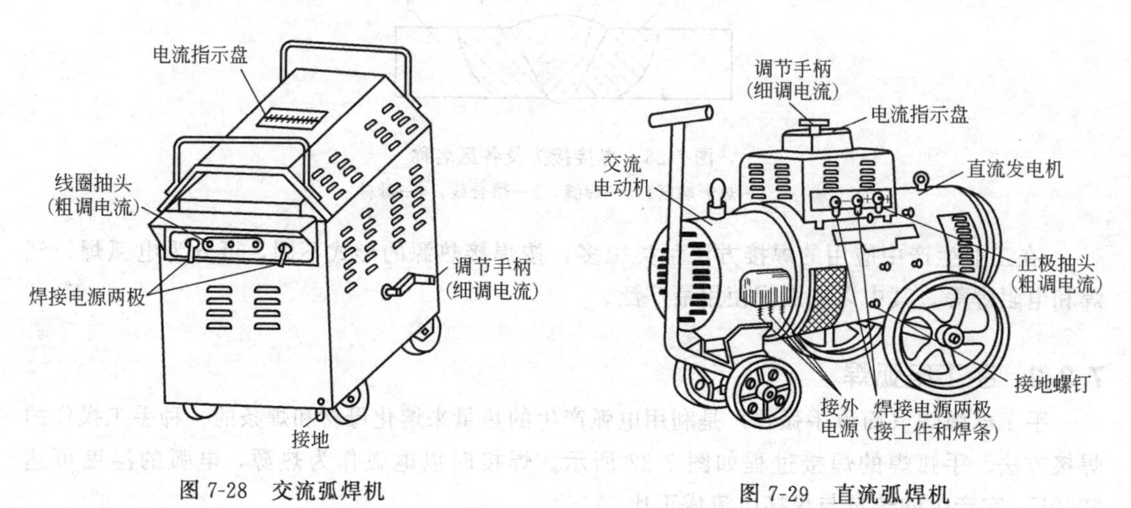

图 7-28　交流弧焊机　　　　图 7-29　直流弧焊机

稳定性不好的缺点，又比旋转式直流弧焊机结构简单，消除了噪声。它将逐步取代旋转式直流弧焊机。

直流弧焊机输出端有正、负极之分，焊接时电弧两端极性不变。弧焊机正、负两极与焊条、焊件有两种不同的接线法：将焊件接到弧焊机正极，焊条接至负极，这种接法称正接，又称正极性［图 7-30(a)］；反之，将焊件接到负极，焊条接至正极，称为反接，又称反极性［图 7-30(b)］。焊接厚板时，一般采用直流正接是因为电弧正极的温度和热量比负极高，采用正接能获得较大的熔深。焊接薄板时，为了防止烧穿，常采用反接。但在使用碱性焊条（如 J427 、J507）时，均采用直流反接。

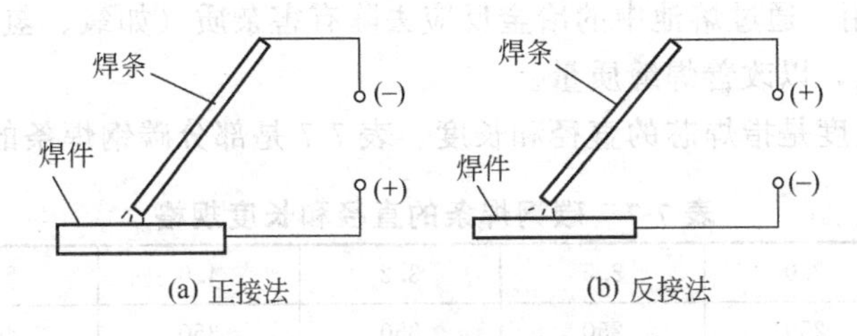

图 7-30 直流弧焊机的接法

② 弧焊机的主要技术参数 手弧焊机的主要技术参数标明在焊机的铭牌上，主要有初级电压、空载电压、工作电压、输入容量、电流调节范围和负载持续率等。

a. 初级电压是指弧焊机所要求的电源电压。一般交流弧焊机的初级电压为 220V 或 380V（单相），直流弧焊机的初级电压为 380V（三相）。

b. 空载电压是指弧焊机在未焊接时的输出端电压。一般交流弧焊机的空载电压为 60～80V，直流弧焊机的空载电压为 50～90V。

c. 工作电压是指弧焊机在焊接时的输出端电压。一般弧焊机的工作电压为 20～40V。

d. 输入容量是指由网路输入到弧焊机的电流与电压的乘积，它表示弧焊变压器传递电功率的能力，其单位是 kV·A。

功率是旋转式直流弧焊机的一个主要参数，通常指弧焊发电机的输出功率，单位是 kW。

e. 电流调节范围是指弧焊机在正常工作时可提供的焊接电流范围。按弧焊机结构不同，调节弧焊机的焊接电流有时分为粗调节和细调节两步来进行，有时则不分。

f. 负载持续率（即暂载率）是指 5min 内有焊接电流的时间所占的平均百分数。

BX1-250 型弧焊机的主要参数如表 7-6 所示。

表 7-6 BX1-250 型弧焊机的主要参数

初级电压/V	空载电压/V	工作电压/V	额定输入容量/kV·A	电流调节范围/A	额定暂载率/%
380(单相)	70～78	22.5～32	20.5	62～300	60

（2）电焊条 电焊条（简称焊条）是手弧焊时的焊接材料（焊接时所消耗的材料统称为焊接材料）。它由焊芯和药皮两部分组成，如图 7-31 所示。焊芯是焊条内的金属丝，它具有一定的直径和长度。焊接时焊芯有两个作用：一是作为电极传导电流产生电弧；二是熔化后作为填充金属，与熔化的母材一起组成焊缝金属。药皮是压涂在焊条表面上的涂料层，它由矿石粉、铁合金粉和黏结剂等原料按一定比例配制而成，它的主要作用如下。

① 改善焊条工艺性。如使电弧容易引燃，保持电弧稳定燃烧等。

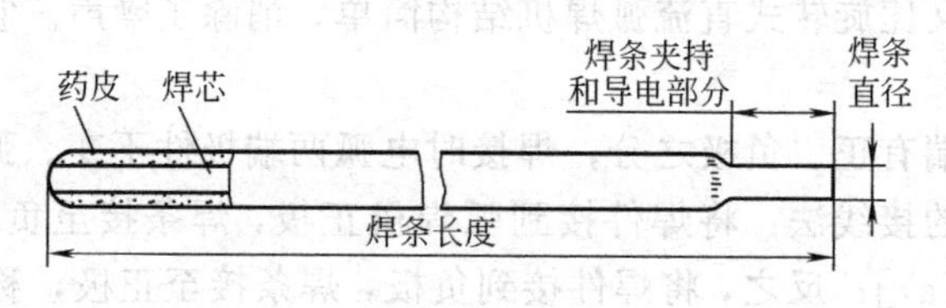

图 7-31 电焊条

② 机械保护作用。在电弧的高温作用下，药皮分解产生大量气体，并形成熔渣，对熔化金属起保护作用。

③ 冶金处理作用。通过熔池中的冶金反应去除有害杂质（如氧、氢、硫、磷等），同时添加有益的合金元素，以改善焊缝质量。

焊条的直径和长度是指焊芯的直径和长度。表 7-7 是部分碳钢焊条的直径和长度规格。

表 7-7 碳钢焊条的直径和长度规格

焊条直径/mm	2.0	2.5	3.2	4.0	5.0	5.8
焊条长度/mm	250 300	250 300	350 400	350 400	400 450	400 450

焊条有多种类型，按熔液化学性质不同可分为酸性焊条和碱性焊条两大类。药皮中含有多量酸性氧化物的焊条，熔渣呈酸性，称为酸性焊条，常用牌号有 J422、J502 等。药皮中含有多量碱性氧化物的焊条称为碱性焊条，常用牌号有 J427、J507 等。此类焊条牌号中，“J” 表示结构钢焊条；“42” 或 “50” 表示熔敷金属抗拉强度等级，分别为 420MPa（43kgf/mm^2）或 490MPa（50kgf/mm^2）；牌号中第三位数字表示药皮类型和焊接电源种类；“2” 表示氧化钛钙型药皮，用交流或直流电源均可；“7” 表示低氢钠型药皮，直流电源。

（3）焊接接头形式和坡口形式

① 接头形式 常用焊接接头形式有对接接头、T 形接头、搭接接头和角接接头等，如图 7-32 所示。

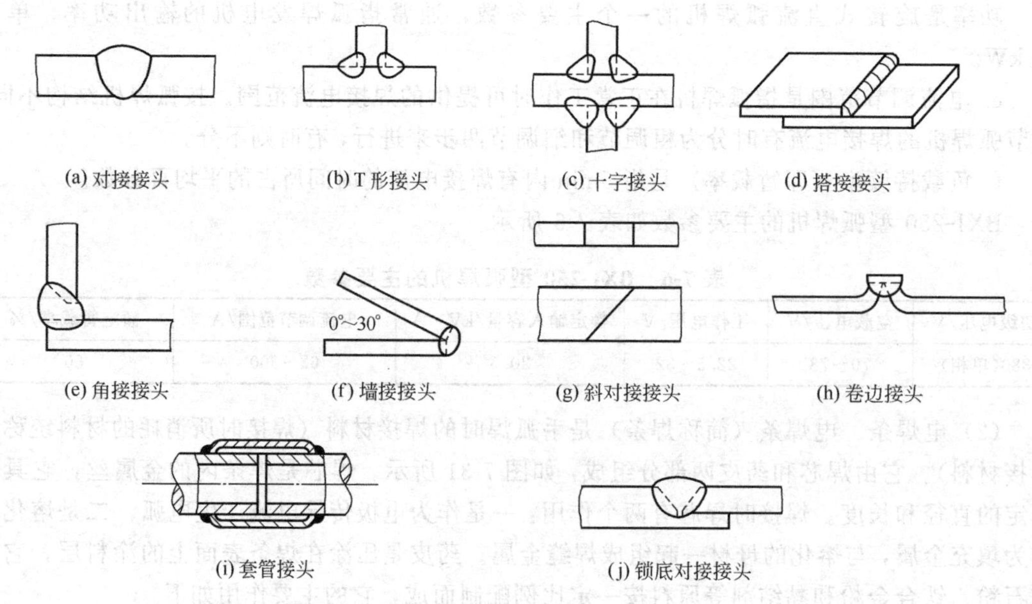

图 7-32 焊接接头的形式

② 坡口形式　当焊件较薄时，在焊件接头处只要留一定的间隙，就能保证焊透。焊件较厚时，为了保证焊透，焊接前要把两个焊件间的待焊处加工成为所需的几何形状，称为坡口。对接接头是各种结构中采用最多的一种接头形式，这种接头常见的坡口形式如图 7-33 所示。

施焊时，对Ⅰ形坡口、Y形坡口和带钝边U形坡口均可根据实际情况，采用单面焊接或双面焊接（图 7-34），但对双Y形坡口必须采用双面焊接。

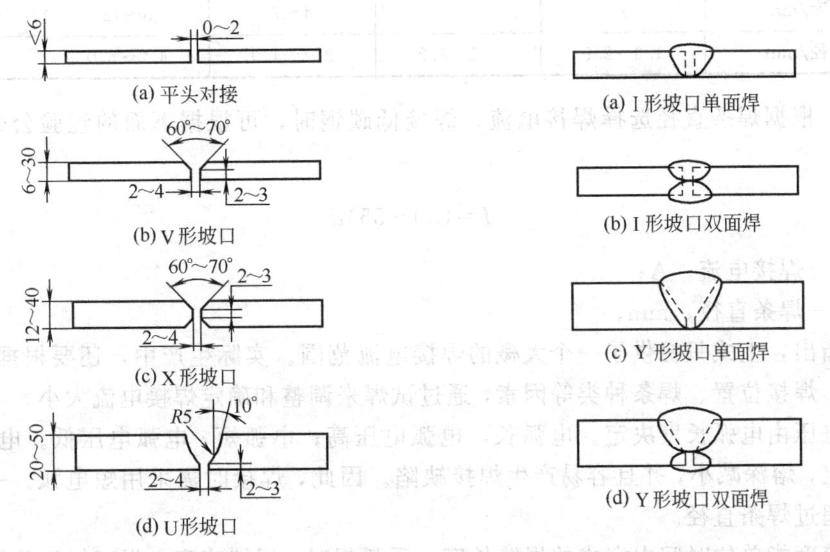

图 7-33　坡口形式　　图 7-34　单面焊和双面焊

坡口的加工可以采用机械、火焰或电弧（等离子弧）。加工坡口时，通常在其根部留有直边（称为钝边），其作用是为了防止烧穿。接头组装时，往往留有间隙，这是为了保证焊透。

厚板焊接时，为了焊满坡口，要采用多层焊或多层多道焊，如图 7-35 所示。

(4) 焊接位置　在实际生产中，焊缝可以在空间不同的位置施焊。对接接头和角接接头的各种焊接位置如图 7-36 所示，其中以平焊位置最为合适。平焊时操作方便，劳动条件好，

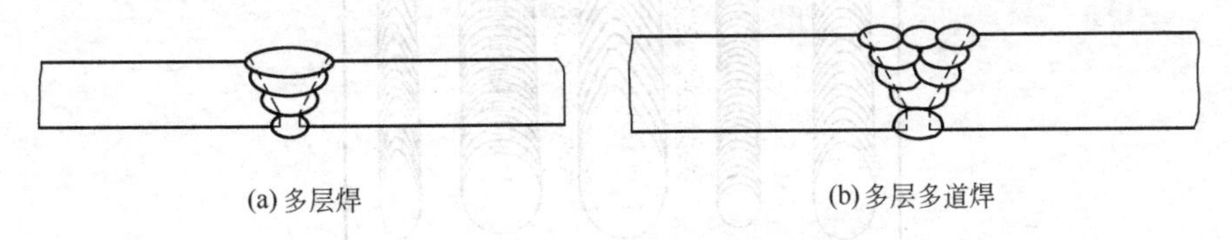

图 7-35　对接 Y 形坡口的多层焊

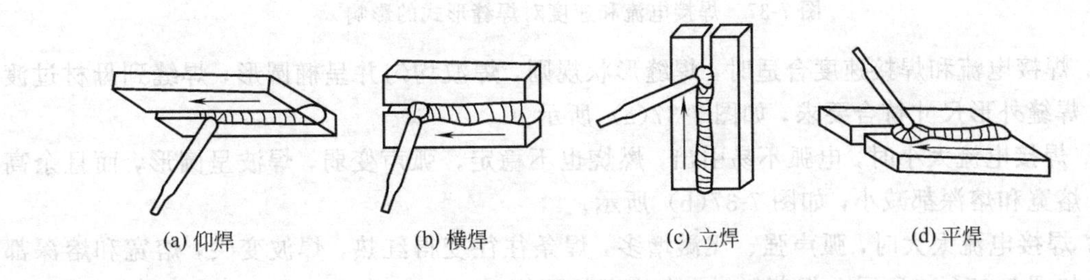

图 7-36　焊接位置

生产率高，焊缝质量容易保证。立焊、横焊位置次之。仰焊位置最差。

(5) 焊接工艺参数 焊接工艺参数是焊接时为保证焊接质量而选定的诸物理量的总称。手弧焊的焊接工艺参数包括焊条直径、焊接电流、电弧电压、焊接速度和焊接层数等。

① 手弧焊焊接工艺参数的选择 首先，根据焊件厚度选择焊条直径（表 7-8）。多层焊的第一层焊缝和在非水平位置施焊时，应采用直径较小的焊条。

表 7-8 焊条直径的选择

焊件厚度/mm	2	3	4～7	8～12	≥13
焊条直径/mm	1.6～2.0	2.5～3.2	3.2～4.0	4.0～5.0	4.0～5.8

然后，根据焊条直径选择焊接电流。焊接低碳钢时，可根据下面的经验公式选择焊接电流

$$I=(30\sim55)d$$

式中 I——焊接电流，A；

d——焊条直径，mm。

应当指出，上式只提供了一个大概的焊接电流范围。实际生产中，还要根据焊件厚度、接头形式、焊接位置、焊条种类等因素，通过试焊来调整和确定焊接电流大小。

电弧电压由电弧长度决定。电弧长，电弧电压高；电弧短，电弧电压低。电弧过长时，燃烧不稳定，熔深减小，并且容易产生焊接缺陷。因此，焊接时需采用短电弧。一般要求电弧长度不超过焊条直径。

焊接速度指单位时间内完成的焊缝长度。手弧焊时，焊接速度由焊工凭经验掌握。

② 焊接工艺参数对焊缝成形的影响 焊接工艺参数是否合适，对焊接质量有很大影响。也可从焊缝成形的情况大致判断工艺参数是否合适（图 7-37）。

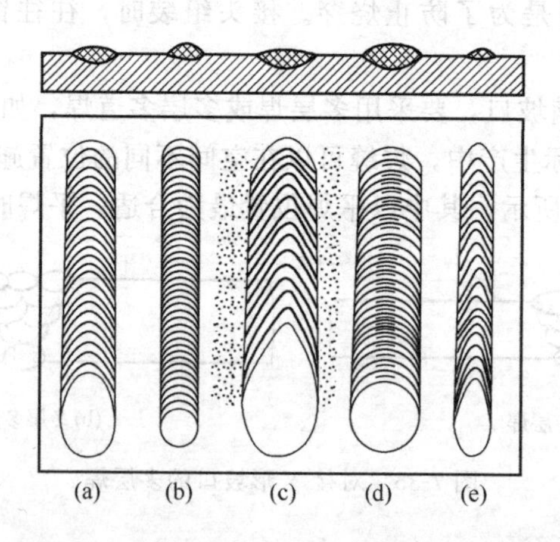

图 7-37 焊接电流和速度对焊缝形式的影响

a. 焊接电流和焊接速度合适时，焊缝形状规则，焊波均匀并呈椭圆形，焊缝到母材过渡平滑，焊缝外形尺寸符合要求，如图 7-37(a) 所示。

b. 焊接电流太小时，电弧不易引出，燃烧也不稳定，弧声变弱，焊波呈圆形，而且余高增大，熔宽和熔深都减小，如图 7-37(b) 所示。

c. 焊接电流太大时，弧声强、飞溅增多，焊条往往变得红热，焊波变尖，熔宽和熔深都增加，如图 7-37(c) 所示。焊薄板时，有烧穿的可能。

d. 焊接速度太慢时，焊波变圆而且余高、熔宽和熔深都增加，如图 7-37(d) 所示。焊薄板时有烧穿的可能。

e. 焊接速度太快时，焊波变尖，焊缝形状不规则而且余高、熔宽和熔深都减小，如图 7-37(e) 所示。

(6) 基本操作技术

① 引弧方法　就是使焊条和焊件之间产生稳定的电弧。引弧时，首先将焊条末端与焊件表面接触形成短路，然后迅速将焊条向上提起 2～4mm 的距离，电弧即引燃。引弧方法有两种，即敲击法和摩擦法，如图 7-38 所示。

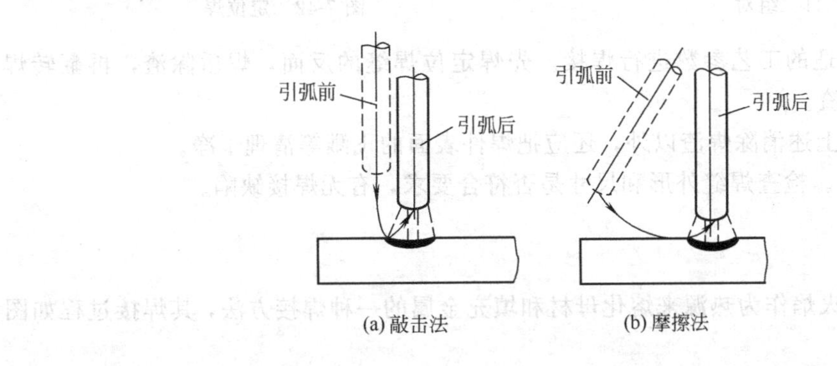

图 7-38　引弧方法

② 堆平焊波　堆平焊波就是在平焊位置的焊件上堆焊焊缝。这是手弧焊最基本的操作。初学者练习时，关键是掌握好焊条角度（图 7-39）和运条基本动作（图 7-40），保持合适的电弧长度和均匀的焊接速度。

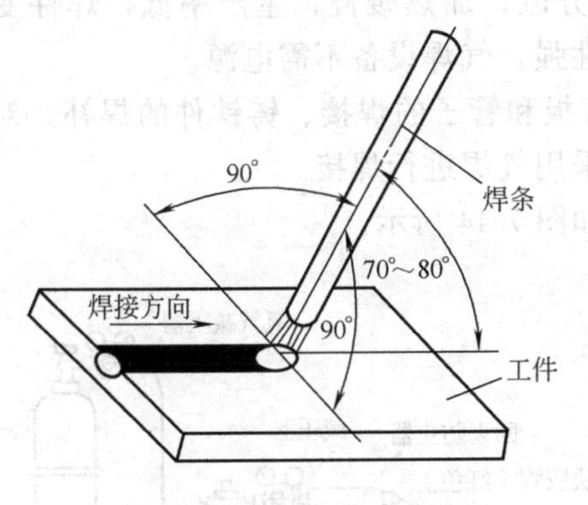

图 7-39　平焊的焊条角度

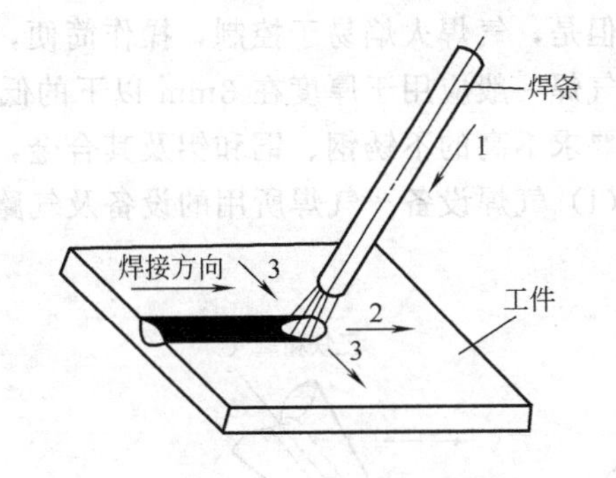

图 7-40　运条基本动作

1—向下运送；2—沿焊接方向移动；3—横向移动

③ 对接平焊　对接平焊在实际生产中最常用，其操作技术和堆平焊波基本相同。厚度为 4～6mm 低碳钢板的对接平焊操作过程如下。

a. 坡口准备。钢板厚 4～6mm，可采用Ⅰ形坡口双面焊。调直钢板，保证接口处平整。

b. 焊前清理。焊件的坡口表面和坡口两侧各 20mm 范围内，要消除铁锈、油污、水分等。

c. 组对。将两块钢板水平放置、对齐，如图 7-41 所示，两块钢板间留 1～2mm 间隙。

d. 定位焊。在钢板两端先焊上一小段长 10～15mm 的焊缝，以固定两块钢板的相对位置，焊后把渣消除干净，如图 7-42 所示。这种固定待焊焊件相对位置的焊接称为定位焊。若焊件较长，则每隔 200～300mm 进行一次定位焊。

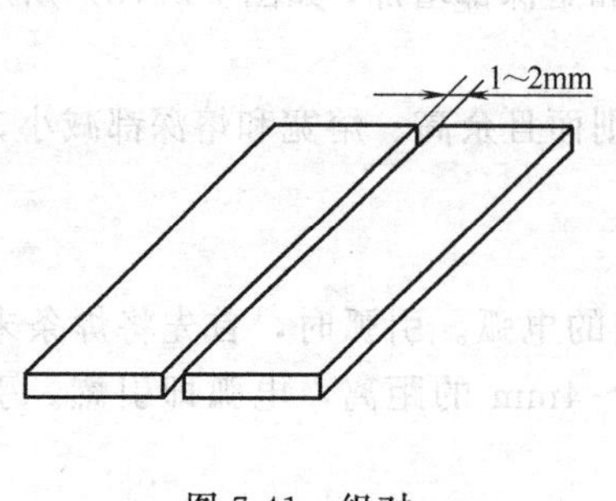

图 7-41 组对

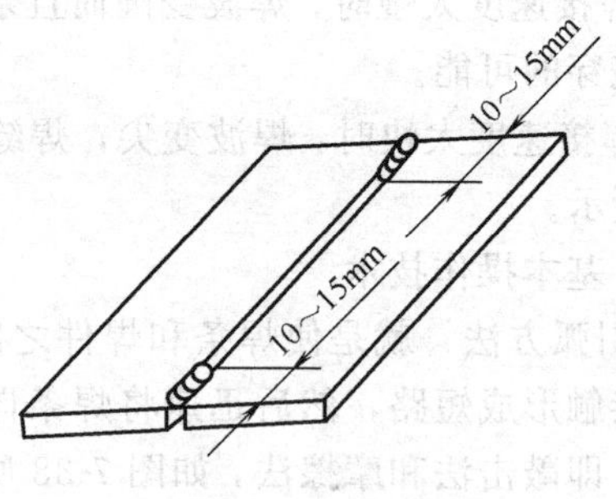

图 7-42 定位焊

e. 焊接。选择合适的工艺参数进行焊接。先焊定位焊缝的反面，焊后除渣，再翻转焊件焊另一面，焊后除渣。

f. 焊后清理。除上述消除焊渣以外，还应把焊件表面的飞溅等清理干净。

g. 检查焊缝质量。检查焊缝外形和尺寸是否符合要求，有无焊接缺陷。

7.3.3 气焊

气焊是利用气体火焰作为热源来熔化母材和填充金属的一种焊接方法，其焊接过程如图 7-43 所示。

气焊通常使用的气体是乙炔和氧气。乙炔和氧气混合燃烧形成的火焰称为氧乙炔焰。气焊的焊丝只作为填充金属，和熔化的母材一起组成焊缝。气焊铸铁、不锈钢、铝、铜等金属材料时，还应使用气焊熔剂，以去除焊接过程中形成的氧化物，改善液态金属流动性，并起保护作用，促使获得致密的焊缝。

与电弧焊相比，气焊热源的温度较低，热量分散，加热缓慢，生产率低，焊件变形严重。但是，气焊火焰易于控制，操作简便，灵活性强，气焊设备不需电源。

气焊一般应用于厚度在 3mm 以下的低碳钢薄板和管子的焊接、铸铁件的焊补。对焊接质量要求不高的不锈钢、铜和铝及其合金，也可采用气焊进行焊接。

(1) 气焊设备 气焊所用的设备及气路连接如图 7-44 所示。

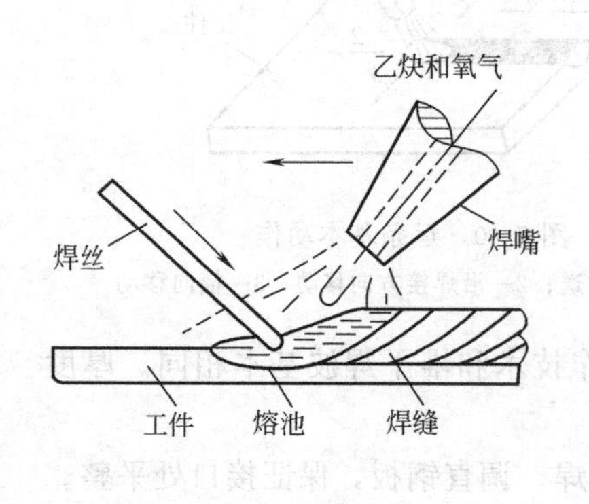

图 7-43 气焊示意图

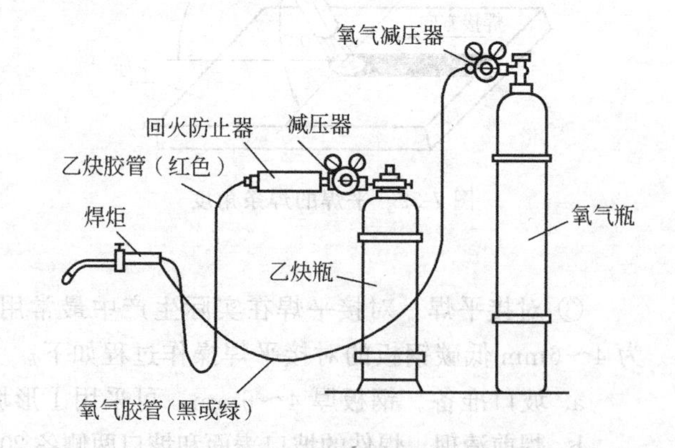

图 7-44 气焊设备及气路连接

① 氧气瓶 氧气瓶是运送和储存高压氧气的容器（图 7-45），其容积为 40L，工作压力为 15MPa。按照规定，氧气瓶外表漆成天蓝色，并用黑漆标明“氧气”字样。应该正确地保管和使用氧气瓶，否则，有发生爆炸的危险。放置氧气瓶必须平稳可靠，不应与其他气瓶

混在一起；操作中氧气瓶距离乙炔发生器、明火或热源应大于 5m；禁止撞击氧气瓶；严禁沾染油脂；夏天要防止曝晒，冬天瓶阀冻结时严禁火烤，应当用热水解冻。

② 乙炔瓶或乙炔发生器

a. 乙炔瓶。乙炔瓶是储存和运送乙炔的容器（图 7-46），其外形与氧气瓶相似，外表漆成白色，并用红漆写上“乙炔”、“不可近火”等字样。

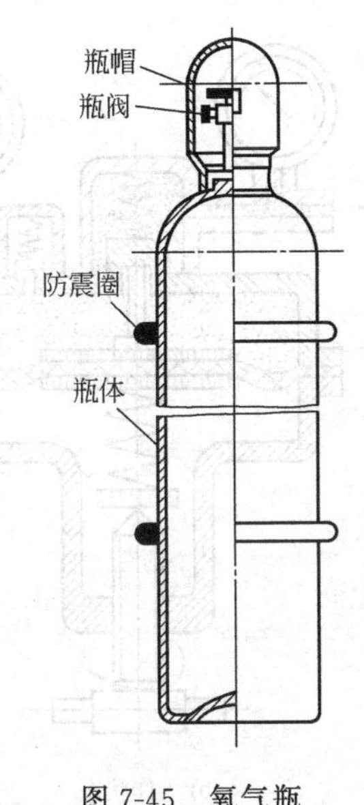

图 7-45　氧气瓶

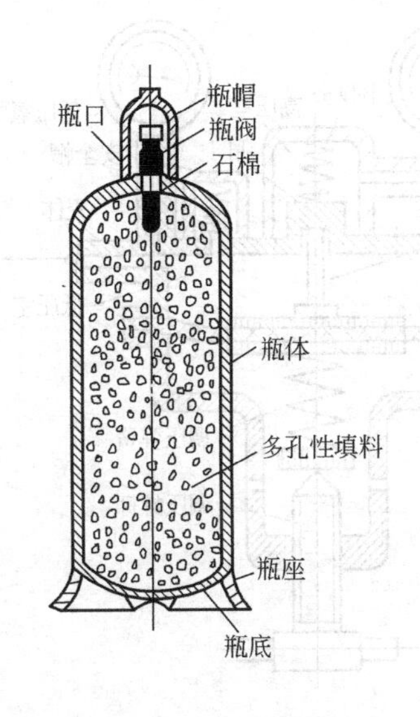

图 7-46　乙炔瓶

乙炔瓶的工作压力为 1.5MPa，在瓶体内装有浸满丙酮的多孔性填料，可使乙炔稳定而又安全地储存在瓶内。丙酮有很高的溶解乙炔的能力，在 15℃和常压下体积 1L 的丙酮可溶解 23L 乙炔，其溶解度随压力提高而增大，随温度升高而降低。

使用时，打开瓶阀，溶解在丙酮内的乙炔就分解出来，通过乙炔瓶阀流出，而丙酮仍留在瓶内，以便溶解再次压入的乙炔，乙炔瓶阀下面的填料中心部分的长孔内放着石棉，其作用是帮助乙炔从多孔性填料中分解出来。使用乙炔瓶时，除应遵守氧气瓶使用要求外，还应该注意：瓶体的温度不能超过 30～40℃；搬运、装卸、存放和使用时都应竖立放稳，严禁在地面上卧放并直接使用，一旦要使用已卧放的乙炔瓶，必须先直立后静止 20min，再连接乙炔减压器后使用；不能遭受剧烈的震动等。

b. 乙炔发生器。乙炔发生器是能使水与电石进行化学反应产生乙炔气体的装置。

使用前向发生器内加水，将盛有电石的电石篮放入内桶，电石与水作用即产生乙炔，其化学反应式如下

$$\underset{\text{电石}}{CaC_2}+\underset{\text{水}}{2H_2O}\longrightarrow \underset{\text{乙炔}}{C_2H_2}\uparrow+\underset{\text{电石渣}}{Ca(OH)_2}+127kJ/mol$$

乙炔是易燃易爆气体，为安全计，乙炔发生器上部装有防爆膜。桶内压力过大时，防爆膜即自行破裂，以防止乙炔发生器爆炸。

遵守乙炔发生器的安全规程十分重要，否则会引起严重的后果。设备必须专人保管和使用；严禁接近明火；气焊工作地点要距乙炔发生器 10m 以外；禁止敲击和碰撞乙炔发生器；夏天要防止曝晒，冬天应防止冻结；要定期清洗和检查。

③ 减压器　减压器是将高压气体降为低压气体的调节装置。对不同性质的气体，必须

选用符合各自要求的专用减压器。

通常，气焊时所需的工作压力一般都比较低，如氧气压力一般为 0.2～0.4MPa，乙炔压力最高不超过 0.15MPa。因此，必须将气瓶内输出的气体压力降压后才能使用。减压器的作用是降低气体压力，并使输送给焊炬的气体压力稳定不变，以保证火焰能够稳定燃烧。

常用的氧气减压器（又称氧气表）的构造和工作原理如图 7-47 所示。

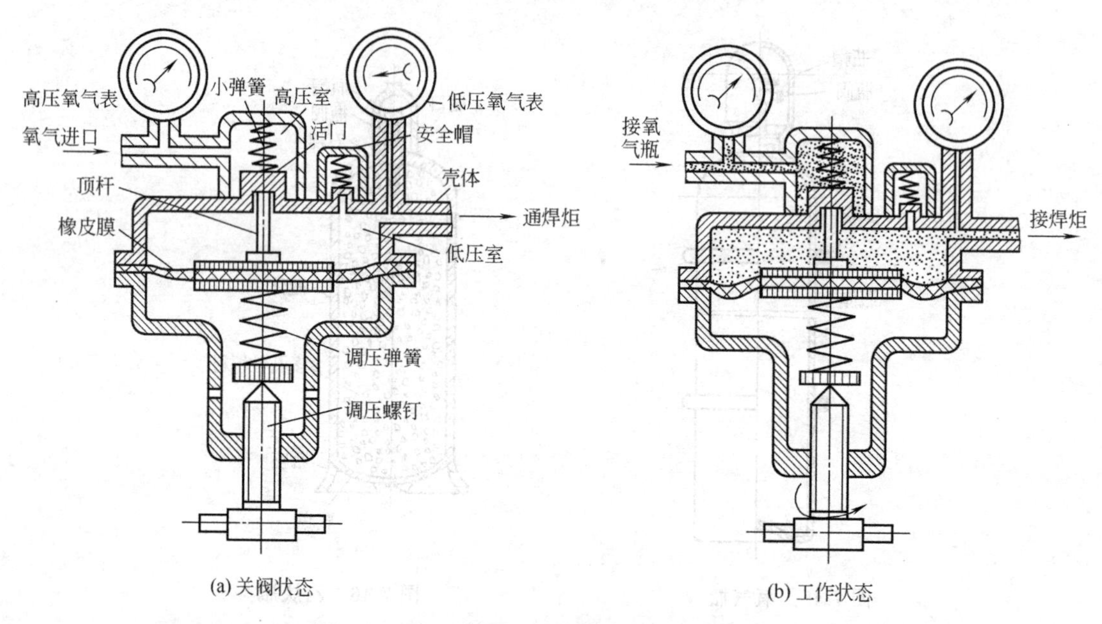

图 7-47 常用的氧气减压器的构造和工作原理

从氧气瓶来的高压气体进入高压室后，由高压表指示瓶内的氧气压力。

减压器不工作时［图 7-47(a)］，应放松调压弹簧，使活门被活门弹簧压下，关闭通道。通道关闭后，高压气体就不能进入低压室。

减压器工作时［图 7-47(b)］，应按顺时针方向把调压手柄旋入，使调压弹簧受压，活门被顶开，高压气体经通道进入低压室。随着低压室内气体压力的增加，压迫薄膜及调压弹簧，使活门的开启度逐渐减小。当低压室内气体压力达到一定数值时，又会将活门关闭。低压表指示出减压后气体的压力。控制调压手柄的旋入程度，可改变低压室的压力，获得所需的工作压力。

焊接时，随着气体的输出，低压室中气体压力降低。此时薄膜上鼓，使活门重新开启，高压室内的气体又流入低压室，以补充输出的气体。当活门的开启度恰好使流入低压室的高压气体流量与输出的低压气体流量相等时，即稳定地进行工作。当输出的气体流量增大或减小时，活门的开启度也会相应地增大或减小，以自动保持输出的压力稳定。

减压器在专用气瓶上应安装牢固。各种气体专用的减压器，禁止换用或替用。

④ 焊炬　焊炬的作用是将乙炔和氧气按一定比例均匀混合，由焊嘴喷出，点火燃烧，产生气体火焰。常用的氧乙炔射吸式焊炬如图 7-48 所示。各种型号的焊炬均配备 3～5 个大小不同的焊嘴，以便焊接不同厚度的焊件时使用。

(2) 气焊火焰　改变氧气和乙炔的混合比例，可获得三种不同性质的火焰，如图 7-49 所示。

① 中性焰　氧气和乙炔的体积混合比为 1.1～1.2 时燃烧所形成的火焰称为中性焰，又

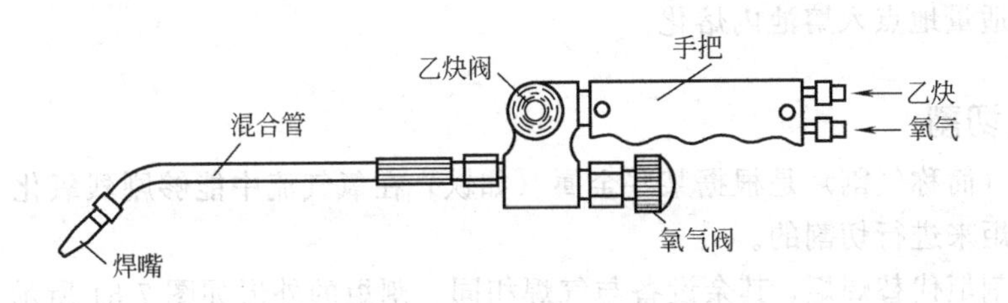

图 7-48　射吸式焊炬

称为正常焰。它由焰心、内焰和外焰三部分构成。火焰各部分温度分布如图 7-49 所示。中性焰在距离焰心前面 2～4mm 处温度最高，可达 3150℃。中性焰适用于焊接低碳钢、中碳钢、普通低合金钢、不锈钢、紫钢及铝合金等金属材料。

② 碳化焰　碳化焰是指氧和乙炔的体积混合比小于 1.1 时燃烧所形成的火焰。由于氧气较少，燃烧不完全，过量的乙炔分解为碳和氢，其中碳会渗到熔池中造成焊缝增碳。碳化焰比中性焰的火焰长，也由焰心、内焰和外焰构成，其明显特征是内焰呈乳白色（图 7-49）。碳化焰的最高温度为 2700～3000℃。碳化焰适用于焊接高碳钢、铸铁和硬质合金等材料。

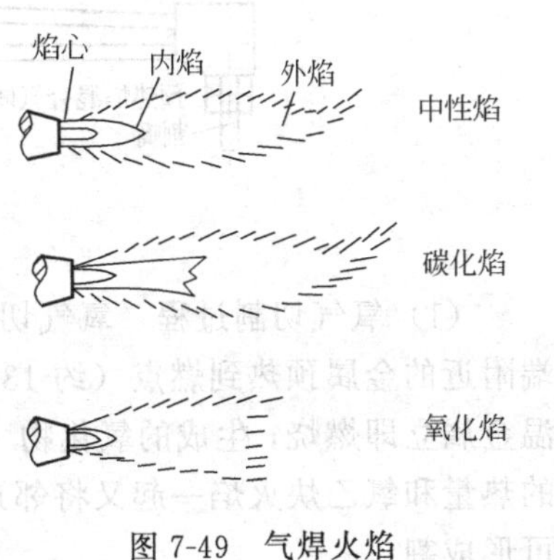

图 7-49　气焊火焰

③ 氧化焰　氧和乙炔的体积混合比大于 1.2 时燃烧所形成的火焰称为氧化焰。氧化焰比中性焰短，分为焰心和外焰两部分。由于火焰中有过量的氧，故对熔池金属有强烈的氧化作用，一般气焊时不宜采用。只有在气焊黄钢、镀锌铁板时才采用轻微氧化焰，以利用其氧化性，在熔池表面形成一层氧化物薄膜，减少低沸点的锌的蒸发。氧化焰的最高温度为 3100～3300℃。

(3) 气焊基本操作技术

①点火　点火时，先微开氧气阀门，再打开乙炔阀门，随后点燃火焰，这时的火焰是碳化焰。然后，逐渐开大氧气阀门，将碳化焰调整成中性焰。同时，按需要把火焰大小也调整合适。灭火时，应先关乙炔阀门，后关氧气阀门。

② 堆平焊波　气焊时，一般用左手拿焊丝，右手拿焊炬，两手的动作要协调，沿焊缝向左或向右焊接。焊嘴轴线的投影应与焊缝重合，同时要注意掌握好焊嘴与焊件的夹角 α（图 7-50）。焊件愈厚，α 愈大。在焊接开始时，为了较快地加热焊件和迅速形成熔池，α 应大些。正常焊接时，一般保持 α 在 30°～50°范围内。当焊接结束时，α 应适当减小，以便更好地填满熔池和避免焊穿。

焊炬向前移动的速度应能保证焊件熔化并保持熔池具有一定的大小。焊件熔化形成熔池

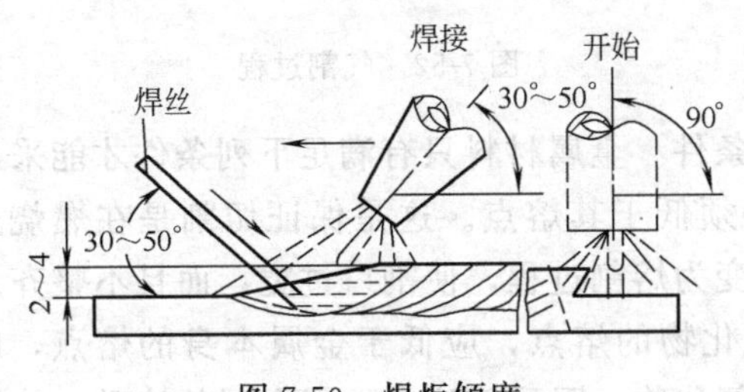

图 7-50　焊炬倾度

后，再将焊丝适量地点入熔池内熔化。

7.3.4 氧气切割

氧气切割（简称气割）是根据某些金属（如铁）在氧气流中能够剧烈氧化（即燃烧）的原理，利用割炬来进行切割的。

气割时用割炬代替焊炬，其余设备与气焊相同。割炬的外形如图 7-51 所示。

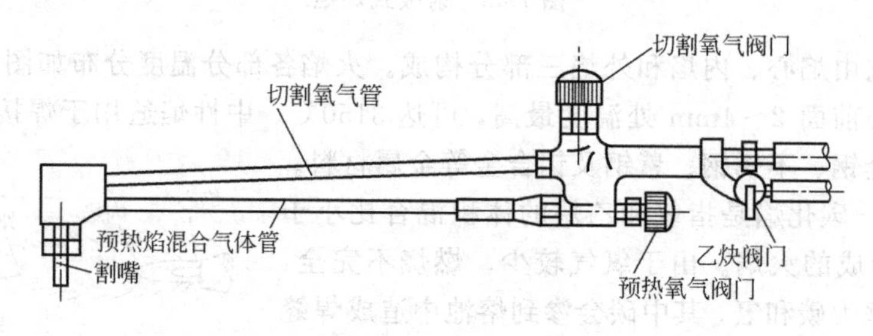

图 7-51 割炬

（1）氧气切割过程 氧气切割的过程如图 7-52 所示。开始时，用氧乙炔火焰将割口始端附近的金属预热到燃点（约 1300℃，呈黄白色），然后打开切割氧阀门，氧气射流使前高温金属立即燃烧，生成的氧化物（氧化铁，呈熔融状态）同时被氧流吹走，金属燃烧时产生的热量和氧乙炔火焰一起又将邻近的金属预热到燃点，沿切割线以一定的速度移动割炬，即可形成割口。

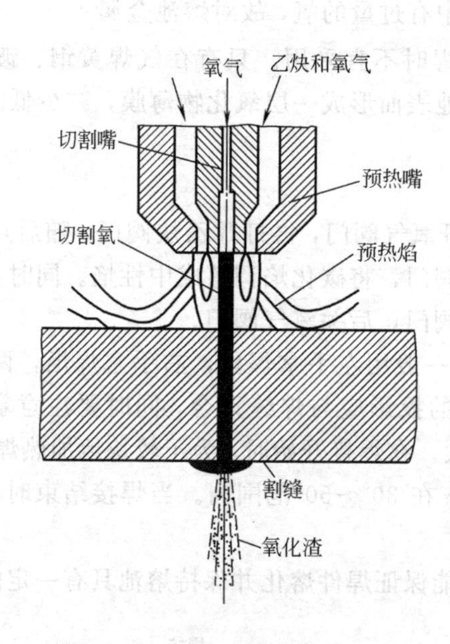

图 7-52 气割过程

（2）金属氧气切割的条件 金属材料只有满足下列条件才能采用氧气切割。

① 金属材料的燃点必须低于其熔点。这是保证切割是在燃烧过程中进行的基本条件。否则，切割时金属先熔化变为熔割过程，使割口过宽，而且不整齐。

② 燃烧生成的金属氧化物的熔点，应低于金属本身的熔点，同时流动性要好。否则，就会在割口表面形成网态氧化物，阻碍氧流与下层金属的接融，使切割过程不能正常进行。

③ 金属燃烧时能放出大量的热，而且金属本身的导热性要低。这是为了保证下层及割门附近的金属有足够的预热温度，使切割过程能连续进行。

满足上述条件的金属材料有纯铁、低碳钢、中碳钢和普通低合金钢。而高碳钢、铸铁、高合金钢及铜、铝等有色金属及其合金，均难以进行氧气切割。

7.3.5 其他焊接方法简介

(1) 电阻焊 电阻焊是利用电流通过焊件接头的接触面及邻近区域产生的电阻热，将焊件加热到塑性状态或局部熔化状态，再在压力作用下形成牢固接头的一种焊接方法。

电阻焊的主要特点如下。

① 焊接电压很低（1～12V），焊接电流很大（几千至几万安培），完成一个接头的焊接时间极短（0.01～几秒），所以生产率很高。

② 加热时，对接头施加机械压力，接头在压力的作用下焊合。

③ 焊接时不需要填充金属。

电阻焊的基本主要形式有对焊、点焊和缝焊三种，见图 7-53。

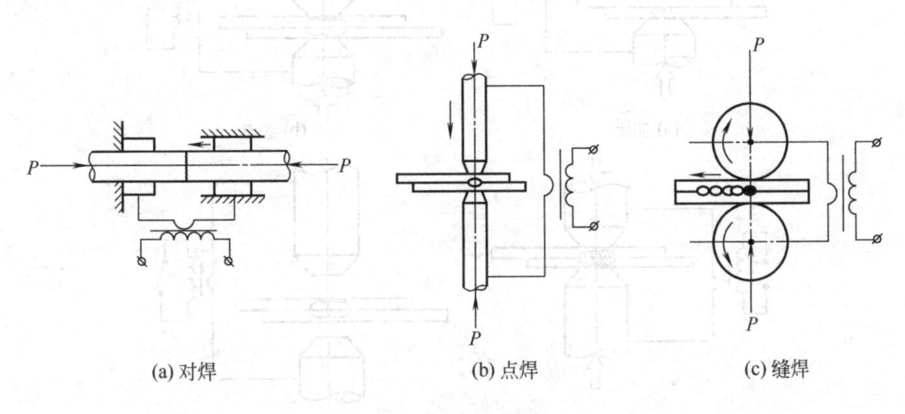

图 7-53 电阻焊

a. 对焊。对焊机的结构，其主要部件包括机架、焊接变压器（次级线圈连同焊件在内仅有一圈回路）、夹持机构、加压机构和冷却水路（通过变压器和夹钳）等。夹钳既用于夹持焊件并对焊件施加轴向力，又起电极作用，传导焊接电流。

按焊接过程和操作方法不同，对焊可分为电阻对焊和闪光对焊两种。

电阻对焊操作的关键在于控制加热温度和顶端速度。

当焊件接触面附近被加热至黄白色（约 1300℃）时，即行断电，同时施加顶端压力。若加热温度不足，顶端力不及时或顶端力太小，焊接接头就不牢固；若加热温度太高，就会产生“过烧”现象，也会影响接头强度；若顶端力太大，则可能产生开裂的现象。

电阻对焊操作简单，焊接接头表面光滑，但内部质量不高。焊前必须将焊件的焊接端面仔细地平整和清理，去除锈污，否则就会造成加热不均匀或接头中残留杂质等缺陷，焊接的质量更差。

闪光对焊的焊接过程与电阻对焊不同之处在于有一个闪光加热阶段，即焊件接触前先接通电源。闪光现象的发生是由于两个焊件刚刚接触时，接触面上实际只有几个点通过密度很大的电流，使这几个接触点附近的金属和空气剧烈受热，产生喷发现象，将熔化的金属，连同表面的氧化物及其他脏物一起喷除。所以，焊后接头内部质量比电阻对焊高；焊前对于焊接端面的平整和清理要求不严格，从而简化了准备工作；但焊接接头表面毛糙。

对焊广泛用于焊接杆状零件，如刀具、钢筋、钢轨、管道等，生产中闪光对焊比电阻对焊应用广泛。

b. 点焊。机械加压式点焊机的结构，主要由机架、焊接变压器、电极和电极臂、加压机构、冷却水路和脚踏开关等组成。

焊接变压器是点焊电源，和对焊机的焊接变压器类似，次级线只有一圈回路。焊接电流的调节主要通过改变点焊机的调节闸刀位置来改变变压器初级线圈的圈数，从而改变次级电压来达到。

点焊焊接前，将焊件表面清理干净，装配好后送入上、下电极之间，加压力，使其接触良好。然后，通电使两焊件接触表面受热，局部熔化形成熔核。断电后保持压力，使熔核在压力作用下冷却凝固，形成焊点。最后，去除压力，取出焊件。如图 7-54 所示。

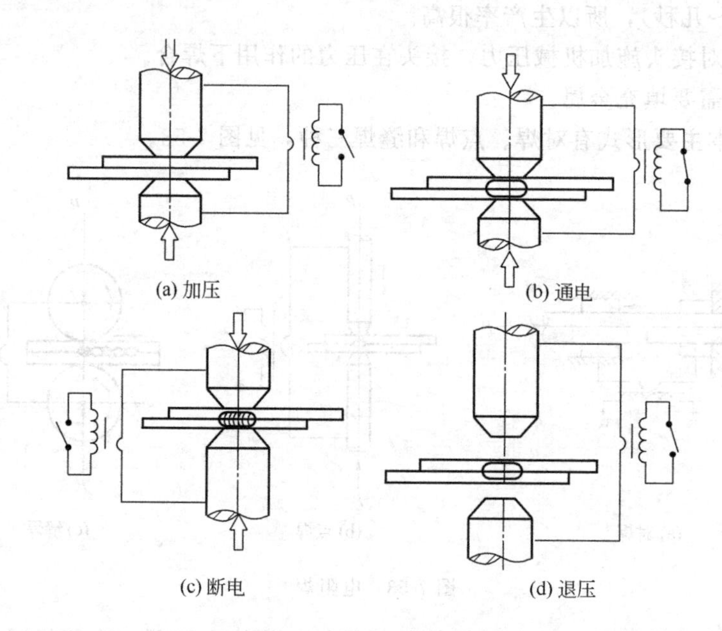

图 7-54 点焊的焊接过程

点焊主要用于不要求密封的薄板搭接结构和金属网、交叉钢筋构件等的焊接。

c. 缝焊。缝焊的焊接过程和点焊相似，只是用圆盘状电极来代替点焊时所用的圆柱形电极［图 7-53(c)］。因盘状电极压紧焊件并转动，焊件在两圆盆状电极之间连续送进，配合间断通电，这些连续并彼此重叠的焊点，形成焊缝。缝焊用于厚度 3mm 以下要求密封或接头强度要求较高的薄板搭接结构，如油箱等的焊接。

(2) 钎焊　钎焊是采用比母材熔点低的金属材料作焊料，将焊件加热到高于纤料熔点、低于母材熔成的温度，利用液态纤料润湿母材，填充接头间隙并与母材相互扩散实现焊件连接的方法，见图 7-55。

按钎焊过程中加热方式的不同，钎焊可分为烙铁钎焊、火焰纤焊、电阻钎焊、感应钎焊、浸沾钎焊和炉中钎焊等，常见钎焊接头形式见图 7-56。

钎焊时，一般要用钎剂。钎剂的作用是去除钎料和母材表面的氧化物、保护母材连接表面和钎料在钎焊过程中不被氧化，并改善钎料的润湿性（钎焊时液态钎料对母材浸润和附着的能力）。火焰钎焊硬质合金刀具时，采用黄铜作钎料，硼砂、硼酸等作钎剂。

钎焊广泛用于制造硬质合金刀具、钻探钻头、散热器、自行车架、仪表、电真空器件、

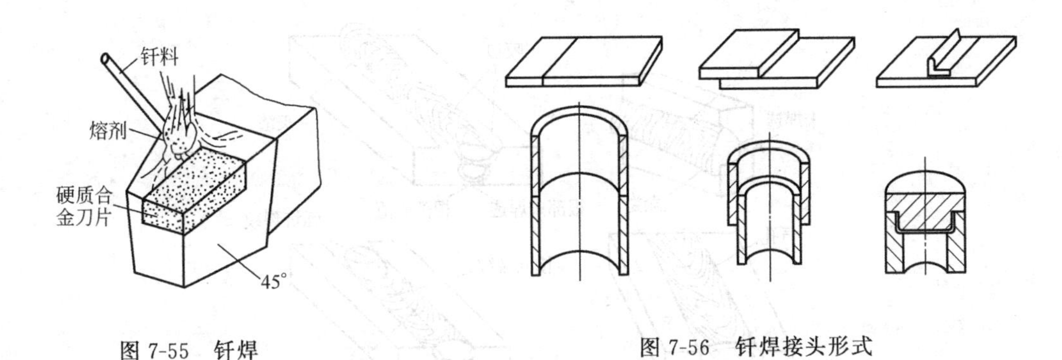

图 7-55　钎焊　　　　图 7-56　钎焊接头形式

导线、电机、电器部件等。

7.3.6 常见的焊接缺陷及其检验方法

(1) 焊接变形　焊接时，焊件受到局部的不均匀的加热，焊缝及其附近的金属温度分布很不均匀，受热膨胀和冷却收缩都受到相邻金属的牵制而不自由。因此，冷却后焊件将会发生纵向（沿焊缝长度方向）和横向（垂直焊缝方向）的变形。

焊接变形的基本形式有缩短变形（纵向缩短和横向缩短）、角变形、弯曲变形、扭曲变形和波浪形变形等，如图 7-57 所示。焊接变形降低了焊接结构的尺寸精度，为防止和矫正焊接变形要采取一系列工艺措施，从而增加了制造成本，严重的变形还会造成焊件报废。

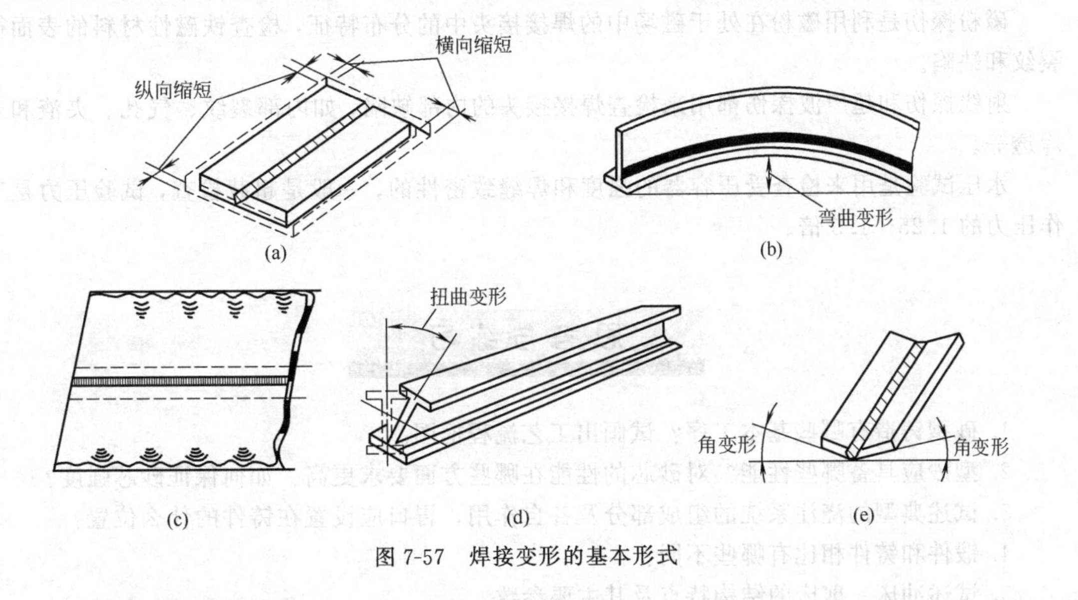

图 7-57　焊接变形的基本形式

(2) 焊接缺陷及其检验

① 焊接缺陷　常见的焊接缺陷有焊缝尺寸及形状不符合要求、咬边、焊瘤、未焊透、气孔、夹渣和裂纹等，如图 7-58 所示。咬边是焊缝表面与母材交界处附近产生的沟槽或凹陷。焊瘤是在焊接过程中，熔化金属流淌到焊缝之外在母材上所形成的金属瘤。未焊透是指焊接时接头根部未完全熔透的现象。气孔是指熔池中的气体在凝固时未能逸出而残留下来所形成的空穴。夹渣是指焊接熔渣残留于焊缝金属中的现象。裂纹是指焊接接头中局部地区的金属原子结合力遭到破坏而形成的新界面所产生的缝隙。

焊接裂纹的产生原因主要是材料（包括母材和焊接材料）选择不当，焊接工艺不正确

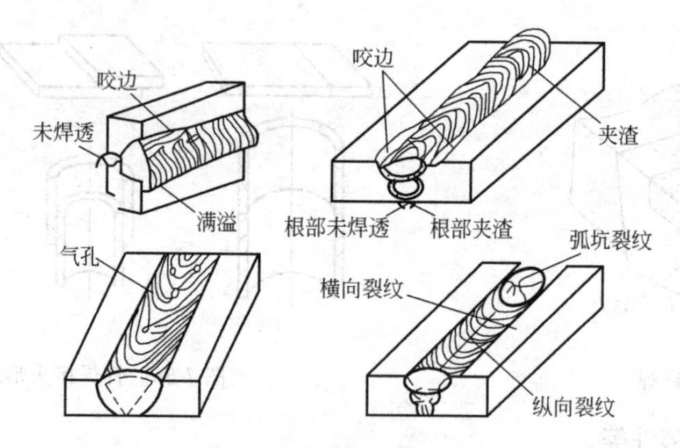

图 7-58　常见的焊接缺陷

等。其他焊接缺陷的产生原因一般是焊前准备工作（坡口加工、清理、组装、焊条烘干等）做得不好，焊接工艺参数不合适和操作技术掌握不好等。

② 焊接检验　常用的检验方法有外观检验、无损探伤（包括着色检验、磁粉探伤、射线探伤和超声波探伤）和水压试验等。

外观检验是用肉眼观察或借助标准样板、量规等，必要时利用低倍放大镜检查焊缝缺陷和尺寸偏差。

着色检验是利用清洗剂、渗透剂（着色剂）和显示剂来检查焊接接头表面微裂纹。

磁粉探伤是利用磁粉在处于磁场中的焊接接头中的分布特征，检查铁磁性材料的表面微裂纹和缺陷。

射线探伤和超声波探伤都用来检查焊接接头的内部缺陷，如内部裂纹、气孔、夹渣和未焊透等。

水压试验是用来检查受压容器的强度和焊缝致密性的，一般是超载检查，试验压力是工作压力的 1.25～1.5 倍。

思考与练习

1. 砂型铸造有哪些基本工序？试画出工艺流程框图。
2. 型砂应具备哪些性能？对砂芯的性能在哪些方面要求更高？如何保证砂芯强度？
3. 试述典型的浇注系统的组成部分及各自作用，冒口应设置在铸件的什么位置？
4. 锻件和铸件相比有哪些不同？
5. 试述冲床、剪床的结构特点及其主要参数。
6. 焊条由哪几部分组成？各起什么作用？
7. 常见的焊接缺陷有哪些？
8. 常见的焊接方法有哪些？各应用于什么场合？

第8章

金属板料冲压加工成形

利用冲模对金属板料施加冲压力，使其产生分离或变形，得到一定形状和尺寸制品的加工方法称为板料冲压。板料的冲压一般是在室温下进行的，故又称为冷冲压。冷冲压件的表面质量和尺寸精度较高，零件能够获得合理的截面结构，冷变形时又可产生冷作硬化，使冲压件的强度高、质量轻。冷冲压技术操作简单、容易实现机械化和自动化生产，在较大批量的生产条件下生产效率高、成本低。因此，板料冲压技术广泛应用于汽车、拖拉机、电机、电器、仪器仪表和各种民用轻工产品中。

由于冷冲压主要利用板料的塑性成形，为了使板料具有足够的塑性，板料冲压大多采用低碳钢、高塑性合金钢，以及有色金属中的铜、铝及其合金等塑性较高的材料。

8.1 板料冲压基本工序

板料冲压工艺可分为分离工序和成形工序两大类。下面分别作一简单介绍。

8.1.1 分离工序

板料分离工序是指板料在压力作用下，变形部分的应力达到材料的强度极限后，使坯料产生断裂而分离的工序，又称为冲裁工序，包括板料的切断落料和冲孔等。

（1）切断　用剪刀或冲模沿不封闭曲线切断的方法，多用于加工形状简单的平板零件。

（2）落料　用冲模沿封闭轮廓曲线或直线冲切，落下的部分为零件，要求冲头和凹模间

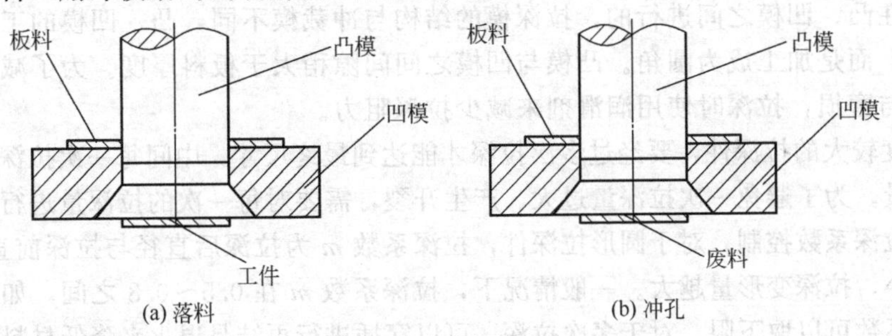

图 8-1　落料与冲孔

隙很小，刃口锋利。

(3) 冲孔　用冲模沿封闭轮廓曲线冲出孔洞，落下的部分为废料，冲孔后的板料为零件，要求冲头和凹模间隙很小，刃口锋利。

落料与冲孔区别如图 8-1 所示。

8.1.2　变形工序

变形工序是板料在模具压力作用下，变形部分所受应力达到屈服极限，但未达到强度极限，板料产生塑性变形，使之具有一定形状、尺寸和精度的工序。通常有弯曲、拉深、翻边、旋压、缩口起伏、橡胶成形等工序。

(1) 弯曲　弯曲是将板料、棒料、管料或型材等弯成一定形状和角度零件的成形方法。在生产中，弯曲件的形状很多，如 V 形件、U 形件、Ω 形件等。这些零件可在压力机上用模具弯曲，也可用专用弯曲机进行折弯或滚弯。图 8-2 所示为弯曲件的加工形式。

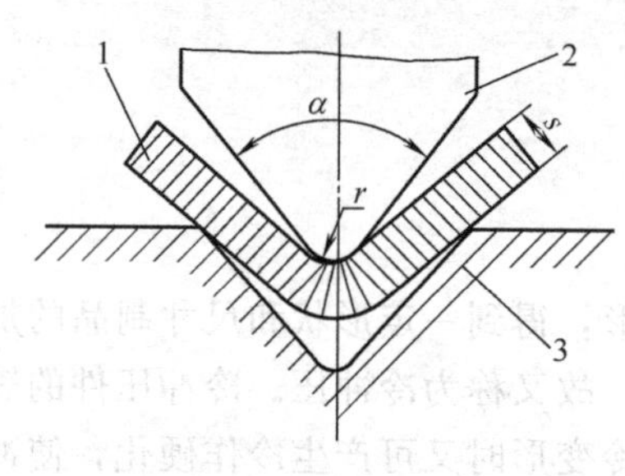

图 8-2　弯曲
1—板料；2—凸模；3—凹模

坯料弯曲时，如果弯曲半径太小，将会造成材料开裂，因此弯曲必须有最小弯曲半径限制。一般情况下，最小弯曲半径 $r_{\min}=(0.25\sim1)t$，t 为板料厚度。弯曲结束后，由于材料的弹性所致，坯料会产生一定的回弹，为了抵消回弹影响，可以适当增加变形程度，一般回弹角为 0°～10°。

(2) 拉深　拉深是将板料毛坯在具有一定圆角半径的凸、凹模作用下加工成为一端开口的空心件的成形工序，如图 8-3 所示。利用拉深成形方法，可以获得各种空心薄壁件。

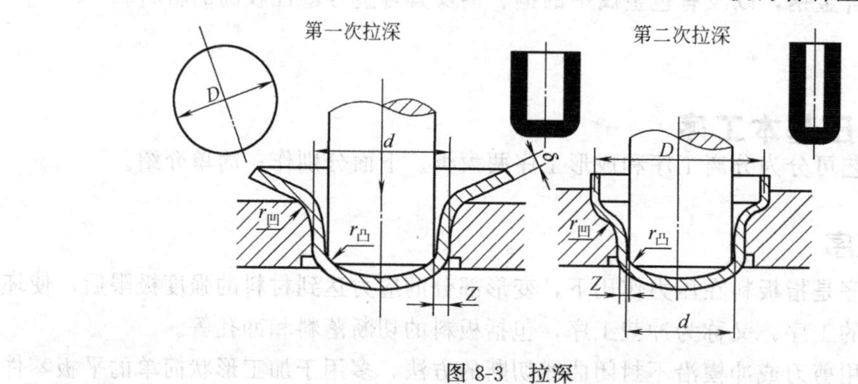

图 8-3　拉深

拉深是在凸、凹模之间进行的，拉深模的结构与冲裁模不同，凸、凹模的工作部分没有锋利的刃口，而是加工成为圆角。凸模与凹模之间间隙稍大于板料厚度。为了减小坯料与模具间的摩擦与磨损，拉深时使用润滑剂来减少拉深阻力。

对于深度较大的拉深件，要经过多次拉深才能达到最终尺寸，中间每一次拉深，坯料产生一定的变形量。为了避免一次拉深量过大、产生开裂，需要对每一次的拉深量进行限制。拉深的变形量由拉深系数控制。对于圆形拉深件，拉深系数 m 为拉深后直径与拉深前直径的比值。拉深系数越小，拉深变形量越大。一般情况下，拉深系数 m 在 0.5～0.8 之间，如果材料的塑性好，拉深系数可以取下限。对于多次拉深，可以穿插进行再结晶退火来降低材料的硬度。

如果拉深工艺不合理，会出现拉深件起皱和拉裂的缺陷。采取在模具上加压边圈的方法可以有效地防止起皱。对于拉裂，必须通过适当的增大凸、凹模圆角，同时通过增加拉深次数等方法解决。起皱和拉裂如图 8-4 所示，起皱的防止如图 8-5 所示。

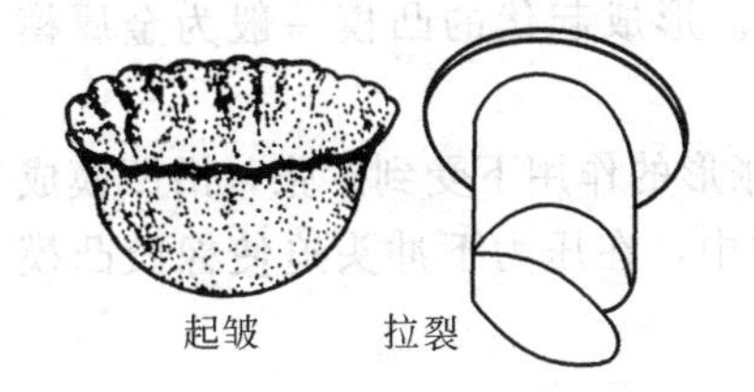

图 8-4　拉深的常见缺陷

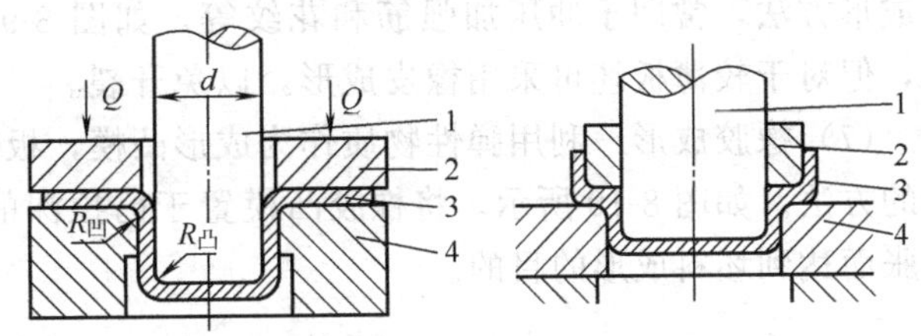

图 8-5　防止起皱拉深

1—凸模；2—压边圈；3—毛坯；4—凹模

(3) 翻边　将坯料孔的边缘翻起一定高度的成形方法称为翻边，如图 8-6 所示。翻边位置越靠近孔的边缘，塑性变形越大。翻边孔的直径不能超过某一容许值，翻边的变形量由翻边系数控制。翻边系数 k 为翻边前孔径与翻边后孔径的比值 d/D，翻边系数越小，变形量越大。对于镀锡铁皮，翻边系数 $k \geqslant 0.65$；对于酸洗钢，$k \geqslant 0.68 \sim 0.72$。

(4) 旋压　旋压成形必须有专门的旋压机，旋压机的工作原理如图 8-7 所示。顶块将坯料压紧在模具上，机床主轴带动模具和坯料一起旋转，擀棒加压于坯料反复擀碾，于是由点到线，由线到面，使坯料逐渐贴于模具上而成形。

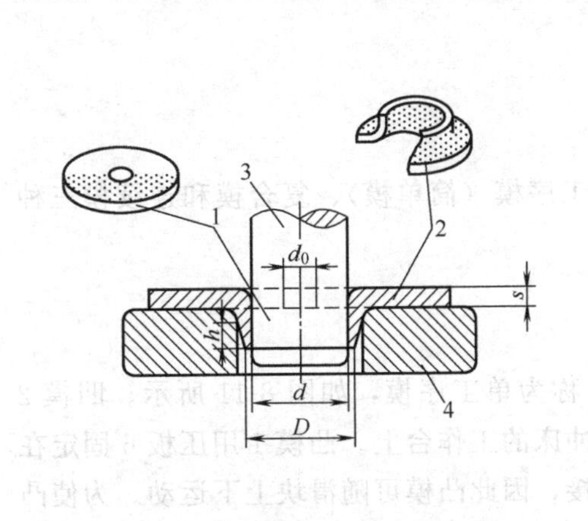

图 8-6　翻边

1—平板料；2—成品；3—凸模；4—凹模

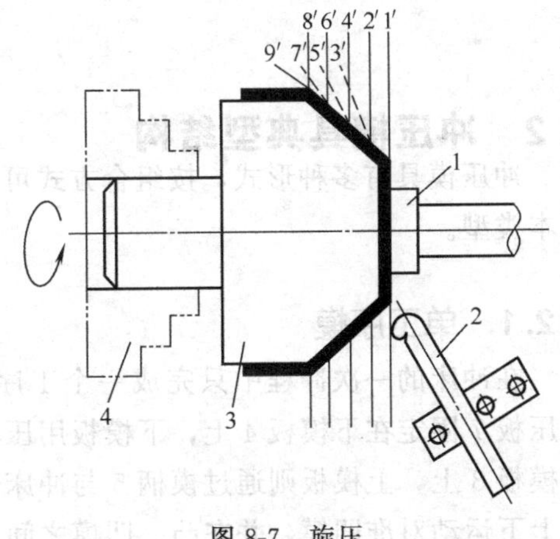

图 8-7　旋压

1—顶块；2—擀棒；3—模具；4—卡盘

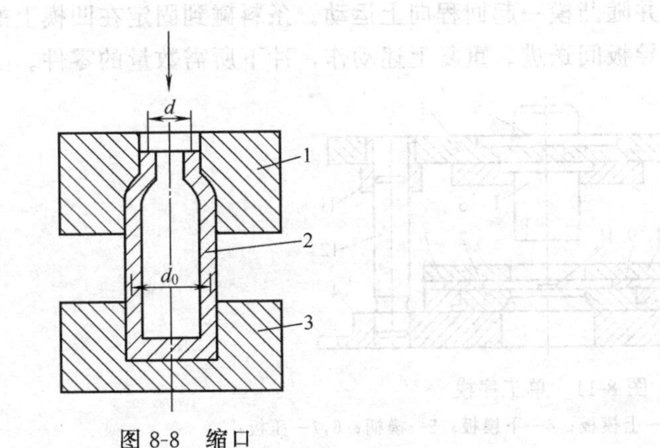

图 8-8　缩口

1—凸模；2—工件；3—凹模

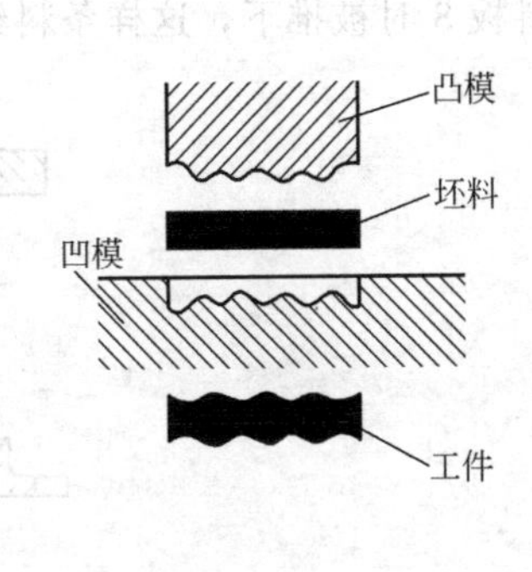

图 8-9　起伏

(5) 缩口　缩口是减小拉深制品孔口边缘直径的工序，如图 8-8 所示。

(6) 起伏　起伏是对坯料进行较浅的变形，是在板坯或制品表面上形成局部凹下与凸起的成形方法，常用于冲压加强筋和花纹等，如图 8-9 所示。形成起伏的凸模一般为金属模具，但对于较薄板坯可采用橡皮成形，以免开裂。

(7) 橡胶成形　利用弹性物质作为成形凸模，板料在胀形的作用下受到扩张，沿凹模成形的方法。如图 8-10 所示，将橡胶凸模置于已拉深的坯件中，在压力下冲头迫使橡胶凸模膨胀而达到坯料成形的目的。

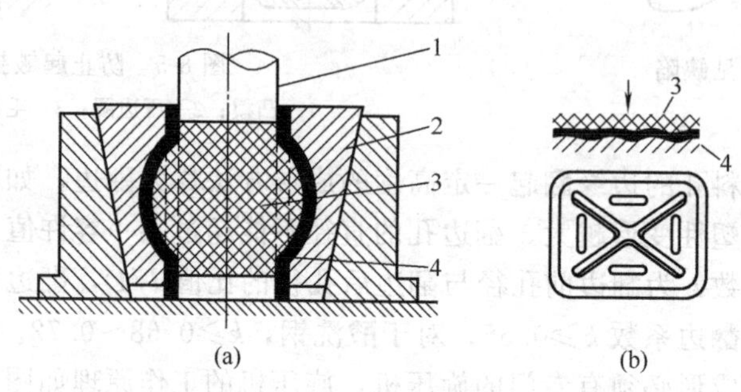

图 8-10　橡胶成形

1—凸模；2—分块凹模；3—硬橡胶；4—工件

8.2　冲压模具典型结构

冲压模具有多种形式，按组合方式可以分为单工序模（简单模）、复合模和连续模三种基本类型。

8.2.1　单工序模

在冲床的一次冲程中只完成一个工序的冲模，称为单工序模，如图 8-11 所示。凹模 2 用压板 7 固定在下模板 4 上，下模板用压板固定在冲床的工作台上。凸模 1 用压板 6 固定在上模板 3 上，上模板则通过模柄 5 与冲床的滑块连接，因此凸模可随滑块上下运动。为使凸模上下运动对准凹模，并在凸、凹模之间保持均匀间隙，通常用导柱 12 和导套 11 导向。条料在凹模上沿两个导板 9 之间送进，碰到定位销 10 为止。凸模向下冲压时，冲下的零件或废料进入凹模孔，而条料则夹住凸模并随凸模一起回程向上运动。条料碰到固定在凹模上的卸料板 8 时被推下，这样条料继续在导板间送进。重复上述动作，冲下所需数量的零件。

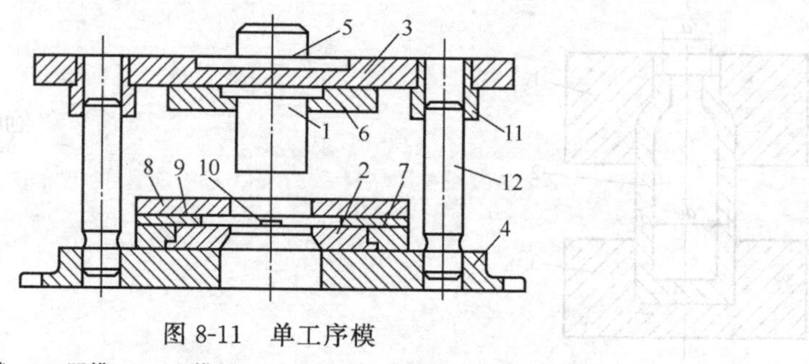

图 8-11　单工序模

1—凸模；2—凹模；3—上模板；4—下模板；5—模柄；6,7—压板；
8—卸料板；9—导板；10—定位销；11—导套；12—导柱

单工序模结构简单，容易制造，适于冲压件的小批量生产。

8.2.2 复合模

在冲床的一次冲程中，模具同一部位上同时完成数道冲压工序的模具，称为复合模，图 8-12 所示为落料拉深复合模。复合模的最大特点是模具中有一个凸凹模 1。凸凹模 1 的外圆是落料凸模刃口，内孔则成为拉深凹模。当滑块带着凸凹模 1 向下运动时，条料首先在落料凹模 4 中落料，落料件被下模当中的拉深凸模 2 顶住，滑块继续向下运动时，凸凹模 1 随之向下运动进行拉深，顶出器 5 在滑块的回程中将拉深件推出模具。

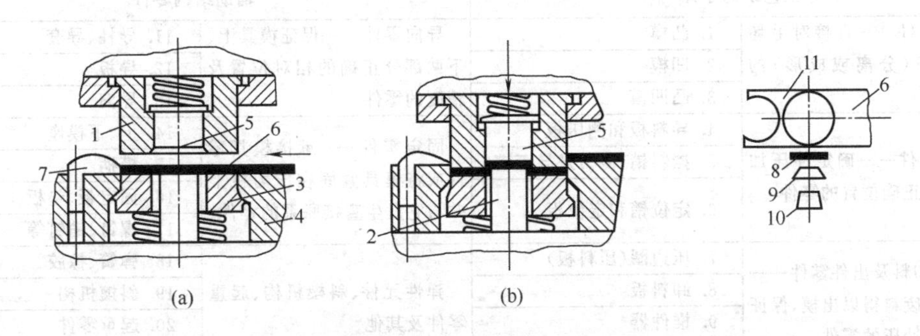

图 8-12 落料拉深复合模

1—凸凹模；2—拉深凸模；3—卸料板；4—落料凹模；5—顶出器；
6—条料；7—挡料销；8—坯料；9—拉深件；10—零件；11—废料

复合模适用于产量大、精度高的冲压件，但模具制造复杂，成本高。

8.2.3 连续模

在冲床的一次冲程中，在模具的不同部位上同时完成数道冲压工序的模具，称为连续模，如图 8-13 所示。工作时定位销 2 对准预先冲出的定位孔，上模向下运动，落料凸模 1 进行落料，冲孔凸模 4 进行冲孔。当上模回程时，卸料板 6 从凸模上推下残料。这时再将坯料 7 向前送进，执行第二次冲裁。如此循环进行，每次送进距离由挡料销控制。

连续冲模生产效率高，易于实现自动化，但要求定位精度高，制造复杂，成本较高。

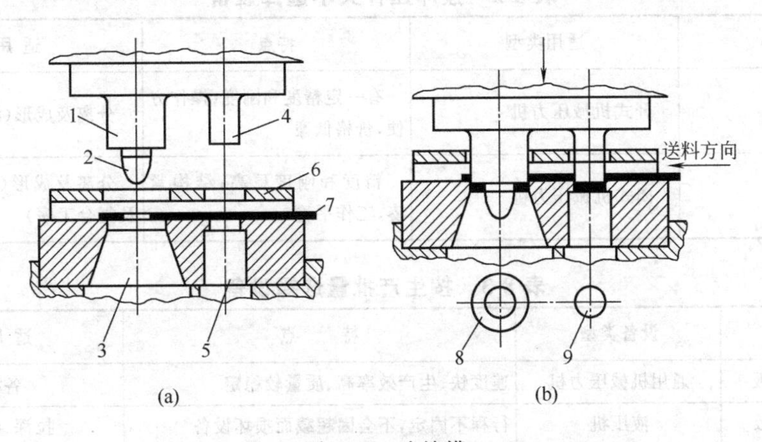

图 8-13 连续模

1—落料凸模；2—定位销；3—落料凹模；4—冲孔凸模；
5—冲孔凹模；6—卸料板；7—坯料；8—成品；9—废料

8.3 冲压模具主要零部件

构成冲压模具的零部件，按其功能分为工艺结构零件和辅助结构零件。工艺结构零件直接参与完成冲压工艺过程，并和毛坯直接发生作用；辅助结构零件不与毛坯直接作用，但对模具完成工艺过程起保证作用或对模具的功能起完善作用，主要冲模结构零件见表 8-1。

表 8-1 主要冲模结构零件

工艺结构零件		辅助结构零件	
工作零件——直接对毛坯进行加工（分离或成形）的零件	1. 凸模	导向零件——保证模具上、下两部分正确的相对位置及精度的零件	11. 导柱、导套
	2. 凹模		12. 导板
	3. 凸凹模		13. 导筒
定位零件——确定冲压加工中毛坯正确位置的零件	4. 导料板和侧压板	固定零件——承接模具零件或将模具紧固在压力机上并与它发生直接联系的零件	14. 上、下模座
	5. 挡料销、侧刃及导正销		15. 模柄
	6. 定位销和定位板		16. 固定板、垫板
			17. 螺钉、销钉等
压料、卸料及出件零件——使制件与废料得以出模，保证实现正常冲压的零件	7. 压边圈（压料板）	弹性元件、斜楔机构、起重零件及其他	18. 弹簧、橡胶
	8. 卸料板		19. 斜楔机构
	9. 推件器		20. 起重零件
	10. 顶件器		21. 其他

8.4 冲压设备

8.4.1 设备类型的选择

设备类型的选择主要依据冲压件的生产批量、工艺方法与性质及冲压件的尺寸、形状与精度等要求来进行。

（1）根据冲压件的大小进行选择　见表 8-2。

（2）根据冲压件的生产批量选择　见表 8-3。

表 8-2 按冲压件大小选择设备

零件大小	适用类型	特点	适用工序
小型或中型	开式机械压力机	有一定精度和刚度；操作方便，价格低廉	分离及成形（深度浅的成形件）
大中型	闭式机械压力机	精度和刚度更高；结构紧凑，工作平稳	分离及成形（深度大的成形件及复合工序）

表 8-3 按生产批量选择设备

冲压件批量		设备类型	特点	适用工序
小批量	薄板	通用机械压力机	速度快、生产效率高、质量较稳定	各种工序
	厚板	液压机	行程不固定，不会因超载而损坏设备	拉深、胀形、弯曲
大中批量		高速压力机	高效率	冲裁
		多工位自动压力机	高效率，消除了半成品堆储等问题	各种工序

（3）考虑精度与刚度　在选用设备类型时，还应充分注意到设备的精度与刚度。压力机的刚度由床身刚度、传动刚度和导向刚度三部分组成，如果刚度较差，负载终了和卸载时模具间隙会发生很大变化，影响冲压件的精度和模具寿命。设备的精度也有类似的问题。尤其是在进行校正弯曲、校形及整修这类工艺时更应选择刚度与精度较高的压力机。在这种情况下，板料的规格（如料厚波动）应该控制更严，否则，因设备过大的刚度和过高的精度反而容易造成模具或设备的超负载损坏。

（4）考虑生产现场的实际可能　在进行设备选择时，还应考虑生产现场的实际可能。如果目前没有较理想的设备供选择，则应该设法利用现有设备来完成工艺过程。例如，没有高速压力机而又希望实现自动化冲裁，可以在普通压力机上设计一套自动送料装置来实现。再如，一般不采用摩擦压力机来完成冲压加工，但是，在一定的条件下，有的工厂也用它来完成小批量的切断及某些成形工作。

（5）考虑技术上的先进性　需要采用先进技术进行冲压生产时，可以选择带有数字显示的、利用计算机操作的及具有数控加工装置的各类新设备。例如，对于断面要求特别光洁的冲压件（尤其是厚板冲压件），需要工艺先进和设备先进，则可选择精冲压力机甚至激光加工机。

8.4.2 设备规格的选择

设备规格的选择应根据冲压件的形状大小、模具尺寸及工艺变形力等进行。从模具往设备上安装并能开始工作的顺序来考虑，其设备规格的主要参数有以下几个。

（1）行程　压力机行程的大小，应该保证坯料的方便放进与零件的方便取出。例如，对于拉深工序所用的压力机行程，至少应保证压力机行程 $S>2h$（h 为零件高度）。

（2）装配模具的相关尺寸　压力机的工作台面尺寸应大于模具的平面尺寸（一般是模具底板），还应有模具安装与固定的余地，但过大的余地对工作台受力不利；工作台面中间孔的尺寸要保证漏料或顺利安放模具顶出料装置；大吨位压力机滑块上应加工出燕尾槽（与压力机工作台板一样），用于固定模具，而一般开式压力机滑块上有模柄孔尺寸（直径×高度）。

（3）闭合高度　冲床的闭合高度，是指滑块处于下死点时，滑块下平面至工作台上平面间的开挡空间尺寸。这个高度即为冲压操作（主要是装卸模具）的空间高度尺寸。显然，冲床的闭合高度要与模具的闭合高度相适应。冲床的最大闭合高度要大于模具的闭合高度，最小闭合高度又要能小于模具的闭合高度。

（4）设备吨位　设备吨位大小的选择，首先要以冲压工艺所需要的变形力为前提。要求设备的名义压力大于所需的变形力，而且，还要有一定的力量储备，以防万一。例如，某道冲压工序的工艺变形力为 F_{max}，则选择的设备吨位一般为 $1.3F_{max}$。

8.4.3 主要冲压设备类型与规格

常规的冲压设备，在工程习惯上主要是指压力机。压力机的种类很多，按照不同的观点可以把压力机分成不同的类别。例如，按驱动滑块力的种类分为机械的、液压的、气动的等；按滑块个数可分为单动、双动、三动式等；按驱动滑块机构的种类又可分为曲柄式、肘杆式、摩擦式等；按机身结构形式可分为开式、闭式等。

曲柄压力机是材料塑性成形中广泛使用的设备，通过曲柄连杆机构获得材料成形时所需的力和直线位移。目前曲柄压力机依据床身结构可分为开式和闭式曲柄压力机。通用的曲柄

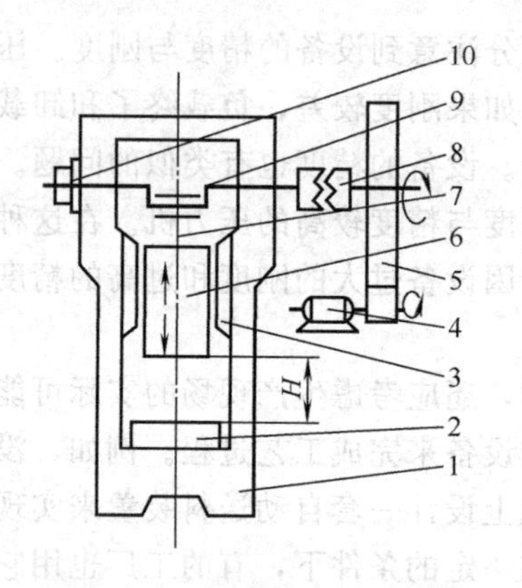

图 8-14 曲柄压力机结构简图

1—机架；2—工作台；3—导轨；4—电动机；5—飞轮；6—滑块；7—连杆；8—离合器；9—曲轴；10—制动器

压力机的一般结构如图 8-14 所示。

开式压力机的床身呈“C”形，机身的前面和左、右面敞开，便于模具安装调整和成形操作，但机身刚度较差，受力变形后影响制件精度和降低模具寿命，适用于小型压力机，常用在 1000kN 以下。

闭式压力机床身为框架结构，机身前后敞开，两侧封闭，在前后两面进行模具安装和成形操作，机身受力变形后产生的垂直变形可以用模具闭合高度调节量消除，对制件精度和模具运行精度不产生影响，适用于中大型曲柄压力机。

根据 GB/T 9965—1999 的规定，曲柄压力机型号由汉语拼音、英文字母和数字表示，表示方法如下：

J (□) □ □-□ (□)

① ② ③ ④⑤⑥ ⑦

①位为类代号，以汉语拼音首起字母表示，如 J 表示机械压力机，Y 表示液压机。

②位为以英文字母表示次要参数在基本型号上所做的改进，依次以 A、B、C 表示。

③位以数字表示压力机组别，如 2 组为开式曲柄压力机，3 组为闭式曲柄压力机。

④位以数字表示压力机型别，如 1 型表示固定台式曲柄压力机，2 型为活动台式曲柄压力机。

⑤位为分隔符，以短横线表示。

⑥位以数字表示设备工作能力，如 160 表示压力机标称压力为 160×10kN=1600kN。

⑦位以英文字母表示对设备结构和性能所做的改进设计代号，依次以 A、B、C 表示。

思考与练习

1. 板料冲压生产有何特点？应用范围如何？
2. 板料冲压基本工序有哪些？常见冲压模具及其应用范围如何？
3. 常见模具主要零部件有哪些？
4. 常见冲压设备及其选用原则是什么？

第 9 章

金属以外材料的成型加工

9.1 工程塑料成型

9.1.1 工程塑料的成型方法

（1）塑料的可加工性　塑料为高分子材料，其成分、结构复杂，在不同温度下的力学性能有较大差别，可加工工艺性也大不相同。塑料随着温度的不同，呈现出玻璃态、高弹态和黏流态三种。塑料在玻璃态时较为坚硬，服从胡克定律，此时可进行机械加工。非结晶塑料在高弹态时形变能力增强，此时可进行压延、弯曲等，由于变性是可逆的，应迅速降低温度至玻璃态。当温度升高，塑料达到黏流态时，弹性模量很小，此时塑料具有流动性，较小的外力即可使熔体变形。

塑料的成型性能主要指标有黏度、收缩性、吸湿性等。黏度越小，塑料越易成型。塑料的黏度主要取决于塑料本身，但成型过程中温度、压力和剪切速率对黏度均有影响。升高温度、减小压力会使黏度降低，大多数塑料的黏度随剪切速率的增加而减小，在成型过程中应根据塑料种类的不同选择适当的温度与压力，成型温度不能过高，防止塑料降解。塑料收缩会引起产品尺寸的变化，设计模具时应考虑塑料的收缩性。塑料中因有多种添加剂，会吸收水分，使产品表面粗糙，甚至产生气泡，成型前应进行干燥处理。

（2）常用塑料成型方法简介　塑料的成型与聚合物的聚集态的转变温度有直接关系，根据成型工艺不同，主要有注射成型、挤出成型、压延成型、吹塑成型、真空成型等。各种成型工艺与聚合物的聚集态的关系如图 9-1 所示。

① 注射成型　注射成型也称注塑成型，应用最广，大多数塑料都可进行注射成型，工程塑料中 80%是注射成型制品。注射成型就是将颗粒状的塑料经注塑机的料斗送进加热的料筒，使其受热熔融至流动状态，然后在柱塞或螺杆的推动下，经料筒端部的喷嘴注入温度较低的闭合塑模中。充满塑模的熔料在受压的情况下降温硬化，获得塑模型腔所赋予的尺寸和形状，打开模具即可得到所需制品。注射模塑成型状态如图 9-2 所示。

注射成型具有生产周期短，能一次成型外形复杂、尺寸精确、带有金属和非金属嵌件的塑料制品，对成型各种塑料的适用性强、生产效率高，易于实现自动化生产等一系列优点。因此，注射成型是一种比较经济而先进的成型技术，现阶段发展迅猛。目前注射成型的制品约占塑料制品总量的 20%～30%。其缺点主要是成型设备和模具结构复杂，投资大，所以

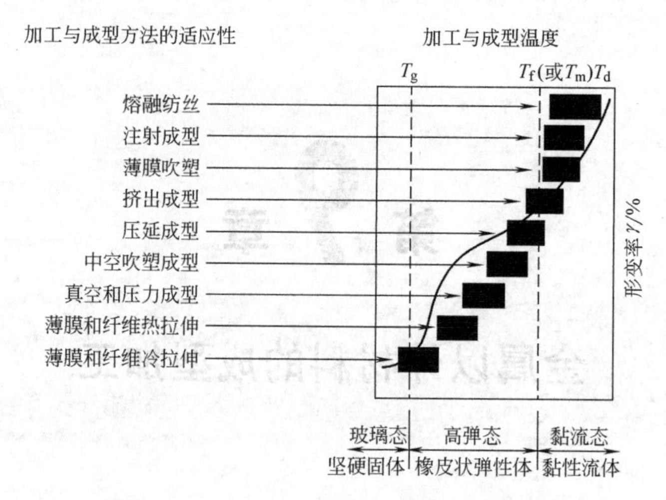

图 9-1　聚合物的聚集态与塑料成型的关系

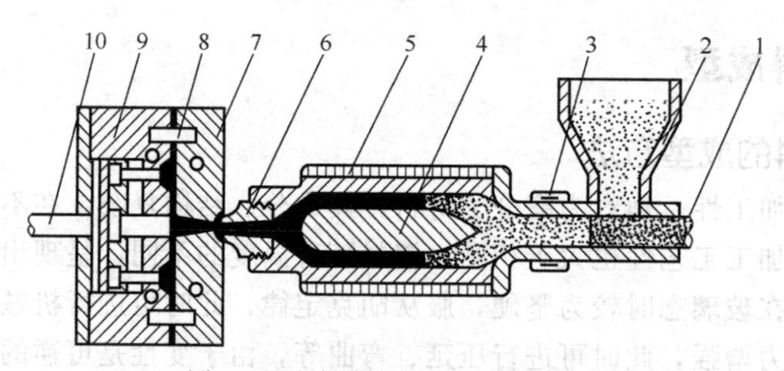

图 9-2　注射模塑成型状态示意图

1—柱塞；2—料斗；3—冷却套；4—分流梭；5—加热器；6—喷嘴；

7—固定模板；8—制品；9—活动模板；10—顶出杆

小批量制品就不宜采用此法成型加工。

注射模塑成型除了一些连续型材外，既可以生产小巧的电子器件和医疗用品，也可以生产大型的汽车配件或建筑构件；既可以生产形状简单、精度和性能要求低、美观实用的日用品，也可以生产尺寸精度和性能要求高、形状复杂、可满足各种使用要求的塑料制品。

② 吹塑成型　吹塑成型一般用来制造中空的制品。中空吹塑成型是将处于塑性状态的塑料型坯置于模具型腔内，使压缩空气注入型坯中使其吹胀，紧贴于模腔壁上，冷却定形得到一定形状的中空制品的加工方法。根据制造毛坯的方法不同，中空吹塑成型分为挤出吹塑成型、注射吹塑成型、多层吹塑成型及片材吹塑成型等。塑料瓶注射-吹塑成型如图 9-3 所示。

成型时注塑机将熔融塑料注入注射模内，形成管坯，管坯包在周壁带有微孔的空心型芯上，然后趁热将型芯及包着的型坯移至吹塑模内，吹塑模合模，注入压缩空气后，型坯被吹胀到模腔的形状，冷却保压、定形后，开启模具便可得到中空的塑料瓶。

③ 挤出成型　挤出成型也称挤出挤塑成型，是借助于螺杆或柱塞的挤压作用，使塑化均匀的塑料强行通过模口而成为具有恒定截面的连续制品的成型方法。常用来生产管材、棒材、板材和薄膜等。挤出成型适合于热塑性塑料，产品内部组织均匀致密，尺寸稳定，而且成型过程简单，生产率高，成本较低。

热塑性塑料的挤出成型原理如图 9-4（以管材的挤出为例）所示，粒状或粉状塑料通过

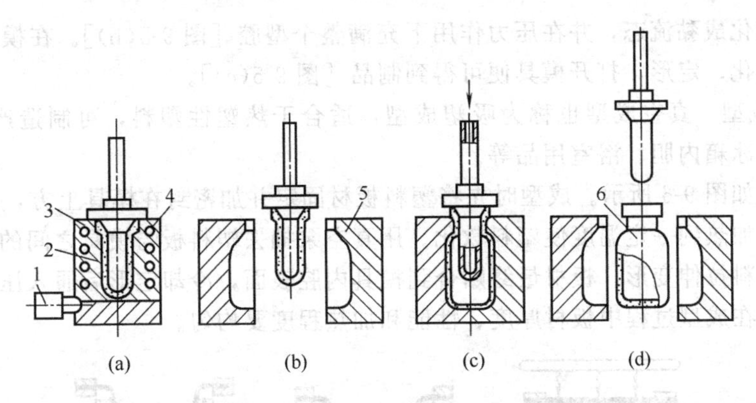

图 9-3　塑料瓶注射-吹塑成型工艺过程

1—注塑机喷嘴；2—注射型坯；3—空心凸模；4—加热器；5—吹塑模；6—塑件

料斗（图中未画出），在旋转的螺杆作用下，塑料沿螺杆的螺槽向前方输送，在此过程中，不断接受外加热和物料与物料之间的剪切摩擦热，逐渐熔融成黏流态后进入模具（机头）。在成型模具内，熔体进一步塑化并被挤压成型。当熔体被挤出后，立即冷却定形，由牵引装置引出，再由切割装置切割或由卷取装置卷取得到制品。

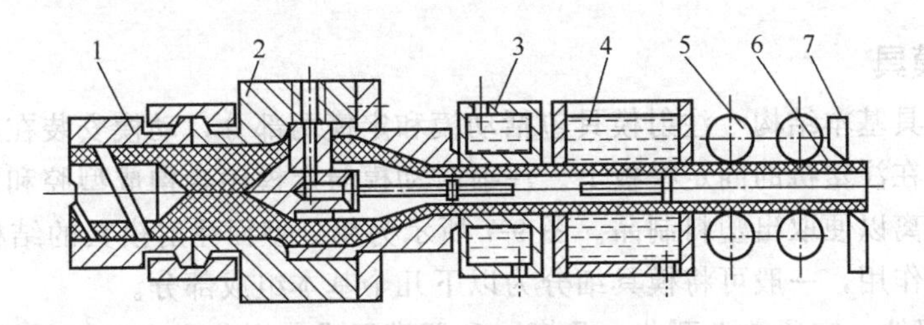

图 9-4　挤出成型原理

1—挤出机料筒；2—机头；3—定形装置；4—冷却装置；
5—牵引装置；6—塑料管；7—切割装置

④ 压塑成型　压塑成型也称为压制成型、压缩成型、模压成型等。压塑成型设备简单，技术成熟，适合于流动性较差的热固性塑料。其缺点是生产效率低，不适合加工形状复杂和精度要求高的塑料件。

压塑成型的主要设备有液压机和压制模具，压制模具的结构与注射模相似，但无浇注系统，只有一段加料室。其原理如图 9-5 所示。首先将松散状（粉状、粒状、碎屑状及纤维状等）或预压锭的塑料放入高温的（一般为 130～180℃）模具加料室或型腔内［加料室底部为型腔，如图 9-5(a) 所示］，然后以一定的速度合模，接着加热加压，使塑料在热和压力的

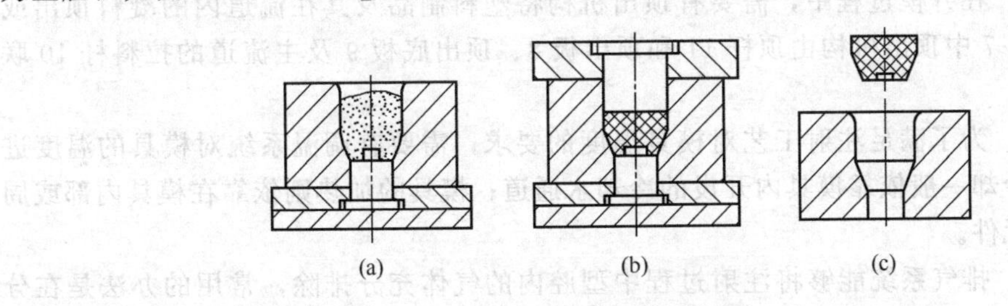

图 9-5　压塑成型原理

作用下逐渐软化成黏流态，并在压力作用下充满整个型腔［图 9-5(b)］。在模具内固化剂与树脂反应、固化、定形，打开模具便可得到制品［图 9-5(c)］。

⑤ 真空成型　真空成型也称为吸塑成型，适合于热塑性塑料，可制造产品包装材料、一次性餐盒、冰箱内胆、浴室用品等。

成型过程如图 9-6 所示。成型时先将塑料板材固定并加密封在模具上方，将辐射加热器移至板材上方加热到一定温度使塑料软化。用真空泵抽去塑料板与模具之间的空气，在大气压力作用下板料拉伸变形，板材最终贴合到模具内腔表面，冷却定形后通入压缩空气将得到的制品吹出。在成型过程中板材厚度、性能和加热程度要均匀。

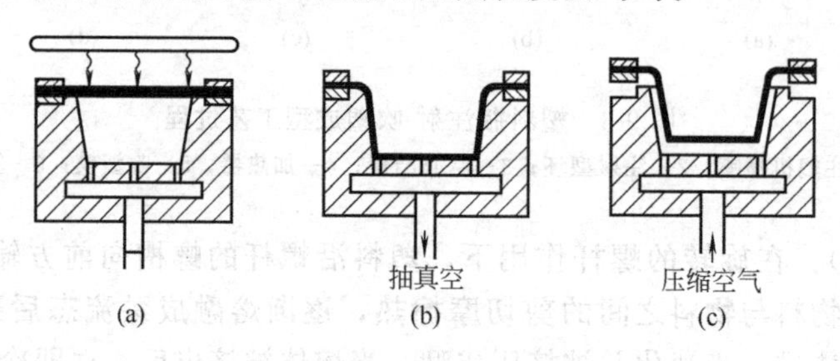

图 9-6　真空成型工艺过程

9.1.2　注射模具

(1) 注射模具基本结构　注射模具包括动模和定模两部分，动模安装在注塑机的移动模板上，定模安装在注塑机的固定模板上。注射时动模与定模闭合构成型腔和浇注系统，开模时动模与定模分离以便取出塑料制品。图 9-7 所示为单分型面注射模具的结构，根据模具中各个部件所起的作用，一般可将模具细分为以下几个基本组成部分。

① 成型零部件　它通常由型芯（凸模）和凹模组成，型芯形成塑料制品的内表面形状，凹模形成制品的外表面形状。合模后型芯和凹模构成了模具的型腔，如图 9-7 所示，该模具的型腔由 13 和 14 组成。按设计和工艺要求，有时凹模或型芯由若干个拼块组合而成，有时在易损坏、难以整体加工的部位采用镶件。

② 浇注系统　将塑料熔体由注塑机喷嘴引向型腔的一组流动通道称为浇注系统，它由主流道、分流道、浇口和冷料井组成。浇注系统设计得好或不好会直接关系到塑料制品的质量和注射成型的效率。

③ 合模导向机构　为了确保动模与定模在合模时能准确对中，在模具中必须设置导向机构，通常导向机构由导柱和导套组成，有时还在动模和定模上分别设置互相吻合的内、外锥面。同时，为了避免在顶出过程中顶出板歪斜，在有的模具的顶出机构中还设有使顶出板保持水平运动的导向零件。

④ 顶出机构　在开模过程中，需要有顶出机构将塑料制品及其在流道内的凝料顶出或拉出。例如，图 9-7 中顶出机构由顶杆 11 和顶出板 8、顶出底板 9 及主流道的拉料杆 10 联合组成。

⑤ 调温系统　为了满足注射工艺对模具温度的要求，需要有调温系统对模具的温度进行调节。模具的冷却一般依靠模具内开设的冷却水通道；模具的加热则依靠在模具内部或周围安装的电加热元件。

⑥ 排气系统　排气系统能够将注射过程中型腔内的气体充分排除，常用的办法是在分型面处开设排气沟槽。对于小型塑料制品，因其排气量不大，可直接利用分型面排气。许多

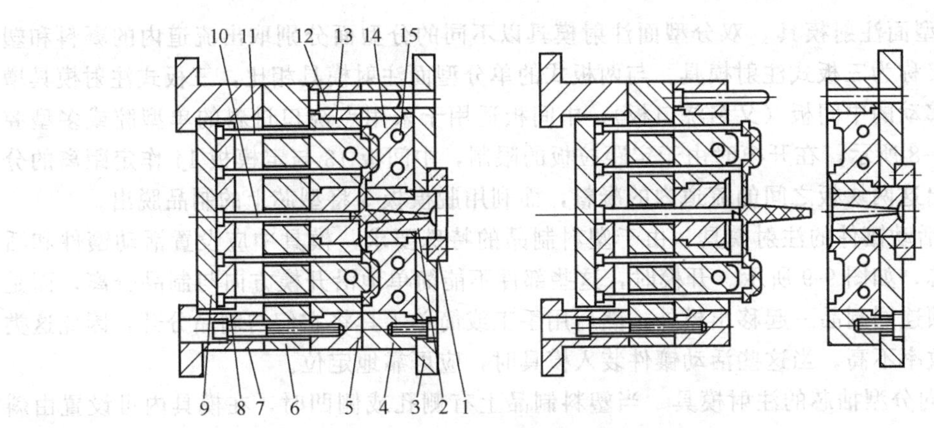

图 9-7　单分型面注射模具的结构

1—定位环；2—主流通衬套；3—定模底板；4—定模板；5—动模板；6—动模垫板；7—模脚；8—顶出板；9—顶出底板；10—拉料杆；11—顶杆；12—导柱；13—凸模；14—凹模；15—冷却水通道

模具的顶杆或型芯与模具的配合间隙均可起到排气作用，此时就不必另外开设排气沟槽。

⑦ 侧向分型抽芯机构　有些带有外侧凹或侧孔的塑料制品，在被顶出以前，必须先进行侧向分型，拔出侧向凸模或抽出侧型芯，方能顺利脱模，此时需要设置侧向分型抽芯机构。

(2) 注射模具典型结构　注射模具的分类方法很多，例如，可按安装方式、型腔数目和结构特征等进行分类。从模具设计的角度上看，按注射模具的总体结构特征分类是最为方便的，一般可将注射模具分为以下几类。

① 单分型面注射模具　单分型面注射模具又称为两板式模具，它是注射模具中最简单而又最常用的一类。据统计，两板式模具约占全部注射模具的70%。如图 9-7 所示的为单分型面注射模具，型腔的一部分在动模上，另一部分在定模上。主流道设在定模一侧，分流道设在分型面上，开模后制品连同流道内的凝料一起留在动模一侧。动模上设置有顶出机构，用以顶出制品和流道内的凝料。

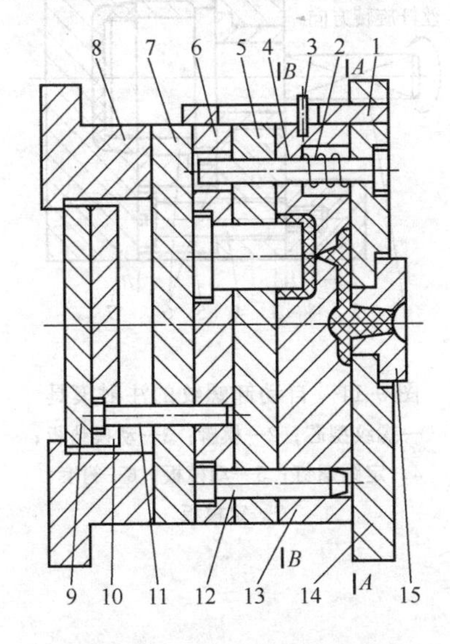

图 9-8　双分型面注射模具

1—定距拉板；2—弹簧；3—限位钉；4—导柱；5—脱模板；6—型芯固定板；7—动模垫板；8—模脚；9—顶出底板；10—顶出板；11—顶杆；12—导柱；13—中间板；14—定模板；15—主流道衬套

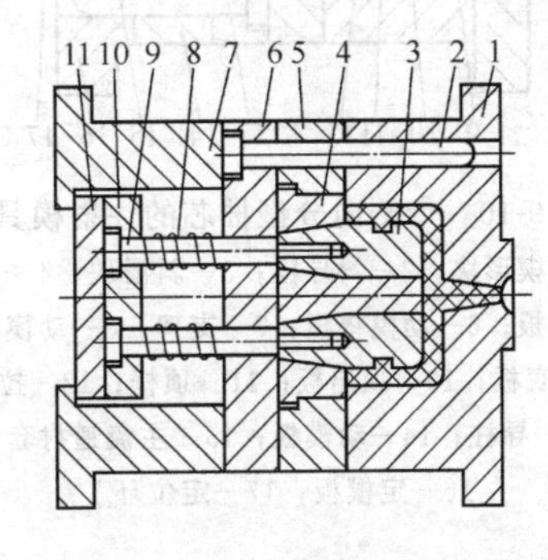

图 9-9　带活动镶件的注射模具

1—定模板；2—导柱；3—活动镶件；4—型芯；5—动模板；6—动模垫板；7—模角；8—弹簧；9—顶杆；10—顶出板；11—顶出底板

② 双分型面注射模具　双分型面注射模具以不同的分型面分别取出流道内的凝料和塑料制品，它又称为三板式注射模具。与两板式的单分型面注射模具相比，三板式注射模具增加了一个可移动的中间板（又名浇口板）。中间板适用于采用点浇口进料的单型腔或多型腔模具。如图 9-8 所示，在开模时由于定距拉板的限制，中间板 13 与定模板 14 作定距离的分开，以便取出这两块板之间的流道内的凝料，而利用脱模板 5 将型芯上的制品脱出。

③ 带有活动镶件的注射模具　由于塑料制品的特殊要求，模具中应设置活动镶件和活动的侧向型芯，如图 9-9 所示。开模时，这些部件不能简单地沿开模方向与制品分离，而是在脱模时必须连同制品一起移出模外，然后用手工或简单工具将它们与制品分开，因此这类模具的生产效率不高。当这些活动镶件装入模具时，应可靠地定位。

④ 带侧向分型抽芯的注射模具　当塑料制品上有侧孔或侧凹时，在模具内可设置由斜导柱或斜滑块等组成的侧向分型抽芯机构，它能使侧型芯作横向移动。图 9-10 所示为一斜导柱带动抽芯的注射模具。在开模时，斜导柱利用开模力带动侧型芯横向移动，使侧型芯与制品分离。除斜导柱、斜滑块外，还可以在模具中装设液压缸或气压缸带动侧型芯作侧向分型抽芯动作。

⑤ 自动卸螺纹的注射模具　当要求能自动脱卸带有内螺纹或外螺纹的塑料制品时，可在模具中设置转动的螺纹型芯或型环，这样，可利用机床的旋转运动或往复运动，将螺纹制品脱出；或者用专门的驱动和传动机构，带动螺纹型芯或型环转动，将螺纹制品脱出。如图 9-11 所示，该模具用于直角式注塑机，螺纹型芯由注塑机开合模的丝杆带动旋转，然后与制品相脱离。

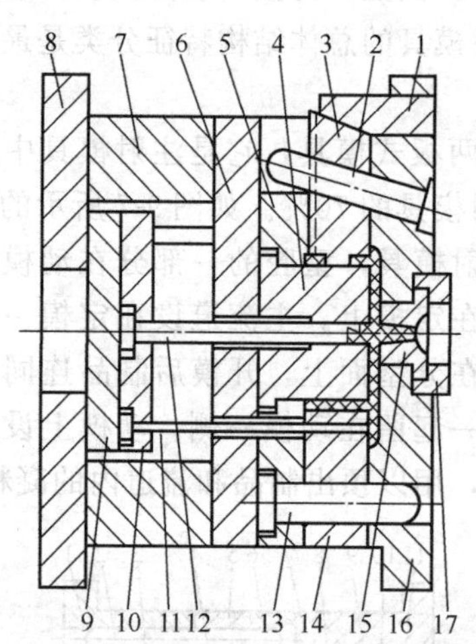

图 9-10　带侧向分型抽芯的注射模具

1—压紧楔形块；2—斜导柱；3—斜滑块；4—型芯；5—固定板；6—动模垫板；7—支架；8—动模底板；9—顶出底板；10—顶出板；11—顶杆；12—拉料杆；13—导柱；14—动模板；15—主流道衬套；16—定模板；17—定位环

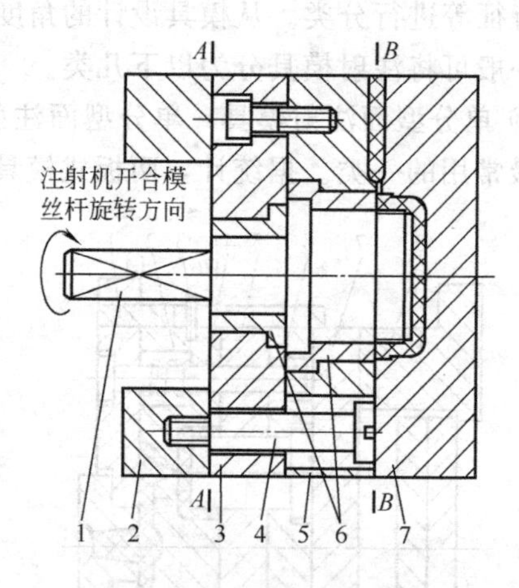

图 9-11　自动卸螺纹的注射模具

1—螺纹型芯；2—模脚；3—动模垫板；4—定距螺钉；5—动模板；6—衬套；7—定模板

9.1.3　注塑设备

注射成型是通过注塑机和模具来实现的。尽管注塑机种类很多，但各种注塑机均具有以下基本功能：①加热塑料，使其达到熔融状态；②对熔融塑料施加高压，使其射出而充满模具型腔。

(1) 注塑机的结构组成　一台通用注塑机主要包括注射系统、合模系统、液压控制系统和电气控制系统四部分，图 9-12 所示为卧式注塑机外形。其他还包括加热冷却系统、润滑系统、安全保护系统与监测系统等。

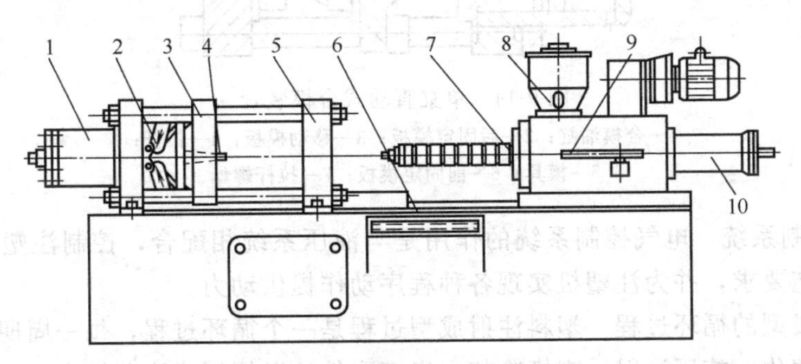

图 9-12　卧式注塑机外形

1—锁模液压缸；2—锁模机构；3—动模固定板；4—推杆；5—定模固定板；6—控制台；7—料筒及加热器；8—料斗；9—定量供料装置；10—注射缸

① 注射系统　注射系统的作用是在规定的时间内将一定数量的塑料塑化和均化，并在很高的压力和速度下，通过螺杆或柱塞将熔融塑料注射到模具型腔内，注射结束后，对注射到模腔中的熔融塑料保持定形。注射系统主要由加料计量装置、塑化部件（包括料筒、柱塞和分流梭、螺杆和喷嘴）、加压和驱动装置、注射和移动油缸等组成。图 9-13 为目前使用广泛的螺杆式注塑机的注射系统。

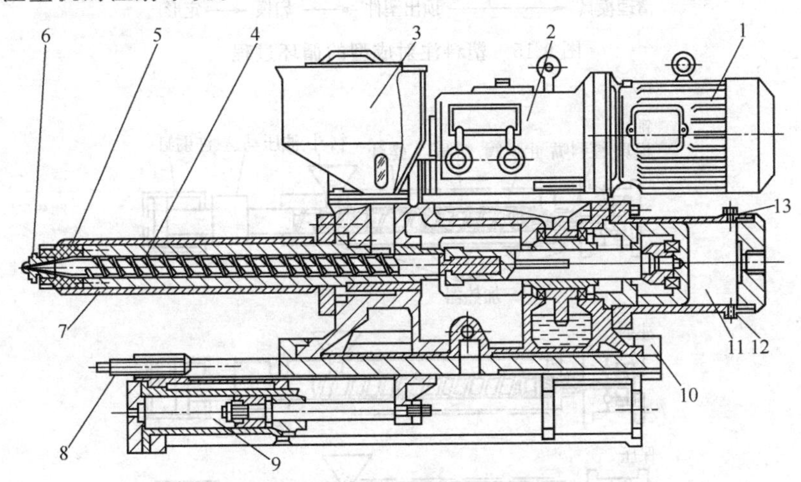

图 9-13　螺杆式注塑机的注塑系统

1—顶塑电机；2—齿轮变速箱；3—料斗；4—螺杆；5—前料筒；6—喷嘴；7—电加热器；8—限位螺钉；9—注射座整体移动油缸；10—压板；11—注射油缸；12,13—放油塞

② 合模系统　合模系统的主要作用是实现模具的闭合、开启及制件的顶出。同时，在模具闭合后，供给模具足够的锁模力，防止模具胀开。合模系统由前后固定板、移动模板、拉杆、合模油缸、移模油缸、连杆机构、调模机构以及制品挤出机构等组成。图 9-14 所示为单缸直动式合模装置。

③ 液压控制系统　液压控制系统的作用是保证注塑机按预定的工艺条件（压力、速度、温度和时间）及动作顺序（合模、注射、保压、预塑、冷却、开模、顶出制品）准确有效的工作。

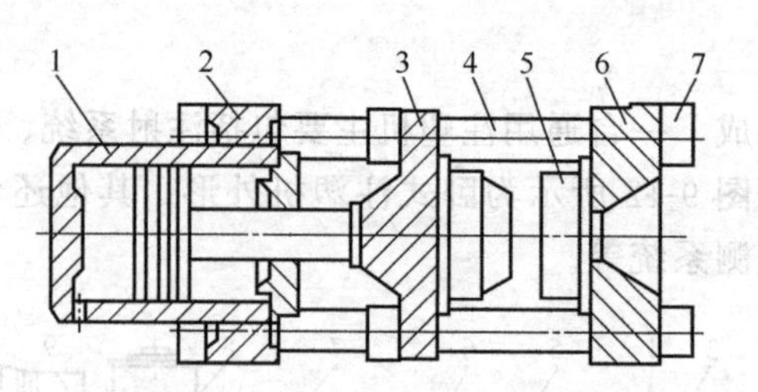

图 9-14　单缸直动式合模装置

1—合模油缸；2—后固定模板；3—移动模板；4—拉杆；
5—模具；6—前固定模板；7—拉杆螺母

④ 电气控制系统　电气控制系统的作用是与液压系统相配合，控制注塑机准确无误地实现预定的工艺要求，并为注塑机实现各种程序动作提供动力。

(2) 注射成型的循环过程　塑料注射成型过程是一个循环过程，每一周期主要包括：定量加料→熔融塑化→施压注射→充模冷却→启模取件。以螺杆式注塑机为例，循环过程如图 9-15 所示。注塑机的操作过程如图 9-16 所示。

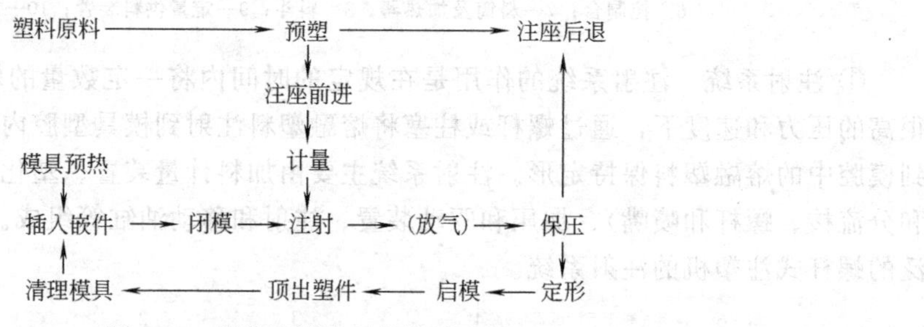

图 9-15　塑料注射成型的循环过程

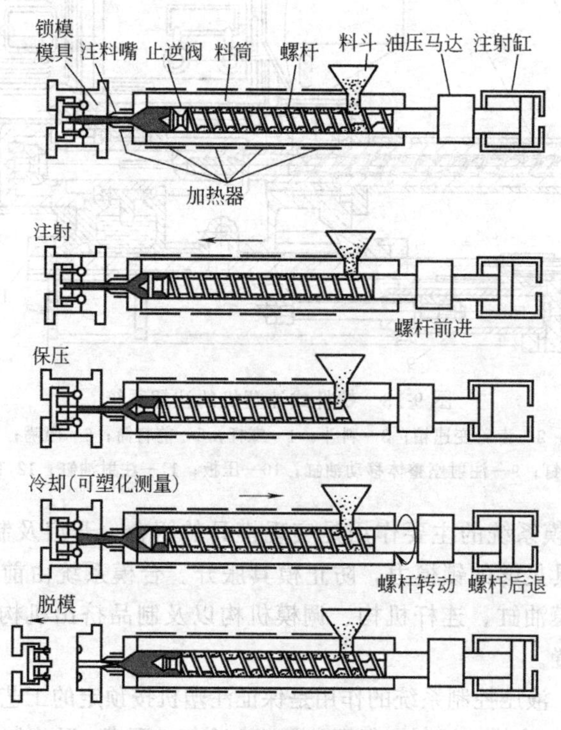

图 9-16　注塑机的操作过程

(3) 注塑机分类　注塑机的分类方法很多，根据较普遍采用的方法，按外形特征主要可分为以下三种形式。

① 卧式注塑机［图 9-17(a)］ 是最常见的类型。其锁模部分与注射部分处于同一水平中心线上，且沿水平方向打开。优点是：机身较低，易于操作、加料和维修；机器重心较低，安装较平稳，限制机器能力发展的因素较少，制品顶出后可利用重力作用自动落下，易实现自动操作。

② 立式注塑机［图 9-17(b)］ 锁模部分与注射部分同处于一垂直中心线上，且模具是沿垂直方向打开的。因此，占地面积较小，容易安装嵌件，装卸模具较方便，自料斗落入物料能较均匀地进行塑化。其缺点是制品必须用手取出，不适应大型制品注射成型；由于机身高，加料困难。

③ 直角式注塑机［图 9-17(c)、(d)］ 这种注塑机的注射方向和模具分界面在同一个面上，它特别适合于加工中心部分不允许留有浇口痕迹的平面制品。优点是比卧式注塑机占地面积小，缺点是放入模具内的嵌件容易倾斜落下，这种注塑机仅适于小型机。

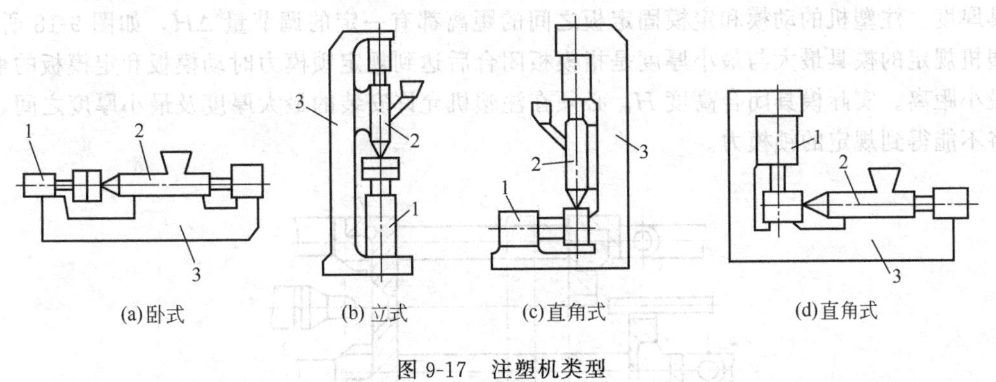

图 9-17　注塑机类型

1—合模装置；2—注射装置；3—机身

(4) 注塑机规格及其技术参数　注塑机的规格各国尚无统一标准，国际上趋于用注射容量/锁模力来表示注塑机的主要特征。我国注塑机的型号可以采用注射容量表示法和注射容量/锁模力表示法来表示。一般习惯采用注射量来表示注塑机的规格，如 XS-ZY-500，即表示注塑机在无模具对空注射时的最大注射容量不低于 500cm^3 的螺杆式（Y）塑料（S）注射（Z）成型（X）机。

注塑机的主要技术参数包括注射、合模、综合性能三个方面，如公称注射量、螺杆制经济有效长度、注射行程、注射压力、注射速度、塑化能力、合模力、开模力、开模合模速度、开模行程、模板尺寸、推出行程、推出力、空循环时间、机器的功率、体积和质量等。具体注塑机的主要技术规格和模具安装尺寸可参阅相关手册。

(5) 注塑机的选用　注射模是安装在注塑机上使用的，模具应与注塑机相互适应，同一模具可在多种型号和规格的注塑机上使用，并可取得令人满意的结果。但是，只有具有模具设计时所预设的注射量、锁模力、注射速度和总的循环操作流程的机型才能取得最佳效果，因此注塑机选用时应对以下主要技术参数进行校核。

① 注射量的校核　制件的注射量是指注塑机每个成型周期内向模具内注入的熔体体积或质量。选择注塑机时，必须保证制品的注射量小于注塑机允许的最大注射量。模具设计时，必须使制品注射量不超过注塑机额定注射量的 80%。注塑机标称注射量有两种，一种用容量（cm^3）表示，另一种用质量（g）表示。

② 注射压力的校核　注射压力的校核是校验注塑机的最大注射压力能否满足制品成型的需要。只有在注塑机额定压力内才能调节出某一制件所需要的注射压力，因此注塑机的最大注射压力要大于该制件所要求的注射压力。制件的注射压力通常为70～150MPa。

③ 锁模力的校核　熔融塑料在高压下快速注入模腔中，熔料流经喷嘴及浇注系统虽有一部分压力损失，但它进入模腔后仍具有相当大的压力，这种压力称为模腔压力。模腔压力有顶开模具产生溢料的趋势，因此，注塑机必须对模具施以足够的夹紧力，此力即为锁模力。为了保证注射成型时模腔能够可靠的锁闭，型腔压力应不超过注塑机额定锁模力的0.8～0.9倍。

④ 安装部分的尺寸校核　不同型号和尺寸的注塑机，其安装模具部位的形状和尺寸各不相同。为使注射模能顺利安装在注塑机上，生产出合格的制品，设计模具时必须校核注塑机上与模具安装有关的尺寸。通常包括模具厚〗度、模具长度和宽度及动、定模固定板上安装尺寸、喷嘴尺寸、定位圈尺寸等。

a. 模具闭合高度。注射模的动、定模闭合后，沿闭合方向的长度称为模具闭合高度或模具厚度。注塑机的动模和定模固定板之间的距离都有一定的调节量 ΔH，如图 9-18 所示。注塑机规定的模具最大与最小厚度是指模板闭合后达到规定锁模力时动模板和定模板的最大与最小距离。实际模具闭合高度 H_m 必须在注塑机允许安装的最大厚度及最小厚度之间，否则将不能得到规定的锁模力。

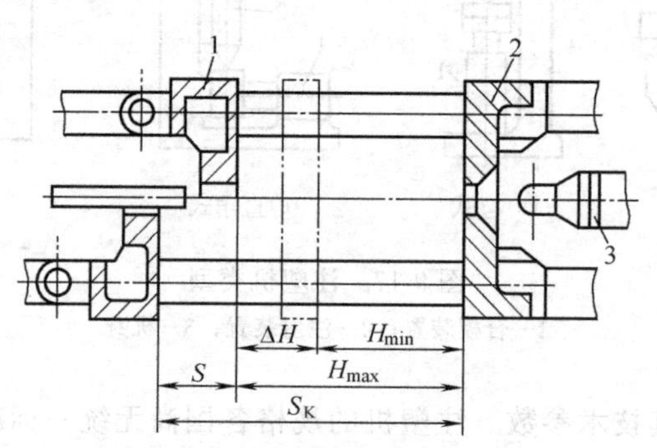

图 9-18　注塑机动、定模固定板间距

1—动模固定板；2—定模固定板；3—喷嘴；

S—开模行程；S_K—动、定模固定板的最大间距

b. 模具的长度和宽度。为使模具安装时可以穿过拉杆空间而在动、定模固定板上固定，模具的长度和宽度应与注塑机拉杆间距相适应。

c. 动、定模固定板上安装尺寸。如图 9-19 所示，注射模在注塑机动、定模固定板上安装有螺钉直接固定和螺钉压板压紧固定两种方式。螺钉或压板数目常为 2～4 个。压板方式具有较大灵活性，但对质量较大模具一般采用螺钉固定比较安全。

d. 喷嘴尺寸。注塑机喷嘴头的球面半径 R_1 与模具主流道始端的球面半径 R_2 必须吻合，以防止高压塑料从缝隙中溢出。一般应比喷嘴头半径大 1～2mm，否则主流道内的凝料无法脱出。

e. 定位圈尺寸。模具定模板上凸出的定位圈（图 9-19 中 a 处）应与注塑机固定板上的定位孔（图 9-19 中 b 处）呈较松动的间隙配合，以保证模具主流道中心线与注塑机喷嘴中心相重合。定位圈高度大型模具一般为 10～15mm，小型模具通常为 8～10mm。

⑤ 开模行程的校核　对于每一种注塑机，模板的最大间距和行程是一定的。

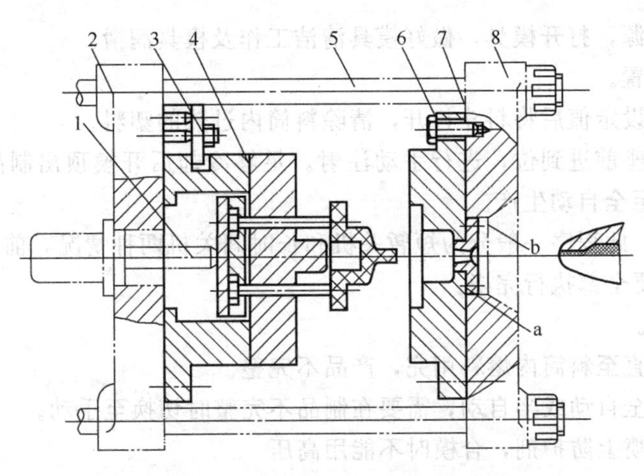

图 9-19 模具在注塑机上的安装

1—注塑机顶杆；2—注塑机动模固定板；3—压板；4—动模；
5—注塑机拉杆；6—螺钉；7—定模；8—注塑机定模固定板

模板最大间距

$$L_{\phi}=(3\sim4)h$$

式中 h——成型制品的最大高度。

动模板行程。模板行程 S_{ϕ}的大小取决于制品的高度 h，为了便于取出制品，一般取

$$S_{\phi}\geqslant 2h$$

因此，在一般情况下 $L_{\phi}\geqslant(1.5\sim2)S_{\phi}$。上式中 S_{ϕ}不包括模具厚度的调节范围，对全液压注塑机，模板行程应该是有效移模行程与调模距离（即允许模具最大厚度与最小厚度之差）之和，即 $S'=S_{\phi}+(H_{\max}-H_{\min})$。

⑥ 推出装置的校核 注塑机顶出装置的形式有多种，在设计模具推出机构时，应校核注塑机顶出机构的顶出形式、最大的顶出距离、顶杆直径、双顶杆中心距等，保证模具推出机构与注塑机的顶出机构相适应，注塑机的最大顶出距离应保证能将塑件从模具中脱出。

9.1.4 注塑机操作规范

各种型号注塑机的操作规范大同小异，实际操作时需参照机器说明书。

(1) 操作前准备

① 准备适当的工具（如扳手、铜棒等）。

② 核对生产资料，将温度、压力等各参数进行修正。

③ 开启干燥机，将塑料干燥及预热。

(2) 检查安全装置

① 检查低压护模动作是否正常。

② 检查安全门保护装置是否正常。

③ 检查其他安全保护装置。

(3) 开机程序

① 检查水路是否完全开启。

② 检查各电源是否正常。

③ 开启马达电源，打开模具，做好模具清洁工作及模具润滑。

④ 检查安全装置。

⑤ 待温度达到设定值后将料斗打开，清除料筒内过热的塑料。

⑥ 锁模、注射座前进到位，进行手动注射。足够冷却后开模顶出制品。手动模塑正常后可采用半自动直至全自动生产。

(4) 关机程序 此程序一般分为短暂关机和长时间关机两种情况，前者只需做好第④～⑥项即可，后者则要全部执行完毕。

① 关闭料闸板。

② 继续操作，直至料筒内熔料用完，产品不完整。

③ 如果工作在全自动或半自动，需要在制品不完整时切换至手动。

④ 清洁模具，喷上防护剂，合模时不能用高压。

⑤ 将注射座退回。

⑥ 关闭机器各部分电源及总电源。

⑦ 清洁机身及工作台。

(5) 上模程序

① 打开总电源，接通冷却水、开启温控电源。

② 选定原料放入料斗。

③ 检查模具是否能够安装在注塑机内调校。

④ 检查模具顶针是否与注塑机顶辊相吻合。

⑤ 检查上模具所需要的工具是否齐全。

⑥ 模具配上吊模环配合吊机使用。

⑦ 测量模具宽度及厚度，启动马达进行调模。

⑧ 将模具小心放入注塑机内，取消高压进行操作。

⑨ 固定模具，检查安全杆位置，接好模具冷却水。

⑩ 调整适当锁模力。

⑪ 待温度达到后，开始手动操作。上模完毕。

(6) 调整模具

① 取消高压点。

② 装模前调适合模容量，减 5mm。

③ 机铰伸直，调校模厚装置至模面贴合。

④ 调校锁模行程、顶针位置。

⑤ 调整机械保护杆位置。

⑥ 将模具调后 5mm，然后启动高压点。

⑦ 输入所需压力参数，然后适当调整锁模力。

⑧ 准确调校护模点及护模参数。调模完毕。

(7) 下模程序

① 在落模前，需取消高压点，防止高压动作损坏模具。

② 模具内喷上防护剂，关闭模具，拆除冷却水管，放掉冷却水。

③ 切断电机电源，用起重机将模具吊住，拆除模具压板。

④ 开启电机电源，慢速开模。

⑤ 切断电机电源，小心将模具吊下。

⑥ 将模具存放在适当位置。

⑦ 关闭注塑机总电源，清理机身及工作台。

9.2 橡胶成型

橡胶的高弹性对加工成型是不利的，大部分机械能会消耗在弹性变形上，而且很难获得所需的制品形状。橡胶材料还含有多种添加剂，所以橡胶在成型前必须经过预加工，使橡胶材料易于成型加工。橡胶的预加工有生胶的塑炼和混炼。

（1）生胶的塑炼和混炼　生胶（天然胶、合成胶、再生胶）的塑炼是在一定压力和温度条件下进行机械加工，使材料变得柔软，黏度下降，流动性、可塑性增强。密闭式塑炼机是常用塑炼设备。生胶的混炼是向塑炼后的生胶中混入添加剂（硫化剂、防老化剂、填充剂等），使其成分均匀的过程。

（2）橡胶的成型方法　主要有压制成型、传递成型和注射成型等。

① 压制成型　压制成型是将橡胶半成品直接置于敞开的模具型腔中，而后将模具闭合，送入平板硫化机中加压、加热，胶料在加热和压力作用下硫化成型，如图 9-20 所示。压制成型模具结构简单、通用性强、适用性广，在整个橡胶模具压制品生产中占较大比例。

② 传递成型　传递成型又称为压铸成型。它是将混炼过的、形状简单的、一定量的胶料放入压铸模料腔中，通过压铸塞的压力挤压胶料，使胶料通过浇注系统进入模具型腔中硫化成型的。传递成型适用于制作普通模压法所不能压制的薄壁、超长和超厚的制品，所生产的制品致密性好，质量优越。图 9-21 所示为传递成型示意图。

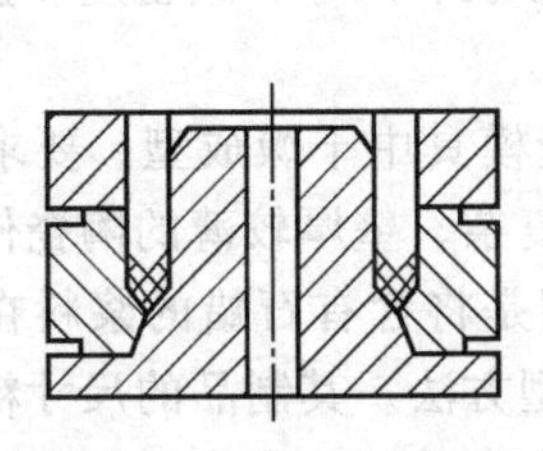

图 9-20　橡胶压制成型

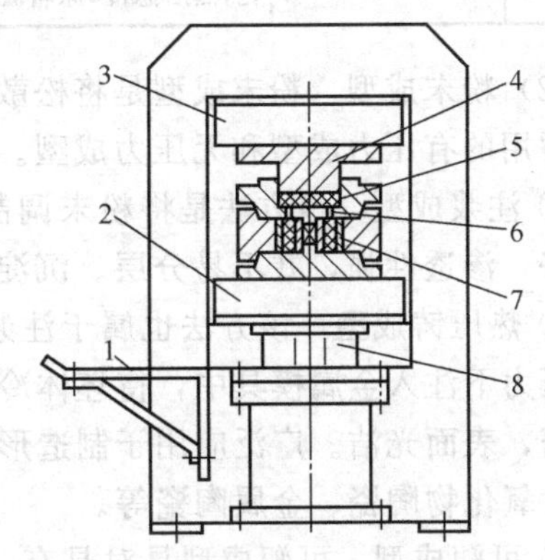

图 9-21　橡胶传递成型

1—工作台；2—下热板；3—上热板；4—压铸塞；5—料腔；6—料道；7—制品；8—压机活塞

③ 注射成型　橡胶的注射成型与塑料的注射成型类似，包括塑化、注射保压、硫化、脱模等步骤，其原料也是混炼好的胶料。

9.3 工程陶瓷及复合材料的成型

9.3.1 工程陶瓷成型

在常温下，陶瓷的硬度、熔点很高，并且由于陶瓷在室温下几乎没有塑性，所以一般的加工方法不可能使陶瓷加工成型。目前陶瓷的成型步骤是先制备粉末，然后将粉末成型为坯体，最后是坯体的烧结，获得高质量的陶瓷制品。

（1）粉末的制备 粉末的质量对陶瓷件的质量影响很大，高质量的粉末应具备的特征有：粒度均匀，平均粒度小；颗粒外形圆整；颗粒聚集倾向小；纯度高，成分均匀。常用粉末制备方法见表 9-1。

表 9-1 常用粉末制备方法

类别	制备方法	原理	特点
机械方法	粉碎法	利用球磨机带动球磨罐中磨球高速撞击原料，使原料粉碎	颗粒形状不规则，易发生聚集成团混入杂质，颗粒径大于 1μm
物理方法	雾化法	利用超音速气流带动原料高速运动，原料相互撞击、摩擦而粉化	粒径在 0.1～0.5μm 之间，粒度分布均匀，速度快，杂质少
化学法	固相法	热分解法、还原法、合成法	粒度分布均匀，粒度、纯度可控，粒度在 1μm 左右
	液相法	沉淀法：使金属盐溶液发生沉淀反应生成盐或氢氧化物，再加热分解得到氧化物粉末。 蒸发法：将溶液以雾状喷射到热风中，使溶剂快速蒸发干燥而分解	粒度小于 1μm，成分均匀，生产量大
	气相法	气相反应法：将挥发性物质加热到一定温度后分解或化合，得到氧化物、碳化物。 蒸发-凝聚法：将原料加热到高温使之汽化，然后急冷，原料凝聚成细微粉末	粒度可控，粒径在 5～500nm 之间，纯度高

（2）粉末成型 粉末成型是将松散的粉末制成具有一定形状、尺寸、致密度和强度的坯件。常用的有压力成型和无压力成型。

① 注浆成型 该方法是将粉末调制成浆料，浇注到石膏模具中干燥成型。要求浆料流动性好，渗透性强，并不易分层、沉淀，适合于大型或形状复杂、壁厚较薄的陶瓷件。

② 热压铸成型 该方法也属于注浆成型法，热压铸成型是将含有石蜡的浆料在一定温度和压力下注入金属模具中，待坯体冷却凝固后再脱模的成型方法。其制品的尺寸精确，结构紧密，表面光洁。广泛应用于制造形状复杂、尺寸精度要求高的工业陶瓷制品，如电容器瓷件、氧化物陶瓷、金属陶瓷等。

③ 可塑成型 可塑成型是对具有一定塑性变形能力的泥料进行加工成型的方法。可塑成型方法有旋压成型、滚压成型、塑压成型、注塑成型和轧膜成型等几种类型。

④ 压制成型 压制成型是将含有一定水分的粒状粉料填充到模具中，加压而成为具有一定形状和强度的陶瓷坯体的成型方法。根据粉料中含水量的多少，可分为干压成型（含水量 3%～7%）和半干压成型（含水量 7%～15%），特殊的压制成型方法（如等静压成型，含水量可低于 3%）。

压制法成型一般在油压机上进行，其加压方式可以是单面加压，也可以是双面加压，如图 9-22 所示，从图中可看出，三种情况下密度是不同的。

⑤ 流延成型 流延成型首先将粉末中加入黏结剂、增塑剂、溶剂等混合均匀，制成浆料，然后通过流延铺展于传送带上，用刮刀控制厚度，再经加热干燥固化成型，得到的薄膜可根据需要再加工。流延成型要求粉末细小、圆滑，通常采用纳米级微粒，并且浆料需经过真空处理去除气泡。

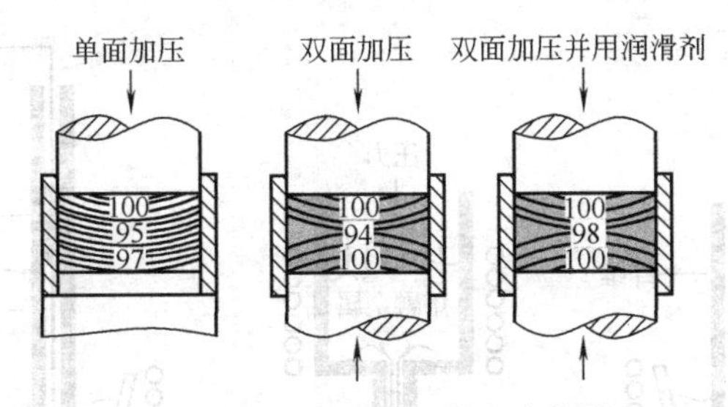

图 9-22 加压方式对坯体密度的影响

(3) 烧结 成型后的坯料含有大量的气孔，并且颗粒之间主要是点接触，并未形成足够的化学键连接，并不具备陶瓷的力学、物化性能。烧结就是成型后的坯料在高温下致密化和强化的过程。根据烧结环境和压力的不同分为常压烧结、热压烧结、气氛烧结。陶瓷制品烧结后为进一步提高使用性能和精度，还需进行机械加工、热处理等后续工序。

9.3.2 复合材料成型

复合材料的成型工艺与基体材料和增强材料的工艺性能有密切关系，下面简要介绍一些常用的成型方法。

(1) 塑料基纤维增强材料的成型 纤维增强塑料应用广泛，其主要成型方法有手糊成型、模压成型、缠绕成型。

① 手糊成型 手糊成型又称接触成型，是用纤维增强材料和树脂胶液在模具上铺敷成型，在室温（或加热）、无压（或低压）条件下固化，脱模成制品的工艺方法。手糊成型是最早的一种复合材料成型方法，用于制造波纹瓦、浴盆、储罐、汽车壳体、飞机机翼、火箭外壳等。

② 模压成型 模压成型是将一定量的模料放入金属对模中，在一定温度和压力下固化成型。模压成型生产效率高，制品表面性能好、尺寸准确、精度高，可以一次成型较复杂的结构，且重复性好。适合于大批量生产中小型制品。

③ 缠绕成型 将浸透树脂的连续纤维或布带，按照一定规律缠绕在芯模上，经固化脱模成型为增强塑料制品的工艺过程。缠绕成型可分为平面缠绕、环向缠绕和螺旋缠绕三类。

(2) 陶瓷基复合材料成型

① 浆料浸渍工艺 该方法是将长纤维经过浸渍浆料与陶瓷混合，然后根据需要预成型，最后经过烧结得到复合材料。为防止烧结温度过高导致纤维性能下降，浆料浸渍法主要用于形状简单的低熔点陶瓷基长纤维复合材料。

② 熔体浸渗法 熔体浸渗法是将短纤维浸渗入熔融的陶瓷，然后在一定压力下冷却成型。该方法主要用于制造碳化硅等晶须或颗粒增强的陶瓷基复合材料。

③ 短纤维定向排列成型 该方法也属于浆料浸渍成型，只不过改用短纤维为增强材料，并利用机械装置使短纤维定向排列、均匀分布，从而提高制品性能。

④ 化学反应法 该方法利用混合气体之间发生化学反应生成陶瓷粉末，并在纤维预制件上沉积成型，可用于制造形状复杂的产品，但速度慢，生产效率低。

(3) 金属基复合材料成型

① 纤维增强金属基复合材料成型 常用方法是熔融金属浸透法，即将基本金属加热熔化后与增强纤维复合。根据复合工艺不同，可分为毛细管上升法、压铸法和真空铸造法，如图 9-23 所示。

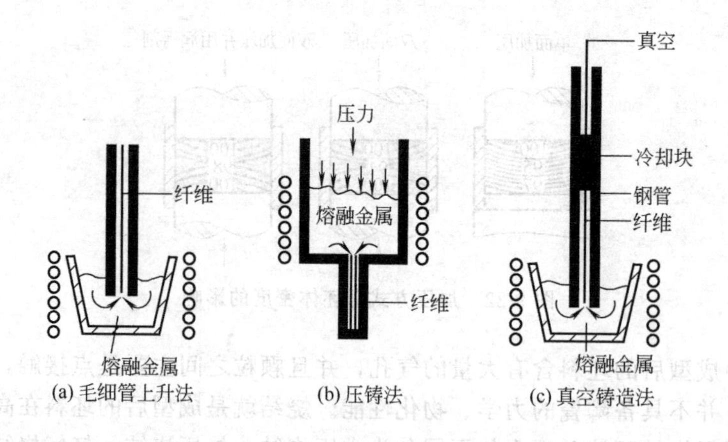

图 9-23 熔融金属渗透法示意图

② 颗粒增强金属基复合材料的成型 利用增强成型时，最主要的是应使高熔点、高硬度的颗粒均匀分布。常用方法有液态搅拌铸造成型、半固态复合铸造成型、喷射复合铸造成型和原位反应增强颗粒成型等。

思考与练习

1. 工程塑料的常见成型方法及其应用特点是什么？
2. 注射模具基本结构包括哪些？典型模具结构及其特点如何？
3. 简述注塑设备结构组成及塑料注射成型循环过程，注塑机的选用原则有哪些？
4. 橡胶成型、陶瓷成型、复合材料的成型方法及其工艺特点有哪些？

第三篇
先进制造技术实训

第10章

数控车铣床编程与操作

10.1 数控机床概述

数控机床是一种高度自动化的机床，在加工工艺与表面加工方法上与普通机床是基本相同的，最根本的不同在于实现自动化控制的原理与方法上。

数控加工首先按照零件加工的技术要求和工艺要求编写零件的加工程序，然后将加工程序输入到数控装置，最后通过数控装置控制机床的主轴运动、进给运动，以及冷却、润滑泵的开与关，使刀具、工件和其他辅助装置严格按照加工程序规定的顺序、轨迹和参数进行工作，从而加工出符合图纸要求的零件。

数控机床主要用于精度要求高、表面粗糙度好、形状复杂的零件，能够通过程序控制自动完成多种切削加工。

10.1.1 数控机床组成

如图 10-1 所示，数控机床由以下几个部分组成。

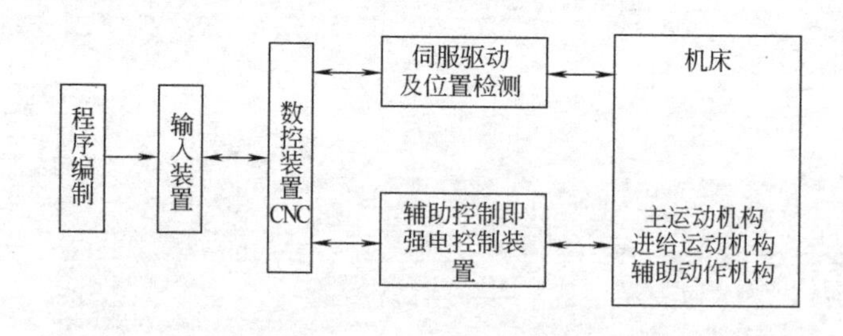

图 10-1　数控机床的组成

（1）程序编制及程序载体　数控程序是数控机床自动加工零件的工作指令。在对加工零件进行工艺分析的基础上，确定零件的工件坐标系在机床坐标系上的相对位置、零件的加工工艺路线或加工顺序、切削加工的工艺参数以及辅助装置的动作等，这样得到零件的所有运动、尺寸、工艺参数等加工信息，然后用标准的由文字、数字和符号组成的数控代码，按规定的方法和格式，编制零件加工的数控程序。

（2）输入装置　大部分数控机床，不用任何程序存储载体，而是将数控程序的内容通过数控装置上的键盘，用手工方式（MDI 方式）输入，或者将数控程序由编程计算机用通信方式传送到数控装置。

（3）数控装置　数控装置是数控机床的核心，其功能是接收输入的加工信息，经过数控装置的系统软件和逻辑电路进行译码、运算和逻辑处理，向伺服系统发出相应的脉冲，并通过伺服系统控制机床运动部件按加工程序指令运动。

（4）伺服系统　伺服系统由伺服电机和伺服驱动装置组成，通常所说的数控系统是指数控装置与伺服系统的集成。

（5）机床的机械部件　数控机床机械部分的组成与普通机床相似，但传动结构要求更为简单，在精度、刚度、抗震性等方面要求更高，而且其传动和变速系统要便于实现自动化控制。

10.1.2　数控机床加工的优势

（1）可以加工有复杂型面的工件　数控机床的刀具运动轨迹是由加工程序决定的，因此只要能编制出程序，多么复杂的型面工件都能加工。例如，采用五轴联动的数控机床，就能加工螺旋桨的复杂空间曲面。

（2）加工精度高，尺寸一致性好　数控机床本身的精度都比较高，一般数控机床的定位精度为±0.01mm，重复定位精度为±0.005mm，在加工过程中操作人员不参与操作，工件的加工精度全部由机床保证，消除了操作者的人为误差。因此，加工出来的工件精度高、尺寸一致性好、质量稳定。

（3）生产效率高　数控机床的主轴转速、进给速度和快速定位速度高，可以合理地选择高的切削参数，充分发挥刀具的切削性能，减少切削时间，还可以自动地完成一些辅助动作，精度高而且稳定，不需要在加工过程中进行中间测量，能连续完成整个加工过程，减少了辅助动作时间和停机时间。因此，数控机床的生产效率高。

（4）可以减轻工人劳动强度，可以实现一人多机操作　一般数控机床加工出第一个合格工件后，工人只需要进行工件的装卡和启动机床，减轻了工人的劳动强度。现在的数控机床可靠性高，保护功能齐全，并且数控系统有自诊断和自停机功能，当一个工件的加工时间超出工件的装卡时间时，就能实现一人多机操作。

（5）经济效益明显　虽然数控机床一次投资及日常维护保养费用较普通机床高很多，但是如能充分地发挥数控机床的能力，将会带来很高的经济效益。这些效益不仅表现在生产效率高、加工质量好、废品少上，而且还有减少工装和量刃具、缩短生产周期、减少在制品数量、缩短新产品试制周期等优势，从而为企业带来明显的经济效益。

（6）可以精确地计算成本和安排生产进度　在数控机床上，加工所需要的时间是可以预计的，并且每件是不变的，因而工时和工时费用可以估计得更精确。这有利于精确编制生产进度表，有利于均衡生产和取得更高的预计产量。

10.1.3　数控机床的适用范围

根据数控机床加工的特点可以看出，最适合于数控加工的零件特点是：

① 批量小而又多次生产的零件；

② 几何形状复杂的零件；

③ 在加工过程中必须进行多种加工的零件；

④ 切削余量大的零件；

⑤ 必须严格控制公差的零件；

⑥ 工艺设计会变化的零件；

⑦ 加工过程中如果发生错误将会造成浪费严重的贵重零件；

⑧ 需全部检验的零件。

10.2 数控铣床的编程

10.2.1 数控铣床的坐标系

机床坐标系是机床上固有的坐标系，并设有固定的坐标零点。该零点是由数控机床的结构决定的，通常由厂家来设定。一个坐标系的零点在机床零点就称为机械坐标系。

(1) 数控铣床的工件坐标系　工件坐标系的建立遵循的两个原则。

① 右手直角笛卡儿坐标（右手规则）的原则。

数控机床上的工件坐标系采用右手直角笛卡儿坐标系。拇指＝X轴，无名指＝Y轴，中指＝Z轴，对应X、Y、Z轴的旋转轴分别为A、B、C。各坐标轴及其正方向的确定原则如下。

a. 先确定Z轴。以平行于机床主轴的刀具运动坐标为Z轴，Z轴正方向是使刀具远离工件的方向。

b. 再确定X轴。X轴为水平方向且垂直于Z轴并平行于工件的装夹面。若Z轴为水平（如卧式数控铣床），则沿刀具主轴后端向工件方向看，右手平伸出方向为X轴正向；若Z轴为垂直（如立式数控铣床），则从刀具主轴向床身立柱方向看，右手平伸出方向为X轴正向。

c. 最后确定Y轴。在确定了X、Z轴的正方向后，即可按右手定则定出Y轴正方向。

② 零件固定，刀具运动的原则。

由于机床的结构不同，有的是刀具运动，零件固定，有的是刀具固定，零件运动等，为了编程方便，坐标轴正方向，均是假定工件不动，刀具相对于工件作进给运动而确定的方向。如果是刀具相对工件不动，工件移动实现进给，按相对运动关系，工件运动的正方向（机床坐标系的实际正方向）恰好与刀具运动的正方向（工件坐标系的正方向）相反。卧式数控铣床机床坐标系与工件坐标系的关系如图10-2所示，立式数控铣床机床坐标系与工件坐标系的关系如图10-3所示。

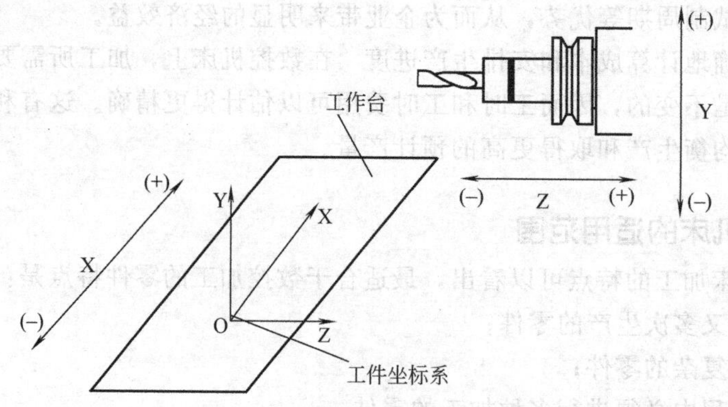

图10-2　卧式数控铣床机床坐标系与工件坐标系的关系

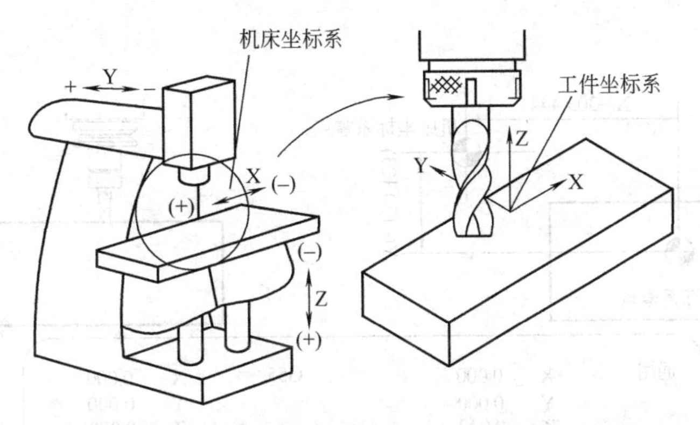

图 10-3　立式数控铣床机床坐标系与工件坐标系的关系

（2）数控铣床工件坐标系的建立　数控铣床工件坐标系的建立可使用 G92，G54～G59 指令建立。

① 使用 G92 建立工件坐标系　G92 是在程序中设定坐标系，由 G92 后面的坐标值建立。以刀具在机床中的当前位置来确定工件坐标系，如图 10-4 所示。使用 G92 的程序结束后，若机床没有回到上一次运行程序的起点，就再次启动此程序，机床就以当前所在位置确定工件坐标系。新的工件坐标原点就和上一次程序运行的工件坐标系原点不一致，容易发生事故。

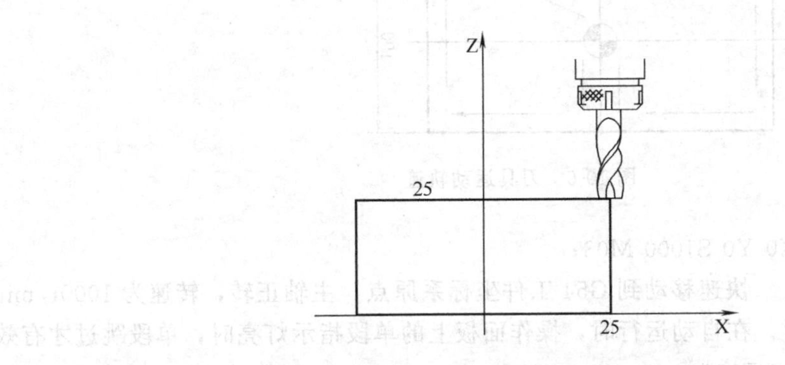

图 10-4　用 G92 建立工件坐标系

注：G92 X25.0 Z25.0；G92 用在程序的开始，将程序的出发点与刀尖重合

② 使用 G54～G59 建立工件坐标系　G54～G59 是在加工前设定的坐标系，最多可同时建立 6 个工件坐标系，不同于 G92 以刀具在机床中的当前位置来确定工件坐标系，它通过确定工件坐标系的原点在机床坐标系的位置来建立工件坐标系。工件坐标系的建立与机床坐标系的关系如图 10-5 所示。用 G54～G59 建立的工件坐标系，运行时与刀具的初始位置无关。G54～G59 在批量加工中得到广泛使用。

10.2.2　程序的组成

下面通过对图 10-6 刀具运动轨迹的实现，来具体说明程序的构成。

程序如下。

O0001；（MAKINO）　　　　程序编号，括弧内的内容为注释。

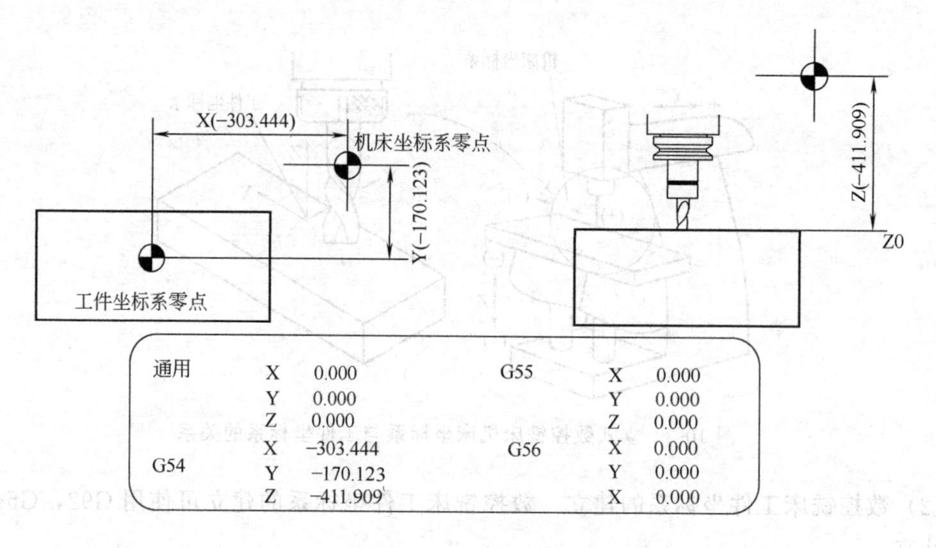

图 10-5 用 G54～G59 建立工件坐标系

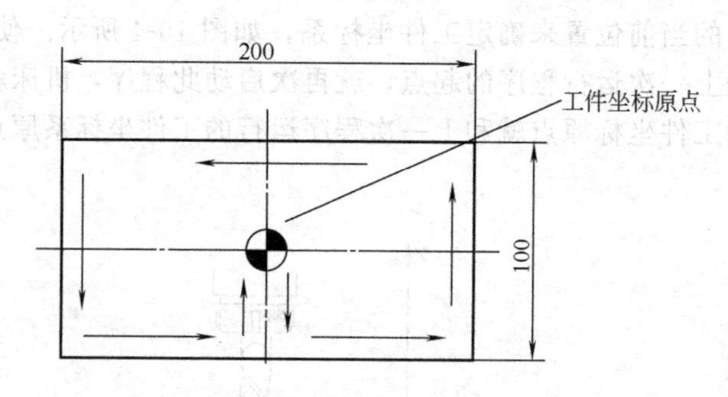

图 10-6 刀具运动轨迹

N1 G90 G54 G00 X0 Y0 S1000 M03；

快速移动到 G54 工件坐标系原点，主轴正转，转速为 1000r/min。

/N3 Z100 单段跳过。在自动运行时，操作面板上的单段指示灯亮时，单段跳过才有效。

N4 G01 X0 Y－50.0 F100；
X100.0；
Y50.0；
X－100.0；
Y－50.0；
X0；
N8 Y0；

按工件的外形，逆时针移动刀具。并回到原点，进给速度为 100mm/min。

M05； 主轴停止转动。

N9 M30； 程序结束，并回到程序的开始。

(1) 程序 程序是指令的集合。在程序中指令依刀具的实际移动顺序编写。各步骤指令的集合称为单段，一系列单段组成程序。

(2) 单段 单段是由一个以上的字组成，字是由地址和数值组成。正号（＋）或负号（－）可以放在数值的前面。

字＝地址＋数值（例如，X－1000）

字母（A～Z）之一被用为地址，地址指定跟在地址后面的数值的意义。表 10-1 表示可用的地址和它们的意义。相同的地址可以有不同的意义，取决于指定的准备机能。

表 10-1　可用地址及其意义

功　能	地　址	意　义
程序号	O	程序号
顺序号	N	顺序号
准备功能	G	指定移动方式(圆弧、直线等)
尺寸字	X,Y,Z,U,V,W,A,B,C	坐标轴移动指令
	I,J,K	圆弧中心坐标
	R	圆弧半径
进给功能	F	每分钟进给速度,每转进给速度
主轴速度功能	S	主轴转速
刀具功能	T	刀号
辅助功能	M	机床上的开/关控制
	B	工作台分度等
偏置号	D,H	偏置寄存号
暂停	P,X	暂停时间
程序号指定	P	子程序号
重复次数	P	子程序重复次数
参数	P,Q	固定循环次数

单段的格式如下。

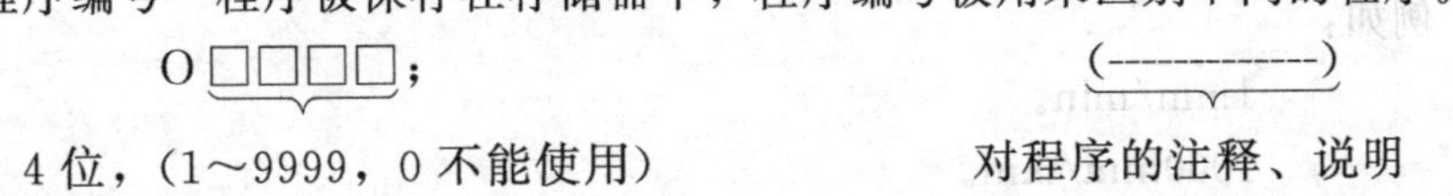

在每个单段的前端，包含一个顺序号码，表示 CNC 操作顺序，在单段的后端，用 CR 表示单段结束。

（3）程序编号　程序被保存在存储器中，程序编号被用来区别不同的程序。

O□□□□；　　　　　　(------------)

4 位，(1～9999，0 不能使用)　　　　对程序的注释、说明

（4）序号

N □□□□

序号以 N 开始，其取值范围为 1～9999。序号不要求连续，在单段中，它可有可无。建议在重要的单段前加上序号。

（5）单段跳过

/N□□□□

当单段的前端加上一个“/”，表示该单段被忽略，不被执行。在程序自动运行时，当操

作面板上的单段指示灯亮时，单段跳过才有效。

（6）移动指令

X100.0

尺寸字定义了刀具的移动，它由移动轴的地址如X、Y、Z等及移动值组成。X100.0表示沿X轴方向移动，移动的值的变化取决于是绝对还是相对编程。小数点的位数，与机床的NC装置最小取值有关。

（7）准备机能（G）

G □□

机能编号2位（0～99）

G代码决定了有关单段的指令意义。G代码可分成两类，如表10-2所示。

表10-2 G代码及其意义

类　型	意　义
单模态G代码	G代码仅在所在的单段有效
模态G	G代码一直有效，直到同组的其他G代码被使用

例如：

G00 快速移动，模态代码。

G01 切削进给，模态代码。

（8）辅助机能

M □□

机能编号，2位（0～99）

M机能定义了主轴回转的启动、停止，切削液的开、关等辅助机能。例如：

M30 程序结束，并返回到程序开始。

M03 主轴顺时针转动。

M05 主轴停止转动。

（9）切削进给速度F，主轴回转数S

F □□□□

切削的进给速度，4位以内

S □□□□

主轴的回转数，4位以内

F指令，例如：

F01 1mm/min。

F1000 1000mm/min。

S指令，例如：

S10 10r/min。

S4000 4000r/min。

（10）绝对（G90）和相对增量（G91） 程序制作有绝对（用ABS表示）和相对增量两种方法。ABS方式，以移动后主轴位置的坐标来表示；而INC方式，以主轴相对前一位置移动的距离来表示。

ABS、INC使用举例（图10-7）。

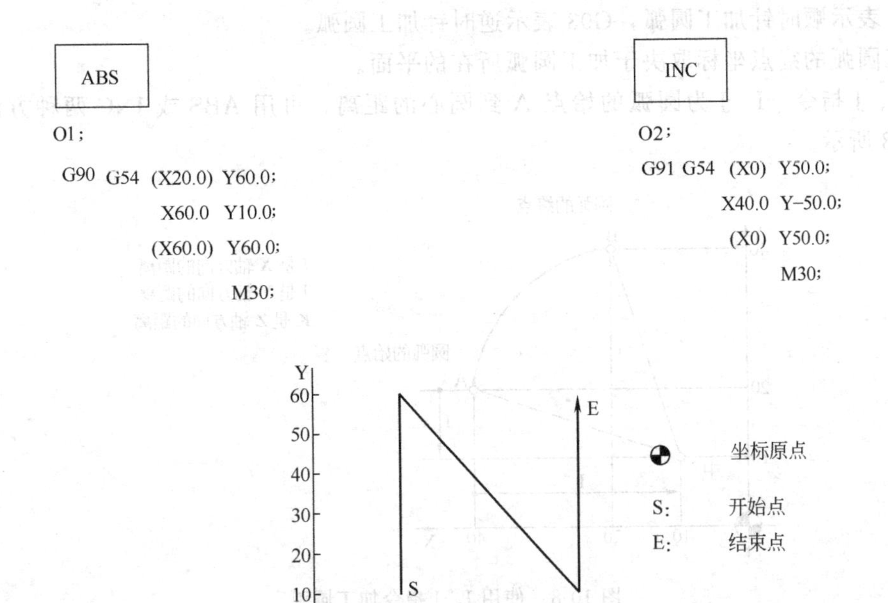

图 10-7　绝对和相对增量编程

· (　　) 括号内的指令可以省略。

· 相对增量（INC）值的正、负，取决于运动的距离在各轴上的分量是否与工件坐标系各轴的正方向相同。若相同，增量的值为正；反之为负。

10.2.3　基本编程指令

(1) 直线运动 G00 G01

① 快速定位 G00　指令格式：G00　IP __；

在此，IP 如同 X __ Y __ Z __ …。

在绝对指令时，刀具以快速进给率移动到加工坐标系的指定位置，或在相对增量指令时，刀具以快速进给率从现在的位置移动到指定距离的位置。快速定位在各轴独立执行，刀具路径通常不是直线。G00 指令的快速进给率，由机床制造厂对各轴独立设定。

② 直线插补 G01　指令格式：G01 α __ β __ F __；

(α、β=X，Y，Z，A，B，C，U，V，W)

α、β 值定义了刀具移动的距离，它与现在状态 G90/G91 有关。F 码是一个模态码，它规定了实际切削的进给率。

(2) 圆弧插补（G02，G03）　圆弧插补用于加工圆弧，加工圆弧指令格式：

平面指定	顺时针或逆时针	圆弧终点	半径或圆弧中心	切削进给速率
{G17 G18 G19}	{G02 G03}	{X __ Y __ Z __ X __ Y __ Z __}	{R __ I __ J __ I __ K __ J __ K __}	{F __}

G17 表示 X、Y 平面，G18 表示 Z、X 平面，G19 表示 Y、Z 平面。

G02 表示顺时针加工圆弧，G03 表示逆时针加工圆弧。

加工圆弧的终点坐标取决于加工圆弧所在的平面。

① I、J 指令　I、J 为圆弧的始点 A 到圆心的距离，可用 ABS 或 INC 两种方法表示，如图 10-8 所示。

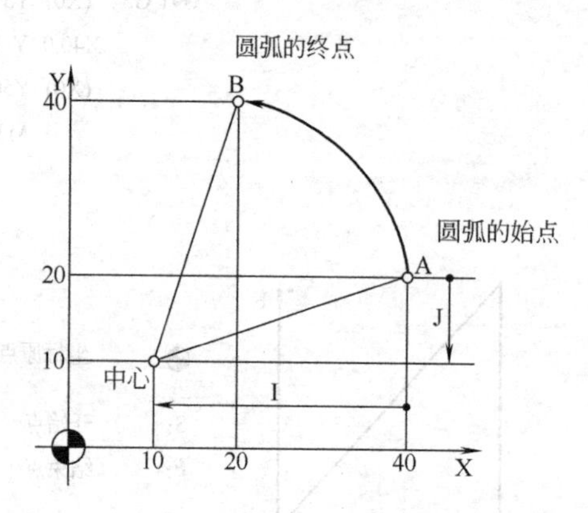

图 10-8　使用 I、J 指令加工圆弧

a. ABS 指令。

G90 G03 X20.0 Y40.0 I－30.0 J－10.0 F100；

X20.0 Y40.0：B 点（圆弧的终点）的坐标。

I－30.0 J－10.0：圆心到 A 点（圆弧的始点）的距离。

b. INC 指令。

G91 G03 X－20.0 Y20.0 I－30.0 J－10.0 F100；

X－20.0 Y20.0：B 点（圆弧的终点）的坐标。

I－30.0 J－10.0：圆心到 A 点（圆弧的始点）的距离。

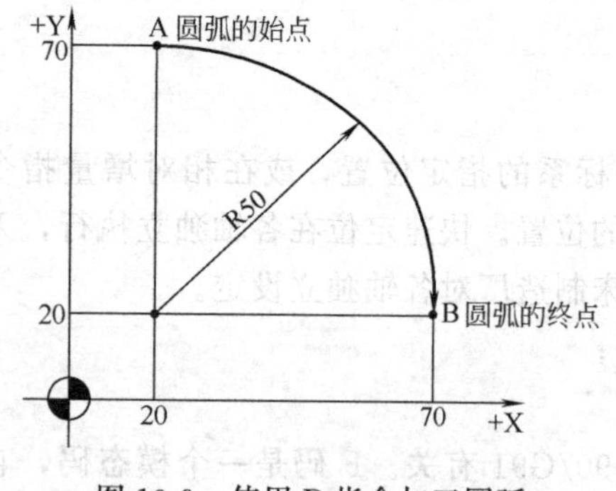

图 10-9　使用 R 指令加工圆弧

② R 指令　使用 R 指令加工圆弧，可用 ABS 或 INC 两种方法表示，如图 10-9 所示。

a. ABS 指令。

G90 G02 X70.0 Y20.0 R50.0 F100；

X70.0 Y20.0：B 点（圆弧的终点）的坐标。

R50.0：圆弧半径。

b. INC 指令。

G91 G02 X50.0 Y－50.0 R50.0 F100；

X50.0 Y－50.0 ：B 点（圆弧的终点）的坐标。

R50.0：圆弧半径。

③ 用半径 R 代替 I、J 或 K 指定圆的中心　需要考虑两种形式的圆弧，如图 10-10 所示。

第一种：圆心角＞180°的圆弧，半径必须用负值指定。

第二种：圆心角≤180°的圆弧，半径必须用正值指定。

a. ABS 指令。

G90 G02 X70.0 Y20.0 R－50.0 F100；

b. INC 指令。

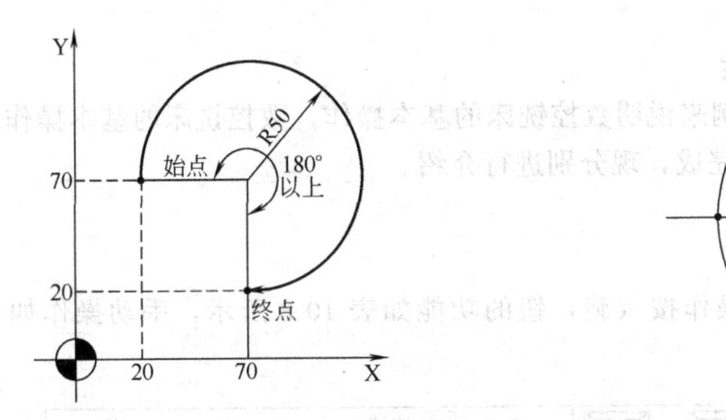

图 10-10 R 值的正、负

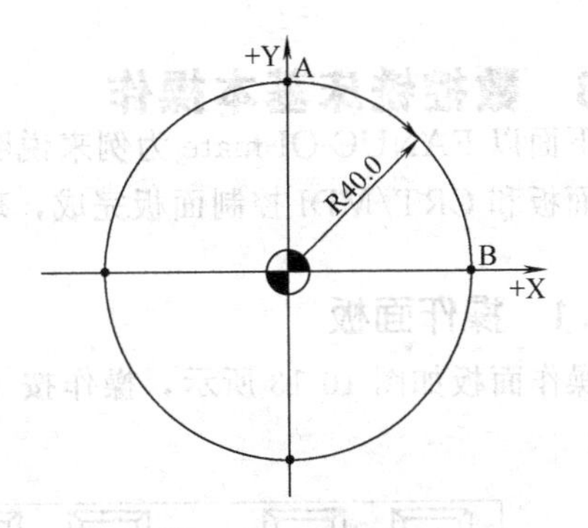

图 10-11 整圆加工

G91 G02 X50.0 Y－50.0 R－50.0 F100；

注意，当圆弧的始点和终点重合，终点的 X、Y、Z 坐标可以省略，指定圆弧的中心需要用 I、J 和 K。

例如，加工如图 10-11 所示的圆。

A 点为始点，顺时针加工圆。

ABS 指令：

G90 G02（X0 Y40）J－40 F100；

INC 指令：

G91 G02（X0 Y0）J－40 F100；

若用半径编程时，整圆编程被控制装置认为是 0°的圆弧编程，自然刀具不会移动。

G02 R＿；（不移动）

例如，加工如图 10-12 所示的零件外形，刀具切削深度为 10，Z 轴的零点在工件的上表面。

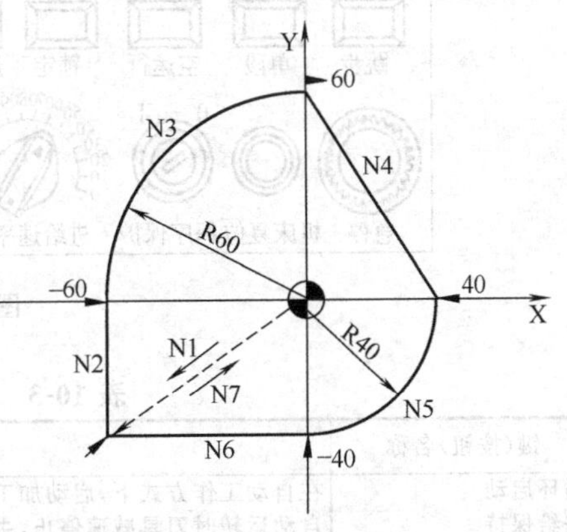

图 10-12 外形加工

```
O1；
N1 G90 G54 G17 G00 X－60.0 Y－40.0 S1000 M03；
        G43 Z100 H01；刀具的安全位置距工件上表面距离 100mm，使用刀长补。
                                  切削的始点距工件上表面距离为 3mm。
        Z3.0；
        G01 Z－10 F100；
```

```
N2 Y0
N3 G02 X0 Y60.0 I60.0；或（R60.0）
N4 G01 X40.0 Y0；
N5 G02 X0 Y－40.0 I－40.0；或（R40.0）
N6 G01 X－60.0（Y－40.0）；
   G00 Z100
N7 G00 X0 Y0
   G49；                                          取消刀长补。
   M05；                                          主轴停止转动。
   M30；
```

10.3 数控铣床基本操作

下面以 FANUC-OI-mate 为例来说明数控铣床的基本操作，数控铣床的基本操作主要在操作面板和 CRT/MDI 控制面板完成，现分别进行介绍。

10.3.1 操作面板

操作面板如图 10-13 所示，操作按（旋）钮的功能如表 10-3 所示，手动操作如表 10-4 所示。

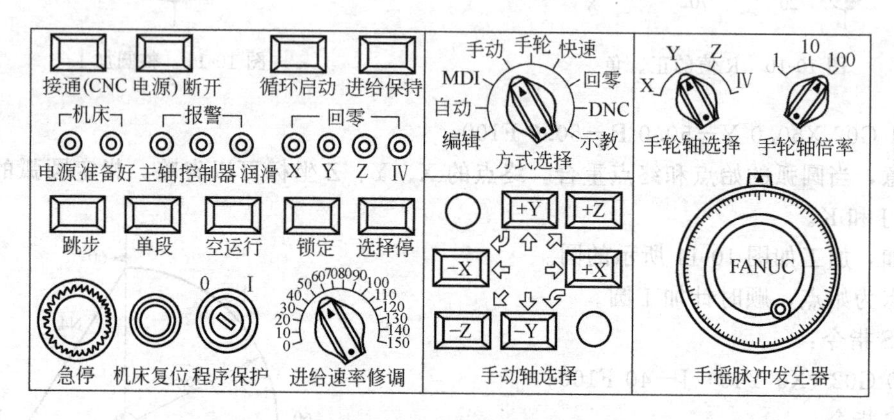

图 10-13 操作面板

表 10-3 操作按（旋）钮的功能

键(按钮)名称	用 途
循环启动	在自动工作方式下，启动加工程序
进给保持	自动运转时刀具减速停止，主轴保持原状态
方式选择	选择操作种类(包括：编辑、自动、MDI、手动、手轮、快速、回零等)
跳步	在自动运行程序时，前面有“/”符的程序段跳过
单段	自动运转时，每按一次循环启动键，执行一个程序段
空运转	按下空运转键，加快程序执行速度。主要用于模拟时进给锁定状态
锁定	当锁定键按下时，在手动、手轮及程序执行状态下所有进给轴被锁定
选择停	当选择停键按下时，程序运行遇到 M01 指令时，机床处于进给保持状态
急停	使机床紧急停止，断开伺服驱动器电源
机床复位	每次机床上电后，按该键机床进行复位
进给轴倍率	在手动及程序执行状态时，调整进给速度的倍率量
手轮轴选择	选择手轮移动的轴(X、Y、Z)
手轮倍率	在手轮进给中，手轮转过 1 个刻度移动的距离

表 10-4 手动操作

项 目	方式选择	操 作 说 明
回零	回零方式	分别按“+Z”、“+Y”、“+X”各键，相应轴回机械原点
手动连续进给	快速方式	按“+Z”、“+Y”、“+X”、“-Z”、“-Y”、“-X”各键，使各轴运动，轴运动速度由机床参数确定
手摇脉冲发生器	手轮方式	旋转手动脉冲发生器(顺时针旋转，各坐标轴正向移动；逆时针旋转，各坐标轴负向移动)方式，选择进给轴 X、Y 或 Z；由手轮轴倍率旋钮调节手摇脉冲发生器各刻度移动量的脉冲个数
主轴手动操作	手轮、JOG、快速方式	按 CW 或 CCW 主轴正转或反转，按 STOP 键，主轴停
冷却泵启停	任何方式	按 COOL 的 ON 键，打开冷却液，OFF 键关闭冷却液

10.3.2　CRT/MDI 控制面板

CRT/MDI 控制面板如图 10-14 所示，CRT/MDI 面板主功能见表 10-5，其他键的用途见表 10-6。

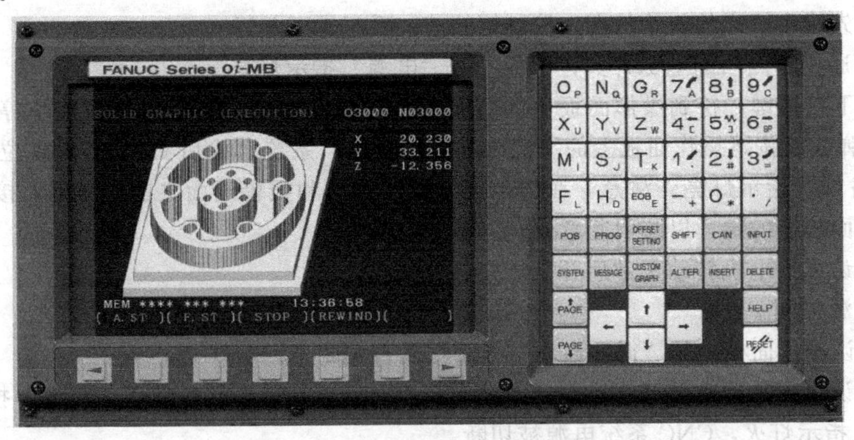

图 10-14　CRT/MDI 控制面板

表 10-5　CRT/MDI 面板主功能

主 功 能	键 符 号	用　　途
位置显示	POS	在 CRT 上显示当前刀具位置
程序	PROG	在编辑方式,编辑和显示内存中的程序;在 MDI 方式,输入和显示 MDI 数据
偏置量设定与显示	OFFSET/SETTING	刀具偏置量数值和宏程序变量的设定与显示
参数图形显示/图形显示	CUSTOM/GRARM	运行参数的设定、显示及诊断数据的图形轨迹的显示
系统显示	SYSTEM	显示系统界面。设定和显示运行参数表
报警信号显示	MESSAGE	按此键显示报警号

表 10-6　CRT/MDI 面板其他键的用途

号　码	名　　称	用　　途
1	复位键(RESET)	用于解除报警,CNC 复位
2	启动键(START)	MDI 或自动方式运转时的循环启动运转
3	地址/数字键	字母、数字等文字的输入
4	符号键(/,#,EOB)	在编程时用于输入符号,用于每个程序段的结束符和跳步符
(5)	删除键(DELET)	在编程时用于删除已输入的字及在 CNC 中存在的程序
6	输入键(INPUT)	用于非编辑状态下的指令段及各种数据的输入
7	取消键(CAN)	消除输入缓冲器中的文字或符号
8	光标移动键	有两种光标移动键:→使光标右移,←使光标左移
9	翻页键(PAGE)	有两种翻页键:↓为向下翻页,↑为向上翻页
10	帮助键(HELP)	当对控制面板上的按键不明白时,按下这个键可以获得帮助
(11)	替换键(ALTER)	编辑时,替换程序中光标指示位置的字符
(12)	插入键(INSERT)	编辑时,在程序中光标指示的位置插入字符
13	上挡键(SHIFT)	在键盘上有些键具有两个功能,按下 SHIFT 键可以在这两个功能之间进行切换,当一个键右下角的字母可被输入时,就会在屏幕上显示一个特殊的字符
14	软键	软键按照用途可以给出种种功能。软键能给出什么样的功能,在 CRT 画面的最下方显示

10.3.3 机床操作方法与步骤

(1) 电源的接通与关断

① 电源接通

a. 首先检查机床的初始状态，控制柜的前、后门是否关好。

b. 接通机床侧面的电源开关，面板上的“电源”指示灯亮。

c. 按下接通键，待到操作面板上的所有指示灯闪动一次后，顺时针旋转急停按钮，使急停按钮弹起。按下操作面板上的“机床复位”按钮，系统自检后CRT上出现位置显示画面，“准备好”指示灯亮。注意：在出现位置显示画面和报警画面之前，请不要接触CRT/MDI操作面板上的键，以防引起意外。

d. 确认风扇电机转动正常后开机结束。

② 电源关断

a. 确认操作面板上的“循环启动”指示灯是否关闭了。

b. 确认机床的运动全部停止，按下操作面板上急停按钮，然后按下“断开”按钮数秒，“准备好”指示灯灭，CNC系统电源被切断。

c. 切断机床侧面的电源开关。

(2) 手动运转

① 手动返回机床零点操作步骤

a. 将方式选择开关置于“回零”的位置。

b. 按下“+Z”、“+Y”、“+X”各键，相应轴回机械零点，返回机械零点之后指示灯亮。

② 手动连续进给操作步骤

a. 将方式选择开关置于“手动”的位置。

b. 选择“进给速率修调”旋钮，调整进给速度。

按“+Z”、“+Y”、“+X”其中一个键，机床沿相应轴的正方向上移动。

按“-Z”、“-Y”、“-X”其中一个键，机床沿相应轴的负方向上移动。注意以下事项。

(a) 手动只能单轴运动。

(b) 需要快速手动进给时，将方式选择开关置于“快速”的位置。此时速度不可调整，不能用于切削加工。

③ 手动手轮进给 转动手摇脉冲发生器，可使机床定量进给，其操作步骤如下。

a. 使方式选择开关置于“手轮(HANDLE)”的位置。

b. 选择手摇脉冲发生器移动的轴。

c. 选择手轮倍率(1、10、100)。

d. 转动手摇脉冲发生器，实现手轮手动进给。顺时针摇动手轮，进给轴正向移动；逆时针摇动手轮，进给轴反向移动。移动速度由手轮摇动转速决定。

使用手轮应注意以下事项。

(a) 利用手摇脉冲发生器以5r/s以下的速度旋转，超过了该速度，即使手摇脉冲发生器停止转动，机床也不能立刻停，造成刻度和移动量不符。

(b) 如果选择×100的倍率，手摇脉冲发生器转动过快，刀具以接近于快速进给的速度移动，突然停止时，机床会受到震动。

(c) 设定了手轮进给的自动加速时间常数，手摇脉冲发生器的移动也具备了自动加减速，这样会减轻对机床的震动。

(3) 自动运转

①“存储器”方式下的自动运转 操作步骤如下。

a. 预先将程序存入存储器中。

b. 选择要运转的程序。

c. 将方式选择开关置于“自动”的位置。

d. 按“循环启动”键，开始自动运转，“循环启动”灯亮。

注意以下事项。

(a) 对于初学者，在按动“循环启动”键之前，一定要检查机床当前坐标系是否正确，尤其是在进给锁定状态下运行、调试过加工程序，机床坐标系原点会发生变化的情况下，要格外注意。

(b)“进给速度修调”旋钮是否处在较小值位置。在“自动”方式下，进给速率修调是针对程序中 F 指令所指定的进给速度进行修调的，即进给速度为 F 指令所指定的进给速度的百分比。例如，执行程序段 F300，当“进给速率修调”指向 50 时，则进给速度为 150mm/min 。

②“MDI”方式下的自动运转 该方式适于由 CRT/MDI 操作面板输入一个程序段，然后自动执行，操作步骤如下。

a. 将方式选择开关置于“MDI”的位置。

b. 按主功能的“PROGR”键。

c. 按“PAGE”键，使画面的左上角显示 MDI。

d. 由地址键、数字键输入指令或数据，按“INPUT”键确认。

e. 按操作面板上的“循环启动”键执行。

③“DNC”方式的执行 数控系统的用户程序存储器容量一般都偏小，FANUC-OI-MB 基本配置为 64KB，而曲面加工程序往往很长，当存储器容量不足以装下用户程序时，可以使用 DNC 方式加工。操作步骤如下。

a. 将方式选择开关置于“DNC”的位置。

b. 按下“单段”键。

c. 按下“循环启动”键，等待执行程序。

d. 在计算机端，通过传输软件将计算机中的用户程序向数控系统传送，此时开始加工，每按一次“循环启动”键，执行一行加工程序。

e. 当程序正常运行后，取消单段执行方式，程序便可连续运行。

④ 自动运转停止 使用自动运转停止的方法，包括预先在程序中想要停止的地方输入停止指令和按操作面板上的按钮使其停止。

a. 程序停止（M00）。执行 M00 指令之后，自动运转停止。与单程序段停止相同，到此为止的模态信息全部被保存，按“循环启动”键，使其再开始自动运转。

b. 任选停止（M01）。与 M00 相同，执行含有 M01 指令的程序段之后，自动运转停止。但仅限于机床操作面板上的“任选停止”开关接通的场合。

c. 程序结束（M02、M30）。执行 M02 指令之后，自动运转停止，程序指针指向当前位置；执行 M30 指令之后，自动运转停止，呈复位状态，程序指针指向程序开头。

d. 进给保持程序运转中，按机床操作面板上的“进给保持”按钮，进给移动暂时停止，主轴保持原态。

e. 复位。由CRT/MDI的复位按钮、外部复位信号可使自动运转停止，呈复位状态。若在移动中复位，机床减速后停止。

(4) 试运转 对于一个首次运行的加工程序，在没有十分把握的情况下，可以试运行，检查程序的正确性，操作步骤如下。

a. 按下“锁定”开关，锁住进给轴。

b. 按下“空运行”开关（不考虑程序指定的进给速度，可提高程序执行速度）。

c. 选择适当的进给速率修调值。

d. 将方式选择开关置于“自动”的位置。

e. 按下“循环启动”键，执行程序。

注意以下事项。

在“锁定”有效的情况下，程序运行、调试完成后，机床坐标系原点会发生改变，在加工零件时，要注意重新定义机床相对坐标系的原点。

(5) 安全操作

① 紧急停止（EMERGENCY STOP） 加工过程中，若出现危险情况或意外事故，按机床操作面板上的“紧急停止”按钮，机床运动会瞬间停止。

② 超程 当刀具超越了机床限位开关规定的行程范围时，显示报警，刀具减速停止。此时用手动方式将刀具移向安全的方向，然后按“复位”按钮解除报警。

(6) 程序的编辑与管理 在此状态，可以通过键盘编辑程序，对程序进行检索、删除操作。

① 由键盘输入程序 操作步骤如下。

a. 选择编辑方式。

b. 按“PROG”键。

c. 键入O及要存储的程序号。

d. 按“INSERT”键，用此操作可以存储程序号。以下在每个字的后面键入程序，用“INSERT”键存储。

e. 利用字母与数字复合键输入程序，每输入一个语句，按“INSERT”键存储，每行结束符为“;”。

② 程序号检索 操作步骤如下。

a. 选择编辑方式。

b. 按“PROG”键，键入O和要检索的程序号。

c. 按“CURSOR”，检索结束时，在CRT画面的右上方，显示已检索的程序号。

③ 删除程序 操作步骤如下。

a. 选择编辑方式。

b. 按“PROG”键，键入O和要删除的程序号。

c. 按“DELETE”键，可以删除程序号所制定的程序。

④ 字的插入、变更、删除 操作步骤如下。

a. 选择编辑方式。

b. 按“PROG”键，选择要编辑的程序。

c. 用↑、↓光标和“PAGE”键检索要变更的字。

d. 利用“INSERT”、“ALTER”、“DELETE”键进行字的插入、变更、删除等编辑操作。

10.4 数控车床的编程和操作

10.4.1 数控车床加工概述

数控车床是一种高精度、高效率的自动化机床，也是使用数量最多的数控机床，约占数控机床总数的 25%左右。它主要用于对精度要求高、表面粗糙度好、轮廓形状复杂的轴类、盘类等回转体零件的加工，能够通过程序控制自动完成圆柱面、圆锥面、圆弧面和各种螺纹的切削加工，并进行切槽、钻、扩、铰、镗孔等加工。

10.4.2 数控车床编程

(1) 数控车床的编程特点

① 在一个程序段内，根据图纸上标注的尺寸，可以采用绝对坐标编程、增量坐标编程或两者混合编程。

② 由于被加工零件的径向尺寸在图纸上和测量时都以直径值表示，所以直径方向用绝对坐标编程时 X 以直径值表示，用增量坐标编程时以径向实际位移量的 2 倍值表示，并附上方向符号。

③ 为提高工件的径向尺寸精度，X 向的脉冲当量取 Z 向的一半。

④ 由于车削加工常用棒料或锻料作为毛坯，加工余量较大，所以为简化编程，数控装置常备有不同形式的固定循环，可进行多次重复循环切削。

⑤ 编程时一般认为车刀刀尖是一个点，而实际上为了提高刀具寿命和工件表面质量，车刀刀尖常磨成一个半径不大的圆弧。因此为提高工件的加工精度，当加工需要两轴联动的表面（如斜面、曲面），需要对刀尖半径进行补偿。大多数数控车床都具有半径自动补偿功能（G41，G42），这类数控车床可直接按工件轮廓尺寸编程。对不具备刀具半径自动补偿功能的数控车床，编程时需要先计算刀尖半径补偿量。

⑥ 数控车床的刀架位置有两种形式，即刀架在操作者一侧（前刀架）或在操作者外侧（后刀架），它们的 X 轴的方向恰好相反。圆弧插补时的顺、逆铣，刀尖圆弧半径补偿的 G41、G42 在前、后刀架机床存在着镜像关系。

⑦ 数控车床加工时需要选择各种加工刀具。各种刀具都带有刀具号，数控车床程序中的刀具号具有自动换刀和偏置两种功能。

(2) 数控车床的坐标系

① 数控车床的机床坐标系和工件坐标系　数控车床各坐标轴及其正方向是：机床主轴为 Z 轴，Z 轴正方向是使刀具远离工件的方向。在车床、外圆磨床上，X 轴的运动方向是径向的，与横向导轨平行，刀具离开工件旋转中心的方向是正方向。在数控车床上没有 Y 轴，但可以有绕 Z 轴旋转的 C 轴。图 10-15 为后刀架车床的机床坐标系和工件坐标系的示意图。

② 试切对刀　对刀即建立工件坐标系。在设定工件坐标系时可用下列简便的方法，如图 10-16 所示，用基准刀试切工件设定基准坐标系，即确定基准刀的刀偏值，用手动方式，沿 A 表面切削。在 Z 轴不动的情况下，沿 X 轴释放刀具，并且停止主轴旋转。测量 A 表面

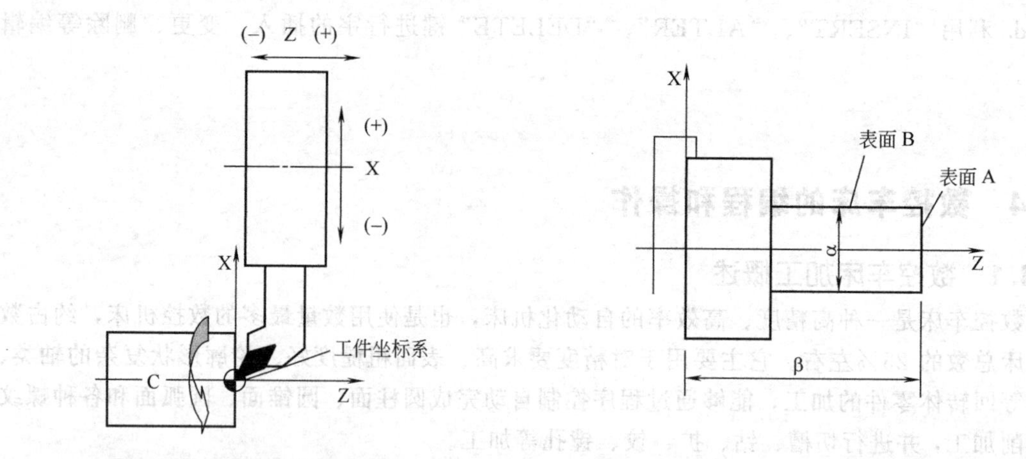

图 10-15 数控车床的坐标系

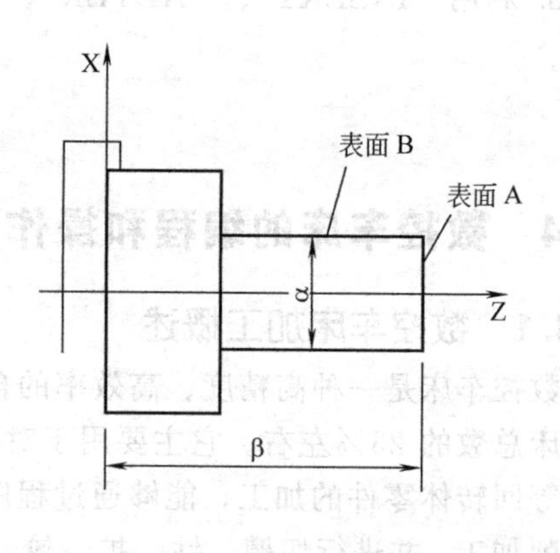

图 10-16 工件坐标系的建立

与工件坐标系零点之间的距离“β”，设基准刀偏置值 Z=“β”，即设定了工件坐标系 Z 轴零点。同样，用手动方式切削 B 表面。在 X 轴不动的情况下，沿 Z 轴释放刀具，并且停止主轴旋转。测量距离“α”，设基准刀偏置值 X=“α”（α 按直径值设定），即设定了工件坐标系 X 轴零点。

非基准刀的设置，可通过试切来确定非基准刀对基准刀的偏置。

(3) 数控车床常用的准备功能指令

① 快速点定位指令（G00） 该指令命令刀具以点位控制方式从刀具所在点快速移动到目标位置，无运动轨迹要求，不需特别规定进给速度。

格式：G00 IP __；

“IP”代表目标点的坐标，可以用 X、Z、C、U、W 表示。

X(U) 坐标按直径值输入。

“;”表示一个程序的结束。

例如，快速定位（G00）。

程序：G00 X60 Z6.0（图 10-17 所示为刀具目标位置）；

或 G00 U−70.0 W−84.0；

a. 符号 ◕ 代表工件坐标系原点。

b. 本示例均采用毫米输入，以下示例同。

c. 在某一轴上相对位置不变时，可以省略该轴的移动指令。

d. 在同一程序段中，绝对坐标系指令和增量坐标系指令可以混用。

e. 刀具移动的轨迹不是直线插补。

② 直线插补指令（G01） 该指令用于直线或斜线运动。可使数控车床沿 X 轴、Z 轴方向执行单独运动，也可以沿 X、Z 平面内任意斜率的直线运动。

格式：G01 IP __ F __；

例如，外圆柱切削，如图 10-18 所示。

程序：G01 X60.0 Z−80.0 F0.3；

或 G01 U0 W−80 F0.3；

a. X、U 指令可以省略。

b. X、Z 指令与 U、W 指令可在一个程序段内混用，程序可写为：

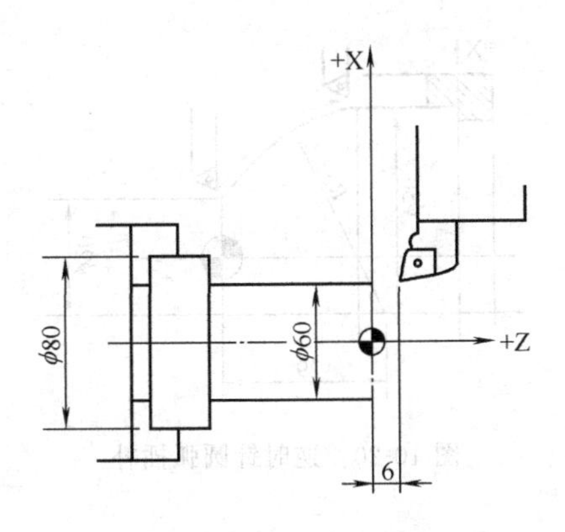

图 10-17　G00 快速定位

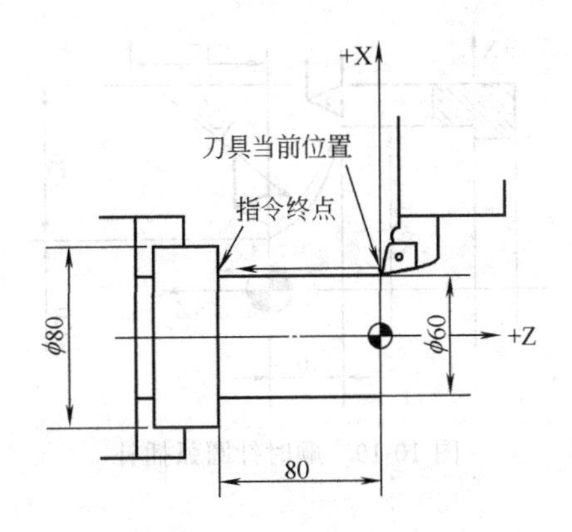

图 10-18　G01 切削外圆柱

G01 U0 Z－80.0 F0.3；

或 G01 X60.0 W－80.0 F0.3；

③ 圆弧插补指令（G02、G03）　该指令能使刀具沿着圆弧运动，切出圆弧轮廓。G02 为顺时针圆弧插补指令，G03 为逆时针圆弧插补指令，表 10-7 列出了 G02、G03 程序段中各地址代码含义。

表 10-7　G02、G03 程序段的含义

序号	考虑的因素	指　令	含　义
1	回转方向	G02	刀具轨迹顺时针回转
		G03	刀具轨迹逆时针回转
2	终点位置	X、Z (U、W)	加工坐标系中圆弧终点的 X、Z (U、W)值
3	从圆弧起点到圆弧中心的距离	I、K	从圆弧起点到圆心的距离(经常用半径 R 指定)
	圆弧半径	R	指圆弧的半径。当圆心角≤180°，圆弧的半径值为正；反之为负

输入格式：

G02 X＿ Z＿ I＿ K＿ F＿；　或 G02 X＿ Z＿ R＿ F＿；

G03 X＿ Z＿ I＿ K＿ F＿；　或 G03 X＿ Z＿ R＿ F＿；

a. 用增量坐标 U、W 也可以；

b. C 轴不能执行圆弧插补指令。

例如，顺时针圆弧插补，如图 10-19 所示。

I、K 指令：

G02 X50.0 Z－10.0 I20.0 K17 F0.3；

G02 U30.0 W－10.0 I20.0 K17 F0.3；

R 指令：

G02 X50.0 Z－10.0 R27 F0.3；

G02 U30.0 W－10.0 R27 F0.3；

例如，逆时针圆弧插补，如图 10-20 所示。

I、K 指令：

G03 X50.0 Z－24.0 I－20.0 K－29.0 F0.3；

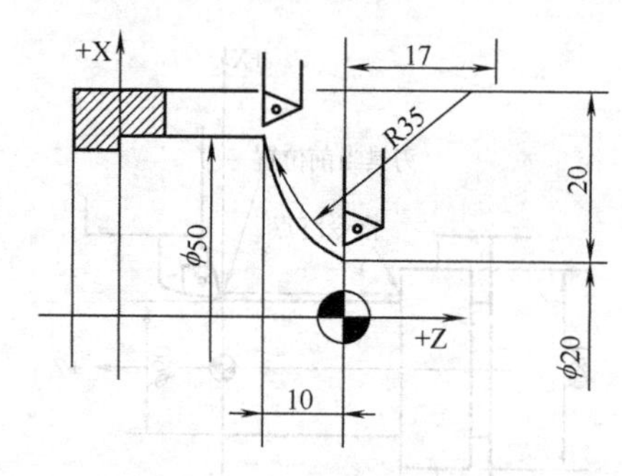

图 10-19　顺时针圆弧插补

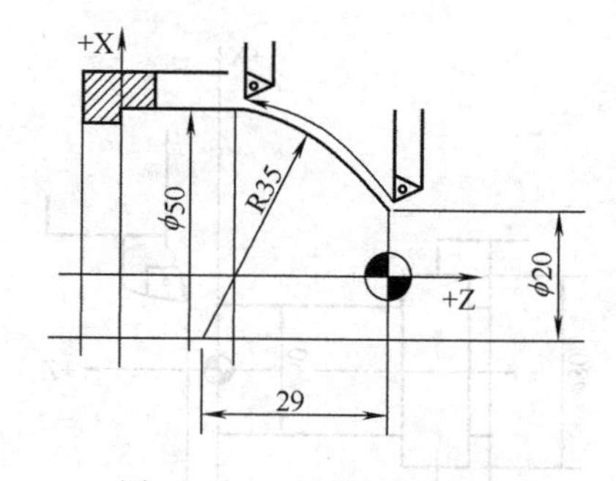

图 10-20　逆时针圆弧插补

G03 U30.0 W－24.0 I－20.0 K－29.0 F0.3；

R 指令：

G03 X50.0 Z－24.0 R35.0 F0.3；

G03 U30.0 W－24.0 R35.0 F0.3；

执行圆弧插补需要注意的事项如下。

(a) 当I、K值均为零，该代码可以省略。

(b) 圆弧在多个象限时，该指令可连续执行。

(c) 进给功能F指令指定切削进给速度，并且，进给速度控制沿圆弧方向的线速度。

④ 刀尖半径补偿指令（G41、G42、G40）　在实际加工中，一般数控装置都有刀尖半径补偿功能，为编制程序提供了方便。有刀尖半径补偿功能的数控系统，编程时不需要计算刀尖圆弧中心的运动轨迹，只需按零件轮廓编程。使用刀尖半径补偿指令，并在控制面板上手工输入刀尖半径，数控装置便能自动地计算出刀尖圆弧中心轨迹，并按刀具中心轨迹运动。即执行刀具半径补偿后，刀具自动偏离工件轮廓一个刀尖圆弧半径值，从而加工出所要求的工件轮廓。

G41为刀尖圆弧半径左补偿，即刀具沿工件左侧运动时的半径补偿；G42为刀尖圆弧半径右补偿，即刀具沿工件右侧运动时的半径补偿；G40为刀尖圆弧半径补偿取消，使用该指令后，G41、G42指令无效。G40必须和G41或G42成对使用，如图10-21所示。

刀尖圆弧半径补偿（简称刀补）的过程分为以下三步。

a. 刀补的建立。从执行含有G41、G42指令的程序段开始，刀尖从与编程轨迹重合过渡到与编程轨迹偏离一个刀尖圆弧半径偏置量的过程。

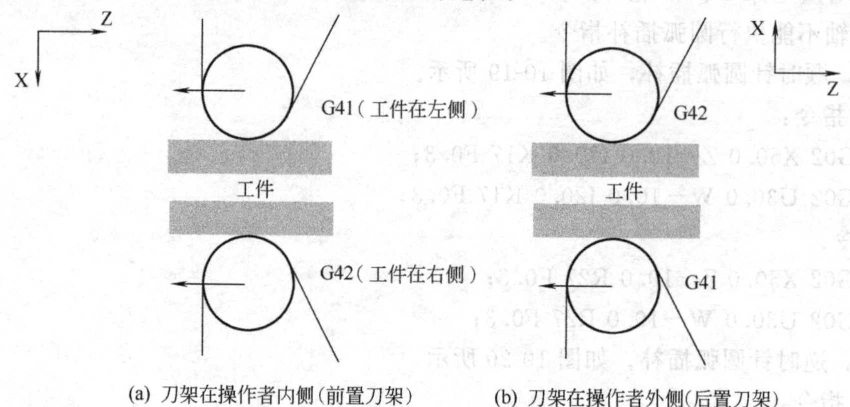

图 10-21　刀尖圆弧半径补偿

b. 刀补的进行。执行 G41、G42 指令后，刀具始终与编程轨迹相距一个偏置量（刀尖圆弧半径）。

c. 刀补的取消。执行 G40，刀尖轨迹要过渡到与编程重合的过程，如图 10-22 所示为刀尖半径补偿的建立与取消过程。

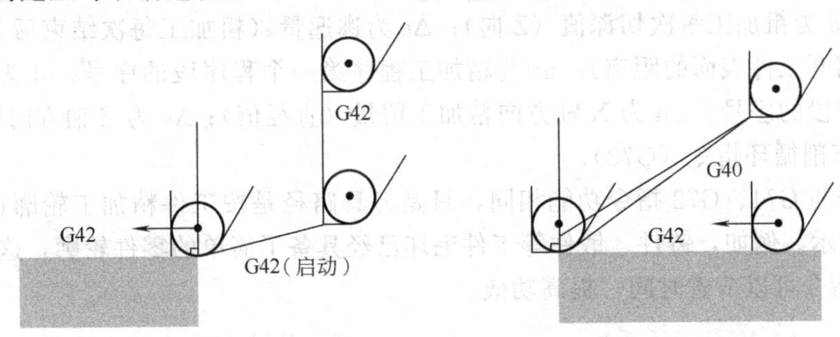

图 10-22　刀尖半径补偿的建立与取消过程

⑤ 复合固定循环指令（G70～G73）　现代数控车床配置不同的数控系统，定义了一些具有特殊功能的固定循环切削指令，日本 FANUC-OI 系统定义了 G70～G76 各种形式的复合固定循环指令，下面介绍几种指令的使用方法。

a. 外径、内径粗加工循环指令（G71）。

G71 指令将工件切削至精加工之前的尺寸，精加工前的形状及粗加工的刀具路径由系统根据精加工尺寸自动设定。

在 G71 指令程序段内要指定精加工工件的程序段的顺序号、精加工留量、粗加工每次切深、F 功能、S 功能、T 功能等，刀具循环路径如图 10-23 所示。

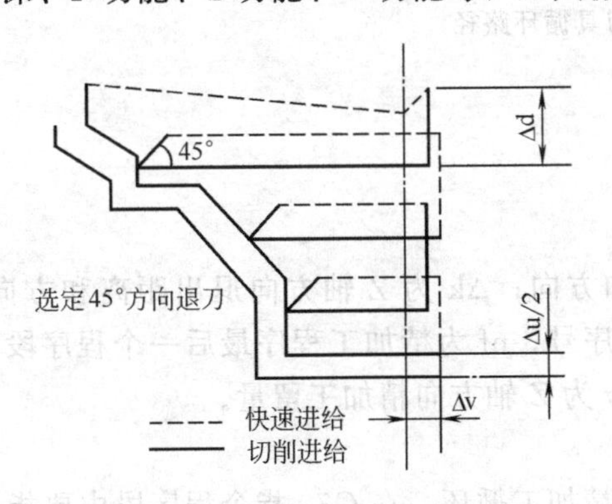

图 10-23　G71 指令刀具循环路径

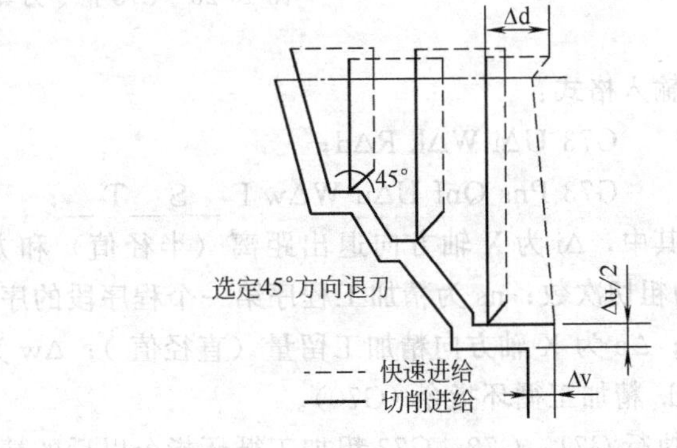

图 10-24　G72 指令刀具循环路径

输入格式：

G71 UΔd　RΔe；

G71 Pns Qnf UΔu WΔv F__S__T__；

其中，Δd 为粗加工每次切深（半径值）；Δe 为逃逸量（粗加工每次结束后，刀具沿 45°方向后退，离开工件表面的距离）；ns 为精加工程序第一个程序段的序号；nf 为精加工程序最后一个程序段的序号；Δu 为 X 轴方向精加工留量（直径值）；Δv 为 Z 轴方向精加工留量。

b. 端面粗加工循环指令（G72）。

G72 指令与 G71 指令类似，不同之处就是刀具路径是按径向方向循环的，输入格式同

G72 指令，刀具循环路径如图 10-24 所示。

格式如下：

G72 UΔd RΔe；

G72 Pns Qnf UΔu WΔv F __S __T __；

其中，Δd 为粗加工每次切深值（Z 向）；Δe 为逃逸量（粗加工每次结束后，刀具沿 45°方向后退，离开工件表面的距离）；ns 为精加工程序第一个程序段的序号；nf 为精加工程序最后一个程序段的序号；Δu 为 X 轴方向精加工留量（直径值）；Δv 为 Z 轴方向精加工留量。

c. 闭合车削循环指令（G73）。

G73 指令与 G71、G72 指令功能相同，只是刀具路径是按工件精加工轮廓进行循环的，如图 10-25 所示。例如，铸件、锻件等工件毛坯已经具备了简单的零件轮廓，这时粗加工使用 G73 循环指令可以节省时间，提高功效。

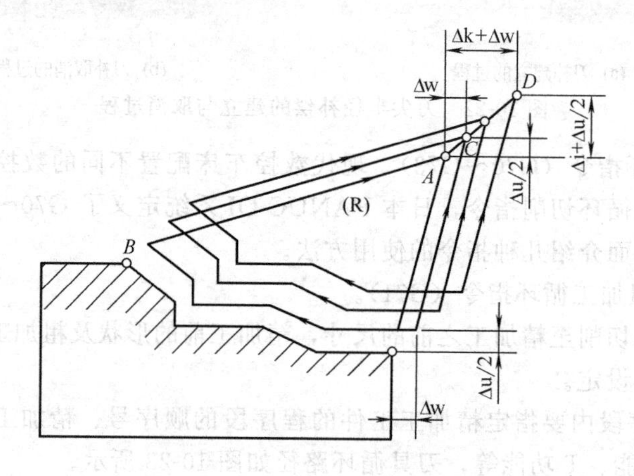

图 10-25 G73 指令刀具循环路径

输入格式：

G73 UΔi WΔk RΔd；

G73 Pns Qnf UΔu WΔw F __S __T __；

其中，Δi 为 X 轴方向退出距离（半径值）和方向；Δk 为 Z 轴方向退出距离和方向；Δd 为粗切次数；ns 为精加工程序第一个程序段的序号；nf 为精加工程序最后一个程序段的序号；Δu 为 X 轴方向精加工留量（直径值）；Δw 为 Z 轴方向精加工留量。

d. 精加工循环指令（G70）。

执行 G71、G72、G73 粗加工循环指令以后的精加工循环，在 G70 指令程序段内要指令精加工程序第一个程序段序号和精加工程序最后一个程序段序号。

输入格式：

G70 Pns Qnf；

其中，ns 为精加工程序第一个程序段的序号；nf 为精加工程序最后一个程序段的序号。

10.4.3 数控车床操作

数控车床由于机床的结构不同及操作面板、电器系统的差别，操作方法各有差异，但基本操作方法相同。本节以 FANUC-OI-mate-TB 系统数控机床为例，介绍其基本操作方法。

（1）打开电源 首先打开机床的主电源，接着按下操作面板上的系统启动按钮，在

CNC 单元尚未出现位置显示或报警画面之前，请不要碰 MDI 面板上的任何键。

（2）机床回零　按下机床回零按钮后再按下 X 方向按钮，首先对 X 方向回零。X 方向回零完毕，再按下 Z 方向按钮，对 Z 方向回零。该系统要求首先对 X 方向回零，其次才是 Z 方向。

当机床刀架回到零点，操作面板上的 X、Z 轴回零点灯亮，表示刀架已回到机床零点位置。

（3）程序编辑

① 新建程序。

a. 选择 EDIT 方式。

b. 按“PRGRM”键。

c. 输入 O 和四位程序号数，按“INSERT”键将其存入存储器，并以此方式将程序内容依次输入。

② 寻找程序。

a. 选择 EDIT 方式。

b. 按“PRGRM”键，出现 PROGRAM 的工作画面。

c. 若屏幕上显示某一不需要的程序内容时，按下软键“DIR”。

d. 输入想调出的程序的程序号（例如，O1234）。

③ 删除程序。

a. 选择 EDIT 方式。

b. 按“PRGRM”键，输入要删除的程序号。

c. 按“DELETE”键，可以删除此程序号内的程序。

④ 字的插入、变更、删除。

a. 选择 EDIT 方式。

b. 按“PRGRM”键，输入要编辑的程序号。

c. 通过光标移动，检索要变更的字。

d. 进行文字的插入、变更、删除等编辑操作。

例如，有一个程序段如下：

G00 G40 G97 S1500 T0101；

字的插入：

（a）将光标移至要插入字的前一个字位置，如 G00。

（b）输入要插入的字 G40 。

（c）按“Insert”键。

字的变更：

（a）将光标移至要修改的位置，如 G00。

（b）输入要更改后的字 G01。

（c）按“ALTER”键。

字的删除：

（a）将光标移至要删除的某字位置，如 T0101。

（b）按“DELETE”键，即删除了该字，光标将自动移至后一个字的位置。

⑤ 操作状态选择。

a.“自动（AUTO）”状态。

在此状态下，车床可以按保存在存储器中的程序进行加工。操作步骤如下。

(a) 选择要运行的程序。

(b) 按下“AUTO”键，选择自动方式加工。

(c) 按“循环启动”按钮，开始自动运转，“循环启动”灯亮。

b.“手动数据输入（MDI)”状态。

在此状态下，车床可以输入一段指令，按“循环启动”按钮，执行所送入的程序。操作步骤如下。

(a) 按下“MDI”键，选择手动数据输入状态。

(b) 按主功能的“PRGRM”键，屏幕上显示 MDI 方式。

(c) 输入指令与数据，按“INPUT”键确认。

(d) 按操作面板上的“循环启动”按钮执行程序。

c. 点动（JOG）状态。

(a) 按下（JOG）键，选择点动状态。

(b) 按下 X、Z 两轴的方向按钮，可以实现刀架在某一方向的运动。

(c) 当点动按钮与快移按钮同时按下时，刀架按快移倍率快速移动。

⑥ 手摇脉冲状态。

a. 按下手轮方式按键。

b. 选择 X1、X10、X100 其中一个倍率开关。

c. 选择 X 或 Z 轴。

d. 摇动手轮，刀架按所选择的倍率和轴向作进给运动。

⑦ 主轴控制。

a. 主轴正转按钮。按此按钮主轴将顺时针旋转，按钮指示灯亮。此按钮在手动状态（包括点动，单步）起作用，若主轴正在逆时针旋转，则必须先按“主轴停止按钮”使主轴停转，再按“主轴正转按钮”。主轴转速由手动数据输入或程序中的 S 代码指令决定。

b. 主轴反转按钮。按此按钮主轴将逆时针旋转，按钮指示灯亮。此按钮在手动状态（包括点动，单步）起作用，若主轴正在逆时针旋转，则必须先按“主轴停止按钮”使主轴停转，再按“主轴反转按钮”。主轴转速由手动数据输入或程序中的 S 代码指令决定。

⑧ 对刀操作（刀具的长度补偿和磨损补偿）。

刀具长度补偿。

a. 机床回零动作执行，确认原点回位指示灯亮。

b. 在 MDI 方式下使主轴转动，并选择所需要的刀具。

c. 模式选择按钮选择手轮式点动方式。

Z 方向：

(a) 移动刀架靠近工件，使刀尖轻擦工件端面后沿 +X 方向退出。

(b) 按“offseting”按钮，进入参数设置界面。

(c) 按“补正”软键。

(d) 按“形状”软键。

(e) 输入“Z”至所选刀具量的 Z 值。

(f) 按“测量”软键。

X 方向：

(a) 在 MDI 方式旋转主轴。

(b) 移动刀架靠近工件，使刀尖轻擦工件外圆后沿 +Z 方向退出。

(c) 主轴停止转动，测量工件外径。

(d) 按“offseting”按钮，进入参数设置界面。

(e) 按“补正”软键。

(f) 按“形状”软键。

(g) 输入工件外径值“X”至所选刀具量的 X 值。

(h) 按“测量”软键。

当 X，Z 方向对刀完毕时按下“PRGRM”键返回。

⑨ 循环控制。

a. 循环启动按钮。

按此按钮程序将自动执行，在执行程序时该按钮的指示灯亮，当执行完毕后指示灯灭。

(a)“循环启动”按钮在下列情况下起作用。

ⅰ. 车床在自动循环工作中，按“进给保持”按钮，车床刀架运动暂停，“循环启动”灯灭，“进给保持”灯亮，“循环启动”按钮可以接触保持，使车床继续工作。

ⅱ. 车床在自动循环工作中，按下“选择停止”按钮时，或当程序中有 M01（选择停）指令时车床将停止工作。若要继续工作，按“循环启动”按钮，可以使“选择停止”机能取消，车床则继续按照规定的程序执行。

(b)“循环启动”按钮在下列情况下不起作用。

ⅰ. 急停状态。

ⅱ. 复位状态。

ⅲ. 发生报警时。

ⅳ. 在“状态选择”开关处于“手动数据输入（MDI）”、“自动状态（AUTO）”以外的位置时。

ⅴ. 当 NC 控制机未准备好时。

b. 单段执行。

当新建一程序时，可以通过单段执行来检验程序。

(a) 选择所需要执行的程序。

(b) 选择“自动加工”方式。

(c) 按下“单段执行”按键。

(d) 按下“循环启动”按钮。

(e) 当一程序段执行完毕后，必须再次按下“循环启动”按钮，才能执行下一程序段，直至整个程序执行完毕。

10.5 自动编程

10.5.1 自动编程简介

自动编程是用计算机来帮助人们解决零件的数控加工编程问题，大部分编程工作由计算机来完成，能提高编程效率，还解决了手工编程无法解决的许多复杂形状零件的加工编程问题。自动编程可以自动生成刀位数据文件、刀具清单、操作报告、中间模型和机床控制文件。用户可以通过路径仿真对生成的刀具轨迹进行检查，如果不符合要求，则可以对 NC 数控工序进行修改；如果刀具轨迹符合要求，则可以对其进行后处理，以便生成数控加工代码，为数控机床提供加工数据。

自动编程加工技术在生产制造方面具有下列优点。

① 减少加工前的准备工作。利用数控加工机床进行 NC 加工制造，配合计算机工具，可以减少夹具的设计与制造、工件的定位与装夹时间。

② 减少加工误差。利用计算机辅助制造技术可以在制造加工前进行加工路径模拟仿真，可以减少加工过程中的误差和干涉检查，进而节约制造成本。

③ 提高加工的灵活性。配合各种多轴加工机床，可以在同一机床上对复杂的零件按照各种不同的程序进行加工。

④ 生产时间容易控制。数控加工机床按照所设计的程序进行加工，可准确地预估加工所需的时间，以控制零件的制造加工时间。

⑤ 加工重复性好。设计程序数据可以重复利用。

10.5.2 常见的自动编程软件简介

(1) Mastercam　Mastercam 是由曲面的加工编程，美国 CNC Software 公司推出的基于 PC 平台上的 CAD/CAM 软件。它具有很强的编程功能，尤其对复杂的零件它可以自动生成加工程序代码，具有独到的优势。由于 Mastercam 主要用于数控加工编程，其零件的设计造型功能不强，但对硬件的要求不高，且操作灵活、易学易用、价格较低，受到众多企业的欢迎。

(2) CAXA 制造工程师　CAXA 制造工程师是由我国北京北航海尔软件有限公司研制开发的全中文、面向数控机床和加工中心的三维 CAD/CAM 软件。它基于微机平台，采用原创 Windows 菜单和交互方式，全中文界面，便于轻松地学习和操作。它全面支持图标菜单、工具条、快捷键。用户还可以自由创建符合自己习惯的操作环境。它既具有线框造型、曲面造型和实体造型的设计功能，又具有生成二～五轴的加工代码的数控加工编程功能，可用于加工具有复杂三维曲面的零件。其特点是易学易用、价格较低，已在国内众多企业、院校及研究院中得到应用。

(3) UGII CADEAM 系统　UGII 由美国 UGS 公司开发经销，不仅具有复杂造型和数控加工的功能，还具有管理复杂产品装配、进行多种设计方案的对比分析和优化等功能。该软件具有较好的二次开发环境和数据交换能力。其庞大的模块群为企业提供了从产品设计、产品分析、加工装配、检验，到过程管理、虚拟运作等全系列的技术支持。由于软件运行对计算机的硬件配置有很高要求，其早期版本只能在小型机和工作站上使用。随着微机配置的不断升级，已开始在微机上使用。目前该软件在国际 CAD/CAM/CAE 市场上占有较大的份额。

(4) PRO/Engineer　PRO /Engineer 是美国 PTC 公司研制和开发的软件，它开创了三维 CAD/CAM 参数化的先河。该软件具有基于特征、全参数、全相关和单一数据库的特点，可用于设计和加工复杂的零件。另外，它还具有零件装配、机构仿真、有限元分析、逆向工程、同步工程等功能。该软件也具有较好的二次开发环境和数据交换能力。

(5) CATIA　CATIA 是最早实现曲面造型的软件，它开创了三维设计的新时代，它的出现，首次实现了计算机完整描述产品零件的主要信息，使 CAM 技术的开发有了现实的基础。目前 CATIA 系统已发展成从产品设计、产品分析、加工、装配和检验，到过程管理、虚拟等众多功能的大型 CAD/CAM/CAE 软件。

(6) CIMATRON　CIMATRON 是以色列 Cimatron 公司提供的 CAD/CAM/CAE 软件，是较早在微机平台上实现三维 CAD/CAM 的全功能系统。它具有三维造型、生成工程图、数控加工编程等功能，具有各种通用和专用的数据接口及产品数据管理等功能。该软件较早在我国得到全面汉化，已积累了一定的应用经验。

思考与练习

1. 简述数控机床相对于普通机床加工的优势和工作流程。

2. 试述数控机床工件坐标系建立遵循的两个原则，数控车床和立式数控铣床工件坐标系有何不同？

3. 试述 G00 与 G01 的区别，加工圆弧的两种指令格式。

4. 试述数控车床和立式数控铣床开机、关机、程序自动运行操作的步骤。

5. 试述数控车床和立式数控铣床对刀的主要步骤。

第11章

特种加工

11.1 特种加工简介

11.1.1 特种加工的产生与发展

随着科技与生产的发展，许多现代工业产品都要求具有高强度、高速度、耐高温、耐低温、耐高压等技术性能，为适应上述各种要求，需要采用一些新材料、新结构，从而对机械加工提出了许多新问题，如高强度合金钢、耐热钢、钛合金、硬质合金等难加工材料的加工；陶瓷、玻璃、人造金刚石、硅片等非金属材料的加工；高精度、表面粗糙度极小的表面加工；复杂型面、薄壁、小孔、窄缝等特殊工件的加工等。此类加工如采用传统的切削加工往往很难解决，不仅效率低、成本高，而且很难达到零件的精度和表面粗糙度要求，有些甚至无法加工。特种加工工艺正是在这种新形势下迅速发展起来的。

所谓“特种加工”，是相对于传统加工而言的，实质是指直接利用电能、声能、光能、化学能和电化学能等能量形式进行加工的一类方法的总称。

11.1.2 特种加工特点

与传统的切削加工相比，特种加工具有以下特点。

① 工具材料的硬度可以大大低于工件材料的硬度。

② 加工过程中不存在明显的切削力。

③ 某些特种加工方法可以有选择地复合成新的工艺方法，使生产效率和加工精度大为提高。

11.1.3 特种加工应用

特种加工主要应用于如下场合。

① 加工各种高强度、高硬度、高韧性、高脆性等难加工材料，如耐热钢、不锈钢、钛合金、淬火钢、硬质合金、陶瓷、宝石、金刚石、硅等。

② 加工各种复杂零件的表面及细微结构，如热锻模、冲裁模、冷拔模的型腔和型孔、整体涡轮、喷气涡轮的叶片、喷油嘴、喷丝头的微小型孔等。

③ 加工各种有特殊要求的精密零件，如特别细长的低刚度螺杆、精度和表面质量要求

特别高的陀螺仪等。

11.1.4 电火花特种加工

电火花加工又称为放电加工（electrical discharge machining，简称 EDM），在加工过程中，工具和工件不接触，利用工具和工件之间不断的脉冲性火花放电，产生局部、瞬时的高温把金属材料逐步蚀除掉的特种加工方法。

(1) 电火花加工原理 电火花加工原理如图 11-1 所示。工件 1 与工具 4 分别与脉冲电源 2 的两个不同极性输出端相连接，自动进给调节装置 3 使工件和电极间保持相当的放电间隙。两电极间加上脉冲电压后，在间隙最小处或绝缘强度最低处将工作液介质击穿，形成放电火花。放电通道中等离子瞬时高温使工件和电极表面都被蚀除掉一小部分材料，使各自形成一个微小的放电坑。脉冲放电结束后，经一段时间间隔，使工作液恢复绝缘，下一个脉冲电压又加在两极上，进行另一个循环。当这种过程以相当高的频率重复进行时，工具电极不断调整与工件的相对位置，加工出所需要的零件。

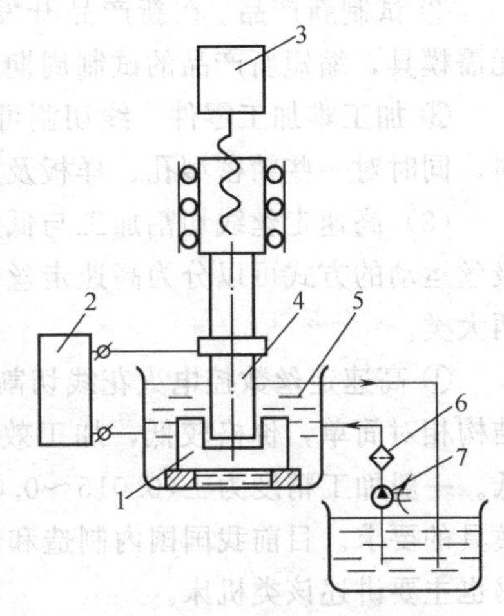

图 11-1 电火花加工原理图
1—工件；2—脉冲电源；3—自动进给调节装置；4—工具；5—工作液；6—过滤器；7—工作液泵

(2) 电火花加工的分类 电火花加工按工具电极和工件相对运动的方式和用途不同，大致可分为电火花穿孔、成型加工、电火花线切割加工、电火花磨削和镗磨、电火花同步共轭回转加工、电火花高速小孔加工、电火花表面强化和刻字六大类。前五类属电火花成形、尺寸加工，用于改变工件形状或尺寸的加工方法，后者属表面加工方法，用于改善零件表面性质。本书主要介绍电火花穿孔、成型加工（约占电火花机床总数 30%）和电火花线切割加工（约占电火花机床总数 60%）。

11.2 数控电火花线切割加工

电火花线切割，就是以移动的细丝作电极，在电极丝与工件之间产生火花放电，并同时按所要求的形状驱动工件进行加工。

11.2.1 电火花线切割加工的特点与应用

(1) 电火花线切割加工的特点 电火花线切割加工归纳起来有以下一些特点。

① 以金属线为电极工具，不需要制造特定形状的电极，可节约电极的设计、制造费用。

② 可以加工用传统切削方法难以加工甚至无法加工的形状非常复杂的零件。很适合小批量形状复杂零件、单件和试制品的加工，加工周期短。

③ 轮廓加工所需加工的余量少，能有效节约贵重的材料。

④ 直接利用电、热能进行加工，加工不受材料硬度的限制，并可以通过调节加工电参数提高加工精度，便于实现加工过程自动化控制。

⑤ 工作液采用水基乳化液，成本低，不会发生火灾。

⑥ 不能加工非导电材料。

⑦ 加工效率低，加工成本高，不适合形状简单零件的大批量生产。

(2) 电火花线切割加工的应用 由于电火花线切割加工有很多优点，因此电火花线切割加工广泛应用于以下加工。

① 模具加工。加工冲模、挤压模、塑料模、电火花型腔模的电极等。例如，形状复杂且常有尖角窄缝的小型凹模的型孔可采用整体结构在淬火后加工，既能保证加工精度，又可以简化设计与制造。

② 试制新产品。在新产品开发过程中需要的单件样品，使用线切割直接切割出零件，无需模具，缩短新产品的试制周期。

③ 加工难加工零件。线切割可以切割某些传统加工难以切削的高硬度、高熔点金属材料，同时对一些精密型孔、样板及其成形刀具、精密狭槽可方便地进行加工。

(3) 高速走丝线切割加工与低速走丝线切割加工 数控电火花线切割加工机床，根据电极丝运动的方式可以分为高速走丝数控电火花线切割机床和低速走丝数控电火花线切割机床两大类。

① 高速走丝数控电火花线切割机床 机床电极丝运行速度快（300～700m/min），机床结构相对简单，价格较低，加工效率高。但是电极丝振动大，导丝轮损耗大，加工精度较低。一般加工精度为±(0.015～0.02)mm，表面粗糙度 R_a 值为 1.25～2.5μm，可满足一般模具的要求。目前我国国内制造和使用的电火花线切割机床主要为高速走丝线切割机床，本书也主要讲述该类机床。

② 低速走丝数控电火花线切割机床 机床电极丝运行速度慢，一般为 3m/min，机床加工精度高，精度可达±0.001，表面粗糙度可达到 R_a0.3μm。机床自动化程度高，但价格昂贵，加工效率也较低。

11.2.2 电火花线切割加工设备

(1) 电火花线切割机床的型号、规格和技术性能 我国目前主要制造和使用的大多为高速走丝线切割机床。根据 GB/T 15375—1994《金属切削机床型号编制方法》之规定，线切割机床型号是以 DK77 开头的，如 DK7732 的含义如下：

D 为机床类别代号，表示电加工机床；

K 为机床特性代号，表示数控；

77 为组别代号，表示电火花线切割机床；

32 为基本参数代号，表示工作台横向行程为 320mm。

电火花线切割机床的主要技术参数包括工作台行程（纵向行程×横向行程）、最大切割厚度、加工表面粗糙度、加工精度、切割速度以及数控系统的控制功能等。

电火花线切割加工机床的种类不同，其设备内容也不同，但必须包含三个部分：线切割机床、控制器、脉冲电源。

(2) 高速线切割机床的组成部分及其作用 电火花线切割机床主要由机床本体、脉冲电源、控制系统、工作液循环系统和机床附件等几部分组成。图 11-2 所示为 DK7725 型高速走丝线切割机床组成示意图，该机床属于中型电火花线切割设备，主要由机床、高频电源控制柜、PC-586 计算机、驱动电源组成。

① 机床本体 机床本体包括床身、坐标工作台、走丝机构、丝架、工作液箱、附件和夹具几部分。

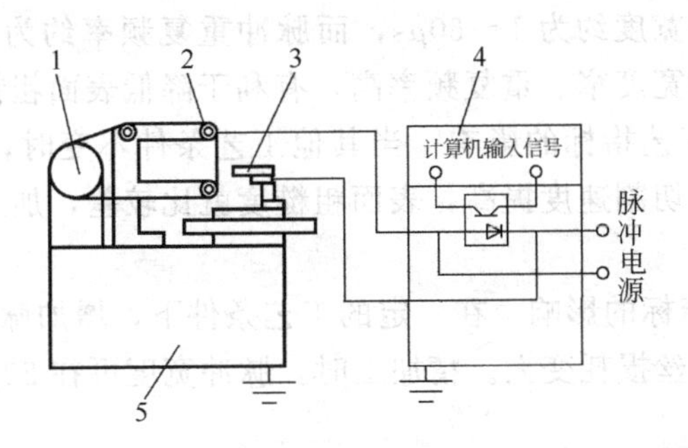

图 11-2 DK7725 型高速走丝线切割机床结构示意图

1—储丝筒；2—导轮；3—工件；4—控制柜；5—床身

a. 床身。床身一般为铸件，是工作台、走丝机构及丝架的支撑和固定基础，通常为箱式结构，应有足够的强度和刚度。

b. X、Y 坐标工作台。X、Y 坐标工作台是用来装夹被加工的工件。X 轴和 Y 轴由控制台发出进给信号，分别控制两个步进电动机，进行预定的加工，工作台主要由托板、导轨、丝杠传动副、齿轮传动机构四部分组成。

c. 走丝机构。走丝机构使电极丝以一定的速度运动并保持一定的张力。高速走丝机床上，一定长度的电极丝平整地卷绕在储丝筒上，储丝筒通过联轴节与交流驱动电动机相连，为重复使用该段电极丝，电动机由专门的换向机构控制作正反转交替运转，同时沿轴向移动。在运动过程中电极丝由丝架支撑，并依靠导向轮保持电极丝与工作台垂直或倾斜一定角度。

② 脉冲电源　电火花线切割加工脉冲电源是把工频交流电流转换为一定频率的单向脉冲电流的装置。线切割加工脉冲电源的脉宽较窄（2～60μs），单个脉冲能量和平均电流一般较小（1～5A）。

③ 控制系统　控制系统的作用是在电火花线切割加工过程中，按加工要求自动控制电极丝相对工件的运动轨迹和进给速度，实现对工件形状和尺寸的加工。

④ 工作液循环系统　电火花线切割加工必须在工作液中进行。可将加工工件浸在工作液中进行，也可采用电极丝冲液的方式。低速走丝线切割机床一般使用去离子水作工作液，高速走丝线切割机床使用专用乳化液。工作液是循环使用的，使用时要求对工作液进行过滤。工作液循环系统一般包括工作液泵、液箱、过滤器、流量控制及上、下喷嘴。

11.2.3 电火花线切割加工工艺

电火花线切割加工工艺的合理性对线切割加工的效率和质量有很大的影响，衡量电火花线切割加工工艺的指标主要有切割速度、切割精度、切割表面粗糙度等。为了获得较高的加工工艺指标，就必须了解各项参数对工艺指标的影响规律。

（1）电参量对加工工艺指标的影响　脉冲电源的波形和参数对材料的电腐蚀过程影响极大，它们决定着放电痕（表面粗糙度）蚀除率、切缝宽度的大小和钼丝的损耗率，进而影响加工的工艺指标。

一般情况下，电火花线切割加工脉冲电源的单个脉冲放电能量较小，除受工件加工表面粗糙度要求限制外，还受电极丝允许承载放电电流的限制。欲获得较好的表面粗糙度，每次脉冲放电的能量不能太大。表面粗糙度要求不高时，单个放电脉冲能量可以取大些，以便得到较高的切割速度。

在实际应用中，脉冲宽度约为1～60μs，而脉冲重复频率约为10～100kHz，有时也可以在这个范围之外。脉冲宽度窄、重复频率高，有利于降低表面粗糙度、提高切割速度。

① 短路峰值电流对工艺指标的影响 当其他工艺条件不变时，增加短路峰值电流，相应的加工峰值电流越大，切割速度提高，表面粗糙度就比较差，加工精度有所降低，而且使电极丝损耗变大。

② 脉冲宽度对工艺指标的影响 在一定的工艺条件下，增加脉冲宽度，切割速度提高，但表面粗糙度下降，电极丝损耗变大。精加工时，脉冲宽度可在20μs内选择；半精加工时，可在20～60μs内选择。

③ 脉冲间隔对工艺指标的影响 在一定的工艺条件下，脉冲间隔对切割速度影响较大，对表面粗糙度影响较小。减小脉冲间隔，表面粗糙度增大，切割速度提高。但是脉冲间隔太小，放电产物来不及排出，放电间隙来不及充分消电离，将使加工变得不稳定，容易烧伤工件或断丝。脉冲间隔太大，切割速度明显下降，加工不稳定。选择脉冲间隔和脉冲宽度与工件厚度有很大关系，一般来说工件厚，脉冲间隔就要大，保持工件的稳定性。一般脉冲间隔在10～250μs范围内基本上能适应各种加工条件，进行稳定加工。

④ 开路电压对工艺指标的影响 在一定工艺条件下，随着开路电压峰值的提高，加工电流增大，切割速度提高，表面粗糙度下降。采用乳化液介质和高速走丝方式时，开路电压峰值一般在60～150V的范围内，个别的用到300V左右。

(2) 线切割工作液对工艺指标的影响 工作液的好坏将直接影响加工的顺利进行，对其加工工艺指标——切割速度、表面粗糙度、加工精度均有不可忽视的影响。在电火花线切割加工中，可使用的工作液种类很多，有煤油、乳化液、去离子水、蒸馏水、洗涤剂、酒精溶液等，它们对工艺指标的影响各不相同，特别是对切割速度的影响较大。乳化型工作液比非乳化型工作液的切割速度高。工作液的脏污程度对工艺指标也有较大影响。工作液太脏，会降低加工的工艺指标。纯净的工作液不易形成放电通道，经过一段放电加工后，工作液中存在一些悬浮的放电产物，这时容易形成放电通道，加工效果较好。往往经过一段时间放电切割加工之后，脏污程度还不大的工作液可得到较好的加工效果。

(3) 线切割电极丝对工艺指标的影响 高速走丝机床的电极丝在加工过程中反复使用，主要有钼丝、钨丝和钨钼丝。常用的钼丝规格为ϕ0.10～ϕ0.18mm。

电极丝影响线切割工艺指标的主要因素有电极丝的直径、电极丝的张力及电极丝的垂直度。电极丝直径对切割速度影响较大，在一定范围内，电极丝的直径加大对切割速度有利。电极丝直径也不宜过大。另外，电极丝直径对切割速度的影响也受脉冲参数等综合因素的制约。电极丝张力直接影响到加工零件的质量和切割速度，当电极丝张力适中时，切割速度最大。电极丝垂直度对工艺指标也有很大影响，应提高电极丝的位置精度，以提高各项加工工艺指标。

11.2.4 电火花线切割加工操作

(1) 加工前的准备

① 工件材料的选定和处理 工件材料选型是由图样设计时确定的。如模具加工，在加工前需要锻打和热处理，一般工件还需回火后才能使用，另外，加工前要进行消磁处理及去除表面氧化皮处理。

② 工件的工艺基准 电火花线切割加工时，除要求工件具有工艺基准面或工艺基准线外，同时还必须具有线切割加工基准。一般若外形具有与工作台X、Y平行并垂直于工作台

水平面的两个面并符合六点定位原则，则可选取一面作为加工基准面。若工件侧面的外形不是平面，在对工件技术要求允许的条件下可以加工出的工艺平面作为基准。工件上不允许加工工艺平面时，可以采用划线法在工件上划出基准线，但划线仅适用于加工精度不高的零件。若工件一侧面只有一个基准平面或只能加工出一个基准面时，则可用预先已加工的工件内孔作为加工基准。这时不论工件上的内孔原设计要求如何，必须在机械加工时使其位置和尺寸精确适应其作为加工基准的要求。若工件以划线为基准时，则要求工件必须具有可作为加工基准的内孔。工件本身无内孔时，可用位置和尺寸都准确的穿丝孔作为加工基准。

③ 电极丝的选择 目前电极丝的种类很多，有纯铜丝、钼丝、钨丝、黄铜丝和各种专用铜丝。表 11-1 所示为电火花线切割使用的电极丝。

表 11-1 各种电极丝的特点

材质	线径/mm	特 点
钼	0.06～0.25	抗拉强度高，一般用于高速走丝，在进行细微窄缝加工时，也可用于低速走丝
钨	0.03～0.1	抗拉强度高，可用于各种窄缝的细微加工，价格昂贵
纯铜	0.1～0.25	适合于切割速度要求不高的精加工使用。丝不易卷曲，抗拉强度低，容易断丝
黄铜	0.1～0.30	适合于高速加工，加工面的蚀屑附着少，表面粗糙度和加工面的平直度也较好
专用黄铜	0.05～0.35	适合于高速、高精度和理想的表面粗糙度加工及自动穿丝，价格高

④ 穿丝孔的加工 凹形类封闭型工件在切割前必须具有穿丝孔，以保证工件的完整性。穿丝孔的直径不宜太小或太大，以钻或镗孔工艺简便为宜，一般选在 3～10mm 范围内。孔径最好选整数值或较完整数值，以简化其作为加工基准的运算。穿丝孔要作为加工基准，因此穿丝孔加工必须保证其位置精度和尺寸精度，一般应等于或高于工件要求的精度。

⑤ 加工路线的选择 在加工中工件内部应力的释放要引起工件的变形，所以在选择加工路线时，必须注意以下几点。

a. 避免从工件端面开始加工，应从穿丝孔开始加工。

b. 加工的路线距离端面（侧面）应大于 5mm。

c. 加工路线开始应从离开工件夹具的方向进行加工（即不要一开始加工就趋近夹具），最后再转向工件夹具的方向，如图 11-3 所示。

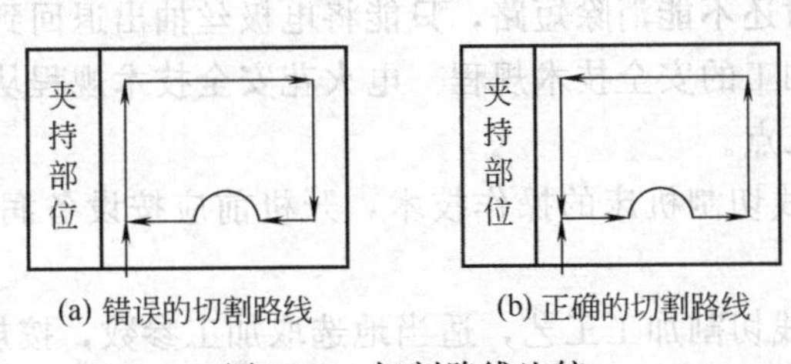

(a) 错误的切割路线 (b) 正确的切割路线

图 11-3 切割路线比较

d. 在一块毛坯上要切出两个以上零件时，不应连续一次切割出来，而应从不同预孔开始加工。

⑥ 工件的装夹 线切割加工机床的工作台比较简单，一般在通用夹具上采用压板固定工件。工件装夹形式对机床加工质量和加工范围有着明显的影响。常见支撑方式有悬臂支撑方式、双端支撑方式、桥式支撑方式、板式支撑方式、复式支撑方式及弱磁力支撑方式等。

⑦ 工件位置找正 工件安装到机床工作台上后，在进行夹紧前，应先进行工件的平行度校正。常见的校正方法有拉表法、划线法、固定基面靠定法等。

电极丝与工件的相对位置，可用电极丝与工件接触短路的检测功能进行测定。通常有电极丝垂直校正、端面校正、自动找中心等方式。在找端面、找中心和电极丝找垂直时，都应注意关掉电源，否则会损坏工件表面的测量刃口，另外，在找正前要擦掉工件端面、孔壁和测量刃口上的油、水、锈、灰尘和毛刺，以免产生误差。

(2) 线切割加工步骤 加工前先准备好工件毛坯、压板、夹具等装夹工具。若需切割内腔形状工件，毛坯应预先打好穿丝孔，按如下加工步骤操作。

① 启动机床电源进入系统，编制加工源程序。

② 检查系统各部分是否正常，包括高频、水泵、丝筒等的运动情况。

③ 进行穿丝、电极丝找正、工件装夹等操作。

④ 移动X、Y轴坐标确定起割位置。

⑤ 开启工作液泵，调节喷嘴流量。

⑥ 开启储丝筒电动机并运行加工程序开始加工，调整加工参数。

⑦ 切割完毕，检查工件精度及表面质量是否合格。

(3) 加工操作注意事项

① 在放电加工时，工作台架内不允许放置任何杂物以防损坏机床。

② 装夹工件应充分考虑装夹部位和穿丝孔进丝位置，保证切割路径通畅。

③ 在穿丝、紧丝等操作时，一定注意电极丝不要从导轮槽中脱出，并与导电块良好接触。

④ 合理配置工作液浓度，以提高加工效率及表面质量。

⑤ 切割时，控制喷嘴工作液使其沿丝流动，流量不宜过大，以防飞溅。

⑥ 切割时要随时观察运行情况，排除事故隐患，出现问题立即按下急停按钮。

(4) 加工过程中特殊情况处理

① 断丝处理 加工过程中如果出现断丝，首先应关闭高频电源，再关闭工作液泵和走丝电动机，让机床回到起点位置重新穿丝加工。若工件较薄，可就地穿丝继续切割加工。更换新丝后，应测量新丝直径，改变丝的偏移量以保证加工精度。

② 短路排除 短路是线切割常见故障之一，常见短路原因很多。通常出现短路后应立即关掉变频，待其自行消除短路，如不能奏效，再关掉高频电源，用酒精、汽油、丙醇等溶剂冲洗短路部分，若此时还不能消除短路，只能将电极丝抽出退回到起始点重新加工。

(5) 电火花线切割加工的安全技术规程 电火花安全技术规程从人身安全和机床安全两个方面考虑，包括以下几点。

① 操作者必须熟悉线切割机床的操作技术，开机前应按设备润滑要求，对机床有关部位注油润滑。

② 操作者必须熟悉线切割加工工艺，适当地选取加工参数，按规定操作顺序合理操作，防止造成断丝等故障的发生。

③ 废丝要放在规定的容器内，防止混入电路和走丝系统中，造成电器短路、触电和断丝事故。停机时，要在储丝筒刚换向后尽快按下停止按钮，防止因丝筒惯性造成断丝及传动件碰撞。

④ 正式加工工件之前，应确认工件位置是否安装正确，防止碰撞丝架和因超程撞坏丝杆、螺母等传动部件。对于无超程限位的工作台，要防止超程坠落事故。

⑤ 在加工之前应对工件进行热处理，尽量消除工件的残余应力，防止切割过程中工件爆裂伤人。

⑥ 在检修机床、机床电器、脉冲电源、控制系统之前，应注意切断电源，防止损坏电路元件和触电事故的发生。禁止用湿手按开关或接触电器部分。

⑦ 防止工作液等导电物进入电器部分，一旦发生因电器短路造成火灾时，应首先切断电源，立即用四氯化碳等合适的灭火器灭火，不准用水救火。

⑧ 由于工作液在加工过程中可能因为一时供应不足而产生放电火花，所以机床附近不得放置易燃、易爆物品。

⑨ 定期检查机床的保护接地是否可靠，注意各部位是否漏电，尽量采用防触电开关。合上加工电源后，不可用手或手持导电工具同时接触脉冲电源的两输出端（床身与工件），以防触电。

⑩ 停机时，应先停高频脉冲电源，再停工作液，让电极丝运行一段时间，并等储丝筒反向后再停走丝。工作结束后，关掉总电源，擦净工作台及夹具，并润滑机床。

11.2.5　电火花线切割加工编程

(1) 线切割基本编程方法　线切割机床的数控程序必须具备一定的格式，以便于机器接受“命令”并进行加工。高速走丝线切割机床通常采用 B 代码格式，低速走丝线切割机床通常采用国际上通用的 G 代码格式，为了实现国际化交流和实现标准化，目前我国生产的线切割控制系统也逐步采用 G 代码。

① 3B 格式程序编程　3B 格式用于快走丝线切割，其针对性强，通俗易懂，且被我国绝大多数快走丝线切割机床生产厂家采用。

3B 指令格式如下：

BX BY BJ GZ

a. B 是分隔符，它将 X、Y、J 的数值分隔开。

b. X 和 Y 是坐标值，在直线编程指令中，表示直线终点相对起点的坐标；在圆弧指令中，表示圆弧的起点相对于圆心的坐标。X、Y 不带正负号，只取绝对值，单位为 μm。

c. J 是计数长度，表示在指定的计数方向（G_X 或 G_Y）上直线或圆弧的投影长度。若圆弧跨越象限，则 J 应是各段投影长度绝对值的总和。

对于斜线，如图 11-4(a) 所示，取 J＝X，如图 11-4(b) 所示，取 J＝Y 即可。

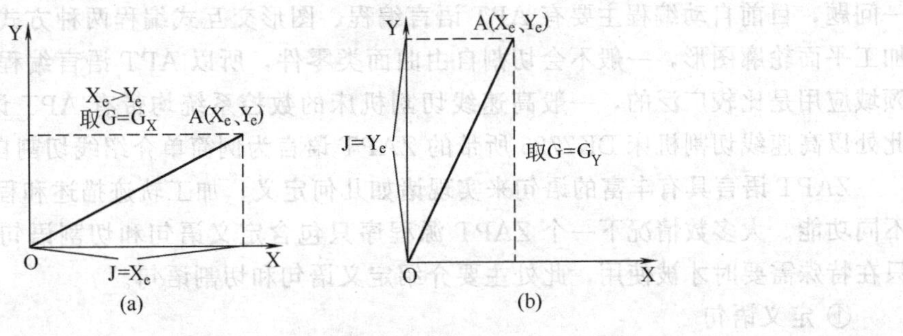

图 11-4　直线计数长度 J 的确定

对于圆弧，可能跨越几个象限，计数方向确定后，J 就是被加工曲线在该方向投影长度的总和，如图 11-5 所示，圆弧均是由 A 加工到 B，图 11-5(a) 是 G_X，$J=J_{X_1}+J_{X_2}$；图 11-5(b) 为 G_Y，$J=J_{Y_1}+J_{Y_2}+J_{Y_3}$。

d. G 是计数方向。直线编程若终点坐标 $|X|>|Y|$，则以 X 轴为计数方向，用 G_X

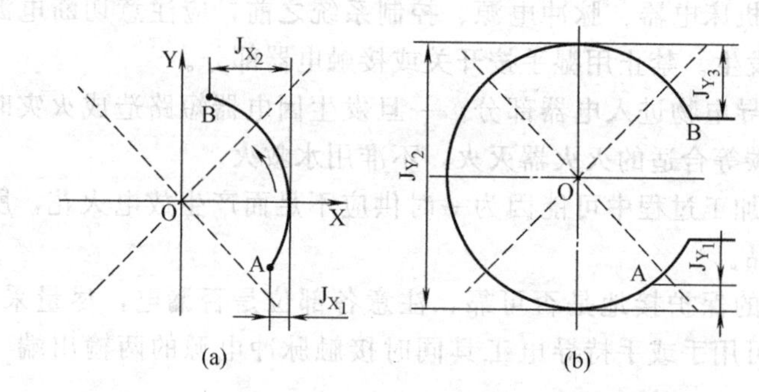

图 11-5 圆弧计数长度 J 的确定

表示；否则以 Y 轴为计数方向，用 G_Y 表示。圆弧编程若终点坐标 |X| ＞ |Y|，则以 Y 轴为计数方向，用 G_Y 表示；否则以 X 轴为计数方向，用 G_X 表示。

e. Z 是加工指令，按照直线的终点和圆弧的起点所在的象限以及圆弧的方向分为 12 种。图 11-6 所示为直线和圆弧的加工指令。

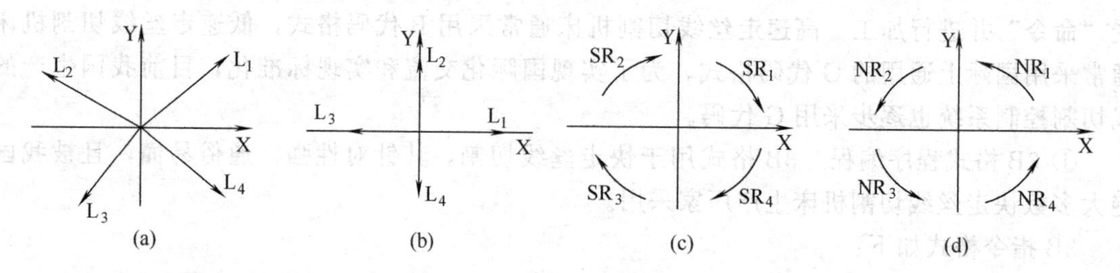

图 11-6 加工指令

② ISO 指令编程 我国线切割机床加工编程主要使用的是 3B、4B 程序，为了便于加强交流，按照国际统一规范 ISO 指令编程是今后数控编程的趋势，此处由于篇幅原因，同时 ISO 指令编程与数控铣床的加工指令相似，此种编程方法就不介绍了，有兴趣的读者可以参考相关资料。

(2) 线切割自动编程方法 手工编程必须对编程所需的各坐标点进行处理和计算，当零件的形状复杂时手工编程的工作量就非常大，而且难以保证精度。自动编程可以有效解决这一问题，目前自动编程主要有 APT 语言编程、图形交互式编程两种方式。由于线切割主要加工平面轮廓图形，一般不会切割自由曲面类零件，所以 APT 语言编程在线切割自动编程领域应用是比较广泛的，一般高速线切割机床的数控系统均带有 APT 语言自动编程系统。此处以高速线切割机床 DK7725 所带的 ZAPT 语言为例简单介绍线切割自动编程方法。

ZAPT 语言具有丰富的语句来实现诸如几何定义、加工轨迹描述和程序流程控制等各种不同功能。大多数情况下一个 ZAPT 源程序只包含定义语句和切割语句，其他大部分语句只在特殊需要时才被使用，此处主要介绍定义语句和切割语句。

① 定义语句

a. 点的定义。

点的定义方式很多，最基本的定义方式就是以直角坐标点定义，基本语法如下：

Pn＝x，y

例如，P0＝20，8，P1＝10，－20 等。

b. 线的定义。

线也有多种定义方法，下面只介绍几种最普遍的定义方法。应注意直线是有方向的。

(a) 两点确定直线。

语法：Ln＝Pi，Pj

(b) 点斜式确定直线。

语法：Ln＝Pi，α

其中，α 为斜线与 X 轴正向的夹角，顺时针为负，逆时针为正。

(c) 平行线。

语法：Ln＝Li，d

表示与 Li 平行，距离为 d 的直线。d 有正负号，遵循“左负右正”的原则。

例如，与坐标轴平行直线可用如下简单语句定义：

L1＝X，10　　表示与 X 轴平行，距离为 10 的直线。

L2＝－Y，－5　　表示与 Y 轴平行，距离为 5 的直线。

c. 圆的定义。

有多种圆的定义方式，最普遍的圆心半径定圆的语法如下：

Cn＝Pi，r

其中，Pi 为圆心，r 为半径，顺时针圆为负，逆时针圆为正。

在定义点、线、圆时，必须牢记：“顺负逆正、左负右正、顺序相切”三句话 12 个字。在定义语句中引用的几何变量（点、线、圆），必须在该语句前定义。如果使用嵌套，就能够把要引用的几何变量直接定义在该语句中。

例如，C1＝ P1（L2（X，10）），－5

相当于下列几条语句的总和：

L2＝X，10　　与 X 轴平行，距离为 10 的直线。

P1＝L2，Y　　L2 与 Y 轴的交点。

C1＝P1，－5　　圆心在 P1，半径为 5 的顺圆。

② 定位语句与切割语句

a. 定位语句。

定位语句用于设置穿丝孔（起割点）的位置，其格式为：

LOC　Pi

穿丝孔的缺省位置为坐标原点。

b. 切割语句。

切割语句通过指明切割路线来描述工件的加工过程，其语句格式为：

CUT…

从构成切割起点的前一个切割元素开始，沿切割方向依次书写切割元素，直到生成切割终点的后一个切割元素为止，每个切割元素前还要填入几何关系符以表明它与前一个切割元素之间的关系，这就是切割路线。

(a) 切割元素。

已定义的几何元素均可作为切割元素，如果切割元素方向与定义方向相反，则应在其前面加一个负号。

(b) 几何关系符。

相邻两切割元素之间的连接方式，左拐相交关系符为“,”；右拐相交关系符为“*”；相切或加公切线关系符为“/”；自动圆滑关系符为“，r,”；插入倒角关系符为“，rC,”。

(c) 变换切割符。

在图形中，对称和周期性重复很常见，此时使用变换切割符可以省略大量的定义语句、缩短切割路线书写，表 11-2 列举了旋转、反射和平移三类变换切割符。

表 11-2　切割语句中的变换切割符

类别	变换符	功　能
旋转	nR(α)	将前面的切割路线以原点为中心旋转 α 角度，共重复 n 次
	nR(Pi,α)	将前面的切割路线以点 Pi 为中心旋转 α 角度，共重复 n 次
反射	S(Li)	将前面的切割路线以线 Li 为轴反射
	S(Li,1)	将后面的切割路线以线 Li 为轴反射，直到另一个变换切割符或行末
平移	Nt(α,d)	将前面的切割路线沿 α 角度方向平移 d(mm)，共重复 n 次

(d) 封闭号“!”。

闭合图形的切割起点和切割终点相同，所以切割路线的头尾必然相同，此时封闭号“!”可用来代替切割路线尾部的重复部分。

(3) 零件编程加工实例　如图 11-7 所示凸模零件，以 DK7725 电火花线切割机床所带的 WBKX-6 智能型数控系统为例，讲述利用源程序加工一个工件的完整操作过程（电极丝为 ϕ0.14mm 的钼丝，单边放电间隙为 0.01mm）。

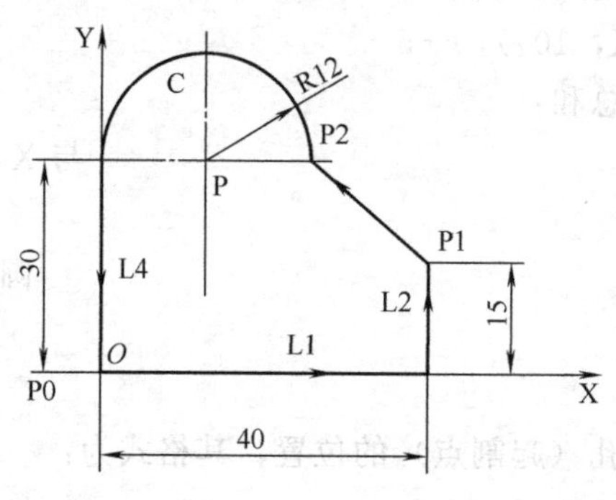

图 11-7　凸模零件

① 编制加工程序。

a. 输入源程序。

(a) 按 F10 键，返回主菜单。

(b) 按 F 键，选择【文件】菜单。

(c) 按 N 键，选择【新文件】，光标进入到 ZAPT 源程序窗口。

(d) 用键盘输入以下源程序，每行以 Enter（回车）键结束。

定义起割点

P0＝－2，0

LOC P0

几何定义语句

L1＝X

L2＝Y，40

L3＝P1（40，15），P2（14，30）

C＝P（12，30），12

L4＝－Y

切割语句

CUT，L1＊L2＊L3，C/L4!

(e) 按 F10 键，返回主菜单。

b. 设置编程选项。

(a) 按 P 键，选择【编程】菜单。

(b) 按 O 键，选择【选项设置】，打开选项设置窗口。

(c) 用↑↓及 Tab 键选中“输出指令格式”，键盘输入“3”，选择 3B 格式。

(d) 用↑↓及 Tab 键选中“转存加工指令”，键盘输入“Y”。

(e) 用↑↓及 Tab 键选中“垂直引入”，键盘输入“Y”。

(f) 用↑↓及 Tab 键选中“偏移补偿”，键盘输入“0.08”。

(g) 按 F10 键，返回【编程】菜单。

注意：偏移补偿量 f ＝钼丝直径/2＋放电间隙，遵循“左负右正”原则。

c. 进行自动编程及图形显示。

(a) 按 A 键，选择【自动编程】，系统自动编制生成加工指令，并转存到 NC 加工程序主窗口。

(b) 此时，屏幕中央弹出一个窗口，显示自动编程所生成的加工指令及其终点坐标。待编程结束，按任意键关闭窗口。

(c) 按 D 键，选择【图形显示】，屏幕切换到图形显示，绘制出自动编程所生成的图形。

(d) 键入 S 和 3，再按 Enter 键，将图形放大三倍，以便于对编程结果进行校验。

(e) 图形正确，按 Enter 键，屏幕切换，返回【编程】菜单。

② 切割加工。

a. 设置和检查切割选项。

(a) 按→键，选择【切割】菜单。

(b) 按 O 键，选择【选项设置】，打开选项设置窗口。

(c) 查看和设置各选项后，按 F10 键，返回【切割】菜单。

b. 编译加工程序。

按 C 选择【编译】，编译加工程序。

c. 模拟加工。

(a) 按 D 选择【空运转】，屏幕显示加工图形。

(b) 按 S、3 和 Enter 键，将图形放大三倍。按 C 键显示光标，按→键将光标移到图形中央，按 Enter 键，图形将被移到屏幕中央。

(c) 按 Enter 键，屏幕下方显示：

Press Esc to abort or any other key to start machining

(d) 按任意键，开始模拟加工，屏幕跟踪显示加工轨迹。

(e) 模拟加工结束，屏幕下方显示：

Machining completed. Press any key…

(f) 按任意键，屏幕以巨型字符方式显示当前坐标值。

(g) 再按任意键，返回【切割】菜单。

d. 切割加工。

(a) 做好切割准备工作，如装夹工件、开高频、开储丝筒、开油泵等。

(b) 将“进给/脱机”开关置于“进给”状态。

(c) 将“对中心/加工”开关置于“加工”状态。

(d) 按 M 键，选择【切割加工】，屏幕显示加工图形。

(e) 按 S、3 和 Enter 键，将图形放大三倍。按 C 键显示光标，按→键将光标移到图形中央，按 Enter 键，图形将被移到屏幕中央。

(f) 按回车键，屏幕下方显示：

Press Esc to abort or any other key to start machining

(g) 按任意键，开始加工，屏幕实时跟踪加工轨迹。

(h) 加工结束，屏幕下方显示：

Machining completed. Press any key…

(i) 按任意键，屏幕以巨型字符方式显示当前坐标值。

(j) 按任意键，返回【切割】菜单。

③ 用 3B 程序进行加工 如果您想利用已有的 3B 程序切割工件，那么可按如下步骤操作。

a. 输入 3B 程序。

(a) 在主菜单中按 E 键，选择【编辑】，进入编辑窗口。

(b) 若光标处在左侧的ZAPT 源程序窗口，按 F6 键，将光标移到右侧的NC 加工程序窗口。

(c) 按 F10 键，返回主菜单。

(d) 按 F 键，选择【文件】菜单。

(e) 按 N 键，选择【新文件】，光标进入NC 加工程序窗口，并清除原有程序。

(f) 利用键盘输入 3B 程序。3B 加工程序如下：

B0 B80 B80 GY L4
B45080 B0 B45080 GX L1
B0 B15115 B15115 GY L2
B16000 B15000 B16000 GX L2
B12080 B35 B24125 GY NR1
B0 B30080 B30080 GY L4
B4920 B0 B4920 GX L3
B0 B80 B80 GY L2

b. 切割加工。

在 NC 加工程序窗口中输入完 3B 程序后，就可按上述步骤进行切割加工。

11.3 电火花穿孔、成型加工

11.3.1 概述

电火花穿孔、成型加工机床约占电火花机床的 30%，典型机床有 D7125、D7140 等电火花穿孔、成型机床。

(1) 电火花穿孔、成型加工特点 电火花穿孔、成型加工具有以下特点。

① 工具和工件间只有一个相对的伺服进给运动。

② 工具为成型电极，与被加工表面有相同的截面和相应的形状。

(2) 适用范围 电火花穿孔、成型加工的适用范围如下。

① 穿孔加工：加工各种冲模、挤压模、粉末冶金模、各种异形孔和微孔。

② 型腔加工：加工各类型腔模和各种复杂的型腔工件。

11.3.2 电火花穿孔、成型加工设备

图 11-8 所示为典型的电火花穿孔、成型机床简图。它主要包括机床主体、电源箱和工作液循环过滤系统等。

(1) 国产电火花穿孔、成型机床的型号规格 从 1995 年起，我国把电火花穿孔、成型机床命名为 D71 系列，其型号表示方法、几个部分的含义说明如下。

例如，D7132 的含义如下。

D 为机床类别代号，表示电加工机床。

71 为组别代号，表示电火花穿孔、成型机床。

32 为基本参数代号，表示工作台面宽度为 320mm。

目前国产电火花机床的型号命名往往加上本厂厂名拼音代号及其他代号，中外合资及外资厂的型号更不统一，采用其自定的型号系列表示方法。

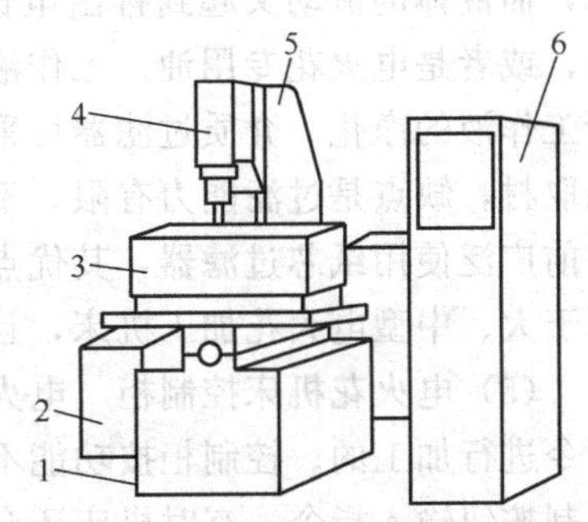

图 11-8 电火花穿孔、成型加工机床

1—床身；2—液压油箱；3—工作液槽；4—主轴头；5—立柱；6—机床控制柜

(2) 机床主体 机床主体是机床的机械部分，主要由床身、立柱、主轴头、工作台及润滑系统组成。

① 床身和立柱 床身和立柱是机床的基础件，立柱与纵横拖板安装于床身上，变速箱位于立柱顶部，主轴头安装在立柱的导轨上。由于主轴挂上具有一定重量的电极后将引起立柱的前倾，且在放电加工时电极作频繁的抬起而使立柱发生强迫振动，因此床身和立柱必须具有足够的刚性以尽可能减少床身和立柱的变形，才能保证电极和工件在加工过程中的相对位置，保证加工精度。

② 工作台 工作台主要用于支撑装夹工件。在实际加工中，通过转动纵横向丝杆来改变电极和工件的相对位置。工作台上装有工作液箱，用以容纳工作液，使电极和工件浸泡在工作液中，起到冷却和排泄作用，工作液箱应有很好的密封性能。工作台是操作者在装夹找正时经常移动的部件，通过两个手轮来移动上下拖板，改变纵横向位置，达到电极和被加工工件间所要求的相对位置。

③ 主轴头 主轴头是电火花穿孔、成型加工机床的一个关键部件，它的结构由伺服进给机构、导向和防扭机构、辅助机构三部分构成。最关键的部件是伺服进给机构。它控制工件在工具电极之间的放电间隙。主轴头的质量直接影响加工的工艺指标，如生产率、几何精度及表面粗糙度，因此主轴头除结构之外，还必须满足以下几点。

a. 保证加工稳定性，维持最佳放电时间，充分发挥脉冲电源的能力。

b. 放电过程中，发生暂时的短路或起弧时，要求主轴能迅速抬起使电弧中断。

c. 为满足精密加工的要求，需保证主轴移动的直线性。

d. 主轴应有足够刚性，使电极上不均匀分布的工作液喷射造成的侧面位移最小，并且还要具备能承受大电极的安装而不致损坏主轴的防扭机构。

e. 主轴应有均匀的进给而无爬行，在侧向力和偏载力作用下仍能保持原有的精度和灵敏度。

(3) 脉冲电源 电火花穿孔、成型加工用的脉冲电源的原理与电火花线切割的相同，在加工过程中向间隙不断输出脉冲，当电极和工件间隙达到一定时，工作液被击穿而形成脉冲火花放电。由于极性效应，每次放电使工件材料被蚀除，电极向工件不断进给，使工件加工至要求形状。常用的脉冲电源有张弛式、电子管和闸流管式、晶体管和晶闸管式；高档电火花机床则配置了微机数字化控制的脉冲电源。脉冲电源对电火花加工的生产率、表面质量、加工过程的稳定性和工具电极的损耗有很大影响，应合理使用。

(4) 工作液循环过滤系统 电火花加工一般在加工介质中进行，液体介质主要起绝缘作用，而液体的流动又起到排出电蚀产物和热量的作用。电火花加工所用的工作油主要是煤油，或者是电火花专用油。工作液必须保持清洁，而在工作液循环系统中就使用过滤器来进行工作液的净化。介质过滤器可采用木屑、黄沙或棉纱等作为介质，优点是来源广泛，可就地取材，缺点是过滤能力有限，不适于大流量、粗加工，且每次更换介质要消耗大量煤油。目前广泛使用纸芯过滤器，其优点是过滤精度较高、阻力小、更换方便、耗油量小，特别适用于大、中型电火花加工机床，且经反冲或清洗仍可继续使用。

(5) 电火花机床控制柜 电火花机床控制柜是用于操作电火花加工机的设备，通过输入指令进行加工的。控制柜按功能不同而有所区别，一般控制柜配置了电脑屏幕，通过触摸式控制按钮输入指令，有时机床还会配置一个手控盒，配合控制柜操作。

11.3.3 电火花穿孔、成型加工工艺

电火花穿孔、成型加工是靠放电瞬间产生的局部高温，使电极材料熔化和汽化而达到去除材料的目的。为了充分发挥电火花成型加工机床的功能，就应当了解和掌握电火花成型加工的基本工艺规律，针对不同的工件材料和技术要求，需正确选择合理的工具电极材料以及粗精加工的脉冲参数，以确保加工出合理的工件。

(1) 影响材料的放电蚀除速度的主要因素 下面对电火花成型加工时的加工速度、工具电极的损耗、加工表面质量及影响加工精度的主要因素进行分析，以提高实际操作水平。

① 极性效应 仅由于放电时正负极性不同而导致蚀除量不同的现象称为极性效应。在国内，通常把工件与脉冲电源正极相连接时的加工称为“正极性”加工，把工件与脉冲电源负极性连接时的加工称为“负极性”加工。从提高加工效率和降低工具电极损耗的角度来考虑，极性效应越显著越好，在实际加工中，应当充分利用极性效应的积极作用。

正极材料的蚀除速度高于负极材料的蚀除速度，所以精加工时，工件应接脉冲电源的正极，即应采用正极性加工。粗加工时，工件应接脉冲电源的负极，即采用负极性加工。

② 电参数的影响

a. 脉宽：脉冲宽度对加工速度有很大的影响。在峰值电流不变的情况下，脉宽加大时，加工速度越高；但当脉宽太大时，因为扩散的能量加大，反而会使生产率下降。

b. 脉冲间隔：脉冲间隔对单个时间内的脉冲数（脉冲频率）有直接的影响。脉冲间隔减小，放电频率提高，生产率相应提高；但当脉冲频率高到一定数值后，反而会使生产率下降。

c. 放电脉冲平均功率：在正常情况下，增大单个脉冲能量（增大峰值电流电压）及减少脉冲间隔，一般均有利于提高加工速度；但随着单个脉冲能量的增加，工件表面粗糙度也随之增大，而脉冲间隔过短，来不及消电离，则易产生电弧放电而损伤工件。所以，在实际

应用中要综合考虑利弊，选择合适的电参数。

③ 材料　工件材料的性能如熔点、沸点、导热参数、热容等与加工速度有关。工件材料的熔点和沸点越高，热容量越大，加工速度就越低。导热性能好，一般也不利于加工速度的提高。此外，材料的组织结构对加工速度也有一定的影响，而材料的硬度、强度等则对加工速度影响不大。

④ 面积效应　当加工电流一定时，面积过小会导致加工速度的下降。这是因为面积过小，加工电流密度大，放电集中，放电间隙中蚀除产物难以排除，正常放电不稳定，从而导致生产率下降。

(2) 影响表面加工质量的主要因素　表面质量主要包括表面粗糙度、表面组织变化层以及表面微观裂纹。

① 表面粗糙度　电火花加工表面粗糙度主要取决于单个脉冲能量，单个脉冲能量越高，表面粗糙度越大。工件的材质对加工表面粗糙度也有一定的影响。例如，粉末冶金的高熔点材料（硬质合金），在相同脉冲能量下加工表面粗糙度要比熔点低的钢件好，但加工速度比加工钢件的加工速度低。精加工时，工具电极的表面粗糙度对加工表面质量也有一定的影响，但并不是直接的对应关系。只有工具电极表面粗糙度明显不良时，对加工表面的质量有明显的影响。

② 表面组织变化层　放电加工后，工件的表面物理、化学和机械性能均有变化。放电产生瞬间高温使工件表层熔化、汽化，大部分熔化的材料在爆炸力作用下被抛出，小部分滞留原处，被工作液冷却而迅速凝固，其晶粒非常小，抗腐蚀能力很强。熔化层的厚度随脉冲能量的增大而增大。

未经淬火的钢在电火花加工后，表面有淬火现象，硬度提高且耐磨。淬火钢经电火花加工后，表面出现重新淬火层和热影响层，电参数、冷却条件和工件原热处理状态不同，其表面硬度可能降低，也可能提高。因此它的厚度主要靠测定其显微硬度值来确定。

③ 表面微观裂纹　电火花加工表面由于熔化后再凝固，所以存在较大的抗应力，有时存在显微裂纹。如果材料的抗拉强度高，则裂纹敏感性差，加工硬质合金和陶瓷等脆性材料时，更易产生微观裂纹。同样，随着材料的脆性、脉冲宽度及单个脉冲能量的加大，裂纹产生的可能性也加大；反之，则不易产生裂纹。

(3) 影响电火花成型加工精度的主要因素　影响电火花成型加工精度的因素很多，除电火花成型加工机床的机械强度、传动精度、控制系统精度及电极装夹精度等非电火花加工工艺因素对加工精度有直接影响外，影响电火花成型加工精度的工艺因素还有放电间隙的大小及其一致性、工具电极的影响等。

(4) 工具电极的损耗速度　在生产实际中，人们关心的是工具电极是否耐损耗，为了降低电极的相对损耗，必须充分利用放电过程中的极性效应和吸附效应，同时要选用适宜的材料制作电极。

① 正确选择极性　通常在窄脉冲精加工时采用正极性加工，在宽脉冲粗加工时采用负电极加工。试验表明，当用紫铜电极加工钢工件时，采用正极性加工，无论脉冲宽度大小如何，电极的相对损耗均大于10%；而采用负电极加工，电极的相对损耗随脉冲宽度的增加而明显减少，当脉宽大于120ms时，电极的相对损耗将小于1%。只有当脉冲宽度小于25ms时，正极性加工的工具电极相对损耗比负极时小。

② 利用吸附效应　当使用煤油作工作液时，在放电过程中，在局部高温作用下，煤油将发生分解，产生大量的炭微粒。这些微粒一般带有负电荷，在电场力的作用下会逐步向正

电极移动并吸附到正极表面，形成吸附炭层，通常称其为“炭黑膜”。当采用负电极加工时，炭黑膜将对电极起保护和补偿作用，实现“低损耗”或“无损耗”加工。因此，在加工过程中，采用冲油时，需注意控制冲油的压力，使其在发挥排出电蚀产物及消电离作用的同时，又不使吸附效应明显下降。

③ 正确选用电极材料　选用合适的电极材料是明显减少工具电极损耗的重要措施。高熔点合金虽然损耗小，但其机械加工性能差，价格昂贵，在电火花成型加工中很少采用（加工微细孔、狭槽等特殊用途除外）。铜的熔点虽低，但其导热性能好，因此损耗小。

石墨热稳定性好，熔点高，而且在大脉冲加工时能吸附工作液中的游离碳，补偿电极的损耗，所以相对损耗较小，故广泛用作粗加工及大型型腔加工的电极材料。复合材料导热性好，且熔点高，故损耗小，但其价格偏高，且机械加工性能较差，通常仅在精密加工或特殊加工时采用。

11.3.4　电火花穿孔、成型加工系统功能及操作

下面以 KING SPARK NC EDM 为例介绍电火花穿孔、成型加工系统功能及操作。

(1) 电火花成型机床的系统界面　电火花成型机床的操作界面主要由以下几部分组成，如图 11-9 所示。

绝对坐标
X　0.000
Y　0.000
Z　0.000

增量坐标
x　0.000
y　0.000
z　0.000
Z　最大深度
ZL：0.000

放电时间：0：0：0：0
总节数：3
执行单节：0
单节时间：0
Z 设定值：10.000
执行状况：停止放电
EDM 自动匹配：ON/OFF

NO	Z轴深度	BP	AP	TA	TB	SP	GP	DN	UP	PO	F1	F2	TM
1	1.000	0	6	200	4	5	45	4	3	+	OFF	OFF	0
2	1.000	0	4.5	150	3	5	5	4	3	+	OFF	OFF	0
EOF													

BP	0
AP	6
TA	200
TB	3
SP	5
GP	45
DN	4
UP	3
PO	+
F1	OFF
F2	OFF

绝对坐标 X 设定 (Y/N)?　　输入：

F1	F2	F3	F4	F5	F6	F7	F8
单节放电	自动放电	程式编辑	位置归零	位置设定	中心位置	放电条件	参数设定

图 11-9　电火花成型机床操作界面

① 位置显示窗口　用来显示各轴位置，包含绝对坐标和增量坐标 X、Y、Z 三个坐标轴。

② 状态显示窗口　用来显示执行状态，包括计时器、总节数、执行单节及 Z 轴设定值。

③ 程序编辑窗口　用来对电火花成型机床的放电参数进行修改和编辑操作。

④ EDM 参数显示窗口　对当前的电火花成型机床的放电参数进行修改和编辑操作。

⑤ 功能键显示窗口　显示各个操作功能键，以供操作者进行选择。

(2) 电火花成型加工基本操作

① 数控电火花机床的手动放电操作　在电火花成型加工中，操作者如果需要直接控制机床进行加工时，可以选择手动放电操作。具体操作步骤如下。

a. 单击 F1 功能键进入手动放电操作功能。

b. 在参数显示窗口输入手动放电尺寸。

c. 单击 F7 功能键对放电参数进行调整。

d. 执行放电操作，开始对零件加工。

e. 当放电尺寸到达后，电火花机床的主轴会自动上升到安全高度。

f. 在放电加工中可以使用自动匹配及喷油方式进行加工。

② 数控电火花成型机床的自动放电加工　在放电加工中，如果需要使用自动加工，可以单击控制面板的“F2”功能键进入自动放电加工模式，自动放电加工与手动放电的不同之处在于自动放电加工是机床按照事先设定好的程序进行执行加工。

使用放电加工时，可以选择程序编辑视窗中的程序节数进行加工。在加工过程中，程序的执行过程是按照程序的单节号码由小往大逐步执行。而所有的执行状态都会显示在状态栏中，在放电的过程中可以随时更改放电的条件进行加工。

当程序编辑完成后，单击放电按钮就可以执行自动放电功能。如果在程序编辑中没有设置计时加工，则当加工位置到达设定位置时，就执行下一节的加工操作；否则如果加工时间到达设定时间，则不管位置是否到达而继续往下执行。当加工的程序执行完毕后，数控电火花成型机床的主轴会自动上升到安全高度。

③ 数控电火花成型机床的程序编辑　在数控电火花成型加工中，电火花成型加工的程序设计对零件加工的精度和质量有着较大的影响，因此在进行程序输入之前，必须对零件加工的放电参数进行规划和选择。具体的放电参数选择可以参照相关机床的放电参数设置说明。

操作者可以单击 F3 功能键进入程序编辑器进行程序编辑。在程序编辑模式下有以下功能键可以进行选择。

F1 功能键：插入单节。

F2 功能键：删除单节。

F3 功能键：EDM 参数减少。

F4 功能键：EDM 参数增加。

操作者可以选择上述功能键进行程序编辑，在电火花成型加工中并无程序的节数限制，因此用户可以根据需要进行程序编辑。当输入参数后，程序会自动进行保存。数控电火花成型机床的具体程序编辑步骤如下。

a. 使用上下左右游标键移动至将要进行编辑的位置。

b. 如果是 Z 轴输入框，则使用数字键输入 Z 轴的设定尺寸。

c. 如果是 EDM 参数，则使用 F3 或 F4 功能键对放电加工参数进行修改。

d. 使用 F1 功能键插入所需要的程序节数，系统会默认将游标所在的单节参数复制到新建的单节上面。

e. 使用 F2 功能键删除不需要的单节。

f. 完成程序的编辑后，使用 F8 功能键跳出程序编辑窗口，系统会自动对程序进行保存。

④ 数控电火花成型机床的位置归零　在完成了数控电火花成型的程序编辑后，可以对机床的工作坐标进行设定，建立工作点，具体的操作步骤如下。

a. 使用游标移至归零的轴向。

b. 单击“F4”功能键，将当前轴向的坐标轴归零。

c. 单击“Y”功能键，对当前轴向归零进行确认。

d. 单击“N”功能键，取消当前轴向归零操作。

⑤ 对数控电火花成型机床的位置进行设定 当操作者要对数控电火花机床的工作位置时，可以使用“F5”功能键对位置进行归零。位置设定的操作步骤如下。

a. 使用游标移到位置归零的工作坐标轴。

b. 使用功能键进行位置设定。

c. 单击数字键输入要设置的值。

d. 单击回车键进行设置确认。

e. 单击退后键取消位置设置。

⑥ 设定电火花成型机床的位置中心 当使用者要建立工作点中心时，可以使用“F6”功能键对位置中心进行设定。位置中心设定步骤如下。

a. 使用游标移至归零轴向。

b. 使用“F6”功能键进行位置设定。

c. 单击回车键进行位置中心确认。

d. 此时所选择的坐标会被除以 2 进行中心设置。

⑦ EDM 放电条件参数修改

a. 当放电中要修改 EDM 放电条件时，单击“F7”功能键放电条件时，可以对放电参数进行修改。具体的操作步骤如下。

(a) 使用上下游标移动到需修改的条件。

(b) 使用左右游标增加或减少放电参数，所修改的条件会随即被传输到放电系统中，如果将自动匹配打开，则调整时系统会自动匹配其他的参数。

(c) 单击 F10，关闭自动匹配功能。

(d) 系统参数修改。

b. 在必要的情况下，系统提供了对机床的一些系统参数进行修改的功能，可以对系统的一些机械参数及颜色等进行修改。具体操作步骤如下。

(a) 单击“F3”存档按钮，输入进入系统的密码。

(b) 进入系统修改窗口后，移动游标至要修改的项目，修改参数。

(c) 再次单击“F3”存档，输入系统要求的进行保存操作的密码，保存修改的项目，完成系统参数修改。

(d) 单击“F8”返回主窗口。

(3) 加工操作注意事项

① 工件的装夹 请确认工件是否确实固定在工作台上。固定时需要使用工作灯、夹钳、磁盘等辅助工具，而且根据工件的形状或条件有多种使用方法。例如，用夹具装夹工件，如图 11-10 所示，因（工件）夹具的螺栓长与工具非常接近而出现短路的情况。如果在液面附近有这种情况，将会有火灾隐患，所以在固定工件时要考虑这点。同时，注意夹具电极和液面的位置，以便适当地使用夹钳及磁盘。

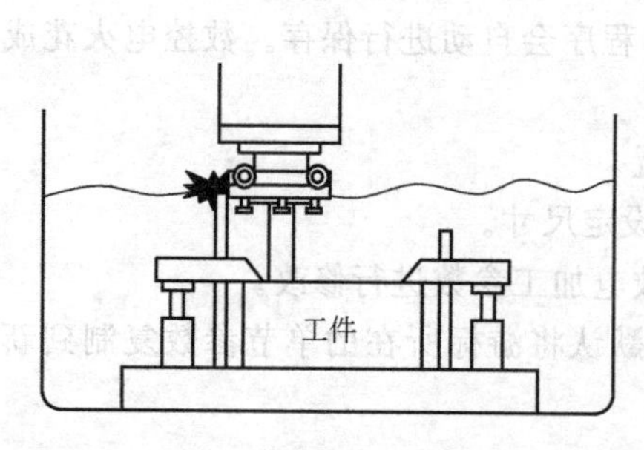

图 11-10 夹具螺栓过长引起短路

② 电极的装夹 请确认电极是否确实固定在机床的机头部位，若固定不稳定，在加工过程中电极有可能会掉落，那么电极和夹具之间将会放电。若有以上情况时将不会有精密加工。如图 11-11 所示，在加工过程中若因电极脱落而与夹具之间发生放电，并且在液面附近，那将是引起火灾的危险状态。

③ 导线是否安全 请确认电极导线的绝缘胶皮（最外层）有没有破裂，然后再检查电极、工件、夹具等之间是否有干扰，如果导线夹在运动物件之间，则极易破裂，还要检查电极导线的固定螺栓有没有松动。图 11-12 为破裂绝缘导线与夹具螺栓在液面附近情况下进行放电的例子，这种情形也是引起火灾的危险状态。

④ 工作液液面

a. 加工液的液位必须比工件高 50mm，否则将会有火灾隐患，如图 11-13 所示。

b. 禁止单一喷射加工。若加工槽里没有加满加工液，并且使用喷射架进行喷射加工时（图 11-14），加工液容易着火，因此有很多危险。请千万不要进行单一喷射加工。

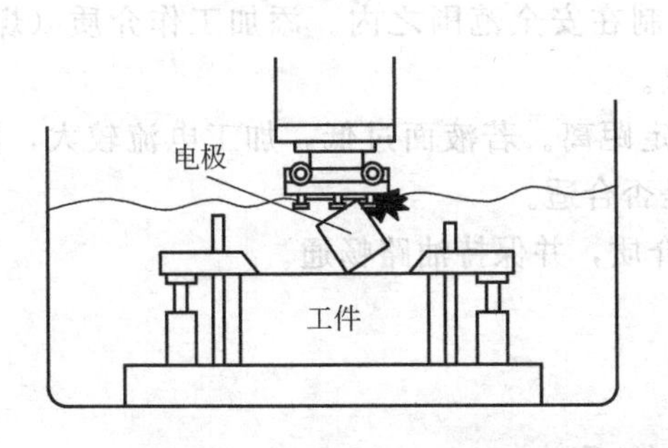

图 11-11 电极脱落引起放电

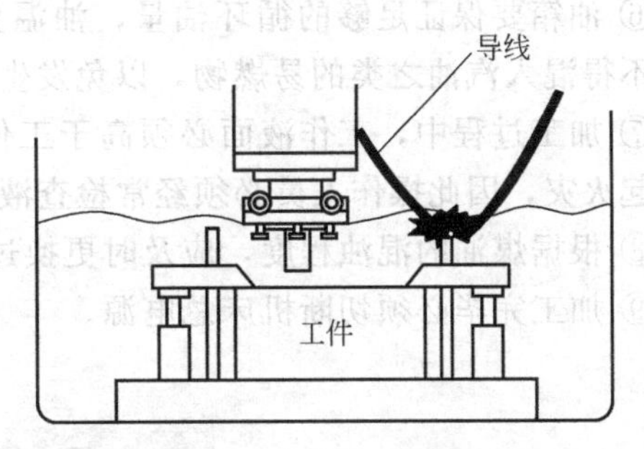

图 11-12 破裂绝缘导线与夹具螺栓之间放电

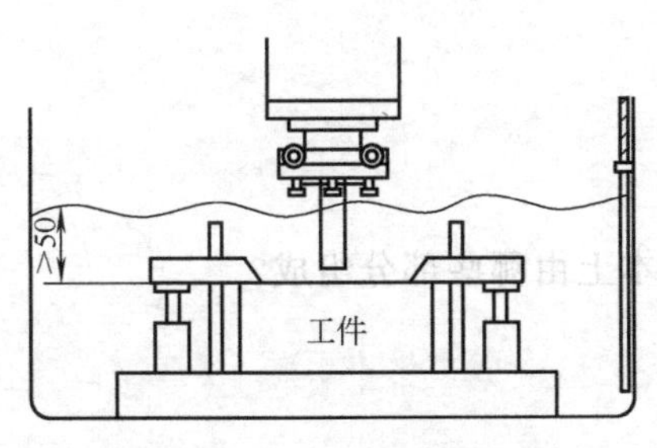

图 11-13 工作液液位高度

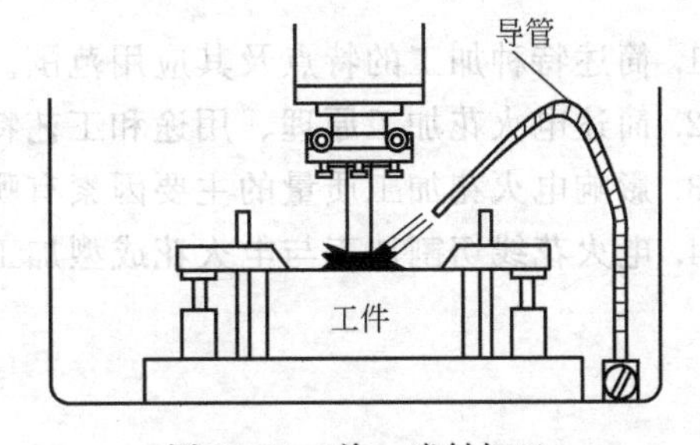

图 11-14 单一喷射加工

c. 禁止空放电。决定位置空放电（利用细放电火花来决定工件和电极位置的方法）时，周围若有余量，加工油将会有火灾隐患，因此千万不要做。

d. 在装有金属性液体的处理工具（喷射架、喷嘴）的情况下，进行加工轴移送时，若与电极、工件、夹具等接触，那么将会发生短路和放电现象。因此要注意安装，最好使用塑料喷管。

(4) 电火花成型加工的安全技术规程 电火花成型加工中由于安全防范意识淡薄和操作不当引起的安全事故常有发生，特别是引起火灾的将造成极大的损失。但是只要做好防范措施，并严格按照安全规范所规定的要求，做好机床的保养维护工作，做好加工前与加工后的安全检查工作，正确操作加工机床，这些安全事故是完全可以避免的。

电火花加工的安全技术规程归纳起来主要有以下几点。

① 电火花机床必须设置专用地线，保证机床设备可靠接地，防止因电气设备绝缘损坏

而发生触电事故。

② 机床电气设备尽量保持清洁，防止受潮，否则可能降低机床的绝缘度而影响机床的正常工作。如果电气设备绝缘损坏或绝缘性能不好，设备外壳就会带电。若人体与外壳接触且站在无绝缘措施的地面上，这就相当于单相触电，轻者会有麻电的感觉，严重时可能会危及生命。此外，电气设备外壳若采取接地措施，一旦发生漏电，外壳与地短路，熔丝熔断，就能避免人体受到更大程度的伤害。

③ 操作人员在加工过程中必须站在耐压20kV以上的绝缘物上，不得接触电极工具。操作人员不得长时间离开机床。

④ 机床附近严禁烟火，并配置适当的灭火器。若发生火灾，应立即切断电源，并用四氯化碳或二氧化碳灭火器灭火，防止事故扩大化。

⑤ 电火花加工操作车间内，必须具备抽油雾和烟气的排风换气装置，保证室内空气通风良好。

⑥ 油箱要保证足够的循环油量，油温要控制在安全范围之内。添加工作介质（煤油）时，不得混入汽油之类的易燃物，以免发生火灾。

⑦ 加工过程中，工作液面必须高于工件一定距离。若液面过低，加工电流较大，则容易引起火灾，因此操作人员必须经常检查液面是否合适。

⑧ 根据煤油的混浊程度，应及时更换过滤介质，并保持油路畅通。

⑨ 加工完毕必须切断机床总电源。

思考与练习

1. 简述特种加工的特点及其应用范围。
2. 简述电火花加工原理、用途和工艺特点。
3. 影响电火花加工质量的主要因素有哪些？
4. 电火花线切割加工与电火花成型加工机床基本上由哪些部分组成？

第12章 快速成型技术

快速成型技术（rapid prototyping & manufacturing，RPM）是20世纪80年代末期发展起来的一种新型的制造技术。它基于增材制造的原理，根据零件的CAD模型直接成型为复杂的零部件或模具，无需任何工装，其融合了计算机科学、CAD/CAM、数控技术、计算机图形学、激光技术、新材料等诸多工程领域的先进成果，能自动、快速、准确地将设计转化成一定功能的产品原型或直接制造出零件，对缩短企业产品的开发周期、节约开发资金、提高企业的市场竞争力均具有重大意义。

12.1 概述

12.1.1 快速成型技术原理

快速成型属于离散/堆积成型技术。首先将CAD三维模型进行网格化处理并存储，用分层软件对其进行分层处理，获得各层叠面的二维轮廓信息，按照这些轮廓信息自动生成加工路径，在计算机控制下选择性的固化或黏结某一区域的材料，从而形成零件实体的一个薄层，并逐渐堆积生成对应CAD的三维实体坯件（原型），然后进行坯件的后处理，形成零件，如图12-1所示。

12.1.2 快速成型特点及应用

快速成型技术具有以下几个重要特征。

① 采用了先离散后堆积的数字化制造思想，可实现任意复杂形状零件的加工。

② 快速性。能根据CAD模型快速生成三维实体原型，检验设计过程的正确性，使得从概念设计到实际产品的反复次数大幅减少，具有快速制造的突出特点。

③ 高柔度性。无需任何专用夹具或工具即可完成复杂的制造过程，快速制造工模具、原型或零件。

④ 成型过程为全自动控制，不需人员值守和看护，从而大大降低了操作人员的劳动工作量。

目前，快速成型技术已广泛应用于各行各业。快速成型技术的应用目的主要有生产研

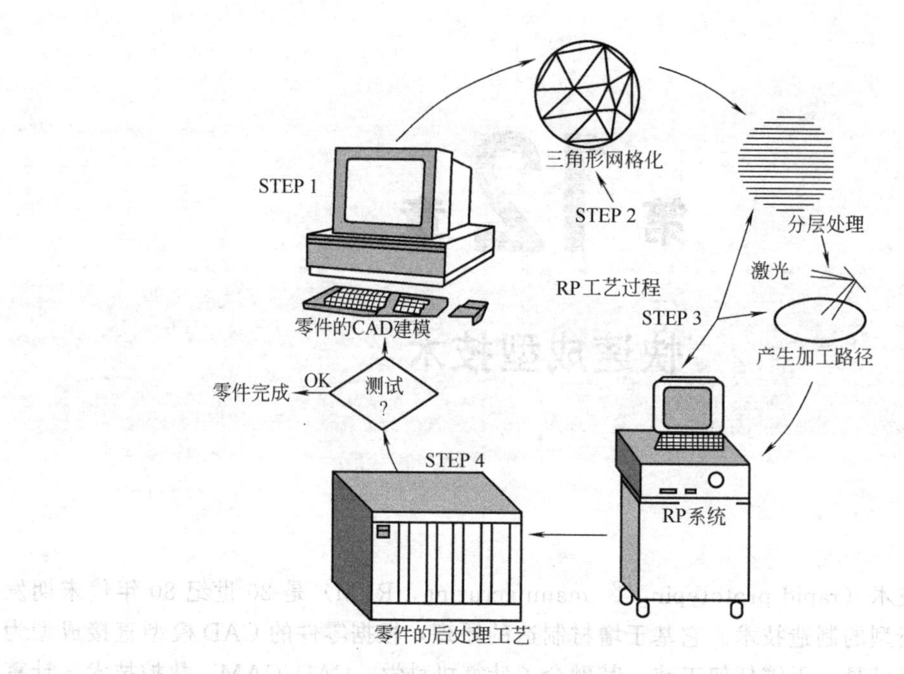

图 12-1　快速成型技术原理

制、市场调研和产品使用。在生产研制方面，主要通过快速成型技术制作原型来验证概念设计、确认设计、性能测试、制造模具等。在市场调研方面，可以把制造的产品展示给最终用户和各个部门，广泛征求意见，尽量在新产品投产前完善设计，生产出适销对路的产品。在产品使用方面，可以直接利用制造的原型、零件或部件的最终产品。

12.2　快速成型技术基本工艺流程

快速成型的基本工艺流程如图 12-2 所示。

(1) 产品三维模型的构建　产品三维模型可以利用三维造型软件如 Pro/E、I-DEAS、Solidworks、UG 等直接构建，也可以将已有产品的二维图样进行转换而形成三维模型，或对产品实体进行激光扫描、CT 断层扫描，得到数据，然后利用反求工程的方法来构造三维模型。

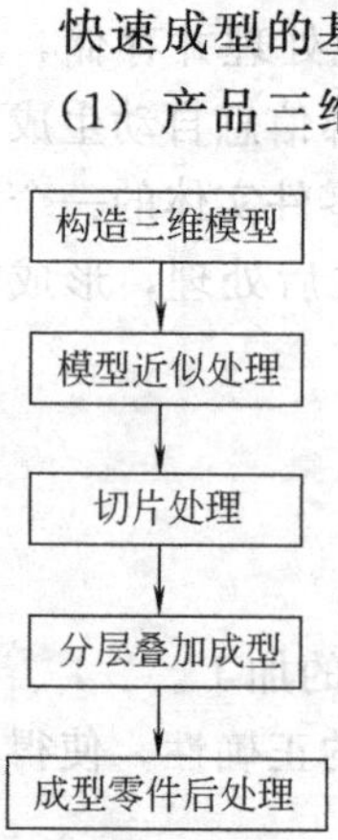

构造三维模型 → 模型近似处理 → 切片处理 → 分层叠加成型 → 成型零件后处理

图 12-2　快速成型基本工艺流程

(2) 三维模型的近似处理　由于产品往往具有一些不规则的自由曲面，在加工前要进行近似处理，以方便后续的处理工作。在目前的快速成型机上，最常见的近似处理方法是，用一系列的小三角形平面来逼近自由曲面。STL 格式的文件符合近似处理要求，是目前快速成型机最常见的一种文件格式，用于将三维模型近似成小三角形平面的组合。

(3) 三维模型的切片处理　根据被加工模型的特征选择合适的加工方向，在成型高度方向上用一系列一定间隔的平面切割近似后的模型，以便提取截面的轮廓信息。间隔一般取 0.05～0.5mm，常用 0.1mm。间隔越小，成型精度越高，但成型时间也越长，效率就越低；反之则精度低，但效率高。

(4) 成型加工　根据切片处理的截面轮廓，在计算机控制下，相应的成型头（激光头或喷头）按各截面轮廓信息作扫描运动，在工作台上一层一层地堆积材料，然后将各层相黏结，最终得到原型产品。

(5) 成型零件的后处理 从成型系统中取出成型件，进行打磨、抛光、涂挂，或放在高温炉中进行后烧结，进一步提高其强度和精度。

12.3 典型快速成型技术简介

快速成型技术根据成型方法可分为两类：基于激光及其他光源的成型技术，例如，光固化立体成型（SLA）、分层实体制造（LOM）、选域激光烧结（SLS）、形状沉积成型（SDM）等；基于喷射的成型技术，例如，熔融沉积成型（FDM）、三维印刷（3DP）、多相喷射沉积（MJD）。下面对比较成熟的工艺作简单的介绍。

12.3.1 光固化立体成型（SLA-Stereo Lithography Apparatus）

光固化立体成型，又称立体光刻、光固化等，是美国 3D System 公司开发的快速成型技术，也是研究最早、应用最广泛的一种快速成型技术。SLA 成型技术的工作原理是：激光或紫外线在计算机的控制下，按零件切片时所生成的截面信息对零件该层截面进行扫描，扫描区域内的光敏树脂迅速凝固，从而成型出零件的一个薄层。一层成型结束后，工作台沿 Z 轴方向下降一段距离（即分层厚度），使新一层液态树脂覆盖在已固化层上面，系统对该层进行扫描成型，周而复始，直至完成整个零件的成型。SLA 技术成型工作原理如图 12-3 所示。

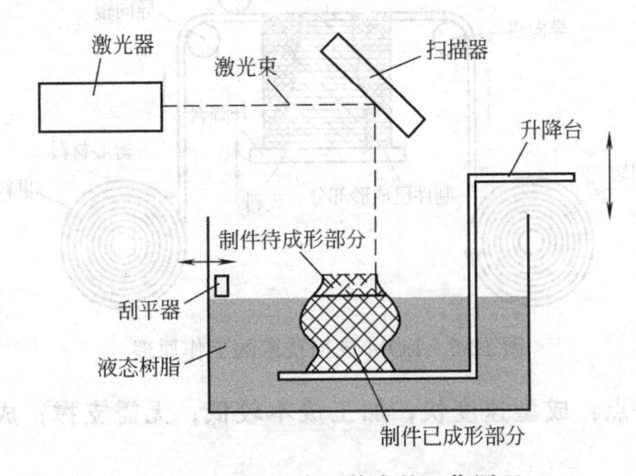

图 12-3 SLA 成型技术的工作原理

这种方法的特点是精度高、表面质量好，原材料利用率将近 100%，能制造形状特别复杂（如空心零件）、特别精细（如手饰、工艺品等）的零件，但成型成本较高。

12.3.2 熔融沉积成型（FDM-Fused Deposition Modeling）

熔融沉积又称丝状材料选择性熔覆、熔化堆积造型等。研究这种工艺的主要有 Stratasys 公司和 Med Modeler 公司。FED 成型技术的工作原理是：丝状成型材料由供丝机构送至喷头，并在喷头中加热至熔融态，另外加热喷头在计算机的控制下按照相关截面的轮廓信息作 X-Y 平面运动，同时挤压并控制液体流量，使成型材料被选择性的涂覆在工作台上，快速冷却后形成截面轮廓，一层成型完成后，喷头上升一个截面厚度，再进行下一层涂覆，如此反复，最终形成三维产品，如图 12-4 所示。

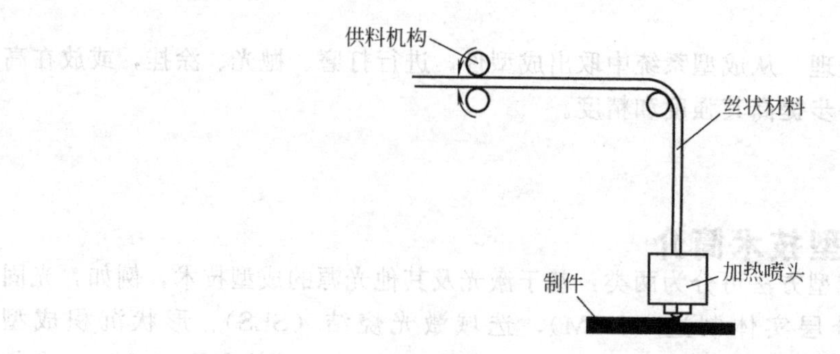

图 12-4　FDM 成型技术的工作原理

FDM 不使用激光器，可大幅降低系统成本和体积，适合在办公室环境下使用。

12.3.3　叠层制造（LOM-Laminated Object Manufacturing）

LOM 工艺的成型原理是：将单面涂有热溶胶的纸片通过加热辊加热粘接在一起，位于上方的激光器按照 CAD 分层模型所获数据，用激光束将纸切割成所制零件的内外轮廓，然后新的一层纸再叠加在上面，通过热压装置和下面已切割层黏合在一起，激光束再次切割，这样反复逐层切割—黏合—切割，直至整个零件模型制作完成，如图 12-5 所示。

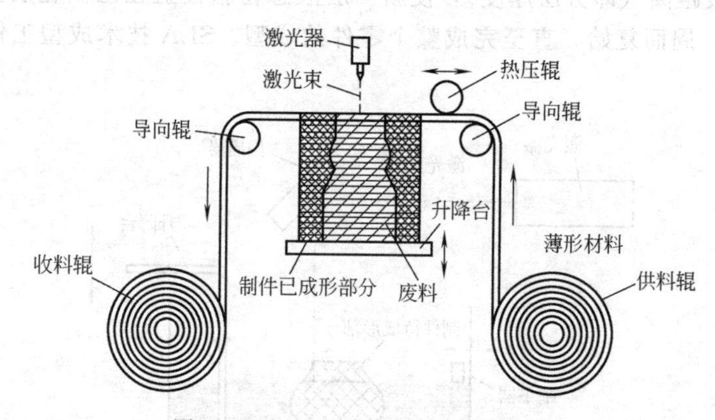

图 12-5　LOM 成型技术的工作原理

LOM 具有以下特点：成型速度快；加工成本较低；无需支撑；成型精度受材料厚度影响。

12.3.4　选择性激光烧结（SLS-Selective Laser Sintering）

选择性激光烧结用铺粉装置实现薄层粉末的均匀铺粉，成形时先在工作台上铺一层粉末材料，然后激光束按照截面形状进行扫描，被扫描部分的材料熔化、粘接成形，不被扫描的粉末材料仍呈粉粒状作为工件的支撑，一层完成成形后，工作缸下降一个层高，再进行下一层的铺粉和烧结。其工作原理如图 12-6 所示。

SLS 成型方法可直接得到塑料、陶瓷或金属件，可加工性好，无需设计支撑，成形件结构疏松多孔，表面粗糙度较高，成形效率不高。

12.3.5　三维印刷（3DP-Three Dimension Printing）

3DP 技术是一种不使用激光的快速成型技术，其原理与 SLS 工艺类似，采用粉末成型，如陶瓷粉末、金属粉末。所不同的是粉末材料不是通过烧结连结起来的，而是通过喷头用黏结剂（如硅胶）将零件的截面“印刷”在材料粉末上面，如图 12-7 所示。用黏结剂黏结的零件强度较低，还需后处理。先烧掉黏结剂，然后在高温下渗入金属，使零件致密化，提高强度。

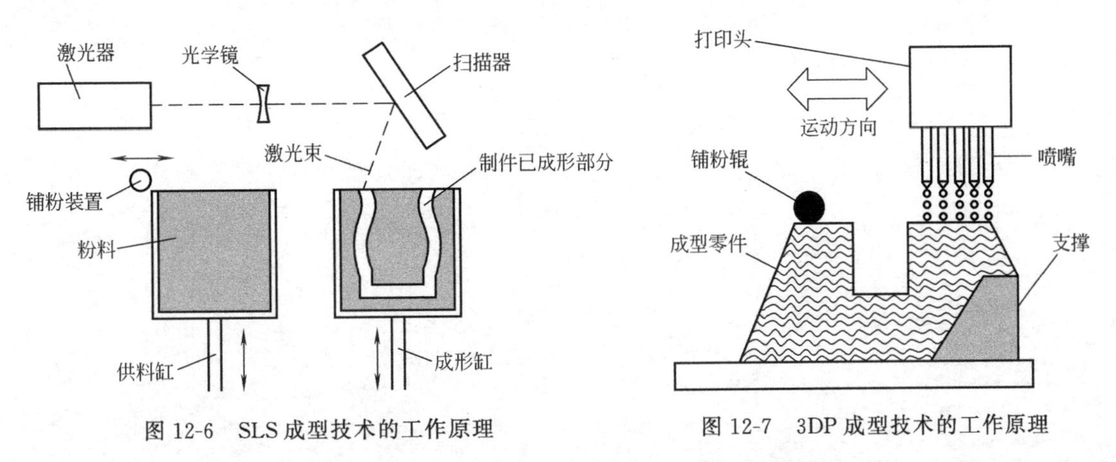

图 12-6 SLS 成型技术的工作原理　　图 12-7 3DP 成型技术的工作原理

3DP 快速成型工艺的特点是：不需激光，设备成本低，控制简单易行，质量好，材料制备容易，可作为设计服务的办公设备使用。

思考与练习

1. 快速成型技术原理、工艺特点及其应用范围是什么？
2. 常见快速成型工艺有哪些？各有何特点？

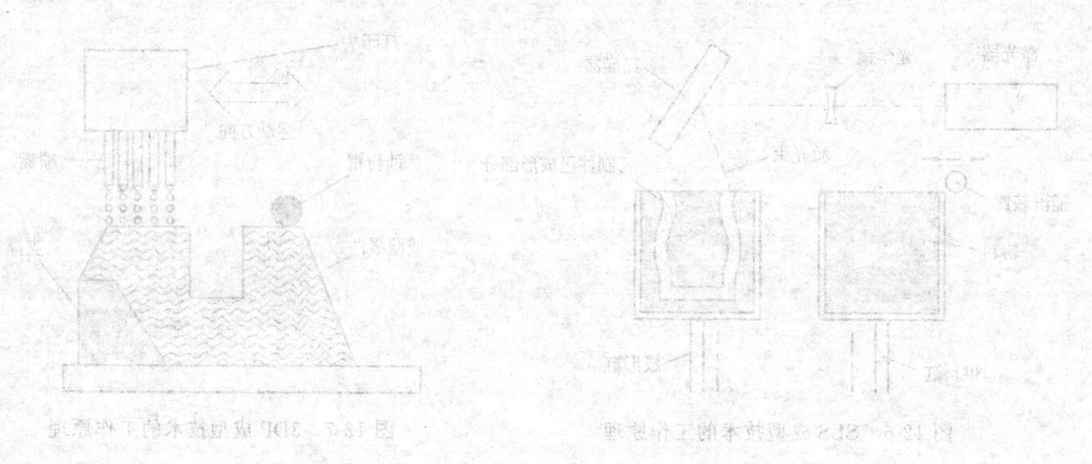

第四篇
机电一体化实训

第13章

电器控制技术

13.1 常用低压电器

13.1.1 低压电器基本知识

(1) 低压电器的基本组成　一般低压电器都有信号接收和执行两个基本组成部分。常用低压控制电器中大部分为电磁式电器，对于触点式电磁电器，其信号接收部分是电磁机构，执行部分是触点系统。

(2) 电磁机构　电磁机构又名电磁铁，根据电磁铁线圈通入的电流不同，可以将电磁铁分为两类：直流电磁铁和交流电磁铁。直流电磁铁通入的是直流电，产生恒定磁通，铁芯中没有磁滞损耗和涡流损耗，只有线圈本身的铜损，铁芯可以用铸钢或工程纯铁制成；交流电磁铁中通入的是交流电，会产生磁滞损耗和涡流损耗，铁芯和线圈都发热，则相应的铁芯和衔铁用硅钢片叠压铆接而成，用以散热和减少铁损。

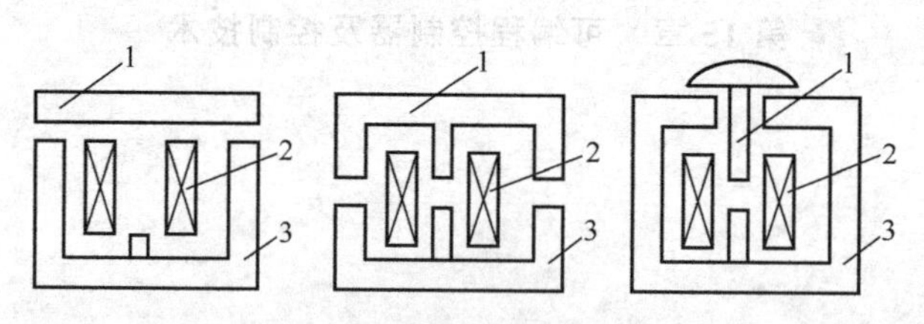

图 13-1　直动式电磁结构

1—衔铁；2—吸引线圈；3—铁芯

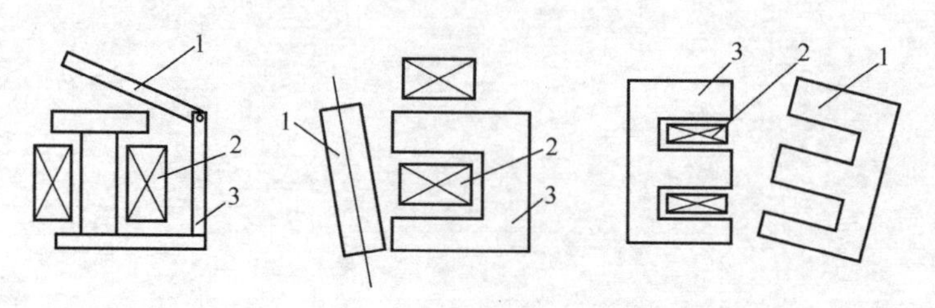

图 13-2　转动式电磁结构

1—衔铁；2—吸引线圈；3—铁芯

电磁机构一般由线圈、铁芯和衔铁三部分组成。根据其结构形式和动作方式，可以分为直动式（图 13-1）和转动式（图 13-2）等。

（3）触头系统　触头是触点电器的执行部件，通过其动作实现电路的接通和断开。触头的结构形式主要有两种：桥式触头和指形触头（图 13-3 和图 13-4）。

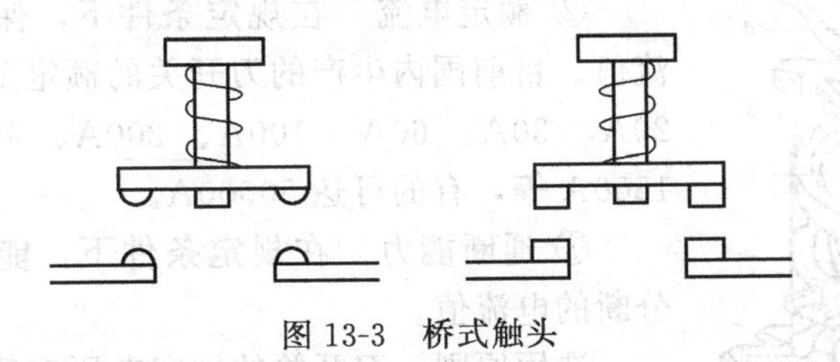

图 13-3　桥式触头

触头分断电路时，会在动触头和静触头之间产生强烈的电弧。电弧的存在不仅延迟电路的分断时间，而且产生的高温还易烧损触头和电器中的其他部件甚至引起事故，所以必须采取适当措施进行灭弧。常用方法：磁吹灭弧和金属栅片灭弧等。

13.1.2 开关电器

（1）刀开关　普通刀开关是一种结构最简单且应用最广泛的手控低压电器，一般由刀片、触头座、手柄和底板结构组成，如图 13-5 所示。刀开关广泛应用在照明电路和小容量、不频繁启动的动力电路的控制电路中，装有熔断器，用于短路保护功能，符号表示如图 13-6 所示。

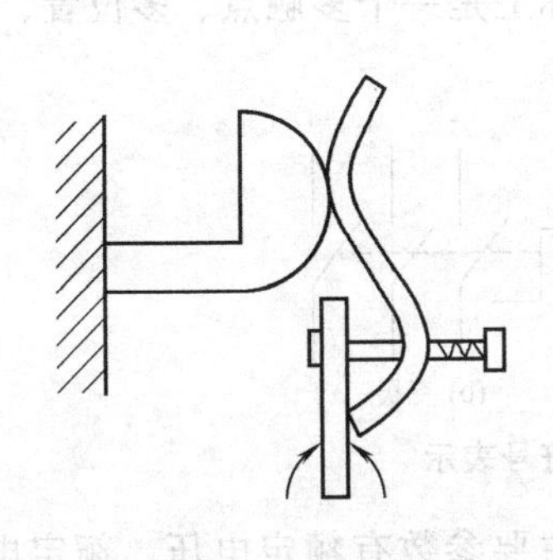

图 13-4　指式触头

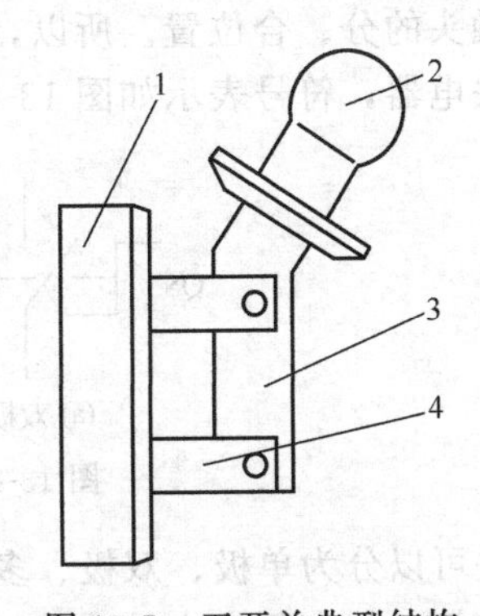

图 13-5　刀开关典型结构

1—绝缘板；2—手柄；3—触刀；4—静插座

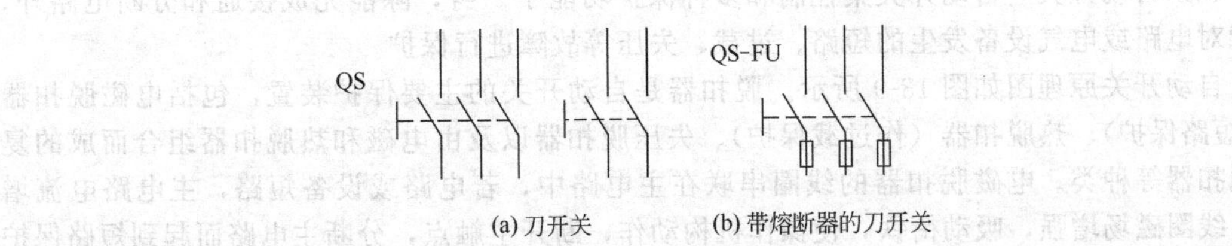

(a) 刀开关　(b) 带熔断器的刀开关

图 13-6　刀开关符号

注意事项：安装时，手柄向上，不得倒装或平装，以免拉闸后手柄可能因自重下落引起的误合闸而造成人身、设备安全事故；接线时，必须将电源线接在上端，负载接在下端，以确保安全。

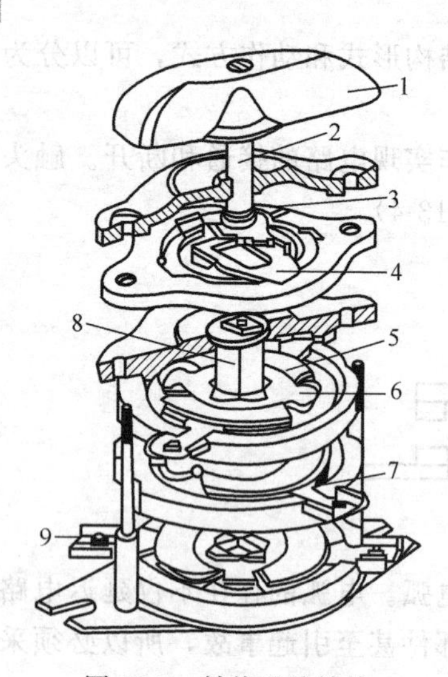

图 13-7 转换开关结构
1—手柄；2—转轴；3—弹簧；4—凸轮；5—绝缘垫板；6—动触头；7—静触头；8—接线柱；9—绝缘轴

刀开关主要技术参数如下。

① 额定电压 在规定条件下，保证电器正常工作的电压值。目前国内生产的刀开关的额定电压一般为交流(50Hz) 500V以下，直流440V以下。

② 额定电流 在规定条件下，保证电器正常工作的电流值。目前国内生产的刀开关的额定工作电流为10A、15A、20A、30A、60A、100A、200A、400A、600A、1000A、1500A等，有的可达50000A。

③ 通断能力 在规定条件下，能在额定电压下接通和分断的电流值。

选用原则：刀开关的额定电压应等于或大于电路额定电压，其额定电流应等于或稍大于电路工作电流。若用刀开关来控制电动机，则必须考虑电动机的启动电流比较大，应选用比额定电流大一级的刀开关。此外刀开关的通断能力及其他参数应符合电流的要求。

(2) 转换开关 转换开关主要用于主电路，作为电源的引入开关。可以作为手动不频繁的接通和分断电路、换接电源和负载以及控制5kW以下的小容量电动机的正反转、启停等。

转换开关结构如图13-7所示，由若干分别装在数层绝缘体内的双断电桥式动触头、静触头组成。动触头安装在附加有手柄的绝缘轴上，轴随手柄转动，于是动触头也随轴转动并变更其与静触头的分、合位置。所以，转化开关实际上是一个多触点、多位置、可以控制多个回路的开关电器，符号表示如图13-8所示。

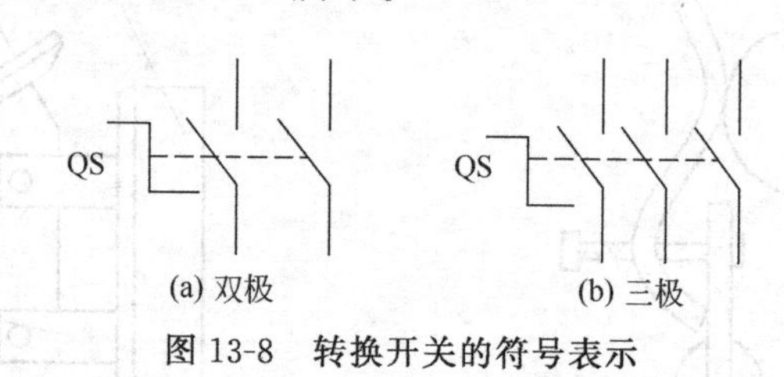

图 13-8 转换开关的符号表示

转换开关可以分为单极、双极、多极三种，其主要参数有额定电压、额定电流、极数、允许操作次数等，其中额定电流有10A、20A、40A、60A等几个等级。常用型号有HZ5、HZ10、HZ15等系列。

(3) 自动开关 自动开关集控制和多种保护功能于一身，除能完成接通和分断电路外，还能对电路或电气设备发生的短路、过载、失压等故障进行保护。

自动开关原理图如图13-9所示。脱扣器是自动开关的主要保护装置，包括电磁脱扣器(作短路保护)、热脱扣器(作过载保护)、失压脱扣器以及由电磁和热脱扣器组合而成的复式脱扣器等种类。电磁脱扣器的线圈串联在主电路中，若电路或设备短路，主电路电流增大，线圈磁场增强，吸动衔铁，使操作机构动作，断开主触点，分断主电路而起到短路保护作用。电磁脱扣器有调节螺钉，可以根据用电设备容量和使用条件手动调节脱扣器动作电流的大小。热脱扣器是一个双金属片热继电器。它的发热元件串联在主电路中。当电路过载时，过载电流使发热元件温度升高，双金属片受热弯曲，顶动自动操作机构动作，断开主触点，切断主电路而起过载保护作用。

自动开关符号如图13-10所示。

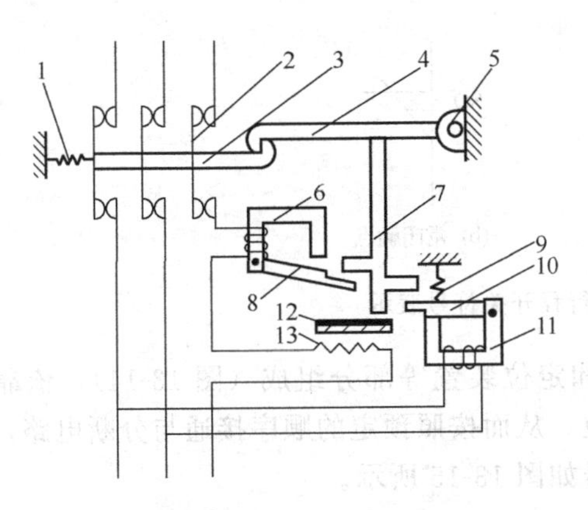

图 13-9 自动开关原理图

1,9—弹簧；2—触点；3—锁键；4—搭钩；
5—轴；6—过电流脱扣器；7—杠杆；8,10—衔铁；
11—欠电压脱扣器；12—双金属片；13—电阻丝

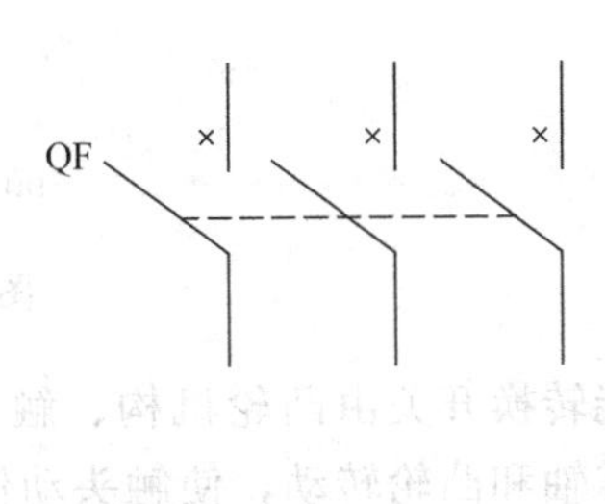

图 13-10 自控开关符号

13.1.3 信号控制开关

(1) 按钮开关 按钮开关由按钮帽、复位开关、桥式触头和外壳等组成，通常制成具有常开触点和常闭触点的复合式结构，结构示意图如图 13-11 所示。

按钮开关工作原理：在按下按钮帽令其动作时，首先断开动断触点，再通过一定行程后才接通动合触点；松开按钮帽时，复位弹簧先将动合触点分断，通过一定行程后动断触点才闭合。

(2) 行程开关 行程开关又称限位开关或位置开关，它利用生产机械运动部件的碰撞，使其内部触点动作，分断或切换电路，从而控制生产机械行程、位置或改变其运动状态。结构如图 13-12 所示，符号如图 13-13 所示。

(3) 万能转换开关 万能转换开关具有更多操作位置和触点、能够接多个电路的一种手动控制电器。由于它的档位多、触点多，可控制多个电路，能适应复杂线路的要求。

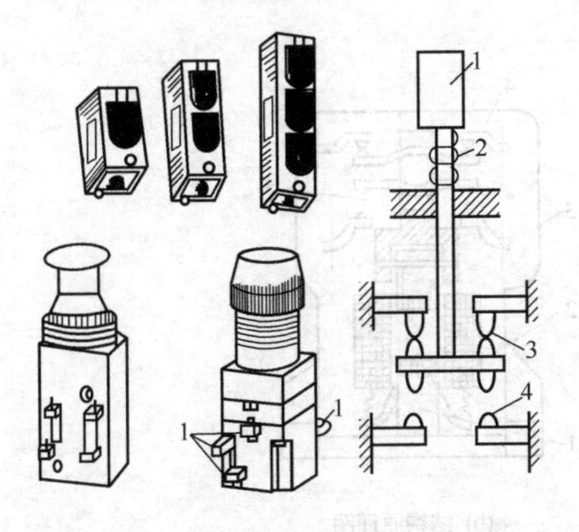

图 13-11 按钮开关及其结构示意图

1—按钮帽；2—复位弹簧；
3—常闭触点；4—常开触点

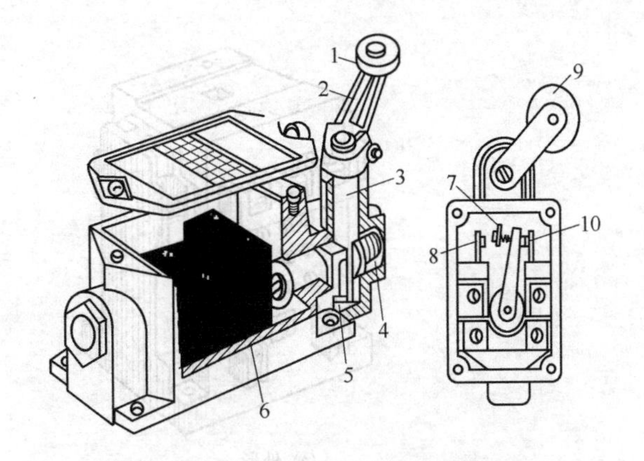

图 13-12 行程开关结构示意图

1,9—滚轮；2—杠杆；3—轴；4—复位弹簧；
5—撞块；6—微动开关；7—动触头；8,10—静触头

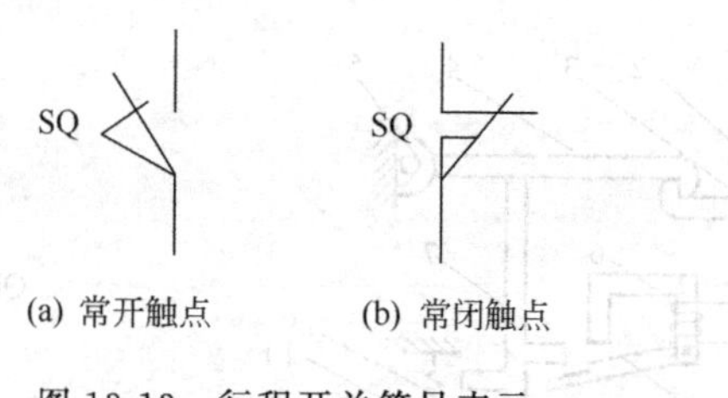

(a) 常开触点 (b) 常闭触点

图 13-13 行程开关符号表示

万能转换开关由凸轮机构、触头系统和定位装置等部分组成（图 13-14），依靠操作手柄带动转轴和凸轮转动，使触头动作或复位，从而按照预定的顺序接通与分断电路，同时由定位机构确保其动作的准确可靠。表示符号如图 13-15 所示。

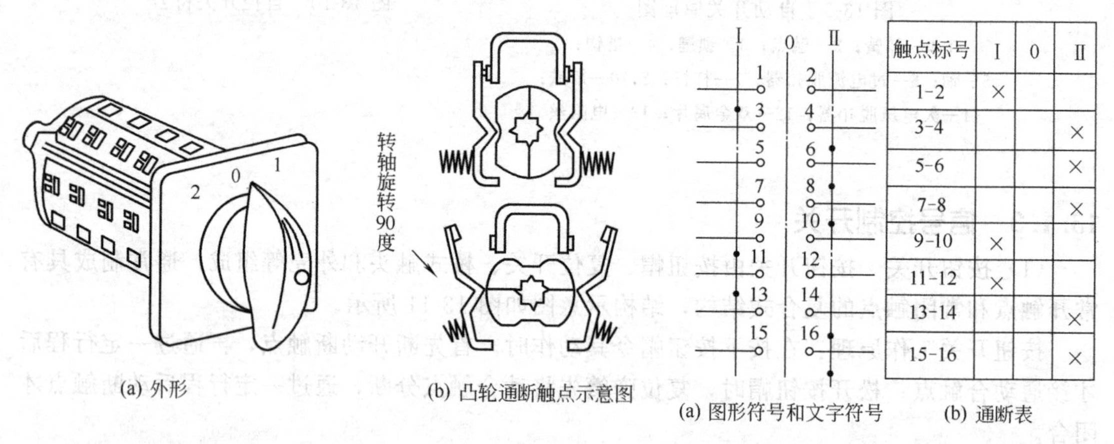

触点标号	I	0	II
1-2	×		
3-4			×
5-6			×
7-8			×
9-10	×		
11-12	×		
13-14			×
15-16			×

(a) 外形 (b) 凸轮通断触点示意图 (a) 图形符号和文字符号 (b) 通断表

图 13-14 万能开关外形与凸轮通断触点示意图　　图 13-15 万能转换开关符号表示

13.1.4 接触器

接触器适用于远距离频繁分、断交直流主电路及大容量控制电路的一种自动切换电器。其主要控制对象是电动机，也可用于其他如电热器、电焊机等。按照接触器主触头通过的电流的种类，可以将其分为交流接触器和直流接触器两类。

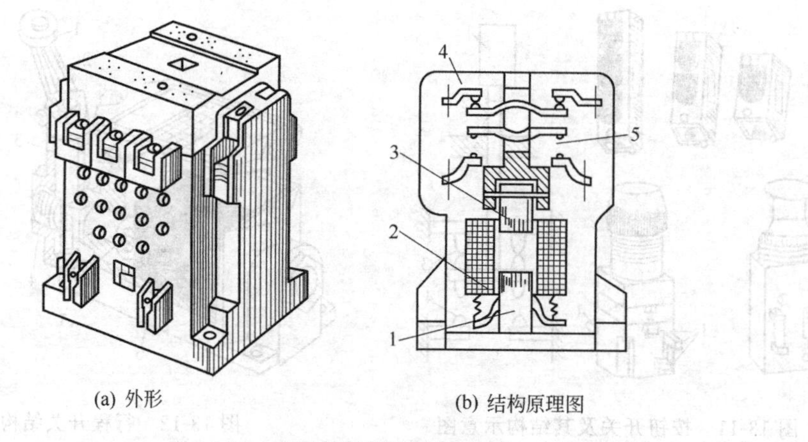

(a) 外形 (b) 结构原理图

图 13-16 交流接触器结构原理图

1—静铁芯；2—线圈；3—动铁芯；4—常闭触点；5—常开触点

(1) 交流接触器　交流接触器的主要部分是电磁系统、触点系统和灭弧装置，其外形和结构如图 13-16 所示。

交流接触器工作原理：交流接触器有两种工作状态：得电状态（动作状态）和失电状态（释放状态）。接触器主触头的动触头装在与衔铁相连的绝缘连杆上，其静触头则固定在壳体上。当线圈得电后，线圈产生磁场，使静铁芯产生电磁吸力，将衔铁吸合。衔铁带动动触头动作，使常闭触头断开，常开触头闭合，分断或接通相关电路。当线圈失电时，电磁吸力消失，衔铁在反作用弹簧的作用下释放，各触头随之复位。

(2) 直流接触器　直流接触器在结构和工作原理上与交流接触器基本相同，只是采用了直流电磁机构。

13.1.5　继电器

继电器是一种根据电量（电流、电压）或非电量（时间、速度、温度、压力等）的变化自动接通和断开控制电路，以完成控制或保护任务的电器。

继电器与接触器的区别如下。

① 继电器可以对各种电量或非电量的变化做出反应，而接触器只有在一定的电压信号下动作。

② 继电器用于切换小电流的控制电路，而接触器则用来控制大电流电路，因此，继电器触头容量较小（不大于 5A），且无灭弧装置。

③ 继电器可以对各种电量或非电量的变化做出反应，而接触器只有在一定的电压信号下动作。

(1) 时间继电器　时间继电器是利用电磁原理或机械原理实现触点延时闭合或延时断开的自动控制电器。常用的种类有电磁式、空气阻尼式、电动式和晶体管式。

空气式时间继电器的结构如图 13-17 所示。

空气式时间继电器的工作原理是根据空气的阻尼作用而获得延时。

时间继电器的文字符号表示为 KT，图形符号表示如图 13-18 所示。

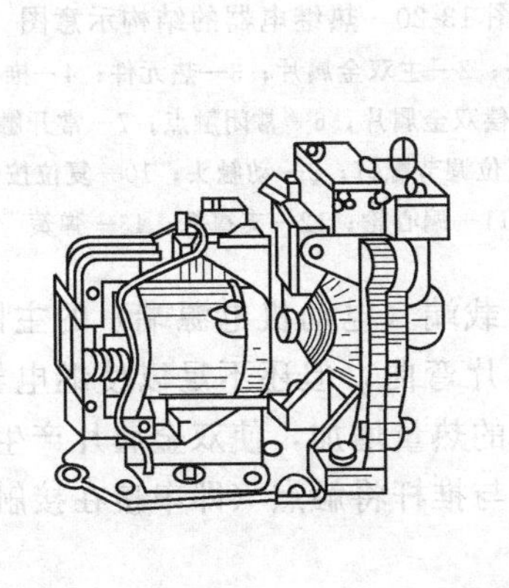

(a) 外形图

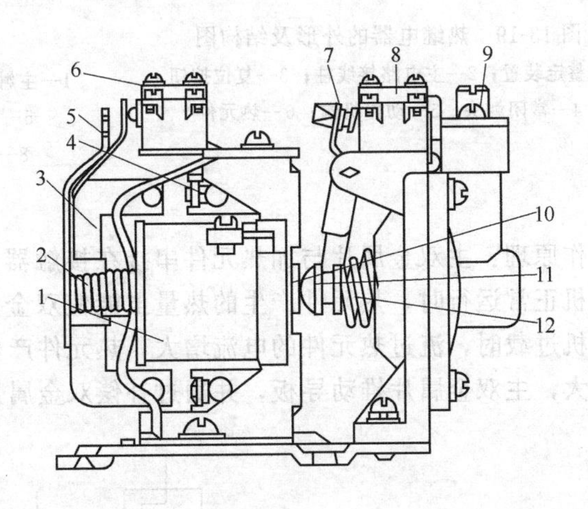

(b) 结构图

图 13-17　空气式时间继电器外形图及结构图

1—线圈；2—反力弹簧；3—衔铁；4—静铁芯；5—弹簧片；6,8—微动开关；7—杠杆；9—调节螺钉；10—推杆；11—活塞杆；12—宝塔弹簧

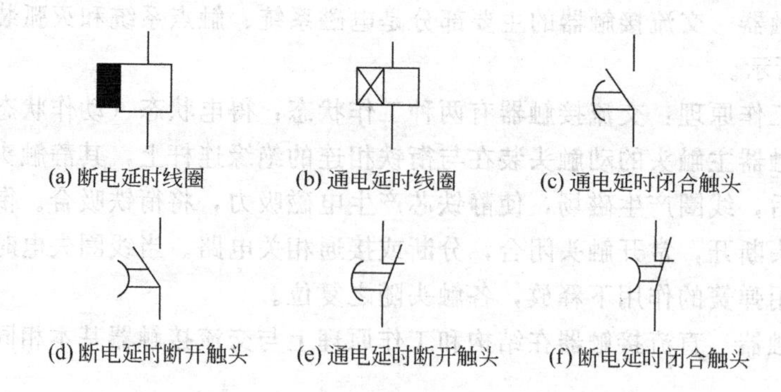

图 13-18 时间继电器的图形符号表示

(2) 热继电器 热继电器是利用电流的热效应原理工作的保护电器，在电路中用作电动机的过载保护。热继电器主要由热元件、双金属片和触头三部分组成。热继电器的常闭触点串联在被保护的二次回路里，它的热元件由电阻值不高的电热丝或电阻片绕成，串联在电动机或其他用电设备的主电路中。靠近热元件的双金属片，是用两种不同膨胀系数的金属用接卸碾压而成，为热继电器的感测元件（见图 13-19 及图 13-20）。

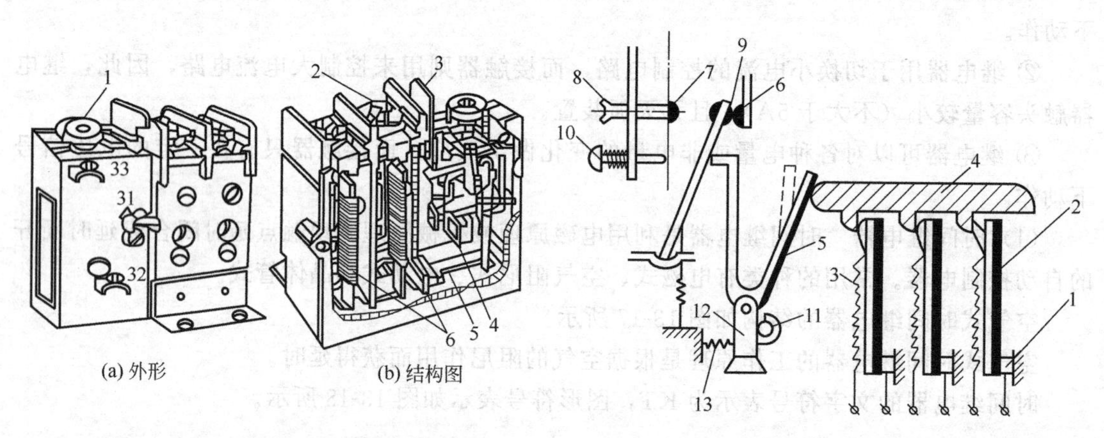

图 13-19 热继电器的外形及结构图

1—整定装置；2—主电路接线柱；3—复位按钮；4—常闭触头；5—动作机构；6—热元件

图 13-20 热继电器的结构示意图

1—主触头；2—主双金属片；3—热元件；4—推动导板；5—补偿双金属片；6—常闭触点；7—常开触点；8—复位调节螺钉；9—动触头；10—复位按钮；11—偏心轮；12—支撑杆；13—弹簧

工作原理：主双金属片与加热元件串接在接触器负载端（电动机电源端）的主回路中。当电动机正常运行时，热元件产生的热量虽能使双金属片弯曲，但还不足以使继电器动作。当电动机过载时，流过热元件的电流增大，热元件产生的热量增加，使双金属片产生的弯曲位移增大，主双金属片推动导板，并通过补偿双金属片与推杆将触点（即串接在接触器线圈

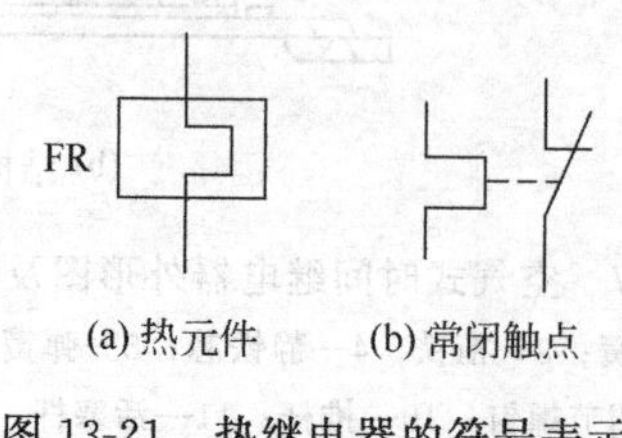

图 13-21 热继电器的符号表示

回路的热继电器常闭触点）分开，以切断电路保护电动机。符号表示如图 13-21 所示。

（3）速度继电器 速度继电器主要用于电动机的反接制动控制，即当反接制动的转速下降到接近零时能自动地及时切断电源。

结构及工作原理：速度继电器主要由转子、定子和触头三部分组成，当转子的转速达到规定的速度值时，触头自动动作，其外形和结构示意图见图 13-22 及图 13-23。

符号表示如图 13-24 所示。

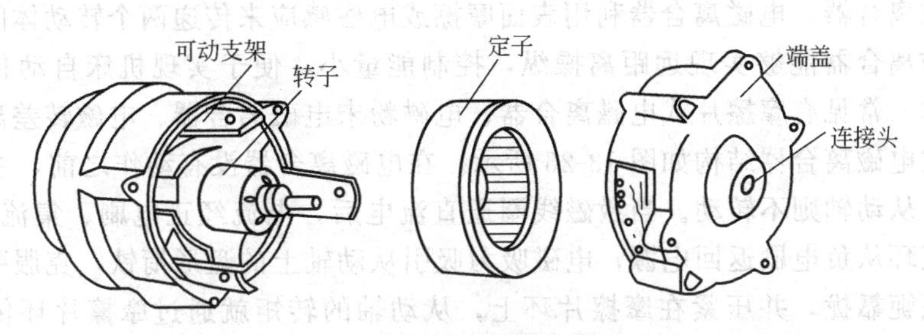

图 13-22 速度继电器的外形组成图

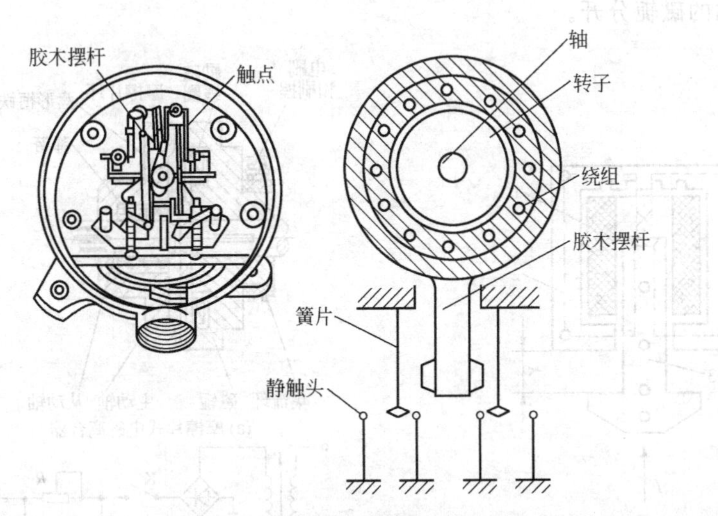

图 13-23 速度继电器结构示意图

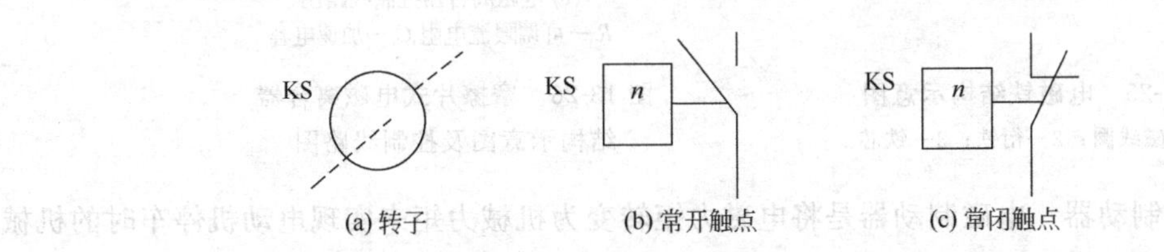

图 13-24 速度继电器的符号表示

13.1.6 执行电器

（1）电磁阀 电磁阀一般由吸入式电磁铁及液压阀（包括阀体、阀芯和油路系统等）两部分组成。

工作原理：当电磁铁线圈通断电时，衔铁吸合或释放，由于电磁铁的动铁芯与液压阀的阀芯连接，就会直接控制阀芯的位移，来实现液体的沟通、切断和方向变换，操纵各种机构动作如汽缸的往返、马达的旋转、油路系统的升压、卸荷和其他工作部件的顺序动作等。

(2) 电磁铁 电磁铁可用作控制元件，如电动机抱闸制动电磁铁和立式铣床变速进给机械中由常速到快速变速的电磁铁等；也可用于电磁牵引工作台，起到夹具的作用。

结构组成如图 13-25 所示，由激磁线圈、铁芯和衔铁组成。线圈通电后产生磁场，由于衔铁与机械装置相连接，所以线圈通电衔铁被吸合时就带动机械装置完成一定的动作。当线圈中通入的是直流电时称为直流电磁铁，通入的是交流电时称为交流电磁铁。

(3) 电磁离合器 电磁离合器利用表面摩擦或电磁感应来传递两个转动体间的转矩或进行制动。电磁离合器能够实现远距离操纵，控制能量小，便于实现机床自动化，并且动作快、结构简单。常见有摩擦片式电磁离合器、电磁粉末电磁离合器、电磁转差离合器等。

摩擦片式电磁离合器结构如图 13-26 所示。在电磁离合器没有动作之前，主动轴由原动机带动旋转，从动轴则不转动。当激磁线圈通直流电后，电流经正电刷、集流环流入线圈，并由另一集流环从负电刷返回电源，电磁吸力吸引从动轴上的盘形衔铁，克服弹簧的阻力而向主动轴的磁轭靠拢，并压紧在摩擦片环上，从动轴的转矩就通过摩擦片环传递到从动轴上。但需要从动轴与主动轴脱离时，只要切断激磁电流，从动轴上的盘形衔铁受弹簧力的作用而与主动轴的磁轭分开。

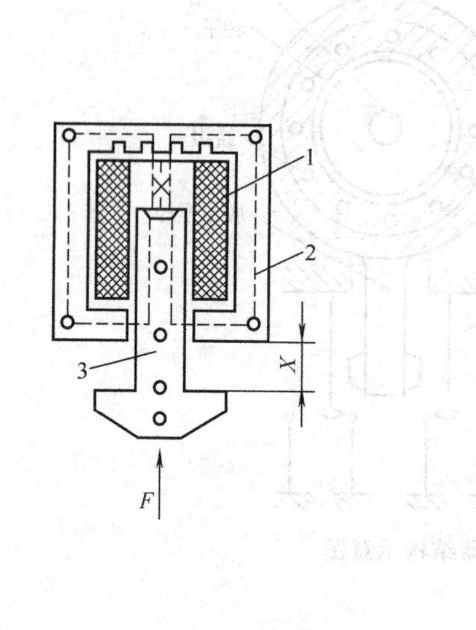

图 13-25 电磁铁结构示意图

1—激磁线圈；2—衔铁；3—铁芯

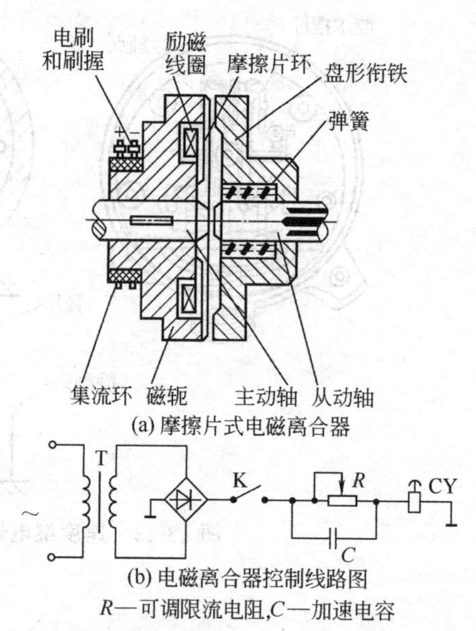

图 13-26 摩擦片式电磁离合器结构示意图及控制线路图

(4) 电磁制动器 电磁制动器是将电磁力矩转变为机械力矩来实现电动机停车时的机械制动的一种电器。常用类型有圆盘式电磁制动器和抱闸式电磁制动器。

① 圆盘式电磁制动器 圆盘式电磁制动器结构如图 13-27 所示。其工作原理是：电动机运转时，电磁刹车线圈通电产生吸力，克服弹簧力将静摩擦片（衔铁）吸住，使其与装于电动机轴端的动摩擦片脱开，电动机自由旋转［图 13-27(a)］；停车时，刹车线圈失电，静摩擦片被反作用弹簧压紧到动摩擦片上，产生摩擦力矩而使电动机制动停转［图 13-27(b)］。符号表示见图 13-28。

② 抱闸式电磁制动器 抱闸式电磁制动器主要由包括铁芯、衔铁和线圈的制动电磁铁以及包括闸轮、闸瓦、杠杆和弹簧的闸瓦制动器组成，闸轮与电动机装于同一转轴上（图 13-29）。

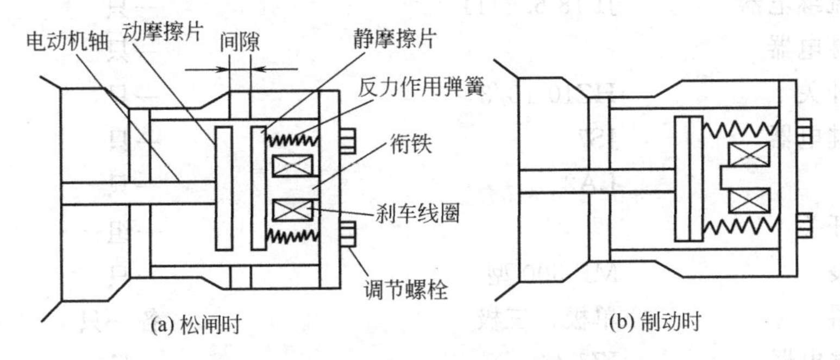

图 13-27 圆盘式电磁制动器结构示意图

图 13-28 圆盘式电磁制动器电路符号

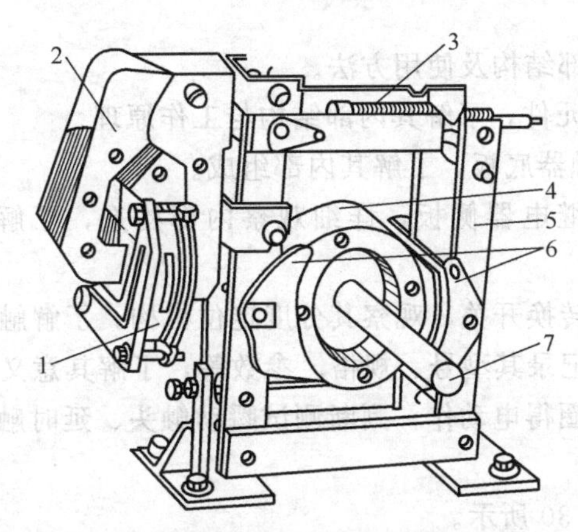

图 13-29 抱闸式电磁制动器结构图

1—线圈；2—铁芯；3—弹簧；4—闸轮；5—杠杆；6—闸瓦；7—轴

工作原理：电动机正常运转时，线圈通电，衔铁吸合，克服弹簧反力使制动杠杆向外侧运动，而使闸瓦离开闸轮，保证电动机自由转动；停车时，线圈断电，衔铁释放，在反力弹簧作用下杠杆复位，闸瓦抱紧闸轮，使电动机迅速制动停转。

13.1.7 低压电器认识与调整实训

(1) 实训目的

① 了解和熟悉各类低压电器结构、工作原理。

② 熟悉低压电器的规格、型号及意义。

③ 了解接触器等低压电器的动作电压与欠压保护。

④ 了解热继电器保护特性的测试方法。

(2) 实训设备

① 交流接触器	CJ10-10 线圈电压 220V	一只
② 热继电器	JR16-20 调节范围 1.5～2.4A	一只

③ 过电流继电器	JL18-6.3/11	一只
④ 速度继电器		一只
⑤ 转换开关	HZ10-10/3	一只
⑥ 时间继电器	JS7	一只
⑦ 按钮	LA2	一只
⑧ 行程开关		一组
⑨ 万用表	MF-500 型	一只
⑩ 断路器	单极、三极	各一只
⑪ 中间继电器	JZ7-44	一只
⑫ 熔断器	RC、RL、RT 系列等	各一只
⑬ 电工工具		一套
⑭ 自耦变压器		一只
⑮ 交流电流、电压表		各一只
⑯ 时钟		一个

(3) 实训内容与步骤

① 低压电器认识

a. 详细观察各电器外部结构及使用方法。

b. 拆装几个常用电器元件，了解其内部结构与工作原理。

(a) 拆开 CJ10-10 接触器底板，了解其内部组成。

(b) 拆开 JR16-15 热继电器侧板，详细观察内部构造，了解双金属片实现过载保护原理。

(c) 拆开 HZ10-10/3 转换开关，观察其分度定位机构，了解触头通断调节方法。

c. 观察各电器铭牌，记录其型号、规格、参数等，了解其意义。

d. 模拟时间继电器线圈得电动作，判断测试瞬动触头、延时触头的通断。

② 低压电器调整

a. 实验电路，如图 13-30 所示。

b. 测试接触器线圈动作电压。

(a) 合上 QS、SA1，调节自耦变压器，使输出电压为 220V，按下启动按钮 SB2，接触器动作，灯箱灯亮。

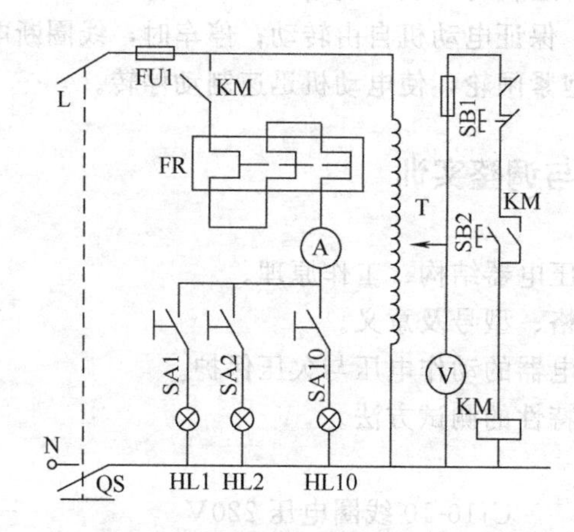

图 13-30 继电器保护特性、接触器动作电压测试电路图

(b) 调节自耦变压器，使电压表读数为200V，观察接触器是否继续动作，灯是否继续发光；调节自耦变压器，使电压表读数为180V，观察接触器是否继续动作，灯是否继续发光。

(c) 继续慢慢调节自耦变压器，使输出电压减小，直至接触器释放，灯熄灭为止，记录此次电压表读数。

(d) 再次按下启动按钮SB2，观察接触器动作情况，此时接触器应不动作。

(e) 继续按下启动按钮SB2不松开，同时缓慢调节自耦变压器使输出电压逐渐升高，直至接触器动作，灯发光为止。松开按钮SB2，记录此时电压表读数。

③ 热继电器保护特性测试

a. 将热继电器刻度（即 I_e）调到2A，调节自耦变压器至接触器线圈额定工作电压220V。

b. 合上灯箱开关SA1～SA5，按下启动按钮SB2，灯亮。观察记录电流表读数 I，记录灯箱连续工作时间，即热继电器过载工作时间 t，填入表13-1中。当热继电器冷却至室温，继续下一步。

c. 合上SA6，按下按钮SB2，记录电流表读数 I、过载时间 t。

d. 待冷却至室温后，分别合上SA7、SA8、SA10，重复上述步骤，记录电流 I、过载时间 t 填入表13-1。

表13-1　热继电器过载工作时间

P	400	500	600	700	800	900	1000
I							
t							
I/I_e							

④ 问题讨论

a. 接触器的主要组成部分有哪些？

b. 说明热继电器的工作原理。

c. 为什么接触器的动作电压大于释放电压？

d. 热继电器用于三相交流异步电动机保护应怎样调节设定值？它与灯箱保护有什么不同？

e. 什么是反时限特性？

13.2 电器控制基本环节

13.2.1 三相异步电动机正反转控制线路

图13-31即为三相异步电动机正反转控制电路。

(1) 构成

① 主电路　接触器KM1、KM2分别闭合，完成换相实现电动机的正反转。KM1、KM2不能同时闭合，否则，会造成主电路两相短路。电路可用FR实现过载保护。

② 控制电路　控制电路实质是由两条并联的启动支路组成，但为了生产、安全的需要

又在各支路中辅加了制约触头。

(2) 特点 如图 13-31 所示，右部分是其控制电路，由两条启动支路构成，且在对方支路中相互串联上彼此的常闭辅助触头，使一个接触器线圈得电吸合后另一个接触器因所串联的常闭辅助触头断开而受到制约无法得电，保证了 KM1、KM2 不能同时得电，从而可靠地避免了两相电源短路事故的发生，电路安全、可靠。这种在一个接触器得电动作时通过其常闭辅助触头使另一个接触器不能得电动作的作用称为连锁（或互锁）。该电路要改变电动机的转向必须先按下停止按钮使接触器失电，各触头断开恢复原状解除连锁，再按下反转启动按钮，电动机才能反转。

(3) 应用 该电路适用于重载拖动的机床等不能或不需要由一个转向立即换为另一个转向的机械设备，以减少换相设备的机械冲击力和电动机绕组受到的反接电流冲击，起到保护设备，延长其使用寿命的作用。

13.2.2 三相异步电动机制动控制线路

(1) 机械制动 常用方法有电动抱闸制动和电磁离合器制动（多用于断电制动）。制动原理如图 13-32 所示。

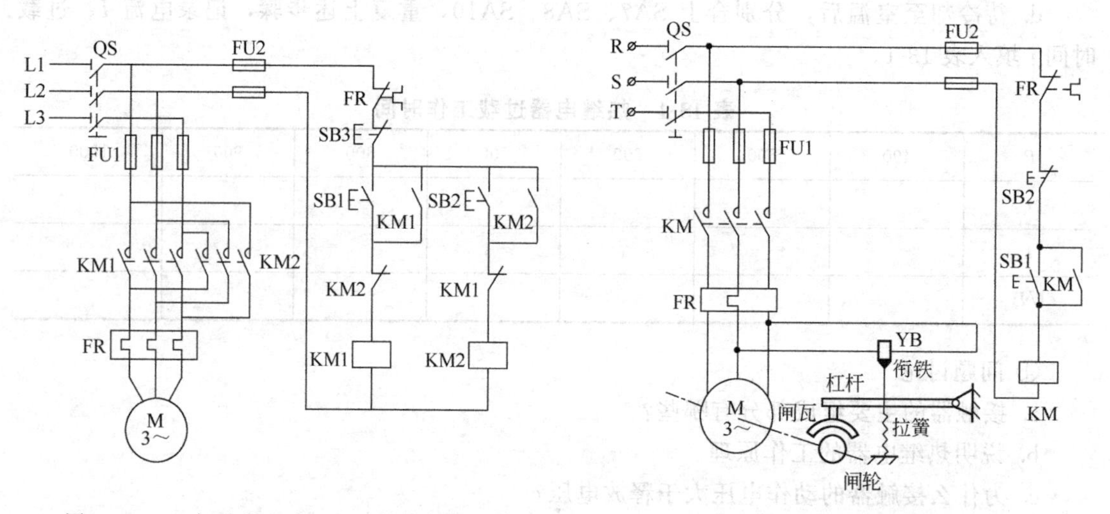

图 13-31 三相异步电动机正反转控制电路　　图 13-32 机械制动原理图

a. 断电电磁抱闸制动方式：电磁抱闸的电磁线圈通电时，电磁力克服弹簧的作用，闸瓦松开，电动机可以运转。

b. 电磁离合器制动方式：电磁离合器的电磁线圈通电，动、静摩擦片分离，无制动作用，电磁线圈断电，在弹簧力的作用下动、静摩擦片间产生足够大的摩擦力而制动。

c. 控制电路分析：启动时，接触器 KM 线圈通电，其主触点接通电动机定子绕组三相电源的同时，电磁线圈 YB 通电，抱闸（动摩擦片）松开，电动机转动；停止时，接触器 KM 线圈断电，电动机 M 断电，电磁铁线圈 YB 失电，实现抱闸或电磁制动。

(2) 电气制动 电气制动多用于电动机的快速停车。常用方法有能耗制动和反接制动。

① 能耗制动

a. 制动原理：制动时，在切除交流电源的同时，给三相定子绕组通入直流电流。

如图 13-33 所示，主电路中接触器 KM1 的主触点闭合时，电动机 M 作电动工作，接触器 KM2 主触点用于能耗制动时定子绕组通入直流电流。

b. 控制电路：按时间原则控制。启动，按下启动按钮 SB2→KM1 线圈通电自锁，电动机 M 作电动运行；制动，按下停车按钮 SB1→KM1 线圈断电复位→KM2 线圈通电自锁→电动机 M 定子绕组切除交流电源，通入直流电源能耗制动，SB1→KT 线圈通电延时→KM2 线圈断电复位→KT 线圈断电复位。

② 反接制动　如图 13-34 所示，反接制动利用改变电动机电源的相序，使定子绕组产生的旋转磁场与转子惯性旋转方向相反，因而产生制动作用。

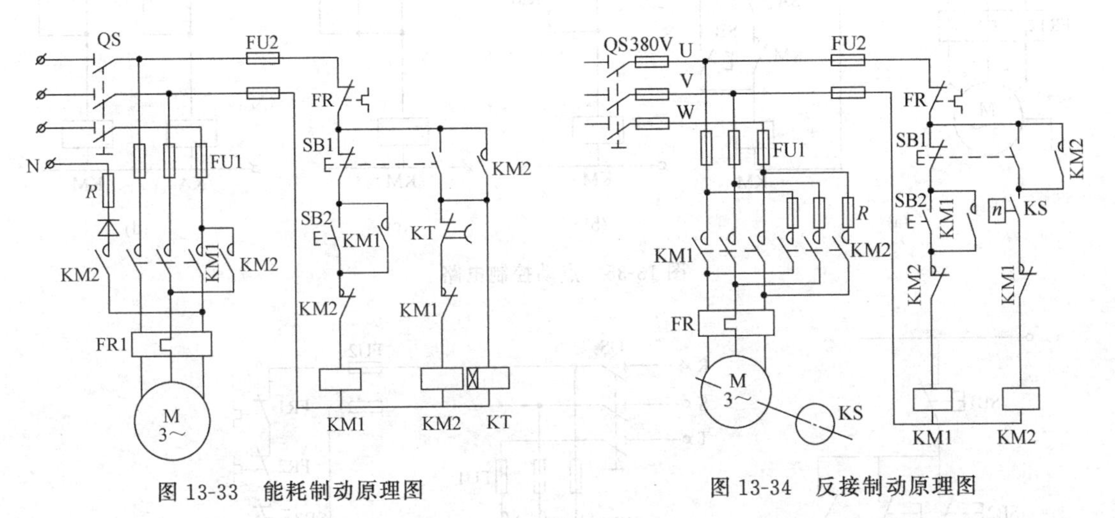

图 13-33　能耗制动原理图　　　　图 13-34　反接制动原理图

a. 主电路：KM1 电动运行；KM2 通入反相序电源，反接制动。*R* 起限制反接制动电流的作用。

b. 控制电路：速度控制原则。启动，按下启动按钮 SB2→KM1 通电自锁→电动机 M 通入正相序电源，进而开始转动；停止，按下停车按钮 SB1→KM1 线圈断电复位→KM2 线圈通电自锁，实现反接制动，转速 n 接近零时，速度继电器 KS 常开触点打开→KM2 线圈断电，反接制动结束。

13.2.3　其他基本控制线路

（1）点动控制

① 点动：按下按钮时，电动机得电转动工作；松开按钮时，电动机就失电停止工作。

② 用途：机床刀架、横梁、立柱的快速移动，机床的试车调整和对刀等场合。

图 13-35(a) 是基本的电动控制电路。图 13-35(b) 是带手动开关的点动控制电路。图 13-35(c) 是增加了一个点动用的复合按钮的点动控制电路。图 13-35(d) 是用中间继电器实现的点动控制线路。

（2）多地控制　多地控制就是一个设备或机床要求在两个或两个以上的地点可以实现对它的控制。这就可以在这些要求的操作的地点各安装一套按钮，将其分散在各个操作站上启动按钮常开触点引线并联连接，停止按钮常闭触点作串联连接，如图 13-36 所示的两地控制线路。

（3）顺序控制线路　对于大多数电动机机床来说，各个电动机总是有其开机顺序的，如一般都是先将润滑油泵或液压泵先启动而最后停止，主轴电动机后启动，而冷却泵最后停止而最先停止，因此需要顺序启停各控制环节。图 13-37 是以只有润滑油泵电动机 M1 和主轴电动机 M2 为例的顺序启停主控电路。

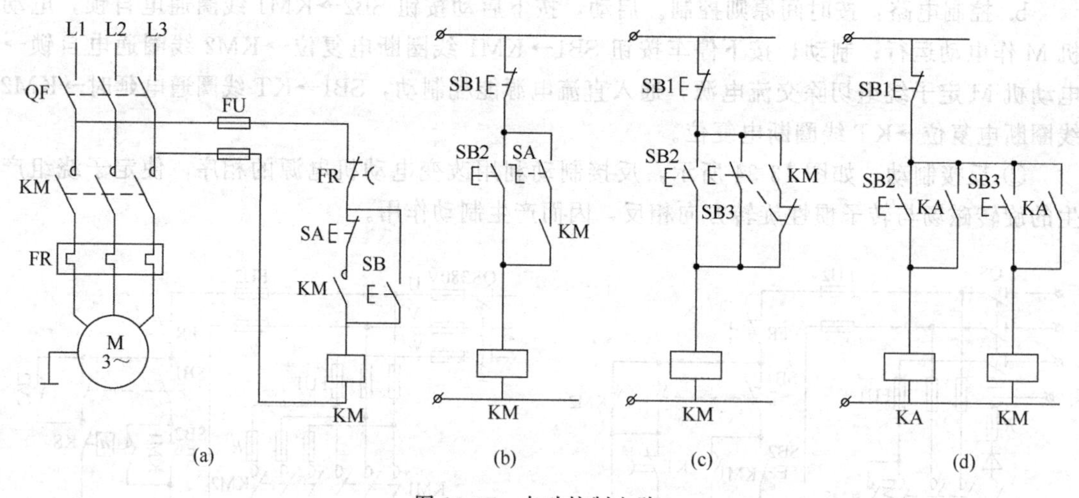

图 13-35 点动控制电路

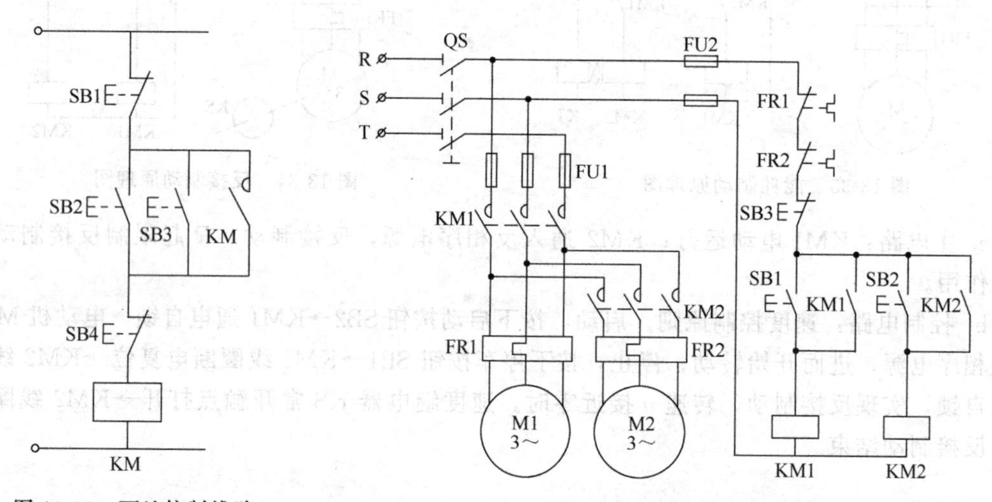

图 13-36 两地控制线路

图 13-37 顺序控制线路

电动机组启动时，合上 QS，按下 SB1，KM1 线圈得电自保，M1 启动运转；再按下 SB2，KM2 线圈得电自保，M2 启动运转。

电动机组停车时，先按下 SB2，则 KM2 线圈失电停转；再按下 SB1，KM1 线圈失电停转。

13.3 安全用电

随着社会的进步与发展，不论是人们的日常生活还是工业生产都离不开电。人们经常要接触到用电设备，需要使用用电设备进行生产、生活，这就是安全用电。如何安全用电，防止事故，确保任命群众的生命和财产，保障工业生产的正常运行，就要了解用电安全常识和防护常识。

13.3.1 供电系统

为了统一管理和调度电力，常将一个区域内各发电厂所发的电并网构成一个区域电力网。电力网由变压器、输电线路组成。企业内部的电力供应，要做到准确、稳定。在使用电气设备时，需要注意安全用电，避免出现电气安全事故，可采取以下措施。

① 正确选用变压器、控制设备、保护设备、电线电缆，按规定接地、接零。

② 严格按照操作规程，定期检查电气设备的安全性能，实行专人负责制，实行严格的工作监护制度和工作许可制度。

③ 所有设备必须注明安全使用标志，严禁长时间超负荷运行。

④ 检修设备需断电时，一定断电操作，并要悬挂安全警示牌。不需要断电检修时，应具备完善的保护措施。

13.3.2 触电事故

(1) 触电事故　当人体接触到带电体，或人体与带电体之间形成电弧放电时，就有电流通过人体，造成对人体的伤害或死亡，即触电。触电对人体造成的危害一般有两种情况——电击和电伤。

通常的触电事故是指电击，当电流通过人体内部，造成肌肉发生非自主痉挛性收缩的伤害，严重时会破坏人的心脏、肺部以及神经系统的工作，直至危及生命。

电伤是指电流的热效应、化学效应、机械效应给人体造成的危害。电伤包括电烧伤、电烙伤、皮肤金属化、机械损伤和电光眼等。

(2) 电流对人体的作用　触电时人体的伤害程度，与通过人体的电流的大小及种类、电压、接触部位、持续时间以及人体的健康状态等均有密切关系。

(3) 触电方式　根据人体触及带电体的情况，触电有以下三种形式。

① 单相触电　人体接触到电源的某一根相线，如图 13-38 所示。图 13-38(a) 为中性点接地系统的单相触电，电路经人体、大地和接地装置构成闭合回路。由于接地装置电阻很小，一般小于等于 10Ω，而人体承受几乎为相电压 220V，极为危险。图 13-38(b) 为中性点不接地系统的单相触电，由于电源另两根相线对地的分布电容 C 和阻抗 Z 存在，电流经人体、大地和绝缘阻抗构成闭合回路，其电流大小也可达到危害生命的程度。对于高压带电体，虽然人体未直接接触到电线，但如果其距离小于安全距离时，可能产生电弧放电，造成单相触电。

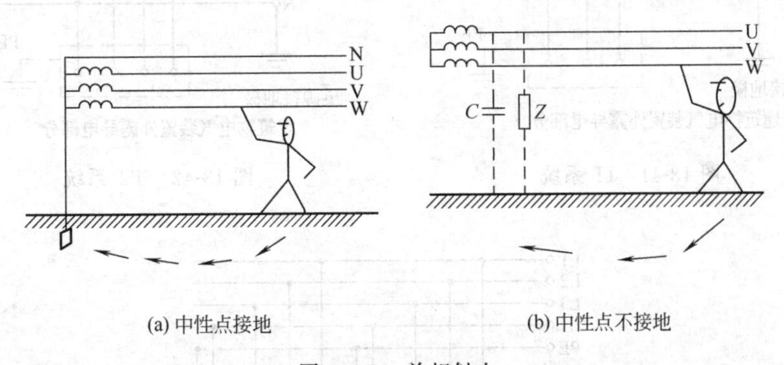

(a) 中性点接地　　(b) 中性点不接地

图 13-38　单相触电

② 两相触电　人体同时接触到两根相线，人体承受的电压为 380V，不论中心点是否接地，都会造成触电事故，如图 13-39 所示。

③ 跨步电压触电　当高压电线或带电体发生接地事故时，接地电流通过大地流散，在接地点周围的地面上产生电压降。在这个电压降区域内，人头两脚之间就有一定的电压降，

称为跨步电压。当跨步电压较高时，就会造成人体跨步电压触电，如图13-40所示。离接地体越近，人体步伐越大，线路电压越高，跨步电压触电的危险性越大。一般离接地体20m以外，就不会发生跨步电压触电。

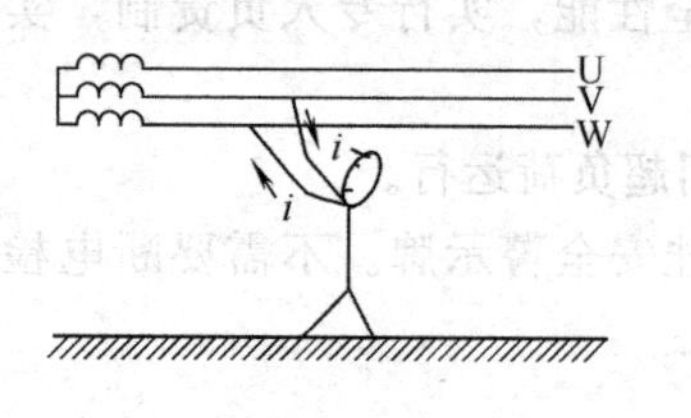

图13-39 两相触电

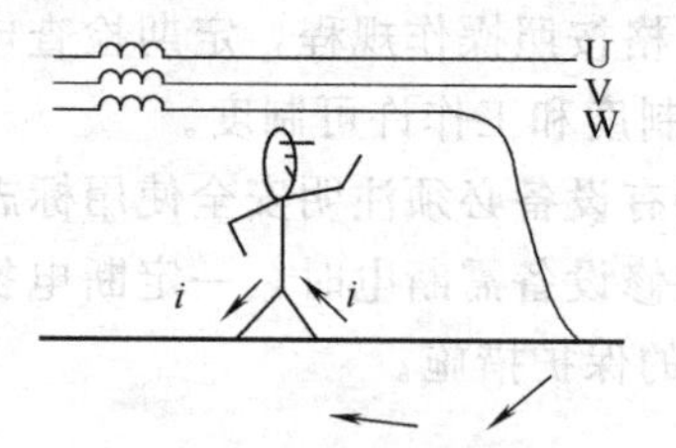

图13-40 跨步电压触电

(4) 安全用电常识 触电事故的发生，多数是不重视安全用电常识，不遵守安全操作规程，以及电气设备受损和老化造成的。掌握安全用电常识，严格遵守操作规程，采取相应的防护措施是防止触电事故的首要条件。当发生触电事故时，应立即切断电源或用绝缘体将触电者与电源隔开，然后采取及时有效的措施对触电者进行救护。

防止触电事故的措施如下。

① 防止直接触电

a. 利用绝缘材料对带电体进行封闭和隔离。

b. 采用遮拦、护罩、护盖等将带电体与外界隔开。

c. 保证带电体与地面、带电体与其他设备、带电体与人体、带电体之间有必要的安全间距。

② 防止间接触电

a. 保护接地是最基本的电气防护措施，可分为IT、TT、TN系统，其电路示意图分别为图13-41～图13-45所示。

图13-41为IT系统，电源与地绝缘或通过阻抗接地，而装置的外露导电部分直接接地的系统，用于不接地电网。

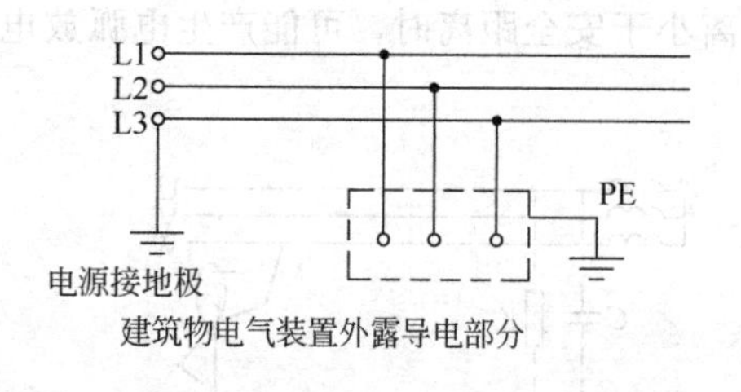

图13-41 IT系统

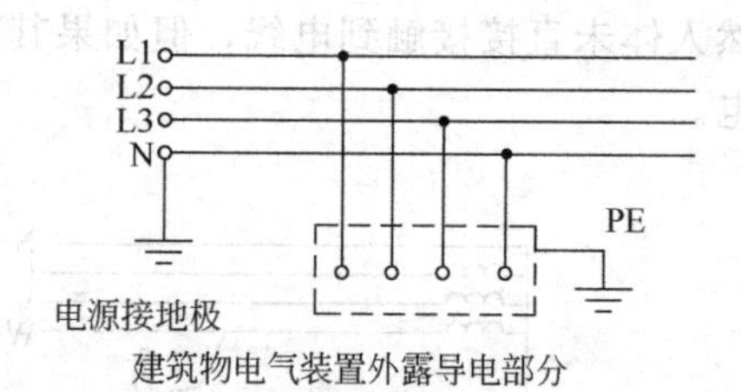

图13-42 TT系统

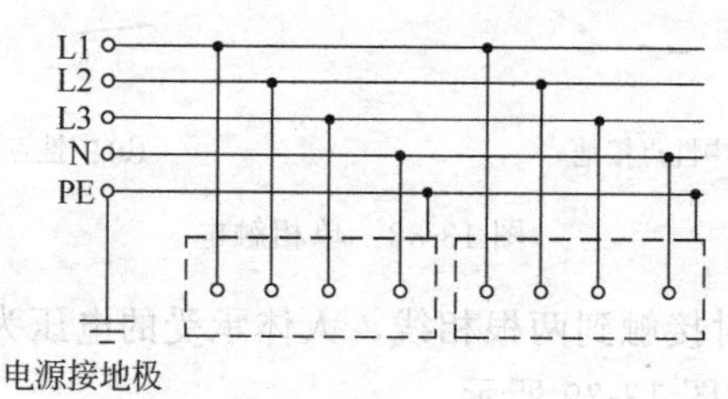

图13-43 TN-S系统

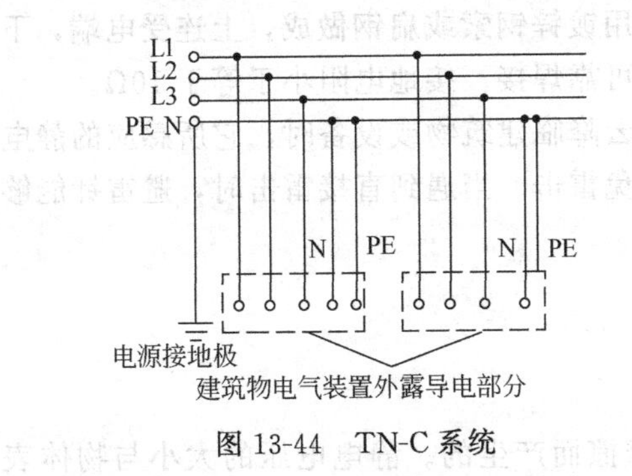

图 13-44　TN-C 系统

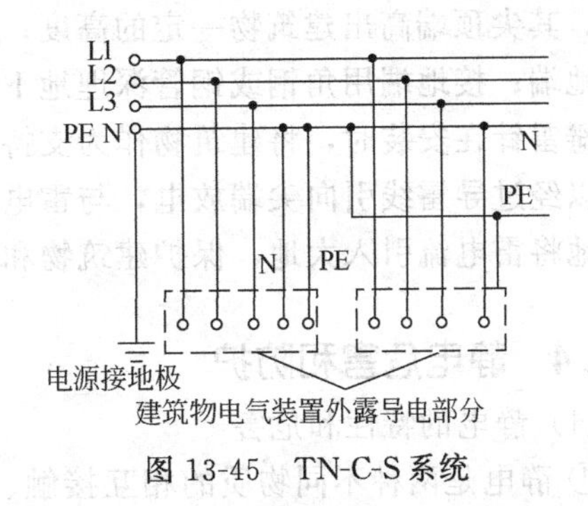

图 13-45　TN-C-S 系统

图 13-42 为 TT 系统，电源有一点直接接地，装置的外露导电部分接至与电源接地点无关的接地极的系统，用于接地的配电网。

TN 系统，即电源有一点直接接地，负荷侧的电气装置的外露导电部分通过保护线与该接地点连接的系统，即保护接零系统。零线上除工作接地以外的其他点多次重复接地，以提高 TN 系统的安全性能。按照中性线（N）线与保护线的组合情况，TN 系统可分为以下三种形式：图 13-43 所示的整个系统保护线 PE 与中性线 N 是分开的，称 TN-S 系统；图 13-44 所示的整个系统保护线与中性线是合一的，称 TN-C 系统；图 13-45 所示的系统中有一部分保护线与中性线是合一的，称 TN-C-S 系统。

b. 工作接地是为了使系统以及与之相连的仪表均能可靠运行并保证测量和控制精度而设的接地。它分为机器逻辑接地、信号回路接地、屏蔽接地，在石化和其他防爆系统中还有安全接地。

c. 保护接零指电气设备在正常情况下其不带电的金属部分与电网的保护零线的相互连接。此连接的基本作用是当某带电部分碰到设备外壳时，通过设备外壳形成该相对零线的单独短路，短路电流能促使线路上过电流保护装置迅速动作，从而把故障部分电源断开，消除触电危险。

d. 速断保护指通过切断电路达到保护目的的措施，常用的有熔断器和电流脱扣器。

13.3.3　雷电危害及防护

（1）雷电的种类及危害　雷电是一种自然放电现象，按其造成的危害可分为以下几类。

① 直击雷　大气中带电荷的雷云，对地电压高达几亿伏。当雷云与地面突出物之间电场强度达到空气击穿强度时，就发生放电现象，这种放电现象称为直击雷。

② 雷电感应　又称感应雷，它可分为静电感应和电磁感应。静电感应是雷云接近地面时，在地面突出物的顶部感应出大量异性电荷，在雷云与其他部位或其他雷云放电后，雷电流在周围空间产生的迅速变化的强磁场在附近金属导体上感应出很高的电压形成的。

由于雷击，在架设线路或空中金属管道上产生的冲击电压沿线路或管道的两方向迅速传播的雷电波称为雷电波侵入。

雷电的危害巨大，可以导致设备损坏、人员伤亡、建筑物损坏或电气系统故障，严重者还可以导致火灾和爆炸。

（2）防雷装置的类型、作用

① 电气设备防雷使用避雷器　避雷器安装在被保护设备的引入端，其上端接在架空的输电线路上，下端接地。避雷器有管型避雷器、阀型避雷器和氧化锌避雷器。

② 建筑物和一般设备防雷使用避雷针　避雷针的上部受电端用镀锌铁棒、钢管或圆钢

做成，其尖顶端高出建筑物一定的高度；中间部分用镀锌钢索或扁钢做成，上连受电端，下连接地端；接地端用角钢或钢管深埋地下。各部分可靠焊接，接地电阻小于等于10Ω。

避雷针在安装时，将建筑物作为支持体，当雷云降临建筑物或设备时，它所感应的静电荷可以经过导雷线引向尖端放电，与雷电中和，避免雷击。当遇到直接雷击时，避雷针能够安全地将雷电流引入大地，保护建筑物和设备。

13.3.4 静电危害和防护

(1) 静电的特性和危害

① 静电是两种不同物质的相互接触、分离、摩擦而产生的。静电电压的大小与物体表面电介质的性质和状态、物体表面之间相互贴近的压力大小、物体表面之间相互摩擦的速度、物体周围介质的温度以及湿度有关。

② 静电电压可能高达数千伏甚至上百千伏，而电流却小于1μA，当电阻小于1MΩ时就可能发生静电短路而释放静电能量。

③ 静电放电的火花能引起爆炸和火灾，是造成工伤事故的原因之一。

(2) 防静电措施 防止静电危害的主要措施就是接地。

① 所有设置在户外或室内的管道和设备，连成电气通路并接地。车间内管道系统的接地点应不少于两处。

② 所有容积大于50m^2和直径大于2.5m的储罐，接地点应不少于两处，且应均匀分布。

③ 铁路油罐车在灌注油液的时间内，栈桥、油罐车、铁柜之间应有良好的电气连接并且可靠接地。

④ 当润滑油的电阻大于1MΩ时，设备的旋转部分必须接地，否则应采用接触电刷或导电润滑剂。

⑤ 移动的导电容器或器具有可能产生静电危害时应接地。

⑥ 无尘室、计算机房、手术室等房间一般采用接地的导静电地板。

⑦ 为了防止静电危害，在某些特殊场合，严禁穿丝绸或某些合成纤维衣服，并应在手腕上戴接地环以确保接地。从事带静电作业的人员不得戴金属戒指和手镯，这些特殊场所的门把手和门闩也应接地。

13.3.5 节约用电

当前我国正处于经济高速发展的时期，电力供求矛盾突出。国家采取了很多方法来缓解电力紧张的状况，但电力资源在一段时间内还会缺乏，将制约经济的发展。在当前情况下，需要采取相应的措施来节约电力资源，以保证持续发展。

目前，工业企业节约用电的主要途径如下。

① 降低输电线路的损耗，加大输电线路的电压，采用低损耗的变压器，提高供电系统的效率。

② 合理选用电气设备，避免“大马拉小车”现象，减小设备损耗，提高效率。

③ 采用新技术、新设备、新工艺，提高电能的利用率。

④ 节约照明用电，采用新型光源，合理选择照明方式，充分利用自然光，科学合理地改造照明设施和控制设备。如采用节能灯具和声控、光控装置相结合，提高照明效率，降低能耗。

思考与练习

1．常见低压电器有哪些？各应用在何种场合？应用时应注意哪些事项？

2．常见基本控制电路有哪些？各应用于何种场合？简述三相异步电动机正反转控制电路的构成、特点及应用范围。

3．常见触电事故及其预防措施有哪些？

第14章

液压、气动技术

14.1 概论

14.1.1 流体传动的发展概况和趋势

（1）发展概况　液压传动与气压传动统称为流体传动，它与机械传动和电气传动一起构成了现代工业中普遍采用的三大传动方式。

不论液压传动还是气压传动，相对于机械传动来说，都是一门新兴的技术。若从1795年英国制成第一台水压机开始算起，液压传动已有二百多年的历史。但是液压传动被各国普遍重视，并应用于国民经济各部门中，只是近几十年的事。第二次世界大战以后，随着现代科学技术的迅速发展和制造工艺水平的提高，各种液压元件的性能日益完善，液压传动才开始得到广泛应用。特别是出现了高精度、响应速度快的伺服阀后，液压技术的应用更是突飞猛进。在20世纪70年代末至80年代，由于电子计算机的迅速发展，使得液压技术进入了数控液压伺服时期。目前普遍认为：电子技术和液压技术相结合是液压系统实现自动控制的发展方向。液压传动由于具有传动平稳、比功率大、结构简单、易于无级调速和定位精度高等一系列优点，因此，目前已不仅广泛应用于机床、工程机械、冶金、航空航天等工业部门，而且在轻工业机械（如在注塑料成型机、挤出机、精密冲床、皮革机械以及造纸机械等）中也被普遍采用。但各工业部门应用液压传动技术的出发点不尽相同，各有其特殊性。

（2）发展趋势　随着生产的不断发展，对液压、气压元件的结构和性能的要求也越来越高，综观国内外液压、气压元件的发展趋势，大致有以下两方面。

① 小型、轻量化　在液压技术中，为了要达到小型、轻量化的目的，液压系统的压力趋向高压化，当然，随着压力的提高，系统及元件的寿命有所下降，重量也有增加的趋势，上述矛盾的出现，给材料科学的研究提出了新的课题。

在电气技术中，在小功率范围内，小型元件的开发和系统化正在积极地发展，特别是使单个元件向系统化发展，正作为小型、轻量化主攻的方向。例如，一个组合式元件，即可构成包括执行元件在内的一个自成系统，它既具有自动换向、中途停止的功能，又具有调速等功能。

② 与电子技术相结合　以电子元件作为系统的信息处理和传递信息的手段来控制控制阀，以输出液体的压力能作为功率输出，这两者的结合，是流体控制阀的重要研究课题。

在液压技术中，现在一般感兴趣的是比例电磁阀和数字阀，这两者虽然都是开发控制，但与电-液伺服阀相比，污染能力要强得多，制造方便，维护使用简单。

14.1.2　流体传动所研究的内容

液压传动与气压传动都是用有压液体或气体为工作介质来传递动力或控制信号的一种传动方式，所以可简称为“流体传动与控制技术”。

由于液压传动和气压传动均具有一系列的优点，故正被国民经济各部门广泛采用。两者进行传动与控制的方法基本上都是利用各种元件组成具有各种功能的基本回路，再按系统的要求，选择有关功能的基本回路组成系统来实现的。

因为液压传动和气压传动所用工作介质的性质不同，因此它们除了一些共性外，还具有各自的特殊性。液压传动虽具有传动平稳、输出力大等特点。但因液体黏性大，故其液压损失大，不能作远距离输送。而气压传动虽由于空气具有可压缩性，传动不够平稳，且输出力小，但因其黏性很小，在同样条件下，其压力损失要比液压传动小得多。又因其信号传递能达到声波在空气中的传播速度，所以便于远距离输送和直接作为控制手段。

14.2　液压传动

14.2.1　液压传动的工作原理

液压传动在机床上应用很广，具体的结构也比较复杂，下面介绍一个简化了的机床液压传动系统，用以概括地说明液压传动的工作原理。

图 14-1 所示为简化了的机床工作台往复送进的液压系统图。液压缸 10 固定不动，活塞 8 连同活塞杆 9 带动工作台 14 可以作向左或向右的往复运动。图 14-1 中所示为电磁换向阀 7 的左端电磁铁通电而右端的电磁铁断电状态，将阀芯推向右端。液压泵 3 由电动机带动旋转，通过其内部的密封腔容积变化，将油液从油箱 1 中，经滤油器 2、油管 15 吸入，并经油管 16、节流阀 5、油管 17、电磁换向阀 7、油管 20，压入液压缸 10 的左腔。迫使液压缸左腔容积不断增大，推动活塞及活塞杆连同工作台向右移动。液压缸左腔的回油，经油管 21、电磁换向阀 7、油管 19 排回油箱。当撞块 12 碰上行程开关 11，使电磁换向阀 7 左端的电磁铁断电而右端的电磁铁通电，便将阀芯推向左端。这时，从油管 17 输来的压力油经电磁换向阀 7，由油管 21 进入液压缸的右腔，使活塞及活塞杆连同工作台向左移动。液压缸左腔的回油，经油管 20、电磁换向阀 7、油管 19 排回油箱。电磁换向阀的左右端电磁铁交替通电，活塞及活塞杆连同工作台便循环往复左右移动。当电磁换向阀 7 的左右端电磁铁都断电时，阀芯在两端的弹簧作用下，处于中间位置。这时，液压缸的左腔、右腔、进油路及回油路之间均不相通，活塞及活塞杆连同工作台便停止不动。由此可见，电磁换向阀是控制油液流动方向的。调节节流阀 5 的开口大小，可控制进入液压缸的油液流量，改变活塞及活塞杆连同工作台移动的速度。

在进油路上安装溢流阀 6，且与液压泵旁路连接。液压泵的输出压力，可从压力表 4 中读出。当油液的压力升高到稍超过溢流阀的调定压力时，溢流阀开启，油液经油管 18 排回油箱，这时油液的压力不再升高，稳定在调定的压力值范围内。溢流阀在稳定系统压力和防止系统过载的同时，还起着把液压泵输出的多余油液排回油箱的作用。电磁换向阀 7 的阀芯两端弹簧腔泄漏油，通过油管 22（泄漏口）排回油箱。

在图 14-1(a) 所示液压系统中，所采用的液压泵为定量泵，即在单位时间内所输出的压

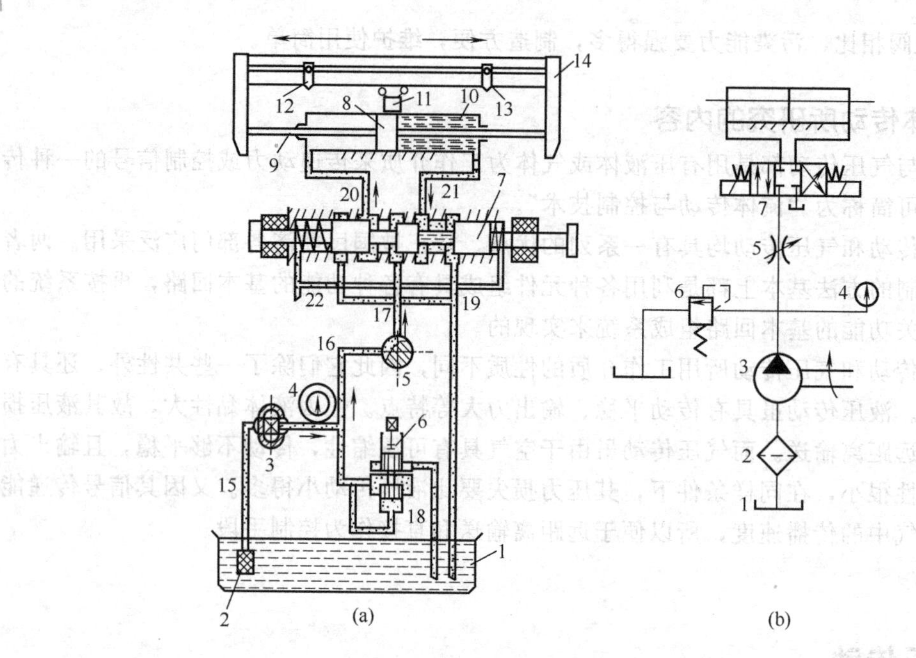

图 14-1 简化的机床液压系统图

1—油箱；2—滤油器；3—液压泵；4—压力表；5—节流阀；6—溢流阀；7—电磁换向阀；8—活塞；9—活塞杆；10—液压缸；11—行程开关；12,13—撞块；14—工作台；15～22—油管

力油的体积（称为流量）为定值。定量泵所输出的压力油，除供给系统工作所需外，多余的油液由溢流阀排回油箱，能量损耗就增大。为了节约能源，可以采用在单位时间内所输出的流量可根据系统工作所需而调节的流量泵。如果机床液压系统的工作是旋转运动，则可以将液压缸改用液压马达。

14.2.2 液压传动的组成

从分析上述系统可以看出，液压传动系统均由以下四个部分所组成。

(1) 动力元件（液压泵） 液压泵的作用是向液压系统提供压力油，是动力的来源。它是将原动机（电动机）输出的机械能转变为油液液压能的能量转换元件。

(2) 执行元件（液压缸或液压马达） 它的作用是在压力油的推动下，成对外做功，驱动工作部件。它是将油液的液压能转变为机械能的能量转换元件。

(3) 控制元件 如溢流阀（压力阀）、节流阀（流量阀）及换向阀（方向阀）等，它们的作用是分别控制液压系统油液的压力、流量及液流方向，以满足执行元件对力、速度和运动方向的要求。

(4) 辅助元件 如油箱、油管、管接头、滤油器、蓄能器、压力表等，分别起储油输油、连接、过滤、储存压力能、测压等作用，是液压系统中不可缺少的重要组成部分。但从液压系统的工作原理来看，它们是起辅助作用的，故因此而得名。

14.2.3 液压传动的优缺点

(1) 液压传动的优点

① 与机械传动和电气传动比较，在输出相同的功率下，体积和质量均较小。

② 较易实现无级调速，而且调速范围大，一般可达 100：1，最大可达 200：1，这是机

械传动或电传动难以实现的。

③ 液压传动的工作平稳，能在低速下稳定运动，且因其质量轻、惯性小，故响应速度快，换向频率高。

④ 操作简单，便于实现过载保护，便于实现自动化。特别是与电气联合控制，可实现高精度的自动控制或遥控。

⑤ 随着液压技术的发展，液压元件、液压回路和某些液压装置可以实现系列化、标准化及通用化，可采用计算机进行辅助测试、控制和辅助设计等，有利于提高质量，降低成本，大大缩短设计、制造周期。

(2) 液压传动的缺点

① 在液压元件和系统中各相对滑动件或各配合面间不可避免存在泄漏。

② 油温的变化会引起油液的黏度变化，影响液压传动的工作平稳性。在低温高温的场合，采用液压传动有一定困难。

③ 液压元件的制造精度要求较高，因而价格较贵，使用和维修要求有较高的技术水平和一定的专业知识。

④ 对油液的污染敏感，污染会使液压元件磨损和堵塞，使性能变坏，寿命缩短，因此必须防止油液污染和良好的过滤。

由于液压传动具有许多突出的优点，因此广泛应用于机械制造、航空、矿山及起重等许多工程领域，这种传动方式也愈来愈多地在轻工行业中应用。例如，在塑料、制鞋、制砖等行业中都获得广泛采用。随着液压技术的发展与元件质量的提高，这一技术必将在轻工行业中获得更广泛的应用。

14.2.4 液压泵和液压马达

(1) 液压泵的工作原理　液压泵的类型很多，都属于容积式液压泵，容积式液压泵的工作原理可用图 14-2 所示的简单例子来说明。柱塞 2 依靠弹簧 3 的作用紧压在凸轮 1 上，电动机带动凸轮 1 旋转，使柱塞 2 作往复运动。当柱塞向外伸出时，密封油腔 4 的容积由小变大，形成真空，油箱中的油液在大气压力的作用下，顶开单向阀 5（这时单向阀 6 关闭）进入油腔 4，实现吸油。当柱塞向里顶入时，密封油腔 4 的容积由大变小，其中的油液受到挤压而产生压力，当压力增大到能克服单向阀 6 中弹簧的作用力时，油液便会顶开单向阀 6（这时单向阀 5 关闭，封住吸油管）进入系统，实现压油。凸轮连续旋转，柱塞就不断地往复运动进行吸油和压油，图示结构中只有一个柱塞向系统供油，所以油液输出是不连续的，只能作为润滑泵使用，为实现连续供油，可以设置多个柱塞，使它们轮流向系统供油。

(2) 液压马达的工作原理　容积式液压马达的工作原理，从原理上来讲和容积式液压泵

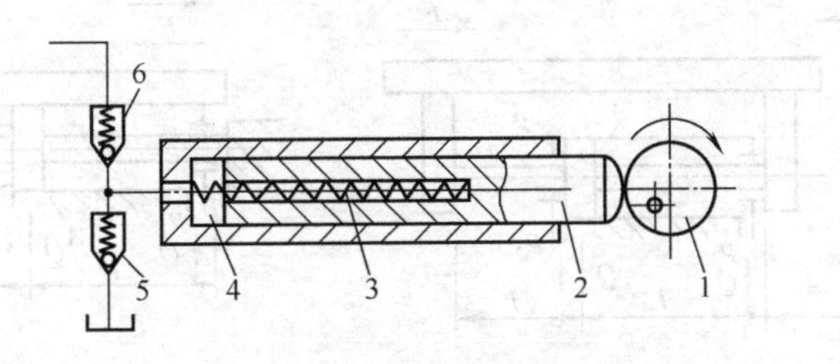

图 14-2　容积式液压泵工作原理图

1—凸轮；2—柱塞；3—弹簧；4—油腔；5,6—单向阀

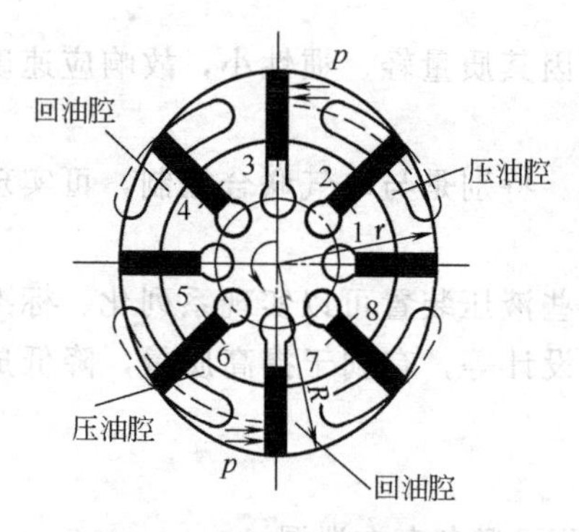

图 14-3 双作用叶片马达的工作原理

是互逆的，即向液压泵输入压力，就可以输出转矩和转速，但它们在具体结构上仍有差异，所以不能相互替代。

双作用叶片马达的工作原理如图 14-3 所示。当压力油进入压油腔时，位于压油腔的叶片有 1、2、3 和 5、6、7 两组。分析叶片的受力情况，可以看出叶片 2、6 两侧均受压力油的作用，作用力互相抵消不产生转矩。同时叶片 1、5 和 3、7 的受力方向相反，叶片 1、5 产生的转矩使转子顺时针旋转，叶片 3、7 产生的转矩使转子逆时针旋转，但因叶片 3、7 伸出长，液压力的作用面积大，力臂也长，产生的转矩大于叶片 1、5 产生的转矩，叶片 3、7 和 1、5 产生的转矩差就是叶片马达输出的转矩，它使转子逆时针方向旋转。

14.2.5 液压缸

液压缸是液压系统的执行元件，它与液压马达一样，都是将液体的压力能转换成机械能的能量转换装置，所不同的是，液压马达实现连续的回转运动，而液压缸实现直线往复运动或摆动。由于液压缸结构简单，工作可靠，在机床上得到了广泛的应用。

(1) 液压缸的分类　液压缸按结构形式的不同，有活塞式、柱塞式和摆动式三大类。

(2) 活塞式液压缸

① 双出杆液压缸　这种液压缸的活塞两端都有活塞杆，如图 14-4(a) 所示为固定时的安装形式，缸体两端设有进出油口，活塞通过活塞杆带动工作台移动。在这种安装形式中，工作台的移动范围为液压缸有效行程的 3 倍，所以机床占地面积大，一般适用于小型机床。当机床工作台行程要求长时，可采用图 14-4(b) 所示活塞杆固定的安装形式。这时，缸体与工作台相连，活塞杆通过支架固定在机床上，动力由缸体传出。在这种安装形式中，机床工作台的移动范围等于液压缸有效行程的 2 倍，因此占地面积小。进出油口可以设置在固定不动的活塞杆的两端，使油液从空心的活塞杆中进出，也可以设置在缸体的两端，但这时必须使用软管连接。由于这种结构形式复杂，移动部分（缸体）的质量大，惯性大，所以只用于中型和大型机床。

② 单出杆液压缸　这种液压缸的活塞只有一端带活塞杆，如图 14-5 所示。单出杆液压缸也有缸体固定和活塞杆固定两种形式，它们的工作台移动范围都是最大行程的 2 倍。

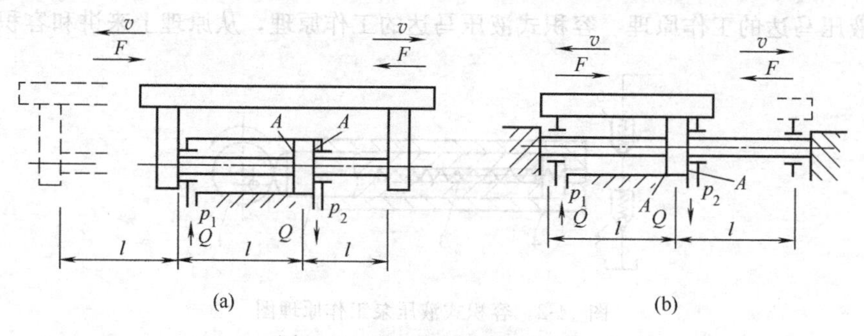

图 14-4 双出杆活塞式液压缸

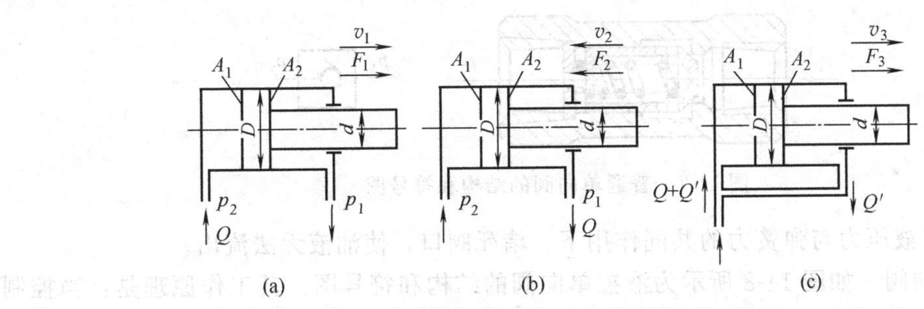

图 14-5 单出杆活塞式液压缸

如果向单出杆液压缸的左、右两腔同时通入压力油时，称为“差动连接”。作差动连接的液压缸叫做差动液压缸。因差动液压缸无杆腔的总作用力大于有杆腔，故活塞向右移动，并使有杆腔的油液流入无杆腔，加大了流入无杆腔的流量，从而加快了活塞移动的速度。

③ 摆动液压缸　摆动液压缸主要用来驱动作间歇回转运动的工作机构，如回转夹具、分度机构、送料、夹紧等机床辅助装置，也有用在需要周期性进给的系统中。

(3) 液压缸的典型结构　如图 14-6 所示为单出杆活塞式液压缸的结构图，它主要由缸底 1、缸筒 3、缸头 4、活塞 5、活塞杆 6、缸筒 7、缓冲套 11 与 12、节流阀 8、带放气孔的单向阀 2 以及密封装置等组成。缸筒 7 与法兰 9、10 焊接成一个整体，然后通过螺钉与缸底 1、缸头 4 连接。图中用半剖面的方法表示了活塞与缸筒、活塞杆与缸盖之间的两种密封形式；上部为橡胶组合密封，下部为唇形密封。该液压缸具有双向缓冲功能，工作时压力油经进油口、单向阀进入工作腔，推动活塞运动，当活塞运动到终点前，缓冲套切断油路，排油只能经节流阀排出，起节流缓冲作用。

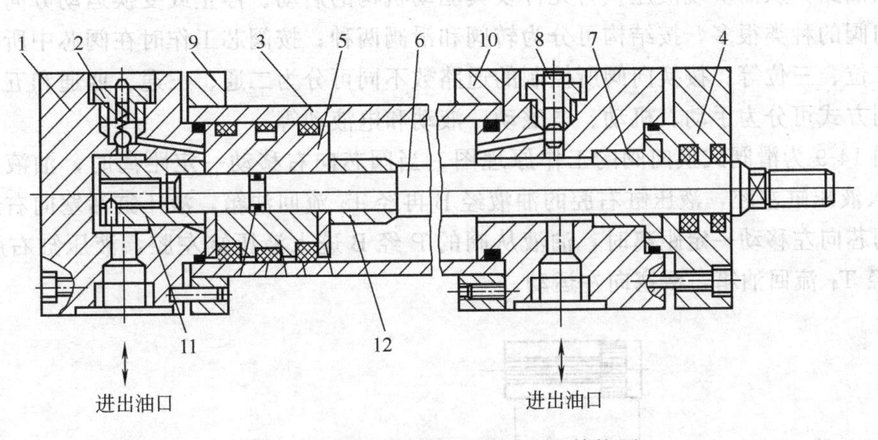

图 14-6 单出杆活塞式液压缸的结构图

1—缸底；2—单向阀；3—缸筒；4—缸头；5—活塞；6—活塞杆；7—缸筒；8—节流阀；9,10—法兰；11,12—缓冲套

14.2.6 液压控制阀

(1) 方向控制阀　方向控制阀用于控制液压系统中油流方向和通路，以改变执行机构的运动方向和工作顺序。方向控制阀有单向阀和换向阀两大类。

① 单向阀　单向阀的作用是使油液只能沿一个方向流动，不能反向流动。如图 14-7 所示为普通单向阀的结构和符号图。工作原理是：压力为 p_1 的压力油从阀体的入口流入，推动阀芯压缩弹簧，油液则经阀芯的径向孔从阀体的出口流出，其压力降为 p_2。如反向流入

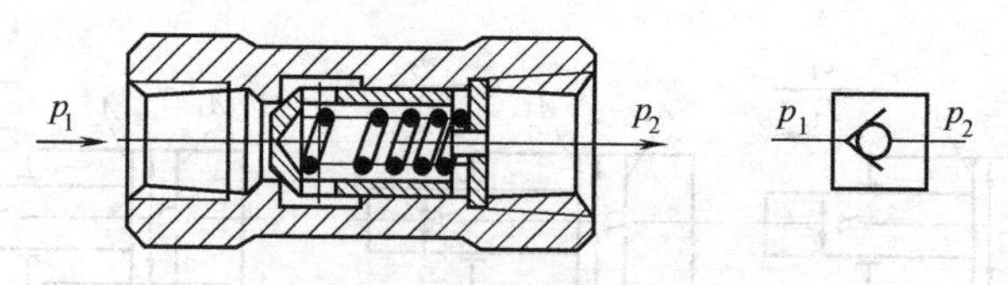

图 14-7 普通单向阀的结构和符号图

油液，则阀芯在液压力与弹簧力的共同作用下，堵死阀口，使油液无法流出。

② 液控单向阀 如图 14-8 所示为液控单向阀的结构和符号图。其工作原理是：当控制油口 K 不通压力油时，液控单向阀与普通单向阀的工作原理相同。当控制油口 K 通入控制油液时，活塞 1 推动顶杆 2，进而顶开阀芯 3，使 p_1 和 p_2 连通，油液可以从两个方向自由流动。控制油口的压力 p_K 一般取主油路压力的 30%～40%。

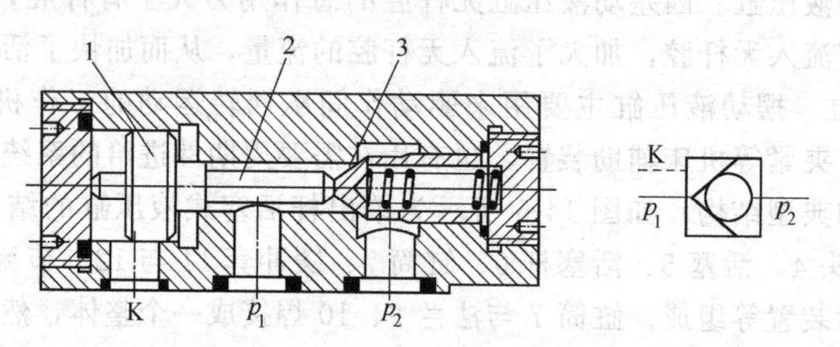

图 14-8 液控单向阀的结构和符号图

1—活塞；2—顶杆；3—阀芯

③ 换向阀 换向阀的作用是利用阀芯和阀体的相对运动，来改变油液流动的方向、接通或关闭油路，从而实现液压执行元件及其驱动机构的启动、停止或变换运动方向。

换向阀的种类很多，按结构可分为转阀和滑阀两种；按阀芯工作时在阀芯中所处的位置可分为二位、三位等；按换向阀所控制的通路数不同可分为二通、三通、四通和五通等；按操作控制方式可分为手动、机动、电磁动、液动和电液动等。

如图 14-9 为滑阀式换向阀的工作原理图，当阀芯向右移动一定距离时，油液从阀的 P 经 A 进入液压缸左腔，液压缸右腔的油液经 B 再经 T_2 流回油箱，液压缸活塞向右运动；反之，若阀芯向左移动一定距离时，油液从阀的 P 经 B 进入液压缸左腔，液压缸右腔的油液经 A 再经 T_1 流回油箱，活塞向左运动。

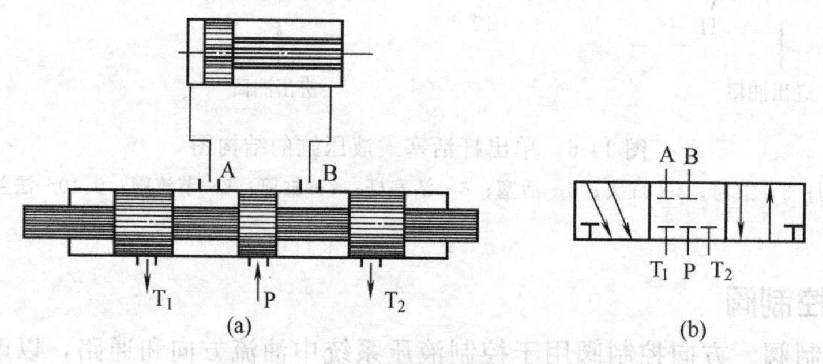

图 14-9 滑阀式换向阀的工作原理

(2) 溢流阀 常用的溢流阀按其结构形式和基本动作方式分为直动式和先导式两种。

如图 14-10 所示为先导式溢流阀的结构示意图，下部主阀是柱芯式溢流阀，上部先导阀是锥芯式溢流阀。在图中压力油从 P 口进入，通过阻尼孔 3 后作用在先导阀阀芯 4 上，当

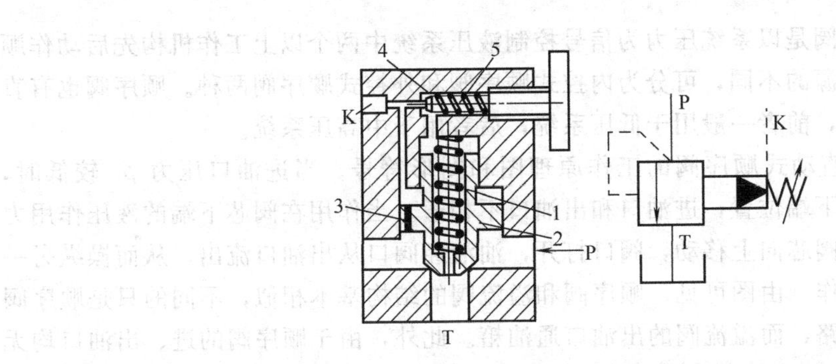

图 14-10　先导式溢流阀

1—主阀弹簧；2—主阀芯；3—阻尼孔；4—先导阀阀芯；5—先导阀弹簧

进油口压力较低，先导阀上的液压作用力不足以克服先导阀右边的弹簧 5 的作用力时，先导阀阀口关闭，没有油液通过阻尼孔，所以主阀芯 2 两端压力相等，在较软的主阀弹簧 1 作用下主阀芯 2 处于最下端位置，溢流阀阀口 P 和 T 隔断，没有溢流。

当进油口压力升高到作用在先导阀上的液压作用力大于先导阀弹簧作用力时，先导阀阀口打开，压力油就可通过阻尼孔、经先导阀流回油箱，由于阻尼孔的作用，使主阀芯上端的液压力 p_2 小于下端压力 p_1，当这个压力差作用在面积为 A_R 的主阀芯上的力等于或大于主阀弹簧力 F_s、轴向稳态液动力 F_{bs}、摩擦力 F_f 和主阀芯自重 G 时，主阀芯开启，油液从 P 口流入，经主阀阀口 T 流回油箱，实现溢流。用调节螺母调节弹簧 5 的压紧力，就可以调整溢流阀进油口处的压力。

(3) 减压阀　减压阀在液压系统中起减压作用，使液压系统中某一部分得到一个降低了的稳定压力。减压阀在各种液压设备的夹紧系统、润滑系统和控制系统中应用较多。另外，当液压系统压力不稳定时，在回路中串入一减压阀可得到一个稳定的较低的压力。

减压阀的结构和工作原理如图 14-11 所示为直动型减压阀的结构示意图和图形符号。进入减压阀的压力油的压力 P_1 经阀口降低为 p_2，从减压阀的出口流出。阀不工作时，阀芯在弹簧作用下处于最下端位置，阀的进、出油口是相通的，亦即阀是常开的。若出口压力 P_2 增大，使作用在阀芯下端的压力大于弹簧力时，阀芯上移，关小阀口，这时阀处于工作状态。若忽略其他阻力，仅考虑作用在阀芯上的液压力和弹簧力相平衡的条件，则可以认为出口压力基本上维持在某一定值——调定值上。这时若出口压力减小，阀芯就下移，开大阀口，阀口处阻力减小，压降减小，使出口压力回升到调定值；反之，若出口压力增大，则阀芯上移，关小阀口，阀口处阻力加大，压降增大，使出口压力下降到调定值。

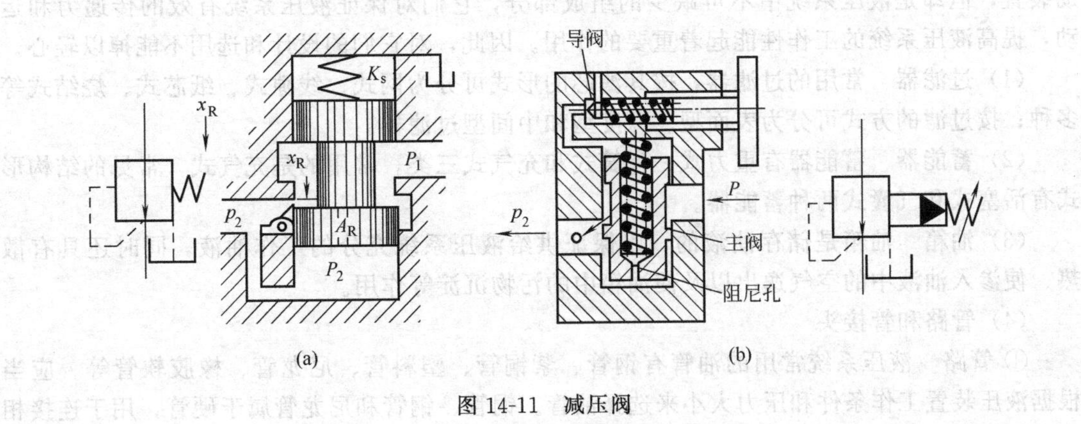

图 14-11　减压阀

（4）顺序阀　顺序阀是以系统压力为信号控制液压系统中两个以上工作机构先后动作顺序的。根据控制压力来源的不同，可分为内控式顺序阀和外控式顺序阀两种。顺序阀也有直动式和先导式两种结构，前者一般用于低压系统，后者用于中高压系统。

如图 14-12 所示为直动式顺序阀的工作原理图和图形符号。当进油口压力 p_1 较低时，阀芯在弹簧作用下处于下端位置，进油口和出油口不相通。当作用在阀芯下端的液压作用力大于弹簧的预紧力时，阀芯向上移动，阀口打开，油液经阀口从出油口流出，从而操纵另一执行元件或其他元件动作。由图可见，顺序阀和溢流阀的结构基本相似，不同的只是顺序阀的出油口通另一压力油路，而溢流阀的出油口通油箱。此外，由于顺序阀的进、出油口均无压力油，所以它的泄油口 L 必须单独外接油箱。

一般顺序阀和单向阀并联起来使用，构成单向顺序阀。单向顺序阀也有内、外控之分。若将出油口接通油箱，且将外泄改为内泄，即可作平衡阀用，使垂直放置的液压缸不因自重而下落。

（5）压力继电器　压力继电器（图 14-13）是一种将油液的压力信号转变成电信号的电液控制元件，当油液压力达到压力继电器的调定压力时，发出电信号，控制电气元件（如电磁铁、电动机、电磁离合器等）动作，使油路泄压、换向，执行元件实现顺序动作，或关闭电动机使系统停止动作，起安全保护作用等。

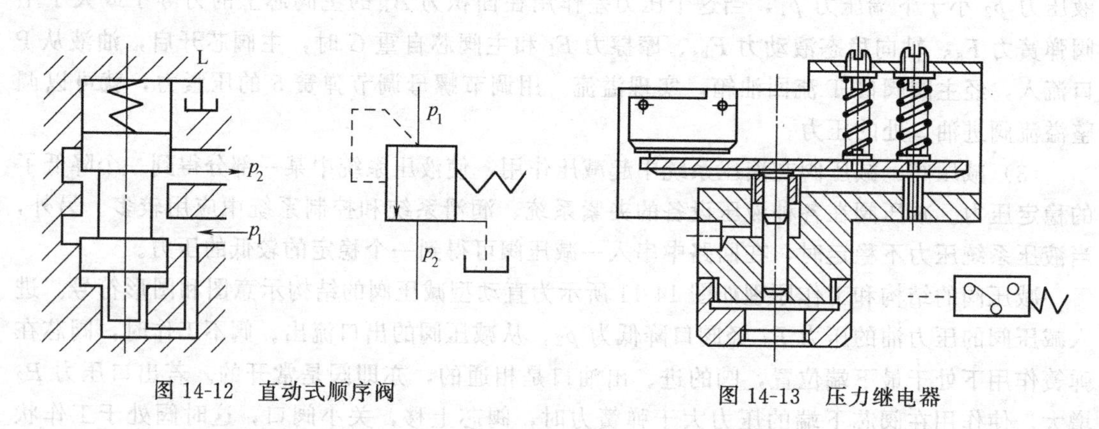

图 14-12　直动式顺序阀　　　　图 14-13　压力继电器

14.2.7　液压辅助装置

液压系统中的辅助装置，是指除液压泵、液压缸（包括液压马达）和各种控制阀之外的其他各类组成元件，如油箱、蓄能器、过滤器、压力表、密封件和管件等。它们虽称之为辅助装置，但却是液压系统中不可缺少的组成部分，它们对保证液压系统有效的传递力和运动，提高液压系统的工作性能起着重要的作用。因此，对它们的设计和选用不能掉以轻心。

（1）过滤器　常用的过滤器，按其滤芯的形式可分为网式、线隙式、纸芯式、烧结式等多种；按过滤的方式可分为表面型、深度型和中间型过滤器。

（2）蓄能器　蓄能器有重力式、弹簧式和充气式三类，常用的是充气式，常见的结构形式有活塞式和气囊式两种蓄能器。

（3）油箱　油箱是储存油液的，以保证供给液压系统充分的工作油液，同时还具有散热、使渗入油液中的空气逸出以及使油箱中的污物沉淀等作用。

（4）管路和管接头

① 管路　液压系统常用的油管有钢管、紫铜管、塑料管、尼龙管、橡胶软管等。应当根据液压装置工作条件和压力大小来选择油管。铜管、钢管和尼龙管属于硬管，用于连接相

对位置不变的固定元件。橡胶管、塑料管常用于两个相对运动元件之间的连接。油管外径由强度要求决定。

② 管接头　管接头是油管与液压元件、油管与油管之间可拆卸的连接件。管接头必须在强度足够的前提下，在压力冲击和振动下要保持管路的密封性、连接牢固、外形尺寸小、加工工艺性好、压力损失小等要求。

(5) 密封装置　液压系统中密封装置种类很多，常用的密封有以下几种：间隙密封、O型密封圈、唇型密封圈、组合式密封装置、回转轴的密封装置。

14.2.8 液压基本回路

任何液压传动系统不管有多么复杂都是由一些基本回路所组成。所谓的基本回路就是能够完成某种特定控制功能的液压元件和管道的组合。例如，调节液压执行元件的工作速度的调速回路，控制和调节液压泵供油压力的调压回路等都是常见的液压基本回路。熟悉和掌握液压头基本回路的性能，有助于更好的分析、使用和设计各种液压传动系统。

液压基本回路大致可分为如下几部分。

压力控制回路：控制整个系统或局部油路的工作压力。

速度控制回路：控制和调节执行元件的速度。

方向控制回路：控制执行元件运动方向的变换和锁停。

多执行元件控制回路：控制几个执行件相互间的工作循环。

(1) 压力控制回路　压力控制回路是利用压力控制阀控制整个液压传动系统或局部油路的压力达到调压、减压、增压、平衡、保压等目的，以满足执行元件在力或力矩上的要求。

① 调压回路　调压回路是用于调定或限制液压传动系统的最高工作压力，或者使执行机构在工作过程不同阶段实现多级压力变换。一般由溢流阀来实现。

② 减压回路　减压回路使系统某一支路具有低于系统压力调定值的稳定工作压力，一般由减压阀来实现。

③ 增压回路　增压回路使系统中某一支路获得比系统压力高且流量不大的油液供应。采用增压回路以使系统采用压力较低的液压泵获得较高压力的压力油。

④ 卸荷回路　卸荷回路使系统执行元件短时间不工作时，不频繁启停驱动泵的电动机，而使泵在很小的输出功率下运转的回路。

⑤ 保压回路　在执行元件停止运动，而油液需要保持一定的压力时，需要保压回路。保压回路需满足保压时间、压力稳定、工作可靠等方面的要求。

⑥ 平衡回路　为了防止直立式液压缸及其工作部件因自重而自行下滑，常采用平衡回路，使液压缸的回路上产生一定的背压，以平衡其自重。

(2) 速度控制回路　速度控制是液压系统中的核心部分，它的工作性能的好坏对整个系统起着决定性的作用。速度控制包括调速回路、快速运动回路、速度换接回路等。

① 调速回路　调速回路用于工作过程中调节执行元件的运动速度，它对液压系统的性能起着决定性的影响，在液压系统中占有突出的地位，是液压系统的核心。

调速回路应满足以下条件。

a. 在规定的调速范围内能灵敏、平稳地实现无级调速，具有良好的调节特性。

b. 负载变化时，工作部件调定的速度变化要小，即具有良好的速度刚性。

c. 效率高，发热少，具有良好的功率特性。

② 快速运动回路　快速运动回路能使执行元件获得尽可能大的工作速度，以提高生产

率或充分利用功率，一般采用差动缸、双泵供油和蓄能器来实现。

③ 速度换接回路　速度换接回路可用来实现执行元件运动速度的切换。

(3) 多执行元件控制回路　当一个油源驱动几个执行元件时，需要执行元件按一定的顺序动作依次动作，或同步动作等。

① 顺序动作回路　顺序动作回路可以使几个执行元件严格按照一定的顺序依次动作。控制的方式有压力控制和行程控制。

② 同步回路　同步回路能保证液压系统中的两个或多个液压缸克服负载、摩擦阻力、泄漏、制造质量和结构变性上的差异，在运动中位移相同或以相同的速度运动。

14.2.9 典型液压系统

机床液压系统是根据机床的主要要求，选用合适的基本回路构成。在机床上，传动装置和操纵机构采用液压系统的地方是很多的，不可能一一列举。本章通过对一个典型的机床液压系统的学习和分析，进一步加深对各个液压元件和回路综合应用的认识，并学会对机床液压系统的分析方法，为机床液压系统的调整、使用、维修或设计打下基础。各个典型系统图都用职能符号或结构式符号绘制，它表示了系统内所有液压元件及其连接或控制方式，其工作原理则通过机床的工作循环图和系统的动作循环标以文字叙述或油液流动路线来说明。

下面以 M7120A 型平面磨床液压系统为例说明。

上述磨床对运动控制连续平稳准确的换向要求，用普通换向阀控制方式不能满足。故通常是由特殊设计的以液控换向阀为核心，包括先导控制、单向、节流在内的专用液压操纵箱为主体来组成液压系统。

图 14-14 为 M7120A 型平面磨床液压系统。相对于内、外圆磨床而言，其特点在于往复

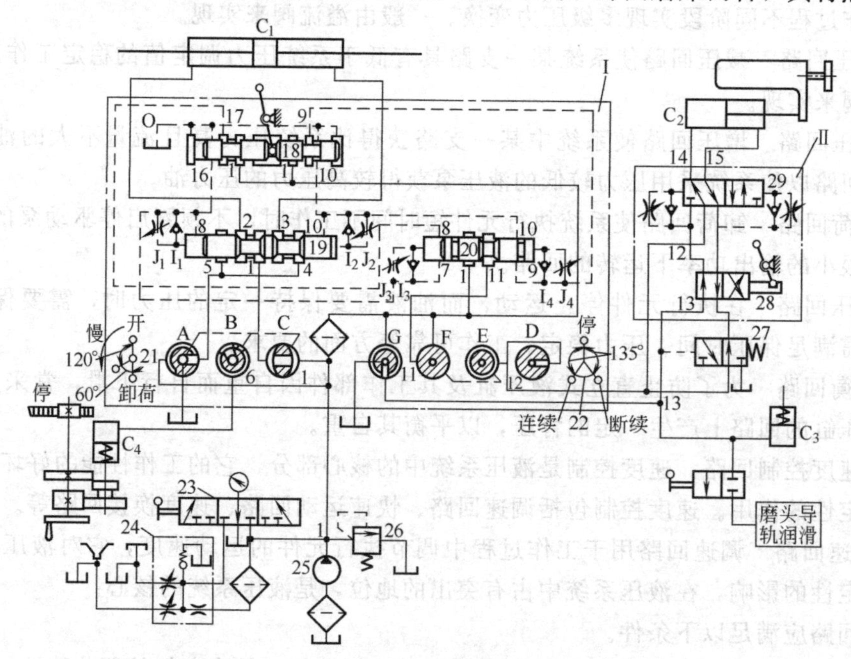

图 14-14　M7120A 型平面磨床液压系统

C_1～C_4—液压缸；J_1～J_4—节流器；I_1～I_4—单向阀；1～17—油管（路）；18—先导控制阀；19,29—换向阀；20—进给阀；21—开停阀；22—进给选择阀；23—卸压阀；24—润滑油稳定器；25—齿轮泵；26—溢流阀；27—二位三通液控互通阀；28—二位四通先导阀

运动速度较大，但换向精度要求不高。它由主操纵箱Ⅰ、进给操纵箱Ⅱ、油源和润滑系统等部分组成。

(1) 主操纵箱回路 由先导控制阀 18、换向阀 19、进给阀 20 以及开停阀 21、进给选择阀 22 组成。开停阀是个转阀，三个剖视截面表明了其大体结构，虚线表示纵向互通沟槽，承担开机、停机、速度调节、卸荷操纵功能，依靠手柄的位置及转角确定相应时刻的状态。

开停阀手柄处于垂直位置，工作台启动。供油经 C 截面，换向阀 19 进入往复主缸左腔，右腔则经 A 截面通油箱，实现右向运动。在此同时，压力油经 B 截面进入单作用手摇机构液压缸 C_4，使齿轮连接脱开失效，以免手轮旋转伤人。

一旦工作台上挡铁随同右行拨动先导阀 18 后，导致控制油路的切换。首先推动进给阀 20 左移，左端先经管 8、7 排油而快跳，当该通道被阀芯堵死，迫使回油经端部节流阀而缓速。前者是为了控制油液尽快经阀芯端沉割槽而尽快去推动换向阀 19 启动，后缓速是确保达到平稳换向启动目的。换向阀 19 两端控制油路也类似，不再赘述。往复运动将进行下去，直至人为停车操作。

磨头进给方式分连续进给、断续进给、无进给三种方式，由进给选择阀 22 实现选择。当操作手柄处于中间“停”位，即无进给位置时，右侧磨头手摇机构液压缸 G 经阀 22G 剖截面回油，类似工作台手摇机构，齿轮啮合的同时，二位三通液控互通阀 27 复位，使磨头进给液压缸二腔互通，这时手摇磨头横向运动恢复。

(2) 进给操纵箱回路 由挡块拨动二位四通先导阀 28 和液控二位五通换向阀 29 组成。

进给选择阀 22 手柄扳至“连续”位置，油源供油经 F 截面的三角周向节流槽节流调速后，进入磨头液压缸 G，实现垂直于工作台往复运动方向的横向连续进给。进退则由挡块操纵先导阀，换向阀 29 配合切换实现。转动选择阀可在 0.3～3m/min 较大范围内选择进给速度。这时压力油亦进入缸 C_4 和推动阀 27 至左位，脱开磨头手摇机构和切断缸 G 的两腔互通油路。

进给选择阀 22 处于“断续”位置，则供油必须待进给阀 20 的阀芯左右移动过程中，油管 1 和油管 11 阀通道打开接通后，才能进入右侧进给操纵箱回路。而恰好能达到主工作台换向一次，接通进给油路一次，在磨削过程两端点实现断续进给。调节进给阀 20 两端的节流螺钉控制阀芯移动速度来控制油路 1 和 11 的接通时间，就可以改变每次磨头的横向进给量。

(3) 油源及导轨润滑 磨削力及其变化均较小，负载主要来自导轨的摩擦力和启动时的惯性力。为保证运动平稳可靠，一般都采用 2MPa 以下的低压润滑，流量也在 50L/min 以下。因此油源较简单，用齿轮泵（或螺杆泵）25 与溢流阀 26 组成的定量泵恒压油源即可满足要求。

供油经精滤器过滤后，分别作工作台和磨头轨润滑用，工作台导轨是经由润滑油稳定分配器作经常性润滑，而磨头导轨是由其供油回路和手动控制阀作断续润滑。

14.3 气动传动

14.3.1 基本知识

(1) 气压传动的基本原理及组成

① 气压传动的工作原理 气压传动是在机械传动、电力传动、液压传动之后，近几十

年才被人们广泛应用的一种传动方式。它是以压缩空气为工作介质进行能量传递或信号传递的工程技术，是实现各种自动控制的重要手段之一。

气压传动系统工作时，空气压缩机先把电动机或者其他原动机输出的机械能转变成为气体的压力能，压缩空气在控制元件的控制下，改变气流的压力、流量、方向后被送入气缸，通过气缸把气体的压力能转变成机械能。

② 气压传动系统的组成 典型的气压传动系统由气源系统、执行元件、控制元件和辅助元件四个部分组成，如图 14-15 所示。

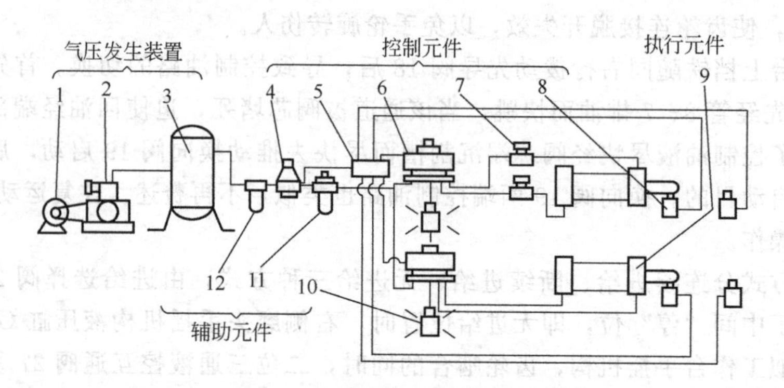

图 14-15 气压传动及控制系统的组成

1—电动机；2—空气压缩机；3—气罐；4—压力控制阀；5—逻辑元件；6—方向控制器；7—流量控制阀；8—行程阀；9—气缸；10—消音器；11—油雾器；12—分水滤气器

(2) 各部分简介

① 气源系统 气源系统包括气压发生装置和气源净化设备。气压发生装置，是获得压缩空气的能源装置，其主体部分是空气压缩机。空气压缩机将原动机供给的机械能转化为空气的压力能；而气源净化设备用以降低空气压缩机的温度，除去压缩空气中的水分、油分以及污染杂质等。使用气动设备较多的企业常将气源装置集中在空压站内，且空压站再统一向各用气点（分厂、车间和用气设备等）分配供应压缩空气。

② 执行元件 执行元件是以压缩空气为工作介质，并将压缩空气的压力能转变为机械能的能量转换装置，包括作直线往复运动的气缸，作连续回转运动的气马达和作不连续回转运动的摆动气缸等。

③ 控制元件 控制元件又称操纵、运算、检测元件，是用来控制压缩空气的压力、流量和流动方向等，以便使执行机构完成预定运动规律的元件，包括各种压力阀、方向阀、流量阀、逻辑元件、射流元件、行程阀、转换器和传感器等。

④ 辅助元件 辅助元件是使压缩空气净化、润滑、消声以及元件间连接所需要的一些装置，包括分水滤气器、油雾器、消音器以及各种管路附件等。

14.3.2 气动控制元件

(1) 压力控制阀 为保证气动系统工作的稳定性、耐久性和安全性，以及达到节能目的，常采用不同的元件来控制气动回路在不同区段、不同工况时的气体压力。这一类控制气体压力的元件，统称为压力控制阀。从阀的功能来分，压力控制阀分为减压阀、溢流阀、安全阀和顺序阀。

① 减压阀 减压阀的作用是将较高的输入压力调整到低于输入压力的调定压力值上输出，并能保持输出压力稳定，以保证气动系统或装置的工作压力稳定，不受输出空气流量变

化和气源压力波动的影响。

减压阀的调压方式有直动式和先导式两种。直动式是借助弹簧力直接操纵的调压方式；先导式是用预先调整好的气压来代替直动式调压弹簧进行调压的。一般先导式减压阀的流量特性比直动式的好。

② 溢流阀（安全阀） 溢流阀和安全阀在结构和功能方面往往相类似，有时可不加以区别。它们的作用是当气动回路和容器中的压力上升到超过调定值时，把超过调定值的压缩空气排入大气，以保持进口压力的调定值。实际上，溢流是一种用于维持回路中空气压力恒定的压力控制阀；而安全阀是一种防止系统过载、保证安全的压力控制阀。

③ 顺序阀 顺序阀亦称压力联锁阀，它是一种依靠回路中的压力变化来实现各种顺序动作的压力控制阀，常用来控制气缸的顺序动作。若将顺序阀和单向阀组装成一体，则称为单向顺序阀。顺序阀常用于气动装置中不便于安装机控阀行程信号的场合。

④ 流量控制阀 对流经气动元件或管道的流量进行控制，只需改变流通面积就可以实现。从流体力学的角度看，流量控制是在气动回路中利用某种装置造成一种局部阻力，并通过改变局部阻力的大小，来达到调节流量的目的。实现流量控制的方法有两种。一种是设置固定的局部阻力装置，如毛细管、孔板等；另一种是设置可调节的局部阻力装置，如节流阀。

(2) 方向控制阀 能改变气体流动方向或通断的控制阀称为方向控制阀。如向气缸一端进气，并从另一端排气，再反过来，从另一端进气，一端排气，这种流动方向的改变，便要使用方向控制阀。

14.3.3 气动执行元件

(1) 概述 在气动系统中，将压缩空气的压力能转变为机械能，实现直线、转动或摆动运动的传动装置称为气动执行元件。

气动执行元件有产生直线往复运动的气缸，在一定角度范围内摆动的摆动马达以及产生连续转动的气动马达三大类。

(2) 气缸 普通气缸可分为单作用气缸和双作用气缸两种。

① 单作用气缸 单向作用方式常用于小型气缸，其结构如图 14-16 所示。在气缸的一端装有使活塞杆复位的弹簧，另一端的缸盖上开有气口。除此之外，其结构基本上与双作用气缸相同。其特点是，弹簧压缩后的长度使气缸全长增加。

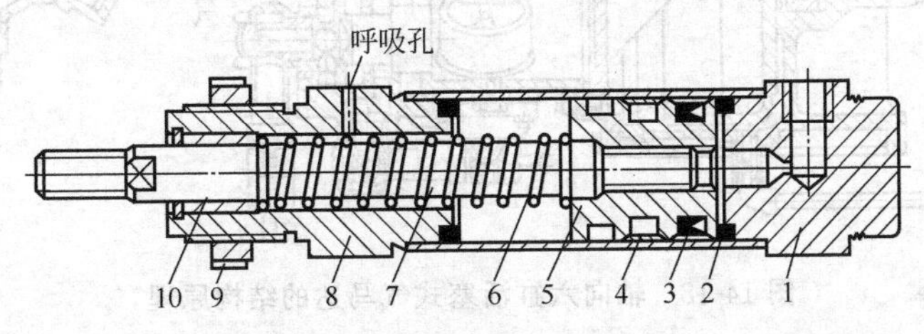

图 14-16 单作用气缸的结构

1—后缸盖；2—橡胶缓冲垫；3—活塞密封垫；4—导向环；5—活塞；6—弹簧；7—活塞杆；8—前缸盖；9—螺母；10—导向套

② 双作用气缸 气缸一般由缸筒、前后缸盖、活塞、活塞杆、密封件和紧固件等零件组成。缸筒在前后缸盖之间由 4 根拉杆和螺母将其紧固锁定。缸内有与活塞杆相连的活塞，活塞上装有活塞密封圈。为防止漏气和外部灰尘的侵入，前缸盖装有活塞杆的密封圈和防尘

圈。这种双作用气缸被活塞分成有杆腔（简称头腔或前腔）和无杆腔（简称尾腔或后腔）。

图 14-17 所示为单活塞杆双作用缓冲气缸。缓冲装置由节流阀、缓冲柱塞和缓冲密封圈等组成。当气缸行程接近终端时，由于缓冲装置的作用，可以防止高速运动的活塞撞击缸盖。

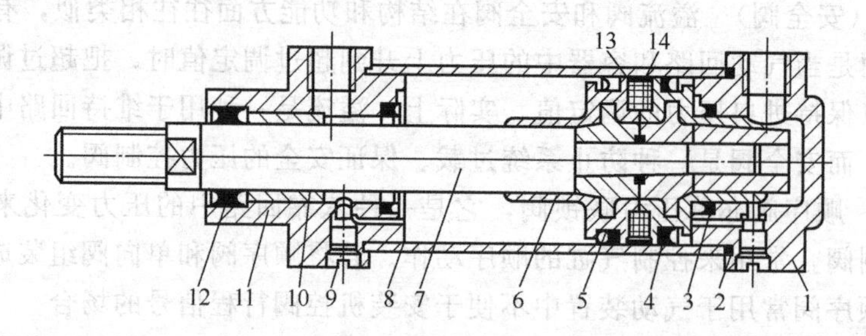

图 14-17 单活塞杆双作用气缸的结构

1—后缸盖；2—密封圈；3—缓冲密封垫；4—活塞密封圈；5—活塞；6—缓冲柱塞；7—活塞杆；8—缸筒；9—缓冲节流阀；10—导向套；11—前缸盖；12—防尘密封圈；13—磁铁；14—导向环

(3) 气马达的结构

① 叶片式气马达 叶片式气马达与叶片式液压马达的原理相同。

② 活塞式气马达 这是一种通过曲柄或斜盘将若干个活塞的直线运动转变为回转运动的气马达。其结构有径向活塞式和轴向活塞式两种。

图 14-18 所示为最普通的径向活塞式气马达结构原理图。其工作室由活塞和缸体构成。3～6 个气缸围绕曲轴呈放射状分布，每个气缸通过连杆与曲轴相连。通过压缩空气分配阀向各气缸顺序供气，压缩空气推活塞运动，带动曲轴转动。当配气阀转到某角度时，气缸内的余气经排气口排出。改变进、排气方向，可实现气马达的正、反转换向。

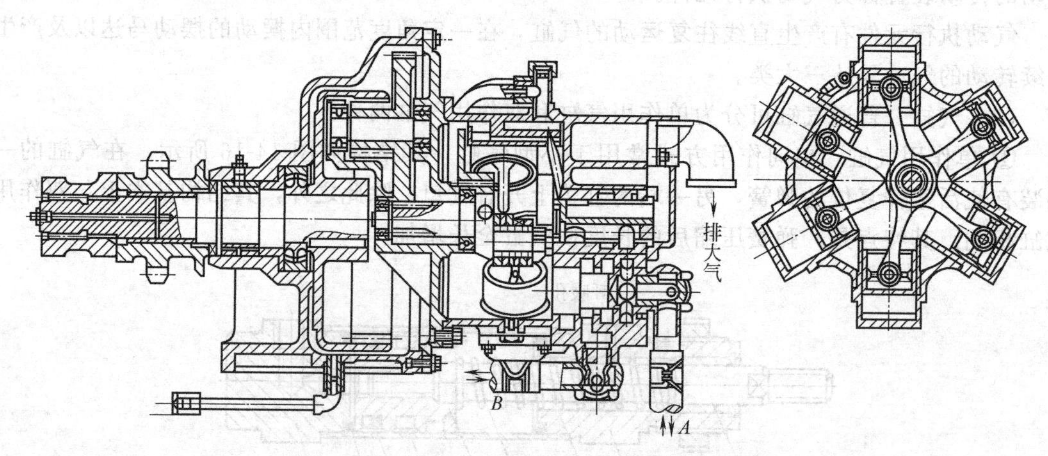

图 14-18 轴向六缸活塞式气马达的结构原理

③ 齿轮式气马达 齿轮式气马达有双齿轮式和多齿轮式，而以双齿轮式应用得最多。齿轮可采用直齿、斜齿和人字齿。

图 14-19 为齿轮式气马达的结构原理。这种气马达的工作是由一对齿轮构成，压缩空气由对称中心处输入，齿轮在压力的作用下回转。采用直齿轮的气马达可以正反转，采用人字齿轮或斜齿轮的气马达则不能反转。

如果采用直齿轮的气马达，则供给的压缩空气通过齿轮时不膨胀，因此效率低。当采用人字齿轮或斜齿轮时，压缩空气膨胀 60%～70%，提高了效率。

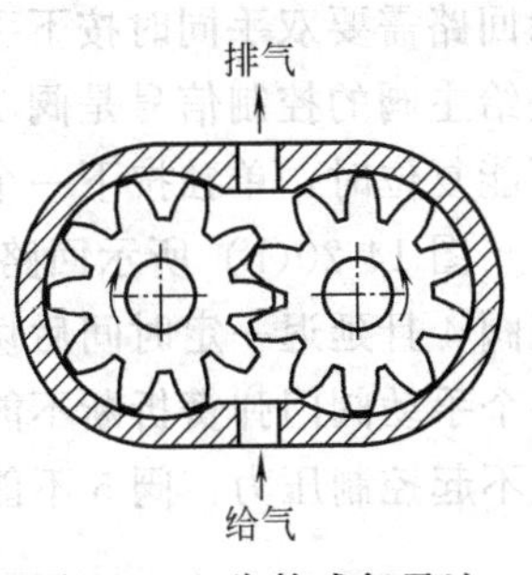

图 14-19 齿轮式气马达

14.3.4 气动基本回路

(1) 压力（力）控制回路 压力控制有两方面的目的，一是控制气源的压力，避免出现过高压力，以致使配管或元件损坏，以确保气动系统的安全；二是控制使用压力，给元件提供必要的工作条件，维持元件的性能和气动回路的功能，控制气缸所要求的输出力和运动速度。

① 气源压力控制回路 气源压力控制回路用于控制气源系统中气罐的压力，使其处在一定的压力范围内。从安全考虑，不得超过调定的最高压力；从保证气动系统正常工作考虑，也不得低于调定的最低压力。

② 工作压力控制回路 气压传动多数用气缸作执行元件，把气压能转换成机械能。气缸输出力是由供排气压力和活塞面积来决定的，因此可以通过改变压力和受力面积来控制气缸输出力。一般情况下，对于已选定的气缸，可通过改变进气腔的压力来实现气缸输出力控制。

(2) 速度控制回路 速度控制回路就是通过控制流量的方法来控制气缸的运动速度的气动回路。

① 单作用气缸的速度控制回路。

② 双作用气缸的速度控制回路。

(3) 方向控制回路

① 单作用缸回路。

② 双作用缸回路。

(4) 转矩控制回路

① 气马达转矩控制回路。

② 摆动马达转矩控制回路。

14.3.5 典型回路

下面以双手操作安全回路为例。

锻压、冲压设备中必须设置安全保护回路，以保证操作者双手的安全。图 14-20(a) 所

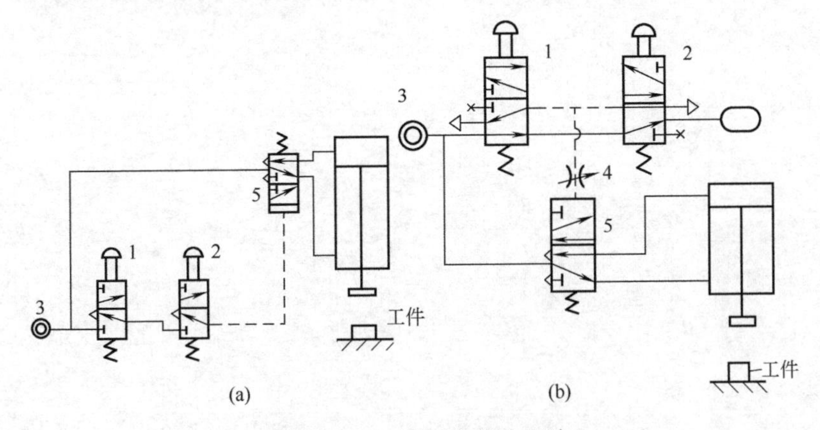

图 14-20 双手操作安全回路

1,2—手动换向阀；3—气罐；4—节流阀；5—换向阀

示回路需要双手同时按下手动阀时，才能切换主阀，气缸活塞才能下落，锻、冲工件。实际上给主阀的控制信号是阀 1、阀 2 相“与”的信号。此回路如因阀 1（或阀 2）的弹簧折断不能复位时，单独按下一个手动阀，气缸活塞也可下落，所以此回路并不十分安全。

图 14-20(b) 所示回路需要双手同时按下手动阀时，气罐 3 中预先充满的压缩空气经节流阀 4 且延迟一定时间后切换阀 5，活塞才能落下。如果双手不同时按下手动阀，或其中任一个手动阀门弹簧折断不能复位，气罐 3 中的压缩空气都将通过手动阀 1 的排气口排空，建立不起控制压力，阀 5 不能被切换，活塞也不能落下。所以，此回路比上述回路更为安全。

思考与练习

1. 分析液压传动系统的组成部分及功用。
2. 比较几种常见液压控制阀的机构特点、功能及应用。
3. 什么是液压基本回路？常见的有哪几种？试分析它们各自的组成和功用。
4. 分析气压传动工作的基本原理和组成部分。
5. 常见的气动执行元件有哪些？阐述各自的结构特点和功能。
6. 气动压力控制回路的主要作用有哪些？

第15章 可编程控制器及控制技术

15.1 PLC 概述

可编程序控制器（programmable controller）简称 PC，为了避免同个人计算机（personal computer，简称 PC）混淆，现在一般将可编程序控制器简称为 PLC（programmable logic controller），是随着现代社会的生产发展和技术进步，现代化工业生产自动化水平的日益提高及微电子技术的飞速发展，在继电器控制的基础上产生的一种新型工业控制装置，集 3C（computer，control，communication）于一身，即微型计算机技术、控制技术及通信技术融为一体，成为主导的通用工业控制器。

PLC 从诞生至今已有 40 多年，由于其编程简单、可靠性高、使用方便、维护容易、价格适中等优点，发展势头异常迅猛，在冶金、机械、石油、化工、纺织、建筑、电力等部门得到了广泛的应用，已经成为当代工业自动化领域中的支柱产品之一，应用前景十分看好。

15.1.1 PLC 的应用状况

国内应用始于 20 世纪 80 年代。一些大中型工程项目引进的生产流水线上采用了 PLC 控制系统，使用后取得了明显的经济效益，从而促进了国内 PLC 的发展和应用。目前国内 PLC 的应用已取得了许多成功的经验和成果，国内流行的 PLC 多是国外产品。其中美国的 A-B（Allen-Bradley）、GE-Fanuc、Modicon，德国的西门子（Siemens），法国的 TE（Telemecanique），日本的三菱、欧姆龙（OMRON）7 家公司，在 PLC 制造领域中占有主导地位。这 7 家公司占有着全世界 PLC 市场 80%以上的份额，有其技术广度和深度，产品系列齐全。

15.1.2 PLC 的特点

PLC 之所以能适应工业环境，并能够得以迅猛的发展，是因为它具有如下特点。

① 可靠性极高、抗干扰能力强。

② 编程、使用方便。

③ 功能完善、维护方便。

④ 设计、施工、调试周期短。

⑤ 体积小、质量轻、环境要求低。

⑥ 易于实现机电一体化。

15.1.3　PLC的定义及其术语

(1) 定义　严格地讲，至今对PLC没有最终的定义。

国际电工委员会（IEC）1985年在可编程序控制器标准草案（第二稿）中作了如下的定义："可编程序控制器是一种数字运算的电子系统，专为在工业环境条件下应用而设计。它采用可编程序的存储器，用来在内部存储执行逻辑运算、顺序控制、定时、计数和算术运算等操作的指令，并通过数字式、模拟式的输入输出，控制各种类型的机械或生产过程。可编程序控制器及其有关设备的设计原则是它应按易于与工业控制系统连成一个整体和具有扩充功能。"

该定义强调了可编程控制器是"专门为工业环境下应用而设计"的工业控制计算机。为了避免同个人计算机混淆，现在一般将可编程序控制器简称PLC（programmable logic controller）。

(2) 常用术语

① 点数（I/O Points）　指能够输入/输出开关量、模拟量的总个数。一般是4或8的倍数。

② 扫描周期　是指PLC执行系统监控程序、用户程序、I/O刷新一次所用的时间。它直接反映PLC的响应速度，因此是PLC的重要指标之一。

③ 梯形图　是PLC用户编程时最常用的一种图形编程方法，是表示I/O点之间逻辑关系的一种图。它实质上是变相的继电器控制逻辑图，形式和规范非常相似，其目的是为了让工厂技术人员不必懂计算机，就可使用（设计、阅读）它。

15.2　可编程控制器的结构和基本工作原理

用可编程控制器所实施的控制，其实质是按一定算法进行输入输出变换，并将这个变换予以物理实现。可编程控制器由主机、输入输出电路、编程单元三部分组成，如图15-1所示。

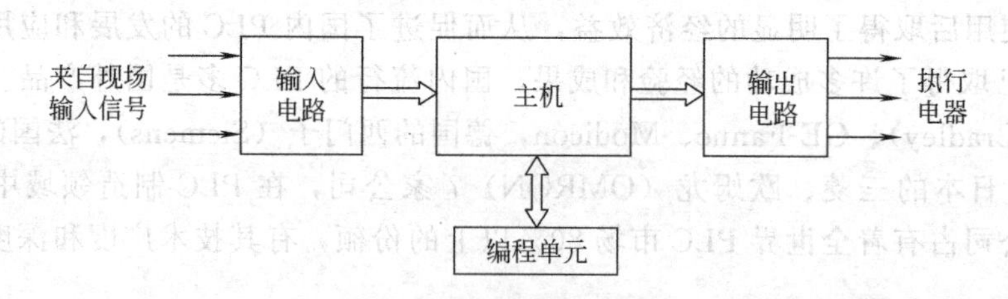

图15-1　可编程控制器结构框图

15.2.1　主机

可编程控制器的主机，一般是一个单片微型计算机。它由中央处理器（CPU）、系统程序存储器、用户程序存储器及输入输出接口组成。其结构框图见图15-2。

中央处理器（CPU）是PLC的核心。接受并存储用户程序、数据，检查程序语法错误，完成自检，按扫描方式工作，读取现场的输入信号，并存入输入映像寄存器，然后逐步完成用户程序，再将结果送到输出映像寄存器，通过输出部件控制外围设备。

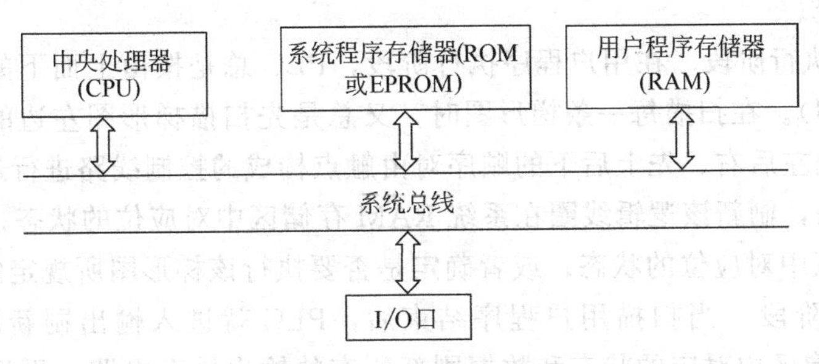

图 15-2 主机结构框图

系统程序存储器主要用来存储 PLC 管理程序、监控程序及内部信息，一般内容只能读出，不允许用户更改，采用只读存储器（ROM)。

用户程序存储器是用来存放用户编写的程序、程序执行过程中出现的数据、输入输出信息及工作器件的状态等。存储信息可以由用户编写、修改、增删，采用读写存储器（RAM)。

不同型号的 PLC 可能使用不同的 CPU，制造厂家用 CPU 的指令系统编写系统程序，并固化到只读存储器 ROM 中，CPU 按系统程序赋予的功能，接收编程单元输入的用户程序和数据，存入随机读写存储器 RAM 中，CPU 按扫描方式工作，从 0000 首址存放的第一条用户程序开始，到用户程序的最后一个地址，不停地周期性扫描，每扫描一次，用户程序就执行一次。

15.2.2 输入输出电路

输入输出电路是 PLC 连通现场设备的接口电路。主元件、检测元件等信号经输入接口到 PLC，PLC 产生的各种控制信号经输出接口去控制和驱动负载，PLC 输出接口所带的负载，通常是接触器、继电器等的线圈及信号指示灯等。

（1）输入接口电路 来自工作现场的信号，连接到输入接口的接线端。为了增强系统的抗干扰能力，输入接口内带有光电耦合电路，隔离 PLC 与外部输入信号。此外，输入接口内还设有多种滤波电路、电平转换及信号锁存电路，便于消除噪声和信号处理。

（2）输出接口电路 输出接口电路是将 PLC 输出的控制驱动信号转换成可以驱动外部执行器件的信号，输出接口内同样设有光电隔离电路。PLC 一般采用继电器、晶闸管或晶体管输出。

输出电路有三种形式：(a) 继电器，用于低速大功率控制；(b) 可控硅，用于高速大功率控制；(c) 晶体管，用于高速小功率控制。

15.2.3 基本工作原理

（1）扫描技术 当 PLC 投入运行后，其工作过程一般分为三个阶段，即输入采样、用户程序执行和输出刷新三个阶段。完成上述三个阶段称作一个扫描周期。在整个运行期间，PLC 的 CPU 以一定的扫描速度重复执行上述三个阶段。

① 输入采样阶段 在输入采样阶段，PLC 以扫描方式依次地读入所有输入状态和数据，并将它们存入 I/O 映像区中的相应单元内。输入采样结束后，转入用户程序执行和输出刷新阶段。在这两个阶段中，即使输入状态和数据发生变化，I/O 映像区中的相应单元的状态

和数据也不会改变。

② 用户程序执行阶段 在用户程序执行阶段，PLC 总是按由上而下的顺序依次地扫描用户程序（梯形图）。在扫描每一条梯形图时，又总是先扫描梯形图左边的由各触点构成的控制线路，并按先左后右、先上后下的顺序对由触点构成的控制线路进行逻辑运算，然后根据逻辑运算的结果，刷新该逻辑线圈在系统 RAM 存储区中对应位的状态；或者刷新该输出线圈在 I/O 映像区中对应位的状态；或者确定是否要执行该梯形图所规定的特殊功能指令。

③ 输出刷新阶段 当扫描用户程序结束后，PLC 就进入输出刷新阶段。在此期间，CPU 按照 I/O 映像区内对应的状态和数据刷新所有的输出锁存电路，再经输出电路驱动相应的外设。这时，才是 PLC 的真正输出。

(2) PLC 的 I/O 响应时间 PLC 的 I/O 响应比一般微型计算机构成的工业控制系统满得多，其响应时间至少等于一个扫描周期，一般均大于一个扫描周期甚至更长。所谓 I/O 响应时间指从 PLC 的某一输入信号变化开始到系统有关输出端信号改变所需的时间。

15.3 PLC 的内部寄存器及 I/O 配置

根据用途，将 PLC 寄存器划分为四个区。

(1) 输入/输出（I/O）寄存器区 该寄存器区用于存放输入输出信号，可直接与现场设备传递信息。在程序扫描执行开始前，PLC 集中将可编程控制器外部的输入控制及检测信号通过输入接口送到输入寄存器区，待程序周期扫描完成后，PLC 集中将输出寄存器中存放的控制驱动信号送到输出接口，以便控制和驱动外部负载。

输入/输出寄存器区既可以按位、字节也可按字、双字进行操作。

(2) 内部辅助寄存器区 该区域主要用于存放中间变量，它的作用相当于传统继电器控制电路中的中间继电器，它用于中间过程的转换控制。

输入/输出寄存器区既可以按位、字节也可按字、双字进行操作。

(3) 数据寄存器区 这个区域主要用于数据存储，存放中间结果。该寄存器区只能以寄存器（字—16 位）方式进行操作。

(4) 专用寄存器区 这个区域包括定时器、计数器、标志位寄存器、内部指令寄存器等。

定时器：主要起时间继电器的作用，用于延时控制。

计数器：用于记录输入信号到来的个数。当输入信号到来的个数达到设定值时，计数器的触头动作。访问计数器除要给出地址，还要给出计数器的设定值。

标志位寄存器：用于监测系统工作状态、产生的时钟信号及各种标志的专用寄存器。

内部指令寄存器：用于存放 PLC 的内部指令。

OMRON 产品中的寄存器采用 5～6 位阿拉伯数码寻址，格式如图 15-3 所示。

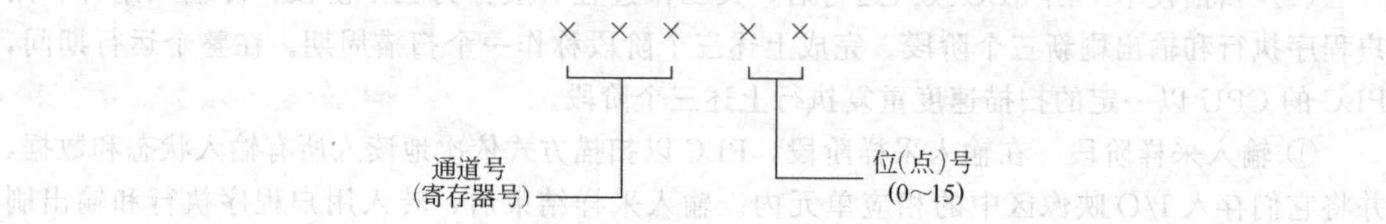

图 15-3 OMRON 公司 C 系列 PLC 的寄存器的寻址

15.4　PLC 编程语言概述

与一般的计算机语言相比，PLC 的编程语言，具有明显的特点。它既不同于高级语言，也不同于汇编语言。PLC 的主要用户是工程技术人员，应用场合主要是工业过程。PLC 的编程语言简单，易于编写和调试。目前，各个 PLC 的生产厂家使用的语言互不兼容。常用的 PLC 使用的编程语言有梯形图语言、助记符语言和计算机高级语言，一般的小型机多使用梯形图语言或指令助记符语言，这里着重介绍梯形图语言。

梯形图是一种图形语言，以继电器控制系统的电气原理图为基础演变而来，沿用了传统的继电器控制中的触点、线圈、串并联等术语和图形符号，比较形象、直观，是目前 PLC 第一用户编程语言。

表 15-1 给出了 OMRON 的梯形图语言对常用继电器的常开触点、常闭触点、输出线圈的表示符号对照。

表 15-1　几个元件的对应图符

	常开触点	常闭触点	输出线圈
常用继电器	──╱ ──	──┬─/─	─□─
OMRON 梯形图	──┤├──	──┤/├──	─◯─

OMRON 可编程控制器的梯形图语言格式如下。

① 梯形图左边为起始母线，右边为结束母线，右母线可省略不画。梯形图的每个逻辑行始于左母线，按自上而下、从左到右的顺序排列，每个继电器线圈为一个逻辑行，最后是线圈输出，整个图形呈阶梯形。

② 梯形图中的接点（对应继电器的触头）有两种，常开┤├和常闭┤/├，不同的继电器用不同的寄存器编号表示。梯形图的每一个逻辑行开始与母线相连的必须是触点。

③ 输出继电器用─◯─表示，并标有相应的 I/O 寄存器的编号，输出寄存器只能输出一次，输出前面必须有接点。

④ 继电器触点作为输入元素可使用无数次，用线圈驱动的触点可多次用作输入，既可用作常开触点，又可用作常闭触点。

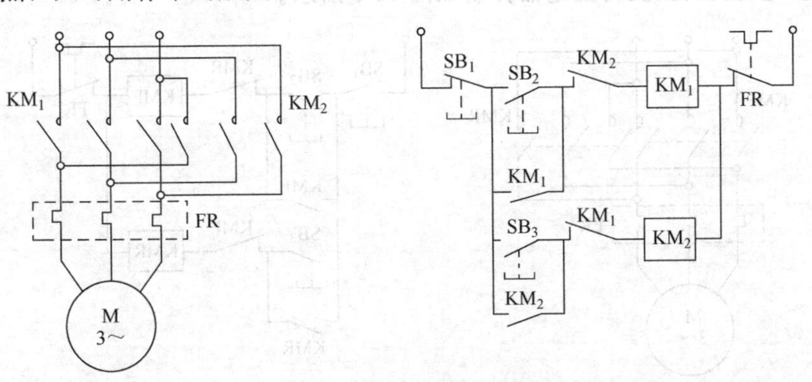

图 15-4　继电器控制电路原理图

⑤ 一段完整的梯形图程序，必须用END结束。

图15-4是用按钮、接触器控制电动机正、反转的电气控制原理图，图15-5是用PLC控制时的外部接线图及梯形图。

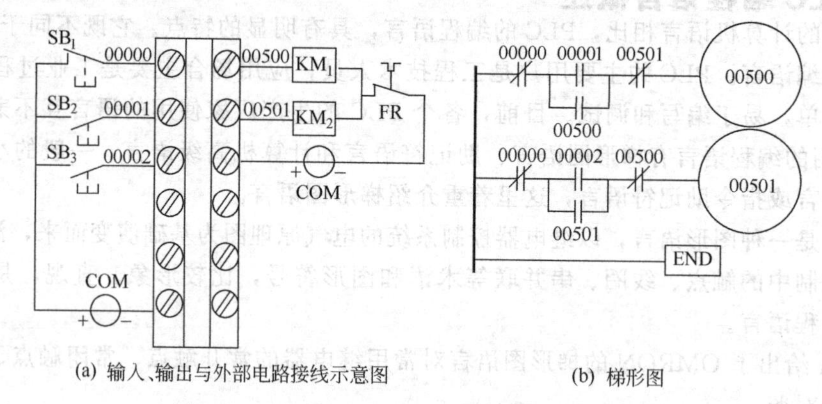

图15-5 用PLC控制时的外部接线图及梯形图

15.5 可编程控制器的程序设计

15.5.1 可编程控制器的编程步骤

（1）确定I/O点数 首先要明确系统对现场的控制要求和控制系统的组成，分清输入设备和输出设备的种类和数量，即PLC所需的总的I/O点数。

（2）分配I/O地址 可编程控制器的内存单元采用通道的概念，每个通道由16个二进制数位组成，每位就是一个继电器。位地址由存储器标识符、通道地址和位码共同组成。对输入、输出信号和中间信号地址位的分配，称为继电器（位）的I/O分配。在地址分配完成后，列出I/O位分配表和工作位分配表。

（3）绘制梯形图 绘制梯形图是程序设计的主体，由梯形图语言可直观地表达程序设计的思想，实现程序编制。

15.5.2 OMRON C200H可编程控制器编程举例

例如，用OMRON C200H可编程控制器实现三相异步电动机的正反转控制。

三相异步电动机的正反转继电器控制如图15-6所示。

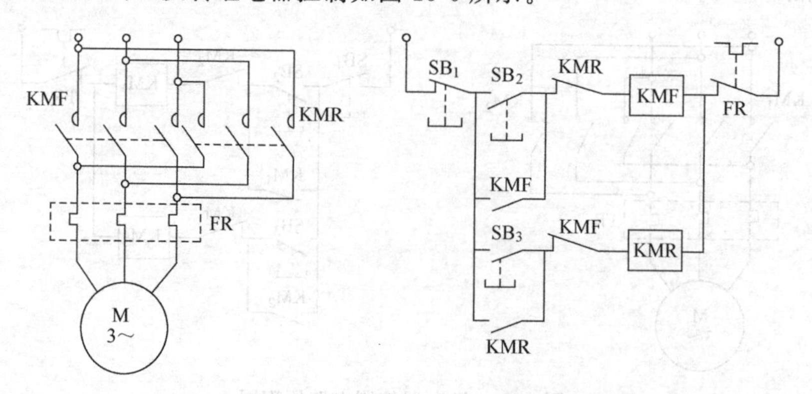

图15-6 三相异步电动机的正反转继电器控制图

该控制电路有三个输入信号，停机按钮 SB_1、正转按钮 SB_2、反转按钮 SB_3。两个输出信号，正转接触器线圈 KMF、反转接触器线圈 KMR。

I/O 分配如下。

输入信号：SB_2——00000　　　输出信号：KMF——00500

SB_3——00001　　　KMR——00501

SB_1——00002

绘制梯形图如图 15-7 所示，OMRON C200H PLC 的外部接线图如图 15-8 所示。

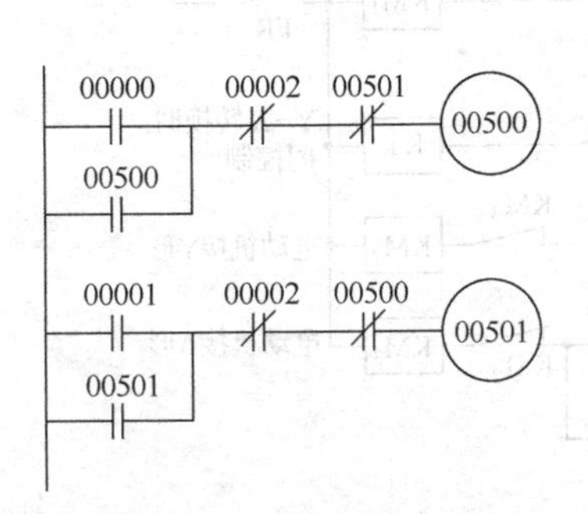

图 15-7　电动机正反转控制

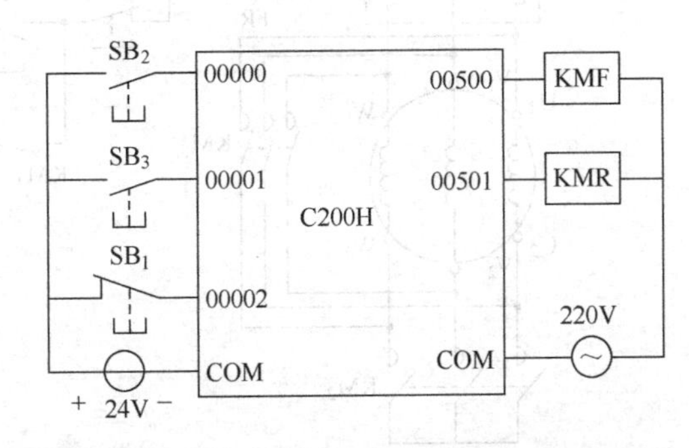

图 15-8　OMRON C200H PLC 的外部接线图

15.6　实训内容

用 PLC 控制三相异步电动机的 Y-Δ 启动运行。

（1）实训目的

① 学会设计一个应用 PLC 的机电控制系统。

② 学会将继电器控制电路图改画成使用 PLC 编程器进行编程的控制程序梯形图。

③ 学习 PLC 与外部设备的接线。

（2）实训设备和元器件

① PLC 主机	1 台
② 编程器	1 台
③ 电工工具	一套
④ 三相异步电动机 Y-Δ 控制接线模拟板	一块

（3）电路控制原理图　电路图如图 15-9 所示。

三相异步电动机 Y-Δ 降压启动的继电器控制电路的工作过程是这样的。

启动时，按下 SB_2，接触器 KM_1、KM_2 相继吸合。KM_1 通过其常开接点自保，电动机接成 Y 形，并接通电源降压启动。同时，继电器 KT 线圈接通，开始计时，经启动延时（设为 10s）后，接触器 KM_2 释放，KM_3 吸合，电动机改接成 Δ 形，正常运行。停车时，按下停止按钮 SB_1，接触器 KM_1、KM_3 释放，电动机断电停止运转。

（4）操作内容及要求

① 在电动机控制线路安装模拟板上，接好三相异步电动机 Y-Δ 控制电路中的主电路，控制线路连线一端接入电器、另一端接入接线端子，以备连接可编程控制器接线端。

② 将编好的语句输入编程器。

③ 电路连接完成后检查无误，接上电动机通电实验，观察电动机运转情况。

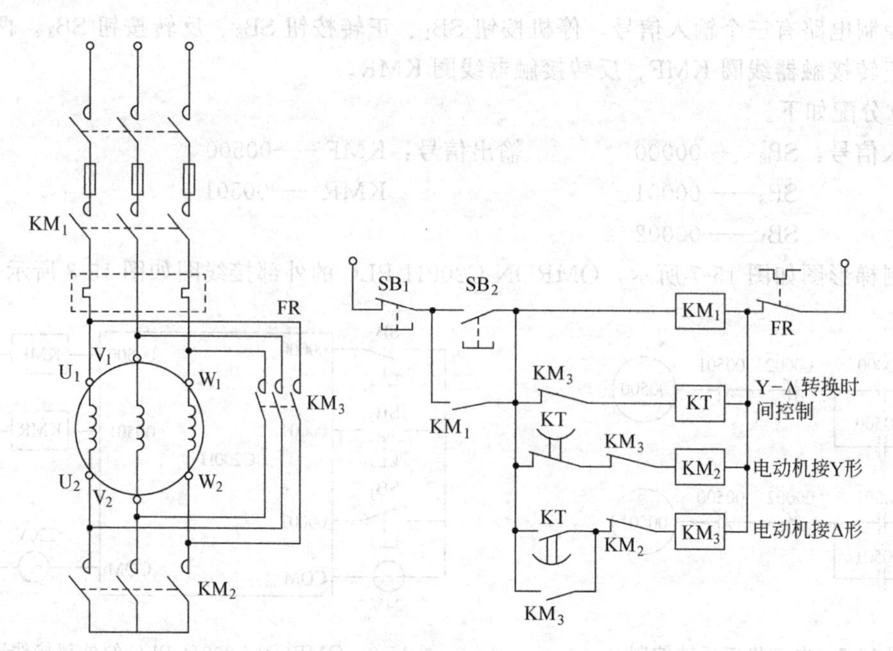

图 15-9 三相异步电动机 Y-Δ 降压启动的继电器控制电路

思考与练习

1. 可编程控制器主要特点有哪些？
2. 从 PLC 硬件设计特点来分析 PLC 有高可靠性、抗干扰能力强的原因。
3. 梯形图设计的编程方法有何特点？
4. 分析 PLC 电动机启动电路中，继电器互锁的原因和必要性。

第五篇 工业工程实训

第16章

工业安全生产

在现代工业生产中，新产品、新技术、新工艺、新材料不断出现，生产工程的大规模化、自动化和复杂化及有毒有害物质的种类和数量的不断增多对安全生产提出了更高的要求。实践表明，学习和掌握工业生产中控制事故的理论、技术和方法，对保护使用者的安全和健康、促进生产力的发展具有十分重要的作用。

16.1 工业事故及其基本特征

16.1.1 工业事故的定义

工业事故是指在工业生产过程中发生的事故，一般认为，安全工程所研究的事故是指这样一类事件，它的发生是意外的、突发的，且后果是有害的，会导致人的伤害和财产的损失，即事故具有意外性、突发性、破坏性的特点。

16.1.2 工业事故的特性

事故如同其他事物一样，具有自己的特性，因果性、偶然性和必然性、潜伏性、规律性、复杂性是工业事故的五个重要特性。

(1) 事故的因果性　事故的发生是有原因的，事故和导致事故发生的各种原因之间存在有一定的因果关系。导致事故发生的各种原因称为危险因素。危险因素是原因，事故是结果。事故的发生往往是由多种因素综合作用的结果。

(2) 事故的偶然性和必然性　事故是一种随机现象，其发生和后果往往具有一定的偶然性和随机性。同样的危险因素，在某一条件下不会引发事故，而在另一条件下则会引发事故；同样类型的事故，在不同的场合会导致完全不同的后果，这是事故的偶然性的一面；同时事故又表现出其必然性的一面，即从概率角度讲，危险因素的不断重复出现，必然会导致事故的发生，任何侥幸心理都可能导致严重的后果。

(3) 事故的潜伏性　事故尚未发生和造成损失之前，似乎一切处于“正常”和“平静”状态，此时事故正处于孕育状态和生长状态，这就是事故的潜伏性。

(4) 事故的规律性　事故虽然具有随机性，但事故的发生也具有一定的规律性。事故的规律性使得人们预测事故并通过措施预防和控制同类事故成为可能。

(5) 事故的复杂性　表现在导致事故的原因往往是错综复杂的；各种原因对事故发生的影响是复杂的；事故的形成过程及规律也是复杂的。

16.1.3 工业事故的类型

对事故进行科学的分类，是为了更好地对各类事故进行分析研究。事故的分类方法有多种，参照 GB 6441—1986《企业伤亡事故分类》标准，将企业伤亡事故分为：物体打击、车辆伤害、机械伤害、起重伤害、触电、淹溺、灼伤、火灾、高处坠落、坍塌、放炮、火药爆炸、化学性爆炸、物理性爆炸、中毒和窒息、其他伤害 16 类。

16.2 事故成因及事故模式理论

模式是人们对某一过程、某一行为所做的定性或定量的概括。它能显示这一过程或行为的特征，并能对所考虑的目标显示具有决策意义的后果。事故模式实际上是人们对事故机理所做的逻辑抽象或数学抽象。它是描述事故成因、经过和后果的理论，是研究人、物、环境、管理及事故处置等基本因素如何起作用而形成事故、造成损失的，也就是从因果关系上阐明引起工伤事故的本质原因，说明事故的发生、发展和后果。

事故模式对于人们认识事故本质，指导事故调查、事故分析、事故预防及事故责任者的处理有重要作用，因此必须加以研究。

关于事故的成因及事故的模式，已有不少的理论，这些理论从不同的侧面对事故的发生过程和形成机理进行了阐述，这里仅介绍几种有代表性的理论。

16.2.1 能量意外释放论

1961 年吉布森（Gibson）、1966 年哈登（Haddon）等提出了解释事故发生物理本质的能量意外释放论。他们认为，事故是一种不正常的或不希望的能量释放。

能量在生产过程中是不可缺少的，人类在利用能量的时候必须采取措施控制能量，使能量按照人们规定的能量流通渠道流动，按照人们的意图产生、转换和做功。如果由于某种原因失去了对能量的控制，超越了设置的约束或限制，就会发生能量的意外释放或逸出，使进行中的活动中止并造成人的伤害或物的损坏而发生事故。这种对事故发生机理的解释被称为能量意外释放论。

能量意外释放论阐明了事故发生的物理本质，指明了防止事故就是防止能量意外释放，防止人体接触过量能量。根据这种理论，人们要经常注意生产过程中能量流动、转换，以及不同形式能量的相互作用，防止发生能量的意外逸出或释放。

16.2.2 轨迹交叉论

轨迹交叉论认为，在事故发展进程中，人的因素的运动轨迹与物的因素的运动轨迹的交点，就是事故发生的时间和空间。即人的不安全行为和物的不安全状态发生于同一时间、同一空间，或者说人的不安全行为与物的不安全状态相遇，则将在此时间、空间发生事故。

轨迹交叉论作为一种事故致因理论，强调人的因素、物的因素在事故致因中占有同样重要的地位。按照该理论，可以通过避免人与物两种因素运动轨迹交叉，即避免人的不安全行为和物的不安全状态同时、同地出现，来预防事故的发生。

16.2.3 事故因果连锁论

工业伤害事故的发生不是一个孤立的事件，是一系列互为因果的原因事件相继发生的结果，这就是事故发生的因果连锁论。

美国的海因里希把工业伤害事故的发生、发展过程描述为具有一定因果关系的事件的连锁，按照事故因果连锁论，事故的发生、发展过程可以描述为

基本原因→间接原因→直接原因→事故→伤害

其中的直接原因是人的不安全行为或物的不安全状态；间接原因是人的缺点；基本原因是不良环境或先天的遗传因素。

博德在海因里希事故因果连锁论的基础上，提出了反映现代安全观点的事故因果连锁论。博德认为事故的根本原因是管理失误。管理失误主要表现在对导致事故根本原因的控制不力。

当前国内外进行事故原因调查与分析时，广泛采用如图 16-1 所示的事故连锁模型。

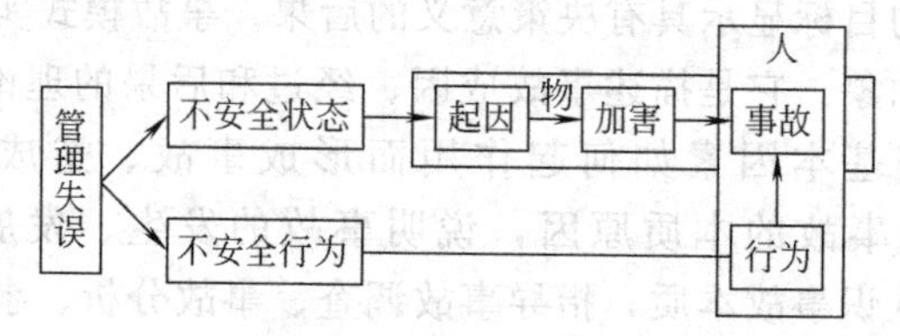

图 16-1 事故连锁模型

该模型着眼于事故的直接原因——人的不安全行为和物的不安全状态，以及基本原因——管理失误。值得注意的是，该模型进一步把物的原因划分为起因物和加害物。前者为导致事故发生的物（机械、物体、物质）；后者为直接对人造成伤害的物。在人的问题方面，区分行为人和被害者。前者为引起事故发生的人；后者为事故发生时受到伤害的人。针对不同的物和人，需要采取不同的控制措施。

在上述原因中，管理原因可以由企业内部解决，而后两种原因需要全社会的努力才能解决。

美国札别塔基斯（M. Zabetakis）依据能量意外释放论，建立了新的事故因果连锁模型。他在调查了大量的伤亡事故后发现，由于人的不安全行为或物的不安全状态破坏了对能量或危险物质的控制，这是导致能量或危险物质意外释放的直接原因。

M. Zabetakis 建立的新的事故因果连锁模型如图 16-2 所示。

16.2.4 变化-失误致因理论

约翰逊认为，事故的发生往往是多重原因造成的，包含着一系列的变化（失误连锁）。例如，企业领导者的失误、计划人员失误、监督者的失误及操作者的失误等。在安全管理工作中，变化被看作是一种潜在的事故致因，应该被尽早地发现并采取相应的措施。

应用变化的观点进行事故分析时，可分别由对象物、防护装置、能量、人员、任务、目标、程序、工作条件、环境、时间安排、管理工作、监督检查等方面因素的差异来发现变化。

16.2.5 作用-变化与作用连锁理论

日本的佐藤吉信从系统安全的观点出发，提出了一种新的事故致因理论模型（作用-变

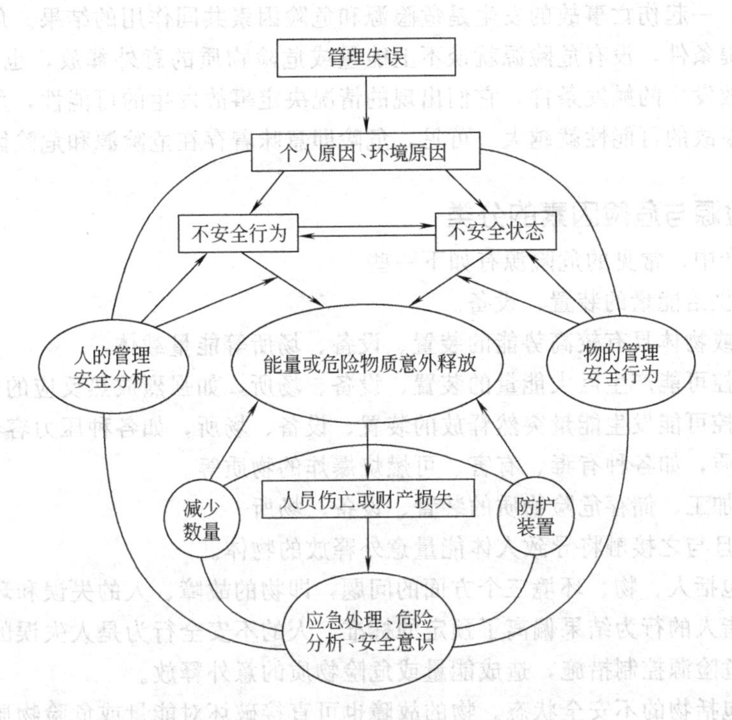

图 16-2 M. Zabetakis 的事故因果连锁模型

化与作用连锁模型）（action-change and action chain model，简称为 A-C 模型）。该理论认为，系统元素在其他元素或环境因素的作用下发生变化，这种变化主要表现为元素的功能发生变化进而导致性能降低。作为系统元素的人或物的变化可能是人的失误或物的故障。该元素的变化又以某种形态作用于相邻元素，引起相邻元素的变化。于是，在系统元素之间产生一种作用连锁。系统中作用连锁可能造成系统中人的失误和物的故障的传播，最终导致系统故障或事故。

16.3 危险、事故与安全

综合上述各种事故致因理论可知，事故是系统在运行过程中，一系列不安全因素的连锁作用导致能量或危险物质意外释放而造成的。系统中的能量或危险物质是事故的根源；一系列不安全因素是引发事故的条件。由此，人们引入危险、危险源和危险因素等的概念，并阐述危险、事故与安全的关系。

16.3.1 基本概念

危险是指可能导致事故，即可能造成人员伤害、财产损失、作业环境破坏的状态；而危险源（Hazarda source of danger）即危险的根源。根据能量意外释放理论，危险源即为系统中存在的、可能发生意外释放的能量或危险物质。在系统安全研究中，认为危险源的存在是事故发生的根本原因，防止事故就是消除、控制系统中的危险源。

危险因素一般是指能对人造成伤亡、对物造成突发性损坏的因素，也包括使能量或危险物质的约束、限制措施失效、破坏的原因因素。

而安全是与危险相对的概念，即安全是对能量和危险物质进行了完全的约束。

由此可见，一起伤亡事故的发生是危险源和危险因素共同作用的结果。危险源的存在是发生事故的前提条件，没有危险源就谈不上能量或危险物质的意外释放，也就无所谓事故；危险因素是事故发生的触发条件，它们出现的情况决定事故发生的可能性，危险因素出现的越频繁，发生事故的可能性就越大。可见，危险即意味着存在危险源和危险因素。

16.3.2　危险源与危险因素的分类

在工业生产中，常见的危险源有如下一些。

① 产生、供给能量的装置、设备。

② 使人体或物体具有较高势能的装置、设备、场所等能量载体。

③ 一旦失控可能产生巨大能量的装置、设备、场所，如强烈放热反应的化工装置等。

④ 一旦失控可能发生能量突然释放的装置、设备、场所，如各种压力容器等。

⑤ 危险物质，如各种有毒、有害、可燃烧爆炸的物质等。

⑥ 生产、加工、储存危险物质的装置、设备、场所。

⑦ 人体一旦与之接触将导致人体能量意外释放的物体。

危险因素包括人、物、环境三个方面的问题，即物的故障、人的失误和环境的因素。

人的失误指人的行为结果偏离了预定的标准。人的不安全行为是人失误的特例，人失误可能直接破坏危险源控制措施，造成能量或危险物质的意外释放。

物的故障包括物的不安全状态。物的故障也可直接破坏对能量或危险物质，即危险源的约束或限制措施，最终造成能量或危险物质的意外释放。

环境因素主要指系统的运行环境，包括温度、湿度、照明、粉尘、空气、噪声等物理因素。不良的物理环境会引起物的故障或人的失误。

16.3.3　危险辨识

危险的辨识，实际上即是对危险源和危险因素的辨识。

(1) 危险辨识的内容　危险辨识过程中，应坚持“横向到边、纵向到底、不留死角”的原则。工业企业的危险辨识应从以下几个方面进行。

① 厂址及环境条件。从厂址的工程地质、地形、自然灾害、周围环境、气象条件、资源交通、抢险救灾支持条件等方面进行分析。

② 厂区平面布局。

a. 总图：功能分区（生产、管理、辅助生产、生活区）布置；高温、有害物质、噪声、辐射、易燃易爆、危险品设施布置；工艺流程布置；建筑物、构筑物布置；风向、安全距离、卫生防护距离等。

b. 运输线路及码头：厂区道路、厂区铁路、危险品装卸区、厂区码头。

③ 建（构）筑物。结构、防火、防爆、朝向、采光、运输、（操作、安全、运输、检修）通道、开门、生产卫生设施。

④ 生产工艺过程。物料（毒性、腐蚀性、燃爆性）温度、压力、速度、作业及控制条件、事故及失控状态。

⑤ 生产设备、装置。

a. 化工设备、装置：高温、低温、腐蚀、高压、振动、关键部位的备用设备、控制、操作、检修和故障、失误时的紧急异常情况。

b. 机械设备：运动零部件和工件、操作条件、检修作业、误运转和误操作。

c. 电气设备：断电、触电、火灾、爆炸、误运转和误操作、静电、雷电。

d. 危险性较大设备、高处作业设备。

e. 特殊单体设备、装置：锅炉房、乙炔站、氧气站、石油库、危险品库等。

⑥ 粉尘、毒物、噪声、振动、辐射、高温、低温等有害作业部位。

⑦ 管理设施、事故应急抢救设施和辅助生产、生活卫生设施。

⑧ 劳动组织、生理及心理因素、人机工程学因素等。

(2) 危险辨识的方法　危险辨识即是辨识系统中存在的危险源以及各种危险因素。常用如下的一些方法进行危险辨识。

① 直观经验法。该方法适用于有可供参考先例，有以往经验可以借鉴的危害辨识过程中。

a. 对照、经验法：对照有关标准、法规、检查表或依靠分析人员的观察分析能力，借助于经验和判断能力直观地评价对象危险性和危害性的方法。

b. 类比方法：利用相同或相似系统或作业条件的经验和职业安全的统计资料来类推、分析评价对象的危险、危害因素。

② 系统安全分析和系统安全评价的方法。

许多系统安全分析和系统安全评价方法既可以评价风险，也可以识别风险，如安全检查表分析、如果-怎么办分析、危险性和可操作性研究、预先危险性分析、事件树分析、事故树分析等。

此外，企业还可以利用不断积累的经验来完善危险辨识工作。特别是识别很成熟的生产过程的危险时，分析人员可参考相同规模企业的运行经验，指出危险。

16.4　危险控制

由前可知，预防事故就是消除或控制危险，通过危险控制，在现有的技术水平上，以最少的消耗达到最优的安全水平，具体可以达到以下三方面的目标。

① 设法消除事故原因，形成本质安全系统，即消除危险源、控制危险源；防护和隔离危险源；保留和转移危险源。

② 降低事故发生频率。

③ 减少事故的严重程度和每次事故的经济损失。

16.4.1　消除危险

避免事故发生最根本的方法是消除危险，消除危险也就是通常所说的实现本质安全，即接近“完全”安全的状态，可通过合理的设计和科学的管理，如采用无害工艺技术、以无害的物质代替有害物质、实现自动化作业等，从根本上消除危险或将危险限制到没有危害的程度来达到根本的安全。本质安全原理的应用大部分是在电气系统，由于机械系统通常包含有可能使人员受到伤害和设备器材受到损坏的运动部件，故其本质安全较难达到。虽然完全消除危险有时难以做到，然而细致的设计和材料的选用有时可消除这些危险，限制潜在危险的等级，使其不至于导致伤害或损伤。

16.4.2　预防危险

当消除危险有困难时，可采取预防性技术措施，预防危险发生，如使用安全系数、漏电保护装置、安全电压、熔断器等。

(1) 安全系数　采用安全系数来尽量减少结构和材料的故障是一种古老的方法，即使结构或材料的强度远大于可能承受的应力的计算值。目前，安全系数仍被广泛应用。

(2) 故障-安全设计　故障-安全设计是确保一个故障不会影响系统或使系统处于可能导致伤害或损伤的工作模式。在大多数应用中，基本的原则是：故障-安全设计首先是保护人员；其次是保护环境避免灾难事件，如爆炸或火灾；第三是防止设备损伤；第四是防止降低等级使用或功能丧失。

(3) 故障最少化　虽然有些时候可以采用故障-安全设计，使得故障不会导致事故，但这样的设计并非总是最优的目标。在故障-安全设计是不可行的情况下，故障最少化可作为设计的目标。为尽量减少会导致事故的设备故障或人为差错，可采用下列五种主要的方法。

① 降低故障率　这是可靠性工程的原理，它试图用高可靠的元件和设计降低使用中的故障概率，这样整个系统的期望使用寿命会大于所提出的使用期限。虽然这种技术不能消除所有的故障，但应用可靠性工程设计有助于减少可能导致伤害或损伤的故障。

② 监控　在这种方法中，对一项关键的参数，例如温度、噪声、有毒气体的浓度、振动、压力或辐射进行持续的监控，以确保其保持在规定的限度内。如果表现出不正常的特征，则可立即采取纠正措施。

③ 报废和修复　这种技术是针对于意外事故的，在一个故障、错误或其他不利的状况已发展成危险的状态，但还未导致伤害或损伤时，就采取纠正措施，以限制状态的恶化。这些纠正措施可避免某些伤害、死亡或设备损伤。

④ 安全系数和余量　在这种方案中，某个元件的强度设计得大于正常所要求的强度，以考虑到强度和压力的偏差、不可预料的瞬态、材料的退化及其他偶然因素。这也是降低故障率的一种方法。

⑤ 告警　大多数类型的告警是向有关人员报告危险、设备的问题或其他值得注意的状态，这样他们就不会做出可能导致事故的不正确决策。

16.4.3　减弱危险

在无法消除和预防危险时，可采取减弱危险的措施，如局部通风排毒装置、以低毒物质代替高毒物质、降温措施、避雷装置、消除静电装置、减振装置、消声装置等。

(1) 能量缓冲装置　能量缓冲装置可以保护人员、材料和灵敏设备免受冲击的影响。例如，座椅安全带、缓冲器和车内衬垫可降低事故中车内人员的伤害；在储存和运箱容器内的泡沫塑料和类似的软垫材料可在容器跌落或剧烈振动时保护容器中的物品免受损伤。

(2) 薄弱环节　有些元件或器材比其他元件或器材更易于出故障。这种特性已在许多产品设计中充分利用，以限制发生故障、紧急情况或事故时的损伤。即把“薄弱环节”纳入产品的系统中，它将在某个其他项目出故障和造成严重得多的设备损伤和人员伤害前发生故障。

16.4.4　隔离危险

在无法消除、预防、隔离危险的情况下，应将人员与危险因素隔开以及将不能共存的物质隔开，如遥控作业、安全罩、防护屏、隔离操作室、安全距离、事故发生时的自救装置(防毒服、防护面具等)。

(1) 实物隔离 隔离常用作尽量减少事故中能量猛烈释放而造成损伤的一种方法。隔离技术有距离、偏向和遏制。

(2) 人员防护设备 采用人员防护设备是另一种隔离措施。它向使用人员提供一个有限的可控环境，将使用人员与危险的不利影响隔开。人员防护装置，是由人们身上的外套或戴在身上的器械组成，以防御事故或不利的环境，这种设备必须能在可预料的最坏条件下保护其使用者。

(3) 逃逸和营救 逃逸和营救实际上也是一种隔离措施，是使人员与危险隔离。

意外事件可能会发展到人员必须脱离所在区域和放弃设备或设施以避免受到伤害的地步。在紧急情况下消除危险以及可能有的损伤，隔离不利影响，恢复正常状态等努力都失败后，也许要放弃舰船、跳伞、弹射或采用其他方式离开危险区域。对于这类情况，逃逸、求生和营救规程是不可缺少的。

16.4.5 危险连锁

危险连锁包括闭锁、锁定和连锁。闭锁、锁定和连锁是一些最常见的安全性措施，它们的功能是防止不相容事件的发生，防止在不正确的时间上发生或以错误的顺序发生。当操作者失误或设备运行一旦达到危险状态时，通过连锁装置可终止危险的进一步发展。

16.4.6 危险警告

在易发生危险或危险较大的地方，配置醒目的安全色、安全标志以及声、光等报警装置。

警告或告警。作为一种尽量减少事故或故障的方法，用于向危险范围内人员通告危险、设备问题和其他值得注意的状态，以使有关人员采取纠正措施，避免事故的发生。

告知使用人员系统中可能存在危险的警告标志，要求应用视觉、听觉等方法来判断警告信息。

16.5 机械伤害事故的预防与控制

16.5.1 概述

机械是现代生产和生活中不可缺少的设备，是人类进行生产的重要工具，也是生产力发展的重要标志。机械设备是我国国民经济发展的主要装备，它涉及国民经济各个部门。任何现代化的工业生产都离不开机器。随着科学技术的日益进步，机械设备的科技含量不断提高，绝对数量不断增加，使用范围越来越广，从生产领域扩大到人们的生活和生存领域，包括人们的衣、食、住、行、娱乐、健身等都要用机械。机械在给人们带来高效、快捷、方便的同时，也带来了不安全因素。据不完全统计，仅在机械工业部门的大、中型企业中，机械伤害事故每年就多达数百起，更不要说数以千万计的小企业，事故比例则更高。机械产品的安全水平，关系到人们的安全和健康，关系到社会的安定。机械的安全越来越受到人们的重视。

16.5.2 机械伤害事故

(1) 机械伤害事故 由于机械设备及其附属设施的构件、零件、工具、工件或飞溅的固体和流体物质等的机械能（动能和势能）作用，可能产生伤害的各种物理因素以及与机械设备有关的滑绊、倾倒和跌落危险。

(2) 电气伤害事故 主要形式是电击、燃烧和爆炸。其产生条件可以是人体与带电体直接接触；人体接近带高压电体；带电体绝缘不充分而产生漏电、静电现象；短路或过载引起的熔化粒子喷射热辐射和化学效应。

(3) 温度伤害事故 一般将29℃以上的温度称为高温，−18℃以下的温度称为低温。主要形式有：高温对人体的危害，高温烧伤、烫伤，高温生理反应；低温冻伤和低温生理反应；高温引起的燃烧或爆炸。

(4) 噪声伤害事故 噪声产生的原因主要有机械噪声、电磁噪声和空气动力噪声。其造成的危害有如下几方面。

① 对听觉的影响，根据噪声的强弱和作用时间不同，可造成耳鸣、听力下降、永久性听力损失，甚至爆震性耳聋等。

② 对生理、心理的影响。

③ 干扰语言通讯和听觉信号而引发其他危险。

(5) 振动伤害事故 振动对人体可造成生理和心理的影响，造成损伤和病变。

(6) 辐射伤害事故 辐射的危险是杀伤人体细胞和机体内部的组织，轻者会引起各种病变，重者会导致死亡。

(7) 材料和物质产生的伤害事故 材料和物质产生的危险如下。

① 接触或吸入有害物所导致的危险。

② 火灾与爆炸危险。

③ 生物（如霉菌）和微生物（如病毒或细菌）危险。

使用机械加工过程的所有材料和物质都应考虑在内。例如，构成机械设备、设施自身（包括装饰装修）的各种物料；加工使用、处理的物料（包括原材料、燃料、辅料、催化剂、半成品和产成品）；剩余和排出物料，即生产过程中产生、排放和废弃的物料（包括气、液、固态物）。

(8) 未履行安全人机学原则而产生的伤害事故 由于机械设计或环境条件不符合安全人机学原则的要求，存在与人的生理或心理特征能力不协调之处，可能会产生以下危险。

① 对生理的影响。负荷超过人的生理范围，长期静态或动态型操作姿势、劳动强度过大或过分用力所导致的危险。

② 对心理的影响。对机械进行操作、监视或维护而造成精神负担过重或准备不足、紧张等而产生的危险。

③ 对人操作的影响。表现为操作偏差或失误而导致的危险等。

16.5.3 机械伤害事故的原因分析

安全隐患可存在于机器的设计、制造、运输、安装、使用、报废、拆卸及处理等各个环节。机械事故的发生往往是多种因素综合作用的结果，机械在使用中是由人操作、维护和管理的，因此造成机械事故最根本的原因可能追溯到人。造成机械伤害事故的原因可分为直接原因和间接原因。

(1) 直接原因

① 机械的不安全状态。包括防护、保险、信号等装置缺乏或有缺陷，如无防护、防护不当；设备、设施、工具、附件有缺陷，如设计不当、结构不合安全要求、强度不够、设备

在非正常状态下运行、维修、调整不良；个人防护用品、用具缺少或有缺陷，如无个人防护用品、用具、所用防护用品、用具不符合安全要求；生产场地环境不良，如照明光线不良、通风不良、作业场所狭窄、作业场地杂乱；操作工序设计或配置不安全，交叉作业过多；交通线路的配置不安全；地面滑；储存方法不安全，堆放过高、不稳等。

② 人的不安全行为。在机械使用过程中人的不安全行为，是引发事故的另一重要的直接原因。缺乏安全意识和安全技能差（即安全素质低下）是引发事故的主要的人的原因。例如，不了解所使用机械存在的危险，不按安全规程操作、缺乏自我保护和处理意外情况的能力等。而指挥失误（或违章指挥）、操作失误（操作差错及在意外情况时的反射行为或违章作业）、监护失误等是人的不安全行为常见的表现。在日常工作中，人的不安全行为大量表现在不安全的工作习惯上。例如，工具或量具随手乱放、测量工件不停机、站在工作台上装卡工件、越过运转刀具取送物料、攀越大型设备不走安全通道等。

(2) 间接原因　几乎所有事故的间接原因都与人的错误有关，尽管与事故直接有关的操作人员并没有出错。间接原因包括以下几方面。

① 技术和设计上的缺陷。如设计错误，设计错误包括强度计算不准、材料选用不当、设备外观不安全、结构设计不合理、操纵机构不当、未设计安全装置等；制造错误，即使设计是正确的，如果制造设备时发生错误，也会成为事故隐患，常见的制造错误有加工方法不当（如用铆接代替焊接）、加工精度不够、装配不当、装错或漏装了零件、零件未固定或固定不牢，工件上的刻痕、压痕、工具造成的伤痕以及加工粗糙可能造成应力集中而使设备在运行时出现故障；安装错误，安装时旋转零件不同轴、轴与轴承或齿轮啮合调整不好、过紧过松、设备不水平、地脚螺丝未拧紧、设备内遗留工具或零件而忘记取出等；维修错误，没有定时对运动部件加润滑油、在发现零部件出现恶化现象时没有按维修要求更换零部件都是维修错误。

② 教育培训不够。未经培训上岗、操作者业务素质低、缺乏安全知识和自我保护能力、不懂安全操作技术、操作技能不熟练、工作时注意力不集中、工作态度不负责、受外界影响而情绪波动、不遵守操作规程等都是事故的间接原因。

③ 管理缺陷。劳动制度不合理、规章制度执行不严、有章不循、对现场工作缺乏检查或指导错误、无安全操作规程或安全规程不完善、缺乏监督等。

④ 对安全工作不重视，组织机构不健全，没有建立或落实安全生产责任制。没有或不认真实施事故防范措施，对事故隐患调查整改不力。而此关键原因是企业领导不重视。

在分析事故原因时，应从直接原因入手，逐步深入到间接原因，掌握事故的全部原因，再分清主次进行责任分析。通过事故分析，吸取教训，拟定改进措施，以防止事故重复发生。

16.5.4 实现机械加工安全的途径

(1) 对工作位置的安全要求

① 机械加工设备的工作位置应安全可靠，并应保证操作人员的头、手、臂、腿、脚有合乎心理和生理要求的足够的活动空间。

② 机械加工设备的工作面高度应符合人机工程学的要求。

③ 机械设备应优先采用便于调节的工作座椅，以增加操作人员的舒适性并便于操作。

④ 机械设备的工作位置应保证操作人员的安全，平台和通道必须防滑，必要时设置踏板和栏杆。

⑤ 机械设备应设有安全电压的局部照明装置。

(2) 作业中采取的安全措施

① 个人防护用品的使用。个人防护用品是保护劳动者在机器的使用过程中的人身安全与健康所必备的一种防御性装备，在意外事故发生时对避免伤害或减轻伤害程度能起到一定的作用。

② 对加工区的要求。指被加工工件放置在机械加工的区域。凡加工区易发生伤害事故的设备，均应采取有效的防护措施。防护措施应保证设备在工作状态下防止操作人员的身体任一部分进入危险区，或进入危险区时保证设备不能运转（行）或须知紧急制动。

机械加工设备应单独或同时采用下列防护措施。

① 完全固定、半固定密闭罩。

② 机械或电气的屏障。

③ 机械或电气的连锁装置。

④ 自动或半自动给料、出料装置。

⑤ 手限制器、手脱开装置。

⑥ 机械或电气的双手脱开装置。

⑦ 自动或手动紧急停车装置。

⑧ 限制导致危险行程、给料或进给装置。

⑨ 防正误动作或误操作装置。

⑩ 警告或警报装置。

(3) 作业中加强安全管理　它包括对人员的安全教育和培训；建立安全规章制度；对设备（特别是重大、危险设备）的安全监察等。

(4) 维修中应能保证人员的安全　由于维修作业是不同于正常操作的特殊作业，往往采用一些超常规的做法，如移开防护装置，或是使安全装置不起作用。为了避免或减少维修伤害事故，应在控制系统设置维修操作模式；从检查和维修角度，在结构设计上考虑内部零件的可接近性；必要时，应随设备提供专用检查、维修工具或装置；在较笨重的零部件上，还应考虑方便吊装的设计。

思考与练习

1. 什么是工业事故？其特性是什么？常见工业事故有哪些类型？

2. 简述事故成因及事故模式理论有哪些？

3. 机械伤害事故的种类有哪些？其成因各是什么？

4. 如何实现安全的机械加工？

第17章

企业资源计划沙盘对抗实训

17.1 企业资源计划概述

17.1.1 企业资源计划的定义

20世纪90年代初，美国著名的IT分析公司Gartner Group Inc.根据当时计算机信息处理技术IT（information technology）的发展和企业对供应链管理的需要，预测在信息时代今后制造业管理信息系统的发展趋势和即将发生的变革，并提出了企业资源计划ERP（enterprise resource planning）这个概念。

ERP定义的核心是两个集成，即内部集成和外部集成。

内部集成提到三个方面：(a) 同产品研发集成，在成组技术、计算机辅助设计和计算机辅助工艺设计的基础上，陆续发展的产品数据管理、产品生命周期管理以及电子商务支持下的协同产品商务；(b) 在核心业务集成方面，在MRPⅡ的基础上发展了制造执行系统、人力资源管理、企业资产管理以及办公自动化等；(c) 在数据采集方面，除了质量管理的统计过程控制、结合流程控制的分布控制系统等外，还在条形码基础上发展了射频识别技术。

在外部集成方面开发了客户关系管理、供应链管理、供应商管理、供应链例外事件管理以及仓库管理系统和运输管理系统等。

综合早期一些Gartner文献的精神，对ERP的定义可以简明表达如下：ERP是MRPⅡ的下一代，它的内涵主要是“打破企业的四壁，把信息集成的范围扩大到企业的上下游，管理整个供应链，实现供应链制造”。

Gartner Group提出ERP具备的功能标准应包括四个方面。

(1) 超越MRPⅡ范围的集成功能　包括质量管理；试验室管理；流程作业管理；配方管理；产品数据管理；维护管理；管制报告和仓库管理。

(2) 支持混合方式的制造环境　包括既可支持离散又可支持流程的制造环境；按照面向对象的业务模型组合业务过程的能力和国际范围内的应用。

(3) 支持能动的监控能力，提高业务绩效　包括在整个企业内采用控制和工程方法；模拟功能；决策支持和用于生产及分析的图形能力。

(4) 支持开放的客户机/服务器计算环境　包括客户机/服务器体系结构；图形用户界面

(GUI)；计算机辅助设计工程（CASE)，面向对象技术；使用 SQL 对关系数据库查询；内部集成的工程系统、商业系统、数据采集和外部集成（EDI)。

ERP 是对 MRPⅡ的超越，从本质上看，ERP 仍然是以 MRPⅡ为核心，但在功能和技术上却超越了传统的 MRPⅡ，它是以顾客驱动的、基于时间的、面向整个供应链管理的企业资源计划。

17.1.2 企业资源计划的管理思想

ERP 的核心管理思想就是实现对整个供应链的有效管理，主要体现在以下三个方面。

(1) 体现对整个供应链资源进行管理的思想 在知识经济时代仅靠自己企业的资源不可能有效地参与市场竞争，还必须把经营过程中的有关各方如供应商、制造工厂、分销网络、客户等纳入一个紧密的供应链中，才能有效地安排企业的产、供、销活动，满足企业利用全社会一切市场资源快速高效地进行生产经营的需求，以期进一步提高效率和在市场上获得竞争优势。换句话说，现代企业竞争不是单一企业与单一企业间的竞争，而是一个企业供应链与另一个企业供应链之间的竞争。ERP 系统实现了对整个企业供应链的管理，适应了企业在知识经济时代市场竞争的需要。

(2) 体现精益生产、同步工程和敏捷制造的思想 ERP 系统支持对混合型生产方式的管理，其管理思想表现在两个方面：其一是“精益生产 LP（lean production)”的思想，它是由美国麻省理工学院（MIT）提出的一种企业经营战略体系。即企业按大批量生产方式组织生产时，把客户、销售代理商、供应商、协作单位纳入生产体系，企业同其销售代理、客户和供应商的关系，已不再简单地是业务往来关系，而是利益共享的合作伙伴关系，这种合作伙伴关系组成了一个企业的供应链，这即是精益生产的核心思想。其二是“敏捷制造 (agile manufacturing)”的思想。当市场发生变化，企业遇有特定的市场和产品需求时，企业的基本合作伙伴不一定能满足新产品开发生产的要求，这时，企业会组织一个由特定的供应商和销售渠道组成的短期或一次性供应链，形成“虚拟工厂”，把供应和协作单位看成是企业的一个组成部分，运用“同步工程（SE)”，组织生产，用最短的时间将新产品打入市场，时刻保持产品的高质量、多样化和灵活性，这即是“敏捷制造”的核心思想。

(3) 体现事先计划与事中控制的思想 ERP系统中的计划体系主要包括：主生产计划、物料需求计划、能力计划、采购计划、销售执行计划、利润计划、财务预算和人力资源计划等，而且这些计划功能与价值控制功能已完全集成到整个供应链系统中。

另外，ERP 系统通过定义事务处理（transaction）相关的会计核算科目与核算方式，以便在事务处理发生的同时自动生成会计核算分录，保证了资金流与物流的同步记录和数据的一致性，从而实现了根据财务资金现状，可以追溯资金的来龙去脉，并进一步追溯所发生的相关业务活动，改变了资金信息滞后于物料信息的状况，便于实现事中控制和实时做出决策。

17.1.3 企业资源计划的发展历程

ERP 系统是一种主要面向制造行业进行物质资源、资金资源和信息资源集成一体化管理的企业管理软件系统。

在 18 世纪工业革命后，人类进入工业经济时代，社会经济的主体是制造业。工业经济时代竞争的特点就是产品生产成本上的竞争，规模化大生产（mass production）是降低生产成本的有效方式。由于生产的发展和技术的进步，大生产给制造业带来了许多困难，主要表现在：生产所需的原材料不能准时供应或供应不足；零部件生产不配套，且积压严重；产品生产周期过长和难以控制，劳动生产率下降；资金积压严重，周转期长，资金使用效率降低；市场和客户需求的变化，使得企业经营计划难以适应。总之，降低成本的主要矛盾就是要解决库存积压与短缺问题。

为了解决这个关键问题，1957 年，美国生产与库存控制协会（APICS）成立，开始进行生产与库存控制方面的研究与理论传播。随着 60 年代计算机的商业化应用开始，第一套物料需求计划 MRP（material requirements planning）软件面世并应用于企业物料管理工作中。在 70 年代，人们在此基础上，一方面把生产能力作业计划、车间作业计划和采购作业计划纳入 MRP 中，同时在计划执行过程中，加入来自车间、供应商和计划人员的反馈信息，并利用这些信息进行计划的平衡调整，从而围绕着物料需求计划，使生产的全过程形成一个统一的闭环系统，这就是由早期的 MRP 发展而来的闭环式 MRP，闭环式 MRP 将物料需求按周甚至按天进行分解，使得 MRP 成为一个实际的计划系统和工具，而不仅仅是一个订货系统，这是企业物流管理的重大发展。

闭环 MRP 系统的出现，使生产计划方面的各种子系统得到了统一。只要主生产计划真正制订好，那么闭环 MRP 系统就能够很好运行。但这还不够，因为在企业的管理中，生产管理只是一个方面，它所涉及的是物流，而与物流密切相关的还有资金流。这在许多企业中是由财会人员另行管理的，这就造成了数据的重复录入与存储，甚至造成数据的不一致性，降低了效率，浪费了资源。于是人们想到，应该建立一个一体化的管理系统，去掉不必要的重复性工作，减少数据间的不一致性现象和提高工作效率。实现资金流与物流的统一管理，要求把财务子系统与生产子系统结合到一起，形成一个系统整体，这使得闭环 MRP 向 MRPⅡ前进了一大步。最终，在 80 年代，人们把制造、财务、销售、采购、工程技术等各个子系统集成为一个一体化的系统，并称为制造资源计划（manufacturing resource planning）系统，英文缩写还是 MRP，为了区别物料需求计划系统（亦缩写为 MRP）而记为 MRPⅡ。MRPⅡ可在周密的计划下有效地利用各种制造资源、控制资金占用、缩短生产周期、降低成本，但它仅仅局限于企业内部物流、资金流和信息流的管理。它最显著的效果是减少库存量和减少物料短缺现象。

到 90 年代中后期，现实社会开始发生革命性变化，即从工业经济时代开始步入知识经济时代，企业所处的时代背景与竞争环境发生了很大变化，企业资源计划 ERP 系统就是在这种时代背景下面世的。在 ERP 系统设计中考虑到仅靠自己企业的资源不可能有效地参与市场竞争，还必须把经营过程中的有关各方如供应商、制造工厂、分销网络、客户等纳入一个紧密的供应链中，才能有效地安排企业的产、供、销活动，满足企业利用一切市场资源快速高效地进行生产经营的需求，以期进一步提高效率和在市场上获得竞争优势；同时也考虑了企业为了适应市场需求变化，不仅组织“大批量生产”，还要组织“多品种小批量生产”。在这两种情况并存时，需要用不同的方法来制定计划。

17.2 企业资源计划沙盘简介

17.2.1 企业资源计划沙盘的提出背景

由于受到教学方法的限制，传统的 ERP 教学流于抽象的理论讲述和单调的软件演示，同学们往往容易迷失在复杂的软件操作之中，无法体会 ERP 对企业运营所发挥的作用。

而真实的市场环境是千变万化的，一个有经验的管理者会随着企业外部环境的动态变化通过 ERP 对企业资源进行规划。但这样的经验是无法复制的，而他人的经验虽然可以给人以启迪，但不能代替管理实践。所以近年来普遍采用的案例教学法，虽然从一定程度上调动了学生的主观能动性，提高了学生分析问题、解决问题的能力，但终究是纸上谈兵，学生无法真正深入其中，获得切身的真实感受。

因此，一种全新的教学手段与方法——沙盘教学，被应用到 ERP 的教学过程中，沙盘模拟系统是从 20 世纪 50 年代由军事沙盘推演演化而成，这种新颖而独特的模式现已风靡全球，被广泛应用到在职培训的教学之中。ERP 沙盘是通过将制造企业中的各个职能部门模块化，对制造企业的生产经营活动进行模拟的一种动态学习式教学用具。学生通过对 ERP 沙盘的操作，可以对 ERP 沙盘所模拟的制造企业的流程产生感性直观的认识。这样，既能调动学生的主观能动性，又可以让学生身临其境，真正感受一个企业经营者直面的市场竞争的精彩与残酷，承担经营风险与责任，在此过程中体悟企业经营管理的关键，了解 ERP 对企业管理的解决之道。ERP 沙盘模拟对抗实训正是这样一种实训课程。它完全不同于传统的课堂灌输授课方式，而是通过直观的企业经营沙盘，来模拟企业运行状况。让学生在分析市场、制定战略、组织生产、整体营销和财务结算等一系列活动中体会企业经营运作的全过程，认识到企业资源的有限性，从而深刻理解 ERP 的管理思想，领悟科学的管理规律，提升管理能力。

17.2.2 企业资源计划沙盘实训课程介绍

ERP 模拟对抗课程以一家已经经营若干年的生产型企业为背景。

该课程把参加实训的学生分成 4～6 小组，每小组 4～6 人，每组各代表一个不同的虚拟公司，在实训课程中，每个小组的成员将分别担任公司中的重要职位（CEO、CFO、市场总监、生产总监等），每组要亲自独立经营一家拥有 1 亿资产的销售良好、资金充裕的企业，连续从事 6～8 个会计年度的经营活动。

在沙盘实训课程中，不但要面对同行竞争对手、产品老化、市场单一化等一系列问题，而且公司要如何保持成功及不断的成长是每位成员面临的重大挑战。该课程涉及整体战略、产品研发、设备投资改造、生产能力规划与排程、物料需求计划、资金需求规划、市场与销售、财务经济指标分析、团队沟通与建设等多个方面的内容。

学生要在模拟的几年中，在客户、市场、资源及利润等方面进行一番真正的较量。这种模拟有助于学生形成宏观规划、战略布局的思维模式。

在沙盘实训课程中还引进了决策信息发布制度，每年发布一次决策信息，既有公开的，也有非公开的，内容涉及宏观环境、竞争对手、市场走势等多个方面，能充分锻炼学生分析、预测从而形成正确决策的能力。

每一轮模拟之后（即每一年经营之后），教师都会进行综述与分析，同时讲解在下一轮中应用的业务工具，所有工具都会对竞争的结果有直接的影响。

本课程通过模拟企业的整体运营过程，让学生分析企业内外部环境，制定战略决策、市场及产品决策、生产决策、营销决策、财务决策，体验企业的经营决策过程，从而掌握制定决策的方法，远离决策陷阱和误区，达到提高学生决策能力的目的。学生在短短几天的实训过程中，会遇到企业经营决策中经常出现的各种典型问题，他们必须和同事们一起去发现机遇，分析问题，制定决策，组织实施。决策的结果或许成功、或许失败，学生就是在这种成功和失败的体验中，学习管理知识，掌握经营管理技巧，感悟经营决策真谛。在犯错误中认识错误、改正错误、提高自己的能力和素质。

17.2.3　企业资源计划沙盘实训课程的意义

ERP 沙盘实训课程这种教学模式对培养新型大学生，主要有以下意义。

① 利用 ERP 沙盘的模拟企业环境，让工科学生在走向企业之前，熟悉市场经济环境下的企业运作规则，了解企业的资金流核算，企业物流、信息流的管理，理解现代企业的管理思想，尽快适应工作环境，是一次身临其境的体验。

② ERP 沙盘模拟对抗赛，使学生认识到新产品研发、技术革新的重要性，对明确理论学习目的、提高学习专业知识的积极性，是一次切身的激发。

③ ERP 沙盘模拟对抗赛，使学生面对复杂多变的市场，面对产品的研发，面对生产过程中的技术革新，面对强有力的竞争对手，学习如何利用国家的金融政策和质量认证体系，采用科学手段整合企业资源，追求企业效益的最大化。在大学课堂注入互动式、参与式、启发式教学新思想，对传统的课堂讲授式教学方式，是一次有力的挑战。

④ ERP 沙盘模拟对抗赛，使学生认识到企业各部门之间只有相互配合、精诚协作，才能使企业高效运转，对培养目前独生子女大学生的团队合作精神，进行素质教育，是一次有效的尝试。

⑤ ERP 沙盘模拟对抗赛，对增进大学生的科技创新意识，打破传统的专业培养界限，造就宽知识面的复合型高素质工程技术人才，是一次大胆的探索。

工科学生通过 ERP 实训课程的具体收获还包括以下几方面。

① 了解企业运作中物流、资金流、信息流如何做到协同统一，认识到 ERP 系统对于提升公司管理的价值。

② 了解各部门决策对企业业绩产生的影响。同时理解如何用 ERP 系统处理各项业务和由此带来的决策的准确性。

③ 理解市场导向基础上的战略管理与财务管理，学会战略决策的清晰思路、基本原则和简明方法。

④ 了解资金在公司内如何流动，以及资金分配的重要原则；认识变现计划与投资计划的重要性；学习重要的财务知识，更好地解读财务报表，快速建立“关注结果的经营思维”。

⑤ 学习如何控制成本，如何进行生产、库存管理与规划等。

17.3　企业资源计划沙盘实训课程详解

本书以用友公司开发的 ERP 沙盘系统为例，进行详细的说明和讲解。

17.3.1　ERP 模拟沙盘简介

ERP 模拟沙盘如图 17-1 所示，企业整体运营的主要环节都反映在这张一米见方五颜六色的沙盘上，从整体上来讲，该沙盘分为两部分，上半部分用来描述企业的生产过程及物流过程，下半部分主要用来描述企业的资金流过程。在 ERP 模拟沙盘上，企业的生产物流过程主要包括：下原材料订单、原材料采购及入库、生产加工、产成品入库、产品销售等环节，这些环节各自相对独立，但又紧密相连。在 ERP 模拟沙盘上，企业的资金流主要表现在：现金流、银行贷款及利息、应收应付、行政管理费用、设备变更费用及维护费用、营销费用、厂房租金、设备价值及折旧、产品研发费用、市场开拓费用、认证费用、贴现及税金等各个方面。

企业的经营场地、固定设备、产品原料、现金流量等实物也展示于沙盘之上，各项指标的运营用移动的“筹码”和特殊道具（模板、卡片等）来表现。由此，学生每一步决策对企业整体状况的影响将在沙盘上一一展现。

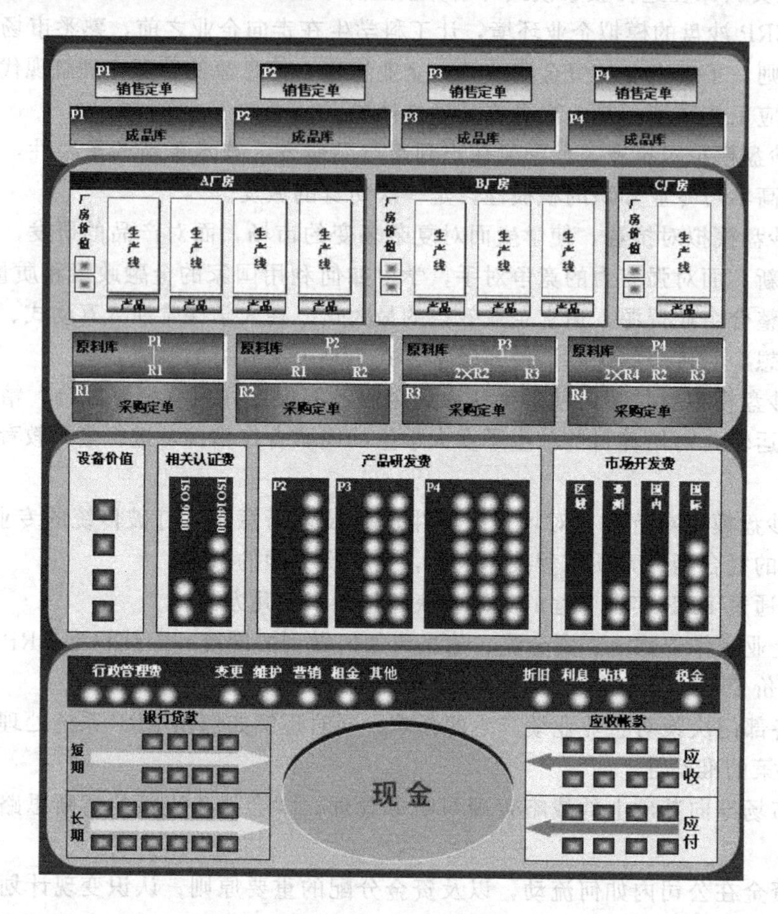

图 17-1　模拟沙盘

17.3.2　ERP 模拟沙盘基本情况描述

ERP 模拟沙盘实训的基础背景为一家已经经营了若干年的生产型企业。该企业长期以来一直专注于某行业 P 系列产品（包括 P1、P2、P3 和 P4 四种产品，产品的技术含量依次提高，P1 产品由于技术水平低，虽然近几年需求较旺，但未来将会逐渐下降，P2 产品是 P1 的技术改进版，虽然技术优势会带来一定增长，但随着新技术出现需求最终会下降。P3、P4 为全新技术产品，发展潜力很大）的生产与经营，目前企业仅生产 P1 产品，该产品在本地市场知名度很高，客户也很满意。同时，企业拥有自己的厂房和生产设施，生产状态良好。但是随着技术的进步和市场的变化，P 系列产品将会从目前的相对低水平发展为一个高技术产品。

在这种背景下，公司董事会及全体股东决定将企业交给一批优秀的新人去发展，他们希望新的管理层能够做到以下几点。

① 投资新产品的开发，使公司的市场地位得到进一步提升。

② 开发本地市场以外的其他新市场，进一步拓展市场领域。

③ 扩大生产规模，采用现代化生产手段，努力提高生产效率。

参加 ERP 沙盘实训的学生，将担当此角色，作为企业的管理层继续经营该企业。每一组学生将代表一个企业，在起始年所有企业的情况是完全相同的（即每个小组有着相同的起点），但在接下来的年度中，各个企业之间将围绕以上目标展开激烈的竞争。ERP 的知识和理念将在竞争中得到应用和体现。

在该沙盘实训课程中，主要涉及以下几方面的内容。

(1) 整体战略方面　评估内部资源与外部环境，制定长、中短期策略；预测市场趋势、调整既定战略。

(2) R&D 方面　产品研发决策；必要时做出修改研发计划，甚至中断项目决定。

(3) 生产方面　选择获取生产能力的方式（购买或租赁）；设备更新与生产线改良；全盘生产流程调度决策；匹配市场需求、交货期和数量及设备产能；库存管理及产销配合；必要时选择清偿生产能力的方式。

(4) 市场营销与销售方面　市场开发决策；新产品开发、产品组合与市场定位决策；模拟在市场中短兵相接的竞标过程；刺探同行敌情，抢攻市场；建立并维护市场地位、必要时做退出市场决策。

(5) 财务方面　制定投资计划，评估应收账款金额与回收期；预估长、短期资金需求，寻求资金来源；掌握资金来源与用途，妥善控制成本；洞悉资金短缺前兆，以最佳方式筹措资金；分析财务报表、掌握报表重点与数据含义；运用财务指标进行内部诊断，协助管理决策；如何以有限资金转亏为盈、创造高利润；编制财务报表、结算投资报酬、评估决策效益。

(6) 团队协作与沟通方面　实地学习如何在立场不同的各部门间沟通协调；培养不同部门人员的共同价值观与经营理念；建立以整体利益为导向的组织等。

17.3.3 教学组织方法

在 ERP 沙盘实训课程中，教学组织的方法与日常讲授性教学的组织方法有很大的区别。首先，在教室空间的布局上，如图 17-2 所示，各小组成员围坐在一个桌子旁（图 17-2 中的方块讲台），讲台不仅是教师讲解的地方，同时也是开订货会、获取贷款、产品销售等活动的场合，这一点与讲授性教学有很大不同。

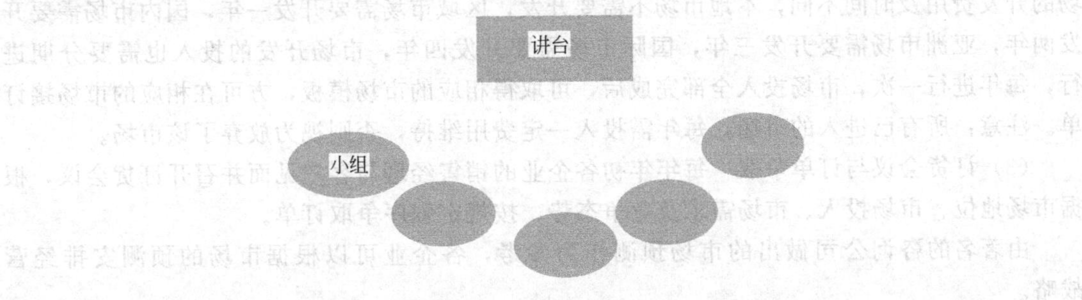

图 17-2　教学组织示意图

另外，教师的作用十分独特和重要，已不再是单纯的讲授者，而是在沙盘实训的不同阶段扮演着不同的角色，如调动者、观察家、引导者、分析评论员和业务顾问等。其中每个角色的不同作用和任务如下。

(1) 调动者　在沙盘实训的初期阶段，为了让学生能充分投入，在模拟操作过程加深体验，教师在课程中担任多个角色，为学生创造逼真的模拟环境。例如，代表股东的董事会提出发展目标；代表客户洽谈供货合同；代表银行提供各项贷款服务；代表政府发布各项经营政策等。

（2）观察家 在课程进行过程中，教师通过观察每个学生在模拟过程中的表现，判断哪些知识是学生最欠缺的，并根据学生的特点选择最有利于其快速吸收并应用讲授方法。这种独特的、切实关注学生收获的教学方法得到了以往学生的高度赞扬。

（3）引导者 由于该课程中一半以上时间是学生在进行模拟操作，大多数学生都会把模拟过程与实际联系起来，并且会把实际工作中的一些经验方法、思维方式展现出来。教师会充分利用这些机会，帮助学生进行知识整理，并引导学生进入更高层面的思考。

（4）顾问 由于学生们具备不同的行业、经验、知识背景，兴趣点和兴奋点有所不同。所以“ERP沙盘实训课程”摒弃了按照固定的程序、灌输特定理论或是教授特定工具的教学方式。教师的角色更倾向于顾问。教师不仅局限在课程中触发学生的学习兴趣，还要提供必要的建议，讲解理论知识和软件应用，并进一步根据学生的需要，帮助学生系统整理已掌握的知识和经验，解答由课程引发的关于实际工作中的问题。

由以上几点可以看出，教师的教学组织在ERP沙盘实训过程中非常重要，教学组织的好坏将直接影响到学生的实训兴趣和效果。

17.3.4 ERP沙盘实训课程运营规则

由于ERP沙盘实训课程涉及企业经营管理多方面的内容，因此，分别从以下几个方面对该课程的运营规则进行讲解。

（1）产品 现有的P1产品可以在本地市场销售，是公司现在的拳头产品，目前公司可以拿到稳定的订单，但将来情况不确定，因为有竞争对手的进入，所以明年是否还会有如此多的订单，可能是个未知数。P2、P3、P4产品都需要研发至少一年半，但各自的研发费用不同。产品研发投入需要分期进行，每季度进行一次，可以同时进行多种产品的研发，开发中可以随时中断和延续，但是不允许超前或集中投入，并且投资不能回收。注意：新产品在开发过程中，不能生产。

（2）市场划分与市场准入 企业目前在本地市场经营，新市场包括区域市场、国内市场、亚洲市场和国际市场。企业如果想将产品卖到新的市场，就必须开发新的市场，不同市场的开发费用及时间不同，本地市场不需要开发，区域市场需要开发一年，国内市场需要开发两年，亚洲市场需要开发三年，国际市场需要开发四年，市场开发的投入也需要分期进行，每年进行一次，市场投入全部完成后，可取得相应的市场模板，方可在相应的市场接订单。注意：所有已进入的市场，每年需投入一定费用维持，否则视为放弃了该市场。

（3）订货会议与订单争取 每年年初各企业的销售经理与客户见面并召开订货会议，根据市场地位、市场投入、市场需求及竞争态势，按规定程序争取订单。

由著名的咨询公司做出的市场预测作为参考，各企业可以根据市场的预测安排经营战略。

订单争取的流程为：首先，将广告费按市场、产品填写在广告发布表中；要保持市场准入时，最少每市场中任意产品广告处投放1M广告；如果要拿取ISO标准的订单，首先要开发完成ISO认证，然后在每次的竞单中，要在广告发布表中ISO 9000或ISO 14000的位置上投放1M的广告。

选单原则：第一次开订货会时，以某一产品投入广告费用的多少产生选单顺序，按选单顺序分别选择订单，竞单完成后，根据总的订单销售额评出下一年的市场领导者（排名第一位），下一年可以优先选单；其余的公司，按投在该产品上的多少来确定选单顺序。以后各年开订货会时，上一年的市场领导者（排名第一位）首先挑选订单，然后，按照在当前市场上，该项产品的广告投入量多少依次挑选订单，如果该产品投入量相同，则由当前市场上全部产品的广告总投入量（包括 ISO 的投入）较高者先挑订单，如果市场广告总投入量一样，则上一年市场地位较高者优先挑选，如果上一年市场地位仍相同，按需要竞标，即把某一订单的销售价、账期去掉，按竞标单位所出的销售价和账期决定谁获得该订单（按出价低、账期长的顺序发单）。

注意：各个市场的产品数量是有限的，并非打广告一定得到订单。能分析清楚“市场预测”，并且“商业间谍”得力的企业，将占据优势，这一点与现实企业的经营环境是一致的。

另外，订单有交货期限制，普通订单可在当年任一季度交货，加急订单必须在第一季度交货，出现逾期交货时，必须先将逾期的订单交完货后方可再交其他订单。

(4) 无形资产的认证　无形资产的获得包括：ISO 9000 和 ISO 14000 的认证，ISO 系列认证开发费用及时间不同，ISO 9000 需要 2 年完成，ISO 14000 需要至少 4 年完成，认证开发的投入也需要分期进行，每年进行一次，每次一百万。可以中断投资，也可以同时进行，但不允许集中或超前投资。

企业目前没有取得任何无形资产的认证。通过 ISO 认证后可选择进行 ISO 广告投入，广告投入应分配到每个具体的市场和产品，有 ISO 要求的订单必须有相应的资质及 ISO 广告投入后方可接单。

(5) 厂房购买、租赁与出售　在该沙盘系统中，共有 A、B、C 三间厂房可供使用，每间厂房的价值各不相同，各厂房价值如表 17-1 所示。企业现在拥有 A 厂房，B、C 厂房为空。规定只能在年底决定厂房是购买还是租赁，租赁厂房每年末支付租金。另外，厂房可出售，厂房出售后将得到一定账期的应收账款，而不是现金。

表 17-1　各厂房价值

厂　房	购　价	租　金	售　价	容　量
A	32M	4M/年	32M(4Q)	4 条生产线
B	24M	3M/年	24M(4Q)	3 条生产线
C	12M	2M/年	12M(4Q)	1 条生产线

(6) 生产线购买、调整与维护　生产线有四种类型：手工生产线、半自动生产线、全自动生产线和柔性生产线，每一种生产线的购置成本、安装周期和生产成本都不相同（如表 17-2 和表 17-3 所示），所有生产线都能生产所有类型的产品。半自动线和全自动线转产时需要停产一定周期并支付转产费用，手工线和柔性线转产时不需要停产及支付费用，新生产线的购买价格按安装周期平均支付，全部投资到位后方可投入使用，年末时，转入固定资产的生产线每条支付一定的设备维护费。

表 17-2　购买新生产线费用表

	购买价格	安装周期	生产周期	残值
手工生产线	5M	无周期	3 季度	1M
半自动生产线	8M	两季度	2 季度	2M
自动生产线	16M	4 季度	1 季度	4M
柔性生产线	24M	4 季度	1 季度	6M

表 17-3　转产周期和费用

	转产周期	转产费用	维护费用
手工生产线	无	无	1M/年
半自动生产线	1M	1 季度	1M/年
自动生产线	4M	2 季度	1M/年
柔性生产线	无	无	1M/年

(7) 产品生产与原材料采购　根据采购订单进行原材料采购，接受相应原料入库，并按规定付款或计入应付款，开始生产时将原料放在生产线上并支付加工费。注意：每条生产线同一时刻只能生产一个产品。

(8) 融资贷款与资金贴现　企业融资的渠道主要是银行贷款，分为长期贷款和短期贷款两种，长期贷款最长期限为5年，最短期限为1年，每年支付利息，期末还本金。短期贷款及高利贷期限为4个季度，期末同时支付本金和利息。贷款到期后方可返还，另外，可随时进行应收款贴现。

贷款规定：长期和短期贷款信用额度各自为上年权益总计的2倍，必须为20的倍数，如果权益为11～19，只能按10来计算贷款数量，低于10的权益，将不能贷款。

长期贷款归还要求：(a) 要求长期贷款每年归还利息，到期还本，再续借，不能以旧贷还新贷；(b) 长期贷款只要权益允许，到结束年可以不归还；(c) 长期贷款最多可贷5年，长期贷款只要权益足够，无论第几年都可以申请贷款；(d) 每组借入长期贷款时，需要填写贷款申请单。

填写贷款申请单时注意：

① 贷款或还款均需要填写贷款申请表；

② 还款时，在申请贷款处填写负数，表示还款；

③ 长贷时，将贷款期限填写在“长贷（期）”栏，如果有两期以上的长贷（如4年期20，5年期20），则可以分行或分表填写；

④ 短贷（起始）填写借入的季度；

⑤ 如果本期既有还款也需要贷款，则先还清贷款，再重新填写贷款申请表，进行新的贷款；否则，不予受理新的贷款。

贴现规定：按6∶1提取贴现费用，即从任意账期的应收账款中取7M，6M进现金，1M进贴现费用（只能贴7的倍数），只要有应收账款，可以随时进行贴现。

(9) 综合费用与折旧、税金　除购买厂房、设备外，行政管理费、市场开拓、营销广告、生产线转产、设备维护、厂房租金、ISO认证、产品研发等计入综合管理费。

综合费用计算方法如下。广告费（市场营销费）：为每年年初争取订单时的广告投入。生产线维护费：每条生产线一百万，只要建成即可发生（转产改造时也付）。新产品研发费用：按当年投入的实际费用计算。市场开发费用：按当年投入的实际费用计算。行政管理费：每季度一百万。利息：长期贷款每年付一次利息。

税金计算方法：每年末按当年利润的33%计提所得税，并计入应付税金，在下一年初交纳，出现盈利时，按弥补以前年度亏损后的余额计提所得税。

折旧计算方法：采用余额加速折旧，每次按固定资产净值的1/3取整折旧，少于3M时，每次折旧1M，售出的固定资产按残值减设备价值、剩余价值，仍照旧提取折旧，直到提完为止。

折旧操作：按上年设备价值总值的1/3取整提取折旧，凡属在建工程均不提折旧。如果有售出的设备，则按上年报表“设备价值”减去售出设备的残值来取折旧。

17.3.5 ERP沙盘实训运作流程

(1) 组建模拟公司　首先，将学生分为若干小组，以小组为单位建立模拟公司，组建管理团队，参与模拟竞争。小组要根据每个成员的不同特点进行职能的分工，选举产生模拟企业的第一届CEO，确立组织远景和使命目标。

原则上，每 6 名学生成立一个公司，分任公司 CEO、财务经理、销售经理、生产部经理、运营总监、采购经理等（角色设置可根据情况作相应调整）。在运作过程中，团队精神非常重要，需要各位经理精诚合作，能够站在整个企业的角度考虑问题，并且在做决策时，能够共享信息，共同做出决策。

（2）初始状态设定　在起始年每个企业有资产 1 个亿（如表 17-4 所示），其中资产包括：土地和建筑的价值、机器设备的价值、现金数量、应收账款数量，原材料、在制品和产成品的价值等。负债包括：长期负债、应缴税金、股东资本、年度净利、利润留存等。由指导教师带领学生一起恢复盘面。

表 17-4　起始年的资产负债

资　产		负债＋权益		资　产		负债＋权益	
流动资产		负债		固定资产		权益	
现金	20	长期负债	40	土地建筑	32	股东资本	45
应收款	18	短期负债	0	机器设备	10	利润留存	9
在制品	8	应付款		在建工程	0	年度净利	4
成品	8	应交税	2	总固定资产	42	所有者权益	58
原料	4	一年到期长贷	0	总资产	100	负债＋权益	100
总流动资产	58	总负债	42				

① 企业总资产　100M
厂房：A 厂房　32M
生产线（三条手工、一条半自动）：　10M
现金：　20M
产品：只有 P1 产品（4 个）　8M
（用一个桶表示，桶内装有一个 R1 原材料＋一个百万钱币）
在制品：4 个 1 个/线　8M
（用一个桶表示，桶内装有一个 R1 原材料＋一个百万钱币）
原料：4 个 R1　4M
（用一个桶表示，桶内装有一个 R1 原材料）
注：原材料 R1，R2，R3，R4 分别用红、黄、蓝、绿币表示。
采购订单：　2 个

采购订单的表示：用一只空桶放在原料订单处表示下一个原料的采购订单，原料到货期按格数，并且到期必须付款并且入库。

② 企业经营情况
长期负债：4 年/5 年　分别为 20M/40M
股东资本：　45M
利润留成：　9M
年度净利：　4M

（3）经营教学年　教学年的目的是由老师带领学生完成一年的企业运营，让学生熟悉整个流程。在教学年约定：不贷短期贷款，所订原料必须接收，每季度下一个 R1 的原料采购订单，生产持续进行，不投资新的生产线与产品研发，年底不贷长期贷款，设备维修费每条生产线支付 1M，不购买新的厂房，折旧按余额的 1/3 计提，不计尾数，不投资新的市场开拓与 ISO 认证等。

教学年结束时，各企业的经营情况仍然是相同的。资产情况如表 17-5 所示。

表 17-5 教学年结束时的资产负债

资 产		负债＋权益		资 产		负债＋权益	
流动资产		负债		固定资产		权益	
现金	46	长期负债	40	土地建筑	32	股东资本	45
应收款	0	短期负债	0	机器设备	7	利润留存	13
在制品	8	应付款		在建工程	0	年度净利	5
成品	8	应交税	2	总固定资产	39	所有者权益	63
原料	4	一年到期长贷	0	总资产	105	负债＋权益	105
总流动资产	66	总负债	42				

① 企业总资产　　105M
厂房：A 厂房　　32M
生产线（三条手工、一条半自动）：　　7M
现金：　　46M
产品：只有 P1 产品（4 个）　　8M
在制品：4 个 1 个/线　　8M
原料：　4 个 R1　　4M
采购订单：　　2 个
② 企业经营情况
长期负债：3 年/4 年　分别为 20M/40M
股东资本：　　45M
利润留成：　　13M
年度净利：　　5M

(4) 实际运营阶段　模拟经营分为若干经营周期（会计年度），每个周期要经历三个阶段。

① 年初准备阶段　支付所得税金，准备好新的一年，准备好与客户见面（拿订单）。

② 年中运行阶段　按季度重复进行，按顺序进行。

③ 年末总结阶段　更新长期贷款、付利息，支付设备维护费，支付租金/购买建筑，折旧，新市场开发/ISO 认证，关账。总结经验教训，教师适时点评，解读经营要点。

在年初准备阶段的主要工作如下。

第一：召开经营会议制定竞争战略。

当学生对模拟企业所处的宏观经济环境和所在行业特性基本了解之后，各 CEO 组织召开经营会议，各“公司”根据自己对未来市场预测和市场调研，本着长期利润最大化的原则，制定、调整企业战略，战略内容包括：公司战略（大战略框架），新产品开发战略，投资战略，新市场进入战略，竞争战略等。

依据公司战略安排，做出每年度经营决策，制定各项经营计划，其中包括：融资计划、生产计划、固定资产投资计划、采购计划、市场开发计划、市场营销方案等。

任何企业的战略，都是针对一定的环境条件制定的。沙盘实训课程为模拟企业设置了全维的外部经营环境、内部运营参数和市场竞争规则。进行环境分析的目的就是要努力从近期在环境因素中所发生的重大事件里，找出对企业生存、发展前景具有较大影响的潜在因素，然后科学地预测其发展趋势，发现环境中蕴藏着的有利机会和主要威胁。

第二：召开订货会争取订单。

每年年初各企业的销售经理与客户见面并召开订货会议，根据市场地位、市场投入、市场需求及竞争态势，按规定程序争取订单。

各个市场的需求量和发展趋势由著名的咨询公司做出的市场预测作为参考，各企业可以根据市场的预测安排经营战略和竞单战略。

订单争取的流程前面已讲过，此处不再赘述。不可否认的是，订单争取这一环节对于企业的经营至关重要。订单的多与少、好与坏将直接影响到企业的战略和未来的经营发展。

订货会结束后，各企业营销总监将订单情况记录到订单登记表中。

在年中运行阶段的主要工作如下。

各企业的相关职能经理根据年度计划模拟运营，以季度为单位按顺序、重复执行以下操作：

更新短期贷款/还本付息/申请短期贷款；

更新应付款/归还应付款；

原材料入库/更新原料订单；

下原料订单；

更新生产/完工入库；

投资新生产线/变卖生产线/生产线转产；

生产线投入使用/开始下一批生产；

产品研发投资；

更新应收款/应收款收现；

按订单交货/登记交货记录表；

支付行政管理费用等。

在经营过程中，各个部门通力合作至关重要，良好的沟通和协作是取得理想的经营效果的保证。例如，生产总监和营销总监之间的沟通，生产总监和采购总监之间的沟通对于企业产供销之间的有机衔接，对于企业营销策略的制定和企业的长远战略都很重要。

各职能部门经理通过对经营的实质性参与，加深了对经营的理解，体会到了经营短视的危害，树立起为未来负责的发展观，从思想深处构建起战略管理意识，管理的有效性得到显著提高。

在年末总结阶段的主要工作如下。

第一：支付以下各项费用。

更新长期贷款/支付利息/申请长期贷款。

支付设备维修费。

支付租金（或购买建筑）。

提取折旧费用。

新市场开拓投资/ISO 资格认证投资等。

第二：关账，进行年度财务结算。

每一年的经营结束之后，学生需自己动手填报财务报表，盘点经营业绩，进行财务分析，通过数字化管理，提高经营管理的科学性和准确性，理解经营结果和经营行为的逻辑关系。

第三：经营业绩汇报。

各企业在盘点经营业绩之后，围绕经营结果召开期末总结会议，由总经理进行工作述职，认真反思本期各个经营环节的管理工作和策略安排，以及团队协作和计划执行的情况。总结经验，吸取教训，改进管理，提高学生对市场竞争的把握和对企业系统运营的认识。

另外，重视企业管理体系的建立。

每年运营的顺序：市场预测——销售预测——生产预测——产能调整——资金预测。每季度运营的顺序：广告投放计划——销售订单登记——生产计划制定——采购计划制定——资金预算——资金使用计划运行执行——记录、反馈、总结、分析——做出明年计划安排等。

(5) 教师分析点评　根据各公司每期期末经营状况，教师针对各企业经营中的成败因素深入剖析，提出指导性的改进意见，并针对本期存在的共性问题，进行高屋建瓴的案例分析与讲解。因此，教师每年点评的侧重点都有所不同。最后，教师应按照逐层递进的课程安排，引领学生进行重要知识内容的学习，使以往存在的管理误区得以暴露，管理理念得到梳理与更新，提高了洞察市场、理性决策的能力。

17.3.6　ERP 沙盘实训结果评比与分析

当6～8年的经营全部结束后，需要对各企业的综合经营效果进行评价和评比，其中，沙盘实训结果评比规则如下。

破产规定：当所有者权益小于零（资不抵债）时，视为破产，破产后，企业可以选择继续运行下去，但不能参加最后的评比，也可以选择终止运行，退出比赛。

参加实训的各队评比公式

$$得分=(结束年)权益 * (1+A/100) \tag{17-1}$$

式中，A 为表 17-6 分数之和。

表 17-6　加分表

项目	加分	项目	加分
厂房 A	+15	P3 产品开发	+10
厂房 B	+10	P4 产品开发	+15
厂房 C	+5	结束年本地市场第一	+15
手工生产线	+5/条	结束年区域市场第一	+15
半自动生产线	+10/条	结束年国内市场第一	+15
全自动/柔性线	+15/条	结束年亚洲市场第一	+15
区域市场开发	+10	结束年国际市场第一	+15
国内市场开发	+15	净资产收益率	+5
亚洲市场开发	+20	总资产收益率	+5
国际市场开发	+25	资产负债率	+5
ISO 9000	+10	高利贷扣减	3/次
ISO 14000	+15	报表延误扣减	5分/次
P2 产品开发	+5		

17.3.7 ERP 沙盘实训过程中需注意的问题

（1）对各企业操作流程的监督　教师必须跟踪全部流程，即必须按任务流程的顺序跟踪业务的进行。

① 对市场竞单的监督

a. 监督各组填报广告费登记表，如果放弃市场，则将开发费收掉，如果想重新进入，必须重新开发。本地市场不允许放弃，必须投放 1M 广告。

b. 每年广告录入完成后，监督各组支付广告费，否则不能参加选单。

② 对购买生产线的监督

a. 购买生产线时，只要选址完成，不允许挪动。

b. 最后一期投资完成后，待下一期才能开始生产。

③ 对原料订单的监督

a. 每季度下原材料订单时，监督各采购总监必须填写“原料采购订单”。

b. 到期采购入库时，裁判必须在订单上签字，才允许带钱和任务清单前去购买。

④ 对从其他企业购买产品或原料的监督　如果企业之间需要进行产品或原材料交易，必须按照下列流程运行。

a. 双方共同填写“产品（原材料）交易订单”，原材料数量和成交价格相同，产品在“成交数量”处填写产品数量，在“成交金额”处填写成交总额。

b. 买方填写“购买时间”；买方填写“完工时间”，如果完工时间大于购买时间，则为无效交易，必须修改购买时间，使其大于或等于销售方的完工时间。

c. 成交时，购买和售出方的监督员必须在审核人处共同签字，交易方可生效。

（2）实训过程中易犯错误分析　根据多年从事 ERP 沙盘实训教学的经验，归纳总结同学们在 ERP 沙盘培训中经常出现的问题有如下几个方面。

① 缺少战略规划　很多在 ERP 沙盘实训中没有取得好成绩的同学，事后归纳失败的原因时，都将没有正确地做出战略规划作为失败的关键因素。包括：在贷款的策略上、在生产线的购置决策上、在产品开发和市场开发的战略决策上、在市场竞标和订单争取的战略决策上等诸多方面犯下错误，而这些错误往往对企业的经营和运作影响深远，等意识到错误再来改正时，已错过时机。因此，在进行 ERP 沙盘实训时，适合企业发展的战略规划是必不可少的。

② 资金使用的失误　资金使用的失误是同学们在 ERP 沙盘培训中经常遇到的问题，资金使用失误主要表现在以下几个方面。

第一：资金使用不作规划。

其实这也是企业缺少战略规划的一种表现，很多同学在做 ERP 沙盘实训时，对资金的使用非常随意，不做任何的计划。例如，将巨额的现金投入到广告费中，却没有换来可观的订单；盲目地开发新产品或新市场，资金短缺时又半途而废导致大量的资金浪费等现象非常普遍。

第二：贷款的问题。

在贷款方面主要考虑贷款的类型、贷款的使用和贷款的时机等几个问题。在 ERP 沙盘实训中，贷款的类型有两种，长期贷款和短期贷款。通常，这两种贷款的使用也有所不同。另外，由于银行的特点“嫌贫爱富”，而由于企业连年的亏损，所有者权益愈来愈低，贷款的资格可能失去，因此，选择合适的贷款时机也非常重要。

当然资金使用不当的表现还有很多。例如，在广告费用的使用上，能不能使用最经济的广告费用，争取大量的订单；在生产线和厂房的投资上，是否明智合理等。而许多方面的问题需要同学们在实战中体会。

③ 产能的计算　在 ERP 沙盘实训中，产能的计算非常重要，生产制造型企业的运转流程中，营销、生产、采购、财务，环环紧扣，息息相关。生产计划需要依据市场订单，并且要与生产能力相平衡，主生产计划排定后进行物料需求计划的计算，产生详细的生产计划和采购原料。

这是 ERP 的一个核心问题，ERP 系统的重要组成部分，物料需求计划（MRP）主要用来解决该问题。在物料需求计划（MRP）广泛应用之前，制造业通常采用的物料库存计划与控制方法为订货点方法 。MRP 是订货点方法的发展，用于相对需求的计划和控制，是根据最终产品的需求，计算构成这些产品的零部件以及原材料的相关需求量，由成品的交货期计算出零部件生产进度与原材料或外购件的采购日程。其基本流程图如图 17-3 所示。

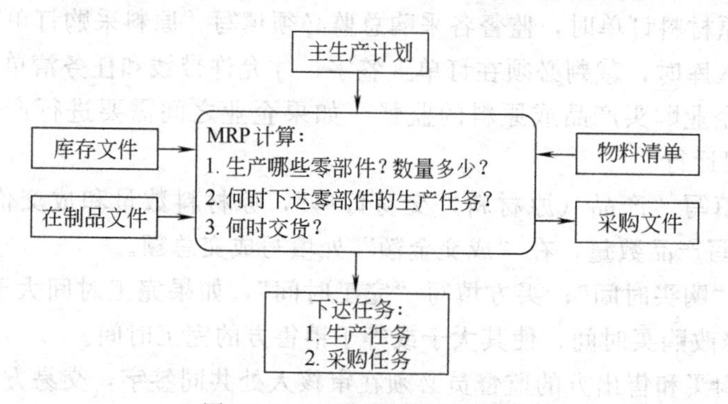

图 17-3　MRP 的基本流程图

根据 MRP 的原理可以计算产能，并得出详细生产计划和采购计划。

④ 账面不平　账面不平，即企业的权益和企业的资产加负债不相等。账面不平的问题在 ERP 沙盘实训过程中经常出现。账面不平的产生原因很多，总结起来主要有以下几个方面。

a. 计提设备折旧的准确性。

设备折旧按年初余额的 1/3 计算（不计小数部分），设备价值少于 3M 时，每年折旧 1M。

怎样计算年初余额：注意生产线设备年初余额应准备一个桶，即计提折旧，当年建成的生产线设备再用另一个桶分别存放，不提折旧。

b. 出售厂房时的计价。

出售厂房，是指该厂房从固定资产变为流动资产，不计入额外收入，只是资产负债表项目之间变动，在损益表中不体现。

c. 出售设备时的计价。

出售设备时按残值计价，收到的现金计入额外收入，在损益表中体现，资产负债表中不体现。

d. 销售收入的确认。

销售收入不是按照订单来填写，是根据实际出售产品得到货币金额的价值总额来确定（参照交货记录表来填入）。

例如，本次逾期交货 P2 产品 5 个，单价 8 百万，根据规则按 75％进行结算

5×8＝40（百万）　再用 40×0.75＝30（百万）

30（百万）才能计入本期销售收入，而不是销售订单的 40（百万）。

e. 销售成本的计算。

销售成本的确认也不是按照订单来计算，是根据实际出售产品而交付人工费、材料费的总额进行计算（参照交货记录表来填入）。因为生产线的不同决定了加工某一产品的成本也不同。

例如，加工 P2 产品，手工生产线加工一个 P2 产品，需要支付加工人工费 2M，全自动生产线加工一个 P2 产品，只需要支付加工人工费 1M，所以不能根据销售订单来简单计算某一产品成本，应根据实际交付产品的成本来进行计算。

f. 税金的计算。

每年末按当年利润的 33％计提所得税，并计入应付税金，在下一年初交纳，出现盈利时，按弥补以前年度亏损后的余额计提所得税。

当然账面不平的原因不止以上几种，在实战中发现，账面不平还有一个重要原因就是同学们的粗心，或者将账记错，或者简单的加减乘除出现错误，导致没法将账做平，由于同学的粗心，企业可能面临成百上千万的损失，这一点值得大家深思。

(3) 书写总结报告　对经营过程的总结，也是 ERP 沙盘实训的重要一环。当数年的经营结束后，有的企业取得了成功，有的失败，甚至有的企业会破产。每位扮演不同角色的同学都会在自己的岗位上有所收获和启发，对企业经营的整体流程有更深刻的认识和体会，同时也会对企业经营的成功和失败有切身的体会。所以，通过撰写经营分析报告，总结几年经营在生产方面、在财务方面、在营销方面以及在团队合作方面等的成败得失，对于以后的学习和工作将有很重要的意义和启示。

思考与练习

1. 简述企业资源计划的基本思想及其发展历程。
2. 企业资源计划沙盘实训主要涉及哪些内容？
3. ERP 沙盘实训运作流程是什么？

第18章

绿色制造技术

18.1 概述

18.1.1 绿色制造的概念

（1）绿色制造的提出　环境、资源、人口是当今人类社会面临的三大问题。特别是环境问题，其恶化对人类社会的生存与发展构成严重威胁。这种威胁将有两种结局。一种是人类对当前的环境问题认识不足，不采取果断措施，继续以牺牲环境来求得经济发展的高速度，这实质是一条人类自己毁灭自己的道路。另一种是人类从传统的观念束缚下挣脱出来，反思自己，树立崭新的环境观念，采取有力措施，走绿色文明之路，从而创造出人与环境和谐共存、发展的新局面。毫无疑问，人们当然希望是第二种结局。

近年来的研究和实践使人们认识到环境问题绝非是孤立存在的，它和资源、人口两大问题有着根本的内在联系。特别是资源问题，它不仅涉及人类世界有限的资源如何利用，而且它又是产生环境问题的主要根源。于是，近年来提出一个新的概念：最有效地利用资源和最低限度地产生废弃物，是当前世界上环境问题的治本之道。

制造业是将可用资源（包括能源）通过制造过程，转化为可供人们使用和利用的工业品或生活消费品的产业。它涉及国民经济的大量行业，如机械、电子、化工、食品、军工等。制造业是创造人类财富的支柱产业，其功能是通过制造系统来实现的。

制造业在将制造资源转变为产品的制造过程中和产品的使用及处理过程中，同时产生废弃物（废弃物是制造资源中未被利用的部分，所以也称废弃资源）。废弃物是制造业对环境污染的主要根源。制造系统对环境的影响如图18-1所示。

图18-1中虚线表示个别特殊情况下，制造过程和产品使用过程对环境直接产生污染（如噪声），而不是废弃物污染，但是这种污染相对于废弃物带来的污染小得多。

由于制造系统量大面广，因而对环境的总体影响很大。可以说，制造业一方面是创造人类财富的支柱产业，但同时又是当前环境污染的主要源头。有鉴于此，如何使制造业尽可能少地产生环境污染是当前环境问题的一个重要研究方向。于是一个新的概念——绿色制造由此产生，并被认为是现代企业的必由之路。

各国专家的研究普遍认为，绿色制造是解决制造业环境污染问题的根本方法之一，是实施环境污染源头控制的关键途径之一。绿色制造实质上是人类社会可持续发展战略在现代制

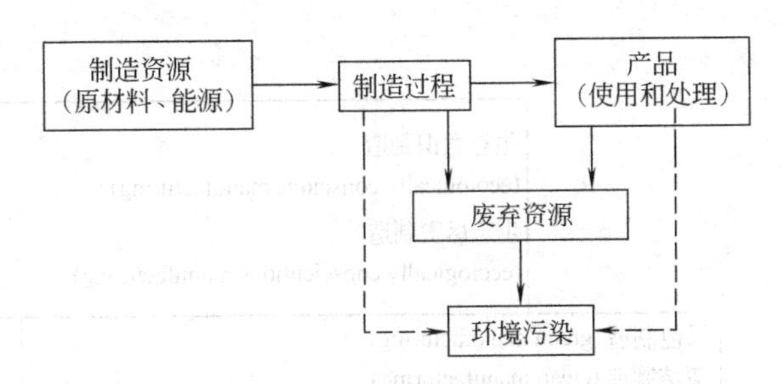

图 18-1　制造系统对环境的影响

造业中的体现。

（2）绿色制造的定义和问题领域　综合现有文献的观点和其作者们所作的研究，本书将绿色制造定义如下：绿色制造是一个综合考虑环境影响和资源消耗的现代制造模式，其目标是使得产品从设计、制造、包装、运输、使用到报废处理的整个生命周期中，对环境负面影响最小，资源利用率最高，并使企业经济效益和社会效益协调优化。

该定义体现出一个基本观点，即制造系统中导致环境污染的根本原因是资源消耗和废弃物的产生，因而绿色制造的定义中体现了资源和环境两者不可分割的关系。

由上述定义可得出绿色制造涉及的问题领域有三部分：（a）制造问题，包括产品生命周期全过程；（b）环境保护问题；（c）资源优化利用问题。绿色制造就是这三部分内容的交叉，如图 18-2 所示。

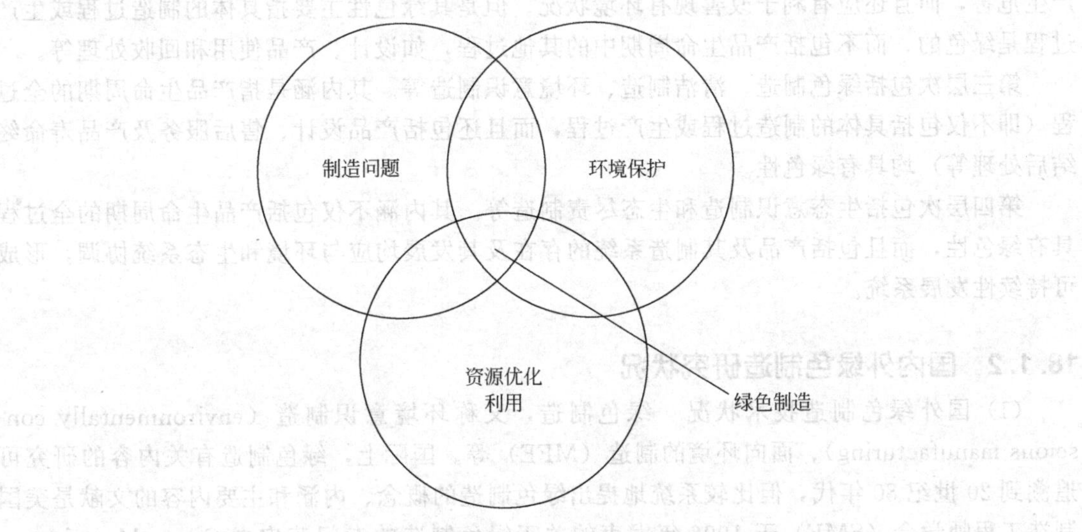

图 18-2　绿色制造的问题领域交叉状况

（3）与绿色制造有关的现代制造模式　近年来，围绕制造系统或制造过程中的环境问题，已提出了一系列有关的制造概念和制造模式。除绿色制造外，与此相类似的制造概念还有许多，如环境意识制造、清洁生产、生态意识制造等。为了区别绿色制造与其他概念，并进一步明确绿色制造的技术范围，将其中的主要模式大致归类，如图 18-3 所示。

图 18-3 表明，与环境有关的制造概念和制造模式大致可分为 4 类或 4 个层次。

第一层次（底层）为环境无害制造。其内涵是该制造过程不对环境产生危害，但也无助于改善现有环境状况。

第二层次包括清洁生产、清洁技术和绿色生产等。其内涵是这些制造模式不仅不对环境

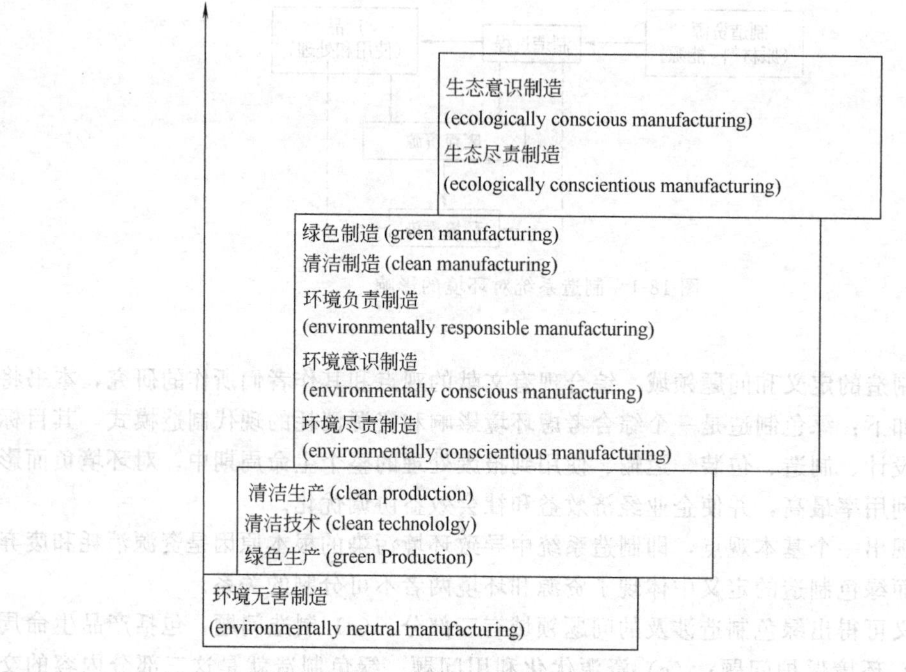

图 18-3 与环境有关的制造概念和制造模式

产生危害，而且还应有利于改善现有环境状况。但是其绿色性主要指具体的制造过程或生产过程是绿色的，而不包括产品生命周期中的其他过程，如设计、产品使用和回收处理等。

第三层次包括绿色制造、清洁制造、环境意识制造等。其内涵是指产品生命周期的全过程（即不仅包括具体的制造过程或生产过程，而且还包括产品设计、售后服务及产品寿命终结后处理等）均具有绿色性。

第四层次包括生态意识制造和生态尽责制造等。其内涵不仅包括产品生命周期的全过程具有绿色性，而且包括产品及其制造系统的存在及其发展均应与环境和生态系统协调，形成可持续性发展系统。

18.1.2 国内外绿色制造研究状况

（1）国外绿色制造技术状况　绿色制造，又称环境意识制造（environmentally conscious manufacturing）、面向环境的制造（MFE）等。国际上，绿色制造有关内容的研究可追溯到 20 世纪 80 年代，但比较系统地提出绿色制造的概念、内涵和主要内容的文献是美国制造工程师学会（SME）于 1996 年发表的关于绿色制造的专门蓝皮书 Green Manufacturing。1998 年 SME 又在国际互联网上发表了绿色制造的发展趋势的网上主题报告 Trends of Green Manufacturing，对绿色制造研究的重要性和有关问题又作了进一步的介绍。

近年来，绿色制造及其相关问题的研究非常活跃。特别是在美国、加拿大、西欧的一些发达国家，对绿色制造及相关问题进行了大量的研究。可以不夸张地说，环境保护和绿色制造研究形成的强大绿色浪潮，正在全球兴起。

（2）国内绿色制造技术研究现状评述　在我国，近年来在绿色制造及相关问题方面也进行了一些研究。

目前，国内研究与日本、美国及欧洲发达国家相比其差距主要表现为以下几点。

① 消费者的观念的差距　调查结果显示：瑞典 85%的消费者愿意为环境的清洁而支付

较高价格；加拿大 80%的消费者愿意多付 10%的价格购买对环境有益的产品；40%的欧洲消费者喜欢购买环境标志产品而放弃传统产品；综合北京、武汉、成都、广州四地绿色消费调查结果，我国愿意为环境改善而支付高价格的消费者略低于 8%。从调查结果可以看出，绿色产品在国际市场上相对于传统产品具有强劲市场竞争力，而我国消费者的环境意识相对落后。

② 绿色制造的教育、环境意识普及方面存在差距　在国外许多著名大学都有关于工业生态和绿色制造方面的专门的教育计划，如耶路大学工业环境管理教育计划、挪威理工大学的工业生态学教育、丹麦技术大学的工业生态学教育、卡内基梅隆大学的绿色设计创新计划。此外，加州大学伯克利分校的绿色设计与制造协会、阿拉巴马大学的绿色制造中心等也都面向全校学生开列了绿色制造方面的专门课程体系。目前，我国关于绿色制造方面的教育还处于起步和探索阶段。

③ 企业意识相对落后　由于我国大多数企业对绿色制造不太了解，一般都认为绿色制造就是搞环保的，在企业实施绿色制造不但不会带来效益，可能还会带来不少麻烦。甚至有些已经获得 ISO 14000 环境管理体系认证的企业也没有真正认识到绿色制造的价值，他们虽然获得认证，但实际上在产品开发和生产都没有太大的改观，使得环境管理认证仅仅成为一张证书而已。而国际上很多企业都将绿色制造作为优先发展战略之一，甚至认为在不久的将来，无论从工程还是商务与市场的角度，绿色制造都将成为工业界最大的战略挑战之一。目前，已有很多跨国企业纷纷制定了具体的绿色制造战略，争作绿色制造先锋，创造行业标准，如德国的西门子公司、日本的丰田和日立公司、美国的福特集团等。

④ 技术研究方面的差距　由于研究积累少，资金、人力投入不足，企业不够重视，绿色制造在国内还属起步阶段，很多研究主要集中在理论、概念与结构框架性的探索研究，还没有深入到制造业的生产实践中去，对制造业的影响仍比较小。有不少文献对许多专门技术，如绿色加工技术、拆卸性设计技术、产品生命周期评估技术、绿色回收处理技术进行了介绍，但与这些技术有关的实用关键技术、应用案例、实用化的软件工具等的报道却很少。

18.1.3　发展绿色制造的意义、必要性

① 绿色制造是实施制造业环境污染源头控制的关键途径，是 21 世纪制造业实现可持续发展的必由之路。

解决制造业的环境污染问题有两大途径：末端治理和源头控制。但是通过 10 年多的实践发现：仅着眼于控制排污口（末端），使排放的污染物通过治理达标排放的办法，虽在一定时期内或在局部地区起到一定的作用，但并未从根本上解决工业污染问题。其原因在于以下几个方面。

a. 随着生产的发展和产品品种的不断增加，以及人们环境意识的提高，对工业生产所排污染物的种类检测越来越多，规定控制的污染物（特别是有毒有害污染物）的排放标准也越来越严格，从而对污染治理与控制的要求也越来越高，为达到排放的要求，企业要花费大量的资金和物力，即使如此，一些要求仍难以达标。

b. 由于污染治理技术有限，治理污染实质上很难达到彻底消除污染的目的。因为一般末端治理污染的办法是先通过必要的预处理，再进行生化处理后排放。而有些污染物是不能生物降解的污染物，只是稀释排放，不仅污染环境，治理不当甚至会造成二次污染；有的治理只是将污染物转移，废气变废水，废水变废渣，废渣堆放填埋，污染土壤和地下水，形成

恶性循环，破坏生态环境。

c. 只着眼于末端处理的办法，不仅需要投资，而且使一些可以回收的资源（包含未反应的原料）得不到有效的回收利用而流失，致使企业原材料消耗增高，产品成本增加，经济效益下降，从而影响企业治理污染的积极性和主动性。

d. 实践证明：预防优于治理。根据日本环境厅 1991 年的报告，“从经济上计算，在污染前采取防治对策比在污染后采取措施治理更为节省”。例如，就整个日本的硫氧化物造成的大气污染而言，排放后不采取对策所产生的受害金额是现在预防这种危害所需费用的 10 倍。

据美国 EPA 统计，美国用于空气、水和土壤等环境介质污染控制总费用（包括投资和运行费），1972 年为 260 亿美元（占 GNP 的 1%），1987 年猛增至 850 亿美元，80 年代末达到 1200 亿美元（占 GNP 的 2.8%）。如杜邦公司每磅废物的处理费用以每年 20%～30%的速率增加，焚烧一桶危险废物可能要花费 300～1500 美元。即使如此之高的经济代价仍未能达到预期的污染控制目标，末端处理在经济上已不堪重负。

综上所述，发达国家通过治理污染的实践，逐步认识到防治工业污染不能只依靠治理排污口（末端）的污染，要从根本上解决工业污染问题，必须“预防为主”，实施源头控制，将污染物消除在生产过程之初（产品设计阶段），实行工业生产全生命周期控制。20 世纪 70 年代末期以来，不少发达国家的政府和各大企业集团（公司）都纷纷研究开发少废、无废技术，开辟污染预防的新途径，把推行绿色制造、清洁生产及其他面向环境的设计和制造技术作为经济和环境协调发展的一项战略措施。

② 绿色制造是 21 世纪国际制造业的重要发展趋势。

绿色制造是可持续发展战略思想在制造业中的体现，致力于改善人类技术革新和生产力发展与自然环境的协调关系，符合时代可持续发展的主题。美国政府已经意识到绿色制造将成为下一轮技术创新高潮，并可能引起新的产业革命。1999～2001 年，在美国国家自然科学基金和国家能源部的资助下，美国世界技术评估中心（WTEC）成立了专门的“环境友好制造（即绿色制造）”技术评估委员会，对欧洲及日本有关企业、研究机构、高校在绿色制造方面的技术研发、企业实施和政策法规等的现状进行了实地调查和分析，并与美国的情况进行对比分析，指出美国在多方面已经落后的事实，提出绿色制造发展的战略措施和亟待攻关的关键技术。目前已有很多跨国企业都纷纷在不同程度上开始推行绿色制造战略，开发绿色产品，如德国的西门子公司、日本的丰田和日立公司、美国的福特集团等。

③ 绿色制造是实现国民经济可持续发展战略目标的重要技术途径之一。

江泽民同志在十六大报告中将实现可持续发展战略作为全面建设小康社会的三大目标之一，目标指出“可持续发展能力不断增强，生态环境得到改善，资源利用效率显著提高，促进人与自然的和谐，推动整个社会走上生产发展、生活富裕、生态良好的文明发展道路”。由此可见，绿色制造是实现国民经济可持续发展战略目标的重要技术途径之一。

另外，根据美国世界技术评估中心（WETC）的《环境友好制造最终报告》，衡量一个国家国民经济发展所造成的环境负荷总量时，可以参考如下公式进行分析

$$环境负荷=人口\times\left(\frac{GDP}{人口}\right)\times\left(\frac{环境负荷}{GDP}\right) \tag{18-1}$$

国内生产总值（GDP）是指一个国家或地区范围内的所有常住单位，在一定时期内生产最终产品和提供劳务价值的总和。式（18-1）中，“人口”为国民数量；“GDP/人口”为人均

GDP，反映人民生活水平；“环境负荷/GDP”反映了创造单位GDP价值给环境带来的负荷。根据党的十五大提出的远景发展目标战略规划，从20世纪末进入小康社会后，国民经济将分2010，2020，2050年三个发展阶段，逐步达到现代化的目标。国内生产总值将继续保持7%左右的增长速度，到2010年翻一番；人口总量到2000年、2010年、2020年和2050年分别控制在13亿、14亿、15亿和16亿。因此，以2000年为基准并维持环境负荷总量的不变，根据式（18-1）可以计算出2010，2020和2050年的单位GDP的环境负荷的递减情况如表18-1所示。

表18-1 今后50年单位GDP的环境负荷递减情况

年 度	2000	2010	2020	2050
人口增长倍数	1	1.077	1.154	1.231
人均GDP增长倍数	1	1.827	3.354	29.934
单位GDP的环境负荷递减倍数	1	0.508	0.258	0.034

因此，如果维持国民经济发展所造成的资源消耗和环境影响不变，即与2000年持平，那么到2050年，我们国家单位GDP的环境负荷要降为现在的1/30。以汽车制造为例，到2010、2020、2050年，生产一辆汽车所消耗的资源、能源和对环境的污染应减少为现在环境负荷的0.508（约1/2）、0.258（约1/4）、0.034（约1/30），其压力是非常大的。因此，为了改善我国国民经济的发展质量，实现国家可持续发展战略，实施绿色制造，减少制造业资源消耗和环境污染已势在必行。

④ 绿色制造技术将带动一大批新兴产业，形成新的经济增长点。

绿色制造的实施将导致一大批新兴产业形成。

a. 绿色产品制造产业。制造业不断研究、设计和开发各种绿色产品以取代传统的资源消耗和环境影响较大的产品，将使这方面的产业持续兴旺发展。

b. 实施绿色制造的软件产业。企业实施绿色制造，需要大量实施工具和软件产品，如产品生命周期评估系统（LCA）、计算机辅助绿色设计系统、绿色工艺规划系统、绿色制造的决策支撑系统、ISO 14000国际认证的支撑系统等，将会推动一批新兴软件产业的形成。

c. 废弃产品回收处理产业。随着汽车、空调、计算机、冰箱、传统机床设备等产品废旧和报废，一大批具有良好回收利用价值的废弃产品需要进行回收处理，再利用或再制造，由此将导致新兴的废弃物流和废弃产品回收处理产业。回收处理产业通过回收利用、处理，将废弃产品再资源化，节约了资源、能源，并可以减少这些产品对环境的压力。

18.2 绿色制造的体系结构和研究内容

18.2.1 绿色制造的体系结构

绿色制造技术涉及产品整个生命周期，甚至多生命周期，主要考虑其资源消耗和环境影响问题，并兼顾技术、经济因素，使得企业经济效益和社会效益协调优化，其技术范围和体系结构框架如图18-4所示。

绿色制造包括两个层次的全过程控制、三项具体内容和两个实现目标。

两个层次的全过程控制，一是指具体的制造过程，即物料转化过程，充分利用资源，减少环境污染，实现具体绿色制造的过程；另一是指在构思、设计、制造、装配、包装、运

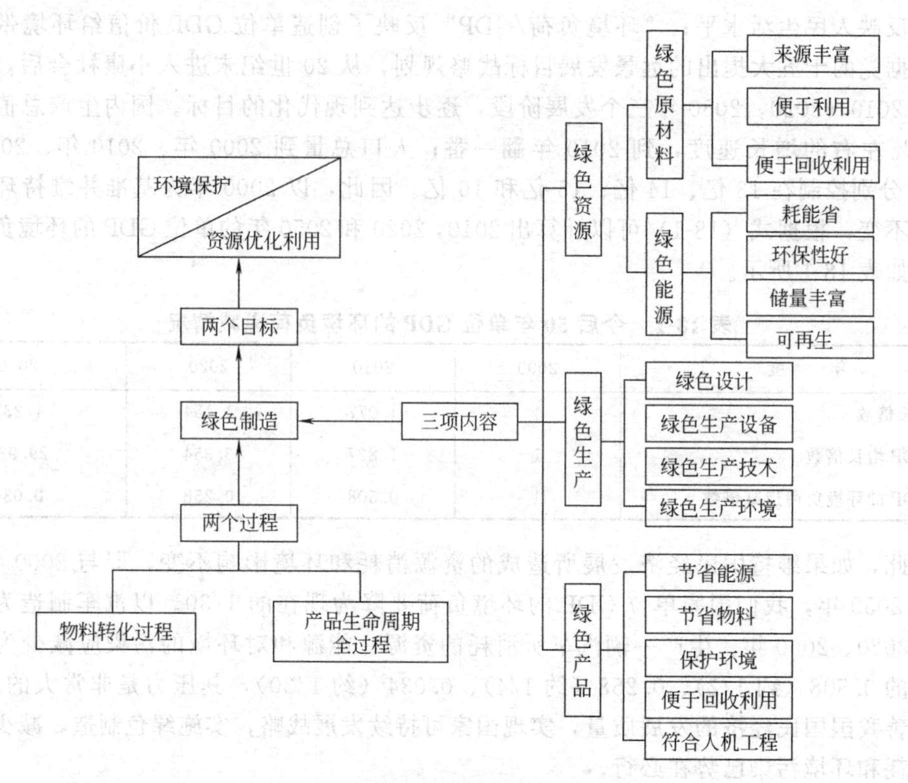

图 18-4　绿色制造系统的体系结构

输、销售、售后服务及产品报废后回收整个产品周期中每个环节均充分考虑资源和环境问题，以实现最大限度地优化利用资源和减少环境污染的广义绿色制造过程。

三项具体内容是用制造系统工程的观点，综合分析产品生命周期，从产品材料的生产到产品报废回收处理的全过程的各个环节的环境及资源问题所涉及的主要内容。三项具体内容包括：绿色资源、绿色生产和绿色产品。绿色资源主要是指绿色原材料和绿色能源。绿色原材料主要是指来源丰富（不影响可持续发展），便于充分利用，便于废弃物和产品报废后回收利用的原材料。绿色能源，应尽可能使用储存丰富、可再生的能源，并且应尽可能不产生环境污染问题。绿色生产过程中，对一般工艺流程和废弃物，可以采用的措施有：开发使用节能资源和环境友好的生产设备；放弃使用有机溶剂，采用机械技术清理金属表面，利用水基材料代替有毒的有机溶剂为基体的材料；减少制造过程中排放的污水等。开发制造工艺时，其组织结构、工艺流程以及设备都必须适应企业的“向环境安全型”组织化，以达到大大减少废弃物的目的。绿色产品主要是指资源消耗少，生产和使用中对环境污染小，并且便于回收利用的产品。

18.2.2　绿色制造的研究内容

总结国内外已有的研究，可建立绿色制造的研究内容体系框架，如图 18-5 所示。

(1) 绿色制造的理论体系和总体技术　绿色制造的理论体系和总体技术是从系统的角度，从全局和集成的角度，研究绿色制造的理论体系、共性关键技术和系统集成技术。主要包括以下几点。

① 绿色制造的理论体系　其包括绿色制造的资源属性、建模理论、运行特性、可持续发展战略，以及绿色制造的系统特性和集成特性等。

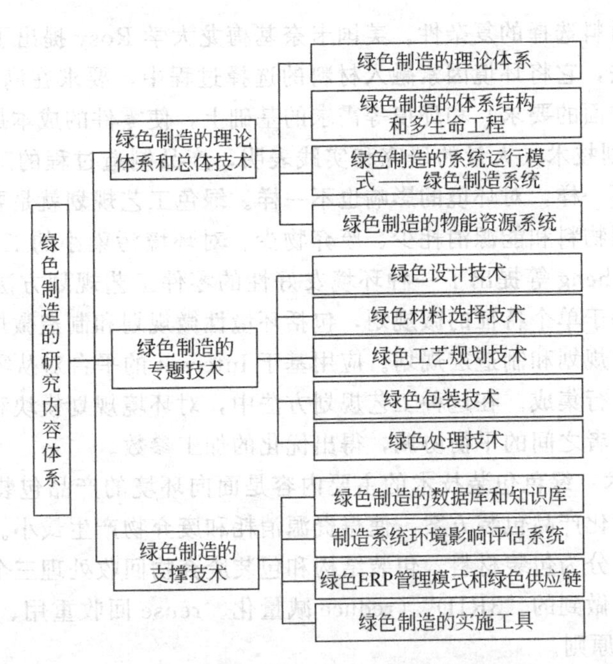

图 18-5 绿色制造的研究内容体系框架

② 绿色制造的体系结构和多生命周期工程 其包括绿色制造的目标体系、功能体系、过程体系、信息结构、运行模式等。绿色制造涉及产品整个生命周期中的绿色性问题，其中大量资源如何循环使用或再生，又涉及产品多生命周期工程这一新概念。

③ 绿色制造的系统运行模式——绿色制造系统 只有从系统集成的角度，才可能真正有效地实施绿色制造。为此需要考虑绿色制造的系统运行模式——绿色制造系统。绿色制造系统将企业各项活动中的人、技术、经营管理、物能资源、生态环境，以及信息流、物料流、能量流和资金流有机集成，并实现企业和生态环境的整体优化，达到产品上市快、质量高、成本低、服务好、有利于环境，并赢得竞争的目的。绿色制造系统的集成运行模式主要涉及绿色设计、产品生命周期及其物流过程、产品生命周期的外延及其相关环境等。

④ 绿色制造的物能资源系统 鉴于资源消耗问题在绿色制造中的特殊地位，且涉及绿色制造全过程，因此应建立绿色制造的物能资源系统，并研究制造系统的物能资源消耗规律、面向环境的产品材料选择、物能资源的优化利用技术、面向产品生命周期和多生命周期的物流和能源的管理与控制等问题。综合考虑绿色制造的内涵和制造系统中资源消耗状态的影响因素，构造了一种绿色制造系统的物能资源流模型。

(2) 绿色制造的专题技术 绿色制造的专题技术是相对于总体技术而言。绿色制造中的专题技术主要包括绿色设计、绿色材料选择、绿色工艺规划、绿色包装、绿色回收处理等。

① 绿色设计技术 绿色设计又称面向环境的设计（design for environment）。绿色设计是指在产品及其生命周期全过程的设计中，充分考虑对资源和环境的影响，在充分考虑产品的功能、质量、开发周期和成本的同时，优化各有关设计因素，使得产品及其制造过程对环境的总体影响和资源消耗减到最小。

② 绿色材料选择技术 绿色材料选择技术又称面向环境的产品材料选择，是一个系统性和综合性很强的复杂问题。一是绿色材料尚无明确界限，实际中选用很难处理。二是选用材料，不能仅考虑产品的功能、质量、成本等方面要求，还必须考虑其绿色性，这些更增添

了面向环境的产品材料选择的复杂性。美国卡奈基梅龙大学 Rosy 提出了基于成本分析的绿色产品材料选择方法，它将环境因素融入材料的选择过程中，要求在满足工程（包括功能、几何、材料特性等方面的要求）和环境等需求的基础上，使零件的成本最低。

③ 绿色工艺规划技术 大量的研究和实践表明，产品制造过程的工艺方案不一样，物料和能源的消耗将不一样，对环境的影响也不一样。绿色工艺规划就是要根据制造系统的实际，尽量研究和采用物料和能源消耗少、废弃物少、对环境污染小的工艺方案和工艺路线。Bekerley 大学的 P. Sheng 等提出了一种环境友好性的零件工艺规划方法，这种工艺规划方法分为两个层次：基于单个特征的微规划，包括环境性微规划和制造微规划；基于零件的宏规划，包括环境性宏规划和制造宏规划。应用基于 Internet 的平台对从零件设计到工艺文件生成中的规划问题进行集成。在这种工艺规划方法中，对环境规划模块和传统的制造模块进行同等考虑，通过两者之间的平衡协调，得出优化的加工参数。

④ 绿色包装技术 绿色包装技术的主要内容是面向环境的产品包装方案设计，就是从环境保护的角度，优化产品包装方案，使得资源消耗和废弃物产生最小。目前这方面的研究很广泛，但大致可以分为包装材料、包装结构和包装废弃物回收处理三个方面。当今世界主要工业国要求包装应做到的“3R1D”（reduce 减量化、reuse 回收重用、recycle 循环再生和 degradable 可降解）原则。

我国包装行业“九五”至 2010 年发展的基本任务和目标中提出包装制品向绿色包装技术方向发展，实施绿色包装工程，并把绿色包装技术作为“九五”包装工业发展的重点，发展纸包装制品，开发各种代替塑料薄膜的防潮、保鲜的纸包装制品，适当发展易回收利用的金属包装及高强度薄壁轻量玻璃包装，研究开发塑料的回收再生工艺和产品。

⑤ 绿色处理技术 产品生命周期终结后，若不回收处理，将造成资源浪费并导致环境污染。目前的研究认为面向环境的产品回收处理问题是个系统工程问题，从产品设计开始就要充分考虑这个问题，并作系统分类处理。产品寿命终结后，可以有多种不同的处理方案，如再使用、再利用、废弃等，各种方案的处理成本和回收价值都不一样，需要对各种方案进行分析与评估，确定出最佳的回收处理方案，从而以最少的成本代价，获得最高的回收价值，即进行绿色产品回收处理方案设计。评价产品回收处理方案设计主要考察三方面：效益最大化、重新利用的零部件尽可能多、废弃部分尽可能少。

（3）绿色制造的支撑技术

① 绿色制造的数据库和知识库 研究绿色制造的数据库和知识库，为绿色设计、绿色材料选择、绿色工艺规划和回收处理方案设计提供数据支撑和知识支撑。绿色设计的目标就是如何将环境需求与其他需求有机地结合在一起。比较理想的方法是将 CAD 和环境信息集成起来，以便使设计人员在设计过程中像在传统设计中获得有关技术信息与成本信息一样能够获得所有有关的环境数据，这是绿色设计的前提条件。只有这样设计人员才能根据环境需求设计开发产品，获取设计决策所造成的环境影响的具体情况，并可将设计结果与给定的需求比较，对设计方案进行评价。由此可见，为了满足绿色设计需求，必须建立相应的绿色设计数据库与知识库，并对其进行管理和维护。

② 制造系统环境影响评估系统 环境影响评估系统要对产品生命周期中的资源消耗和环境影响的情况进行评估，评估的主要内容包括：制造过程物料的消耗状况、制造过程能源的消耗状况、制造过程对环境的污染状况、产品使用过程对环境的污染状况、产品寿命终结后对环境的污染状况等。

制造系统中资源种类繁多，消耗情况复杂，因而制造过程对环境的污染状况多样、程度不一、极其复杂。如何测算和评估这些状况，如何评估绿色制造实施的状况和程度是一个十分复杂的问题。因此，研究绿色制造的评估体系和评估系统是当前绿色制造的研究和绿色制造的实施中面临急需解决的问题。

③ 绿色ERP管理模式和绿色供应链　在实施绿色制造的企业中，企业的经营和生产管理必须考虑资源消耗和环境影响及其相应的资源成本和环境处理成本，以提高企业的经济效益和环境效益。其中，面向绿色制造的整个产品生命周期的绿色 MRP Ⅱ/ERP 管理模式及其绿色供应链是重要研究内容。

④ 绿色制造的实施工具　研究绿色制造的支撑软件，包括计算机辅助绿色设计、绿色工艺规划系统、绿色制造的决策支持系统、ISO 14000 国际认证的支撑系统等。

18.3 绿色制造相关的管理标准

18.3.1 环境标志

(1) 环境标志的概念　自 20 世纪 70 年代以来，一些国家政府机构或民间团体先后组织实施环境标志计划，以引导市场向着有益于环境的方向发展。

环境标志（亦称绿色产品标志），具体指贴在或印刷在产品或产品的包装上的图形，以表明该产品的原材料获取与加工、产品生产制造、使用及处理过程等皆符合环境保护要求，资源利用率高，不危害人体健康，对环境影响极小。实施环境标志认证的目的在于提高产品的环境质量，体现环保意识。

环境标志一般由产品的生产者自愿提出申请，由权威机关（政府部门、非政府部门或公众团体）授予。某产品是否可获得环境标志，取决于该产品是否达到了环境标志认证机构所制定的标准。这些标准一般由技术专家在产品 LCA 的基础上制定，充分考虑产品生命周期各个阶段的环境影响，包括原材料的准备、生产制造、包装销售、消费者使用、回收处理等过程。

在国际贸易中，环境标志就像一张“绿色通行证”，发挥着越来越重要的作用。实行环境标志认证有利于参与世界经济大循环，增强本国产品在国际市场上的竞争力；也可以根据国际惯例，限制其他国家的不符合本国环境保护要求的商品进入国内市场，从而保护本国利益。

(2) 环境标志的发展现状　环境标志实施已有近 20 年的时间。德国是最早使用环境标志的国家，自 1978 年开始采用了著名的“蓝色天使（blue angel）”环境标志。目前世界上已有 20 多个国家和地区已实施或正积极准备实施环境标志计划，标志产品种类已达几百种，产品近万种。丹麦、芬兰、冰岛、挪威和瑞典等北欧国家于 1989 年开始实行国家之间统一的北欧环境标志。美国的环境标志主要由两个体系组成：绿色封（green seal）和标准标签认证系统（standard label system，SLS），另外还有能源之星（energy star program）标志。一些区域性和全球性的国际组织也积极配合推广绿色认证制度和环境标准化制度，致力于促进全球各国有关制度的一致性，并消除标志制度在国际贸易中的负面影响。原欧共体于 1993 年 7 月推出了“欧洲环境标志（EEL）”的计划，其中规定：在欧共体任何一个成员国获得的“环境标志”都会得到其他成员国的承认。国际标准化组织（ISO）于 1993 年专门成立了环境管理技术委员会，制定了 ISO 14000 系列环境管理体系标准，旨在促进环境标志的国际标准化。

（3）我国环境标志认证的相关情况 虽然环境标志认证在我国起步较晚，但发展较快。原国家环保局于1993年7月23日向国家技术监督局申请授权国家环保局组建“中国环境标志产品认证委员会”，1993年9月，国家技术监督局正式批复同意申请，1993年8月原国家环保局正式颁布了中国的环境标志图形。1994年5月17日正式成立了“中国环境标志产品认证委员会”，它标志着我国环境标志产品认证工作的正式开始。通过近10年的努力，我国基本建立了与国际接轨的环境标志产品认证体系，从而为我国环境标志工作的开展奠定了基本原则和思想基础。

目前，我国共有近700家企业8000多种产品获得了中国环境标志产品认证，环境标志产品的年产值近600亿元人民币。已经先后制（修）订了50多项环境标志产品技术要求，使环境标志认证产品种类达51类。

我国的环境标志产品主要分为四类：一是保护臭氧层，替代ODS物质类，包括家用制冷器具、无氟气雾剂制品、发泡泡沫塑料、替代哈龙灭火器、ODS替代产品、无氟工商用制冷设备等产品；二是有助于解决区域环境问题类，包括无铅汽油、无汞电池、无磷洗涤剂、降解塑料、一次性餐饮具、低排放燃油汽车、低污染摩托车等产品；三是有利于改善居室环境、保护人体健康类，包括水性涂料、生态纺织品、防虫蛀毛纺织品、软饮料、黏合剂、儿童玩具、低噪声洗衣机、卫生杀虫剂、低铅陶瓷、家用微波炉、无石棉建筑制品、防虫蛀剂、低辐射彩电、人造木质板等产品；四是节能、资源再生利用类，包括节能荧光灯、节能空调、节能低排放灶具、节能电脑、再生纸制品、磷石膏建材产品等产品。

18.3.2 ISO 14000环境管理体系简介

（1）ISO 14000环境管理体系标准产生的背景 许多发达国家，包括美国、日本，特别是西欧国家把改善环境状况和走可持续发展道路，当成是21世纪国际竞争能否成功的关键。为适应世界潮流，迎接新世纪的挑战，普及环保知识、推行“绿色制造”和“绿色消费”受到世界各国的广泛重视。西方国家已相继采取了许多行之有效的措施促进企业环境管理工作的发展，如英国于1992年公布和实施的BS 7750环境管理体系规范；原欧共体已在52个工业行业中推行了生态管理工作。这些活动为建立规范化的环境管理制度积累了丰富的实践经验。进入20世纪90年代以后，环境问题变得越来越严峻，国家标准化组织ISO对此作了非常积极的反应。1993年6月，ISO成立了第207技术委员会（TC 207），专门负责环境管理工作，主要工作目的就是要支持环境保护工作，改善并维持生态环境的质量，减少人类各项活动所造成的环境污染，使之与社会经济发展达到平衡，促进经济的持续发展。其职责是在理解和制定管理工具和体系方面的国际标准和服务上为全球提供一个先导，主要工作范围就是环境管理体系（EMS）的标准化。为此，ISO中央秘书处为TC 207预留了100个标准号，标准标号为ISO 14001～ISO 14100，统称为ISO 14000系列标准。

（2）ISO 14000环境管理体系标准的内容 ISO 14000环境管理系列标准是一个完整的标准体系，它是总结了国际间的环境管理经验，结合环境科学、环境管理科学的理论和方法而提出的环境管理工具，丰富了传统的环境管理的手段，把环境管理强制性和保护、改善生活环境和生态环境的自愿性有机地结合在一起，使企业找到一条经济与环境协调发展的正确途径，使人类沿着可持续发展道路进入21世纪有了保障。

根据ISO 14000/TC 207的分工，各分技术委员会负责相应的标准制定工作，其标准号的分配如表18-2所示。

（3）我国实施ISO 14000环境管理体系的现状 目前，ISO 14000系列标准在全世界已经获得了普遍的承认和实施。国家环保局于 1996 年 1 月批准成立了国家环保局环境管理体系审核中心，专门负责 ISO 14000 系列标准在我国的实施、培训工作以及同国际有关机构的交流。1997 年 4 月 1 日，我国正式将 ISO 14000 系列标准中颁布的 5 个标准 ISO 14001、ISO 14004、ISO 14010、ISO 14011、ISO 14012 正式转化为国家推荐标准，标号为 GB/T 24 000-ISO 14000。2004 年 11 月 14 日，中国环境管理体系认证机构认可委员会在国家环保总局举行了首批中国环境管理体系认证机构颁证仪式，向首批 12 家获得中国环认委认可的环境管理体系认证机构颁发了正式认可证书，标志着我国 ISO 14000 环境管理体系认证工作进入规范化、正常化的新阶段。

表 18-2　ISO 14000 环境管理体系标准号的分配

分技术委员会	任务	标准号	分技术委员会	任务	标准号
SC1	环境管理体系 EMS	14001～14009	SC5	生命周期评估 LCA	14040～14049
SC2	环境审核 EA	14010～14019	SC6	术语和定义 T&D	14050～14059
SC3	环境标志 EL	14020～14029	WG1	产品标准中的环境指标	14060
SC4	环境行为评价 EPE	14030～14039		（备用）	14060～14100

思考与练习

1. 什么是绿色制造技术？其涉及的问题领域主要有哪几部分？
2. 简述国内外绿色制造技术研究状况。
3. 简述绿色制造技术的体系结构和主要研究内容。

参考文献

1 朱怀忠．工程材料及热处理．北京：科学出版社，2005
2 郑晓，陈仪先．金属工艺学实习教材．北京：北京航空航天大学出版社，2004
3 张学政，李家枢．金属工艺学实习教材．北京：高等教育出版社，2003
4 朱江峰，肖元福．金工实训教程．北京：清华大学出版社，2004
5 张明远．金属工艺学实习教材．北京：高等教育出版社，2003
6 清华大学金工教研室．金属工艺学实习教材．北京：高等教育出版社，2003
7 董丽华．金工实习实训教程．北京：电子工业技术出版社，2006
8 邵刚，徐滟，安荣．金工实训．北京：电子工业出版社，2004
9 黎伟泉，宋小春．金工实习．广州：华南理工大学出版，2005
10 吴鹏，迟剑锋．工程训练．北京：机械工业出版社，2005
11 常春．材料成形基础．北京：机械工业出版社，2004
12 翟封祥，尹志华，曲宝章等．材料成形工艺基础．哈尔滨：哈尔滨工业大学出版社，2003
13 肖景容，姜奎华．冲压工艺学．北京：机械工业出版社，2002
14 肖祥芷，王孝培．中国模具设计大典（第三卷）．南昌：江西科学技术出版社，2003
15 王卫卫．材料成形设备．北京：机械工业出版社，2004
16 党新安，葛正浩．非金属制品的成型与设计．北京：化学工业出版社，2003
17 张超英．数控车床．北京：化学工业出版社，2003
18 关颖．数控车床．北京：化学工业出版社，2005
19 徐宏海，谢富春．数控铣床．北京：化学工业出版社，2003
20 单岩，夏天．数控电火花加工．北京：机械工业出版社，2005
21 罗学科，李跃中．数控电加工机床．北京：化学工业出版社，2003
22 单岩，夏天．数控线切割加工．北京：机械工业出版社，2005
23 李振安．工厂电气控制技术．重庆：重庆大学出版社，2004
24 许蓼．电机与电气控制技术．北京：机械工业出版社，2005
25 邓志良，刘维亭．电气控制技术与PLC．南京：东南大学出版社，2002
26 吕宝和，朱建军．工业安全工程．北京：化学工业出版社，2004
27 陈启申．ERP——从内部集成起步．北京：电子工业出版社，2005
28 马士华．供应链管理．北京：高等教育出版社，2004
29 周玉清等．ERP原理与应用．北京：机械工业出版社．2002
30 刘飞，曹华军，张华等．绿色制造的理论与技术．北京：科学出版社，2005